ZHENGFAQI
GONGYI SHEJI JISUAN JI YINGYONG

蒸发器
工艺设计计算及应用

刘殿宇　著

化学工业出版社
·北京·

内容提要

蒸发器在食品、制药、医疗保健用品、化工、玉米深加工及污水处理等行业应用广泛。本书作者具有丰富的蒸发器设计与使用实践经验,书中内容大多来自作者的一手资料。本书系统介绍了蒸发器工艺计算及零部件设计的通用方法,通过大量的设计实例及相关的计算,以降膜式蒸发器的工艺设计计算为主,同时对外循环蒸发器、强制循环蒸发器、混合式蒸发器等常用蒸发器的工艺设计计算及注意事项也进行了较详细的阐述。

本书适合化工机械、食品机械设计人员以及食品、制药、玉米深加工及污水处理等行业的技术人员参考。

图书在版编目(CIP)数据

蒸发器工艺设计计算及应用/刘殿宇著. —北京:
化学工业出版社,2020.8(2024.1 重印)
ISBN 978-7-122-37100-3

Ⅰ.①蒸… Ⅱ.②刘… Ⅲ.①蒸发器-工艺设计
Ⅳ.①TQ051.6

中国版本图书馆 CIP 数据核字(2020)第 091958 号

责任编辑:李晓红 张 欣　　　　　　　　装帧设计:王晓宇
责任校对:王 静

出版发行:化学工业出版社(北京市东城区青年湖南街 13 号　邮政编码 100011)
印　装:河北鑫兆源印刷有限公司
787mm×1092mm　1/16　印张 21½　字数 537 千字　2024 年 1 月北京第 1 版第 6 次印刷

购书咨询:010-64518888　　　　　　　　售后服务:010-64518899
网　址:http://www.cip.com.cn
凡购买本书,如有缺损质量问题,本社销售中心负责调换。

定　价:128.00 元

前言

　　蒸发器应用领域广泛,在食品、制药、饲料、化工以及工业废水处理等都有广泛的应用。目前常用的蒸发器种类有外循环蒸发器、强制循环蒸发器、降膜式蒸发器、刮板薄膜式蒸发器以及混合式蒸发器等。这些蒸发器在不同领域内都得到了成功的应用。随着我国经济的快速发展,蒸发器应用领域也正在不断地扩展。其中降膜式蒸发器应该是所有蒸发器的代表。本书以降膜式蒸发器的工艺设计计算为主,同时对其他常用的蒸发器也通过实例进行了详细的工艺设计计算阐述。

　　降膜式蒸发器有别于其他型式的蒸发器,首先,料液在蒸发器中受热温度较低(加热温度大都低于100℃),大都是在真空减压下加热完成蒸发,属于低温蒸发。而且连续进料连续出料,蒸发速率快,料液在蒸发器中停留时间短,最大限度地保证了料液中有益元素不被破坏。因此,这种蒸发器不仅适合于非热敏性物料的蒸发,尤其还适合于热敏性物料的蒸发。如在乳品、蛋品、果汁、咖啡、饮料、茶浸渍液、味精、淀粉糖等食品行业以及医疗保健用品等工业生产中都得到了成功的应用。其次,节能效果好。采用多效蒸发及热压缩技术(或机械压缩技术),可充分利用二次蒸汽作为加热热源,节能效果显著,在生产实践中获得了良好的经济效益及社会效益。一台三效降膜式蒸发器在单位时间(1h)内,每蒸发1t水大约需要换热面积为$50m^2$左右(设备内无杀菌装置)。蒸发浓度较高的料液其蒸发面积甚至更大。因此,一次性投资相对较大。降膜式蒸发器的设计过程比较烦琐,设计首先要进行蒸发器的工艺计算,即通过物料及热量衡算确定出蒸发器的换热面积、预热面积及相关零部件等。物料性质、工艺参数及其工艺要求不同,降膜式蒸发器的结构型式差异也较大。

　　外循环蒸发器生产效率虽然不是很高,但是在中草药、骨头汤以及有机溶剂等回收上也都有应用。外循环蒸发器一般适合于耐热温度较高、黏度较大、易结垢结焦的物料的蒸发上,其加热温度较高,传热温差较大,因此,传热面积相对较小,一台单效外循环蒸发器一般每蒸发1t水所需要的换热面积仅在$15m^2$左右。

　　强制循环蒸发器主要应用于易结垢结焦甚至在蒸发过程中有晶体析出的物料的蒸发上,如番茄酱、谷氨酸二次母液、酸、碱、盐类及废水等的蒸发浓缩上,强制循环蒸发器每蒸发1t水所需要的换热面积因物料及物料蒸发程度的不同差别也较大,如在番茄酱上其换热面积就很小,一台三效强制循环蒸发器一般不超过$30m^2$,而在废水蒸发上一台三效强制循环蒸发器一般不小于$65m^2$,在MVR蒸发器中换热面积就更大。

　　MVR蒸发器是近年来在工业废水处理上应用比较多见的蒸发器,因其利用蒸汽压缩机将二次蒸汽全部压缩提高其温度压力,作为加热蒸汽热源再利用,其节能效果显著。废水成分复杂，对设备腐蚀严重、结垢严重，经常伴有结晶析出，含盐类的废水沸点升高又特别大，再加上设备结构上的特殊性决定该类蒸发器换热面积很大，一台单效 MVR 蒸发器（或并联双效 MVR 蒸发器）每蒸发 1t 水所需要的换热面积一般都在 95～125m^2 之间，有的甚至更大。

刮板式蒸发器主要用于黏度很大且又耐高温的物料的蒸发上，如用于栲胶、蜂蜜及油脂类中结合水的蒸发上，大豆中的磷脂黏度一般都在 2000～15000mPa·s 之间，有的甚至更高，就是采用这种蒸发器蒸发。单从蒸发强度看其最高可达 200kg/（m^2·h），蒸发效率并不低，但其结构复杂，加工精度要求较高，就单从光靠一个受热圆筒传热来看，其应用就已经受到了限制，因为蒸发量一大势必圆筒面积就要增大，蒸发器体积也要随之增大，加工也就更加困难。不过有少数特殊物料还必须采用此种蒸发器蒸发。

本书共分 10 章，不含结构设计计算。需要说明的是本书蒸发器的换热面积计算还不是很精准的计算，其中传热系数等还是经验数值，尚不能精准量化。影响传热的因素也较多，与材料、换热管规格、加热介质、物料特性、传热温差、操作条件、蒸发器的结构型式及制造水平等等因素都有关系。这就需要研究设计工作者在实践中不断研究，不断探索，积累更多的经验，计算选取出更加合理的传热系数数值，从而满足不同料液蒸发的需要。

由于水平所限，书中不足之处在所难免，敬请广大读者批评指正，以便进行修正。

刘殿宇

2020 年 8 月于上海

目录
CONTENTS

第4章 降膜式蒸发器的蒸汽耗量

第5章 外循环蒸发器的设计

第6章 强制循环蒸发器的设计

第7章 混合式蒸发器和刮板式蒸发器的设计

第8章 MVR蒸发器及其他蒸发器的设计

第9章 蒸发器设计中的问题及国外蒸发器工艺流程

第10章 蒸发器的自动控制及安装调试

附 录

参考文献

第❶章

蒸发器简介

1.1 蒸发器的蒸发及其节能

蒸发分为加压蒸发、常压蒸发及减压蒸发三种。工业上的蒸发操作经常在减压下进行，这种操作称为真空蒸发。真空蒸发的优点是：可使加热蒸汽与料液的温度差加大；可低温蒸发，能够减少料液在蒸发过程中的热变性；可采用多效蒸发，从而降低蒸汽的消耗；可利用冷凝的方式将蒸发后的尾气冷凝成液态，减少对大气的排放量及污染。但真空蒸发也有缺点，因为随着真空度的提高［式（1-1）］，蒸发潜热也随之加大。

$$r = 607 - 0.708t \tag{1-1}$$

式中　r——水的蒸发潜热，kcal❶/kg；

　　　t——蒸发温度，℃。

可见在减压下低温蒸发，当扣除潜热后丝毫也不能节能，实际上为保持系统的真空度，必须启动冷凝器及真空泵并支付动力费用。从这一点看，单纯地减压蒸发水分以浓缩料液是达不到经济要求的，必须要反复多次利用蒸汽的潜热，即采用多效蒸发。

蒸发器要达到节能目的有以下几种途径：采用多效蒸发；采用热压缩二次蒸汽技术；采用完全机械压缩二次蒸汽技术；充分利用末效二次蒸汽及冷凝水热量对物料进行预热。

图 1-1 中（a）为蒸汽直接加热；（b）为采用热压缩技术抽吸一部分二次蒸汽作为蒸发器的加热热源，即 TVR 蒸发器；（c）为采用蒸汽压缩机将二次蒸汽全部进行再压缩作为蒸发器的加热热源，即 MVR 蒸发器。可以看出，由于在蒸发器中引入了节能装置，降低了能源的消耗。

目前在食品、制药、玉米深加工、生物化工及工业废水等领域比较常用的蒸发器种类有外循环蒸发器、强制循环蒸发器、降膜式蒸发器、混合式蒸发器、板式蒸发器及 MVR 蒸发器，如图 1-2 所示。

---

❶　1cal＝4.187J，下同。

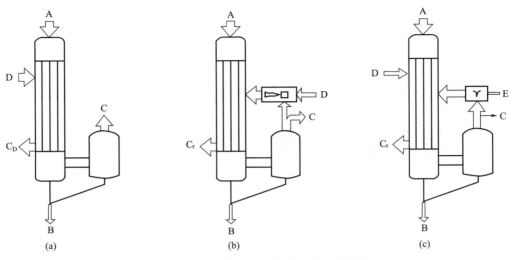

图 1-1 不同加热方式下的蒸发器质量能量

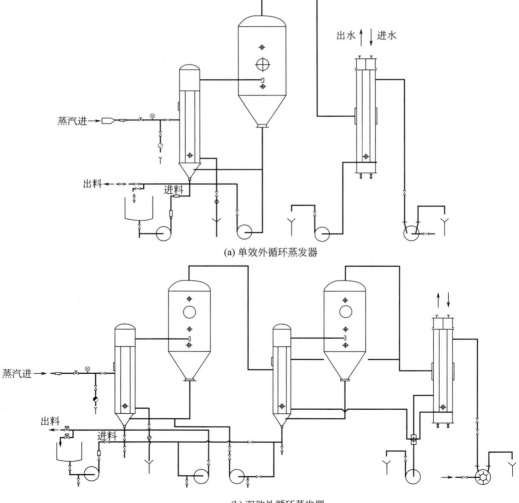

(a) 单效外循环蒸发器

(b) 双效外循环蒸发器

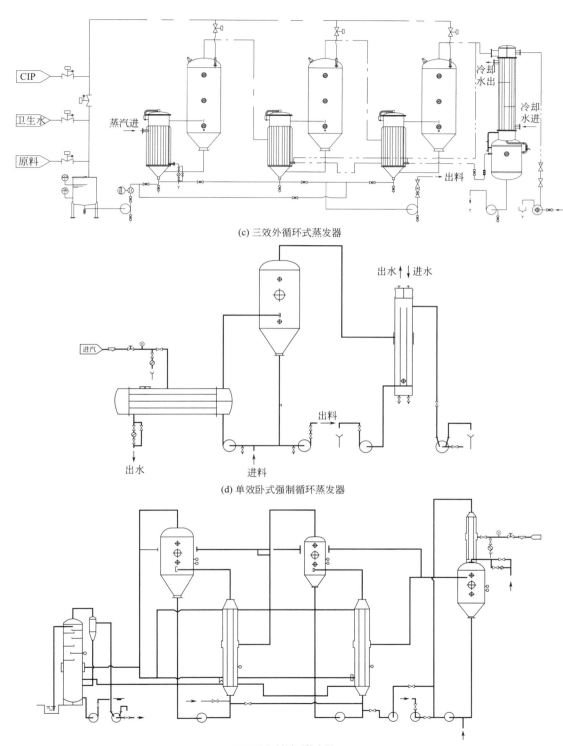

(c) 三效外循环式蒸发器

(d) 单效卧式强制循环蒸发器

(e) 三效强制循环蒸发器

图 1-2

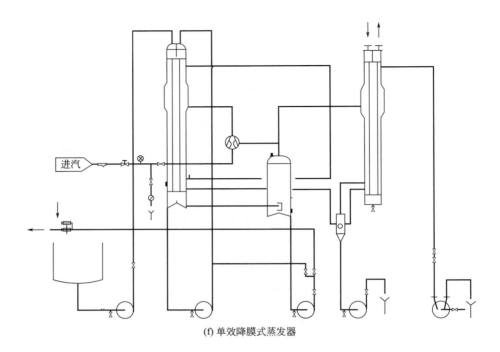

(f) 单效降膜式蒸发器

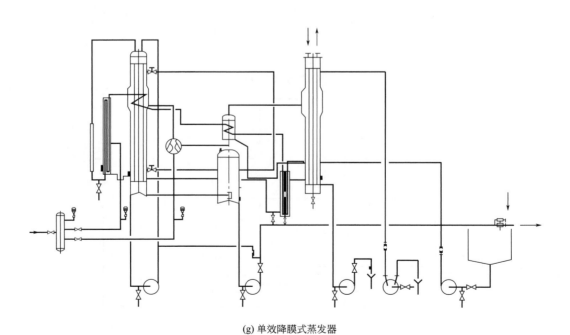

(g) 单效降膜式蒸发器

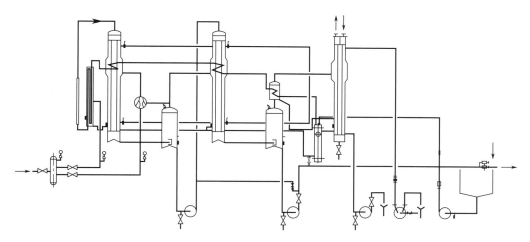

(h) 双效降膜式蒸发器

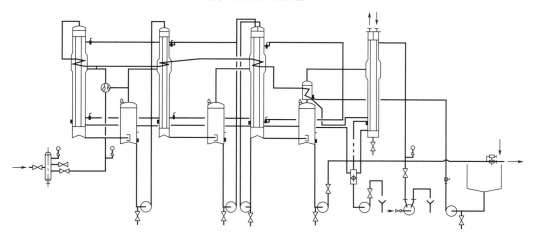

(i) 三效降膜式蒸发器

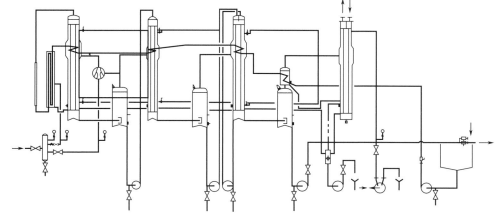

(j) 三效降膜式蒸发器(含杀菌)

图 1-2

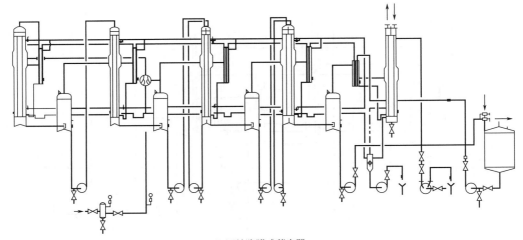

(k) 四效降膜式蒸发器

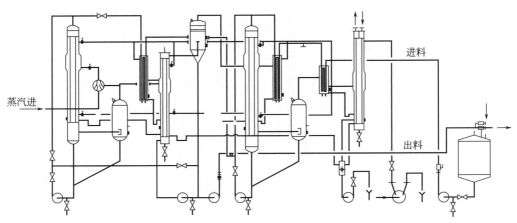

(l) 混合式三效蒸发器

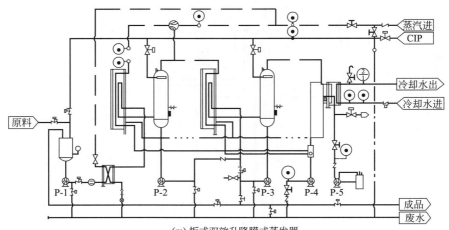

(m) 板式双效升降膜式蒸发器

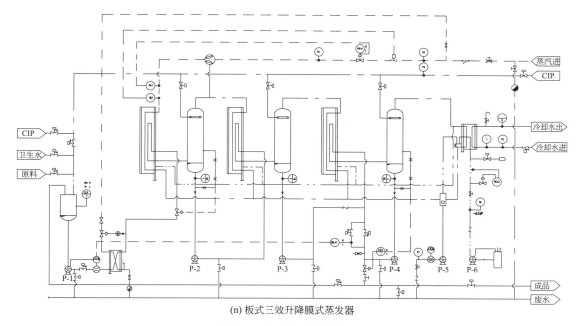

(n) 板式三效升降膜式蒸发器

图1-2 几种常用的蒸发器

1.2 升膜式蒸发器

在升膜式蒸发器中，料液在二次蒸汽流的拖动下以液膜的状态沿着管壁向上流动，边流动边与管外加热介质进行热与质的交换并蒸发。升膜式蒸发器不适合浓度较高的易结垢结焦或在蒸发过程中有结晶析出的料液的蒸发，其特点是在高速的二次蒸汽流及真空的作用下在管壁成膜并向上运动，蒸发后料液与二次蒸汽从蒸发器顶部进入分离器，实现蒸发后料液与二次蒸汽的分离。

进入升膜式蒸发器中料液的温度必须大于或等于蒸发温度，否则料液在蒸发器底部必有一部分受热面用来加热料液使其达到沸点后才能汽化蒸发。不仅如此，低温的物料进入蒸发器后不能马上形成液膜，而且在泵及真空的作用下会以液柱的形式上升，从而降低了蒸发效率。因此，低于沸点温度的料液要经过预加热到沸点或沸点以上温度方可进入蒸发器，这样蒸发参数才会很快达到要求并稳定。升膜加热管的长径比为 $100\sim150$，管径为 $25\sim50mm$。升膜式蒸发器管长可高达 $8m$，短管则为 $3\sim4m$。升膜式蒸发器中液膜的形成完全依靠二次蒸汽及真空的推动，二次蒸汽在加热管内的速度不低于 $10m/s$，一般为 $20\sim50m/s$，减压下可高达 $100\sim160m/s$，甚至更高。需要加热温差比较大，加热蒸汽压力不稳定或不足就会影响二次蒸汽对料液的向上拖动，也会影响液膜的形成。升膜式蒸发器进料开始不能快，要求在加热管中必须保持一定的料位高度，否则难以成膜。这个量需要在生产实际中去摸索。尤其在多效升膜式蒸发器中，如果次效靠二次蒸汽加热蒸发，进料量必须严格加以控制，否则便难以成膜，难以蒸发。由于料液在加热管中的布膜完全靠高速的二次蒸汽流及真空带动下形成，所以其膜不稳定，进入分离器时在二次蒸汽与料液分离过程中更容易产生二次蒸汽中雾沫的夹带，即分离不彻底而造成跑料。升膜式蒸发器的特点更适合高温加热蒸发，这样可获得较高的加热温差并达到预期的二次蒸汽的流速。当蒸发量大于料液量实际的蒸发水分时也不能成膜，甚至还引起结垢结焦。

升膜式蒸发器在生产过程中是连续进料连续出料，它不同于外循环式蒸发器，外循环式蒸发器间断出料，料液在蒸发器中是靠密度差形成循环并蒸发，加泵后料液在加热管中达到 2~5m/s 速度即为强制循环型蒸发器。而升膜式蒸发器的泵也不是强制循环的泵，仅是维持正常进料的泵。料液在外循环蒸发器中自循环时间较长，根据对出料密度（或浓度）的要求至少都在 20min 左右。自然外循环蒸发器加进一定料液泵即停止工作，而升膜式蒸发器的物料泵是连续工作的。升膜式蒸发器当蒸发参数稳定后料液在蒸发器中不进行循环，严格地说是一次进料一次出料即能达到设计蒸发要求。这种蒸发器要求加热温差较大，二次蒸汽速度较高，二次蒸汽中易产生雾沫夹带，不易操作及控制，所以升膜式蒸发器应用受到了限制。

1.3　外循环蒸发器

外循环蒸发器主要适用于物料浓度较大、黏度较大、易结垢结焦的料液的蒸发。如骨头汤、番茄酱及刺五加等中草药的蒸发浓缩，如图 1-2（a）～（c）所示。这种蒸发器在化工、医药、食品等行业上仍有应用。由于料液在管内液柱较高，提高了下部液体的沸点，故要求加热误差较大，限制了多效使用。这种蒸发器生蒸汽（一次蒸汽）加热温度都较高。

外循环蒸发器是中央循环管蒸发器的变形，相比中央循环管蒸发器其方便清洗与检修。外循环蒸发器加热管管径常采用的规格是 $\phi19mm \times 2mm$、$\phi25mm \times 2mm$、$\phi32mm \times 2mm$。其长径比在 50~100 之间，多在 80 左右。循环管截面积按加热管截面积的 20%～30%选取。外循环蒸发器的蒸发过程与降膜式蒸发器的蒸发过程不同，降膜式蒸发器是边蒸发料液边与二次蒸汽分离，到了分离室已基本完成分离，而外循环蒸发器完成汽液分离绝大部分是在分离室中进行的。因此，外循环蒸发器就更容易产生雾沫夹带，甚至跑料。分离室必须要有足够的分离容积，除了进口要制成切线的方式外，分离室内要设置捕沫装置。二次蒸汽要在分离室顶部排出，二次蒸汽管道要插入分离室内一段，这段长度一般在 150~250mm 之间，这样可起到旋流的作用，有利于汽液进一步分离。为了更好地回收二次蒸汽中夹带的料液，也可在排出管道即分离室至冷凝器管道之间设置挡板式或旋流式捕沫装置。分离室偏小，二次蒸汽直接进入分离室，分离室中没有设置捕沫装置等在实际中比较多见，因此跑料现象在所难免。

外循环蒸发器与升膜式蒸发器最大的区别就在于外循环蒸发器料液蒸发后形成了密度差，循环管中料液密度高于加热室中料液密度，这样依靠料液密度差产生自然循环，如果在外循管与加热室之间加装泵加快料液在加热管中的循环速度即为强制循环蒸发器。外循环蒸发器是间断进料间断出料，而升膜式蒸发器则是连续进料连续出料。升膜式蒸发器进料泵仅为正常进料而设置，而维持正常形成膜的量的泵并不是作为强制循环泵来用。升膜式蒸发器进料温度必须高于或等于沸点温度，否则料液在管中难以成膜，会降低蒸发效率，便不能连续进料连续出料。而外循环蒸发器则不需要。升膜式蒸发器蒸发后的料液一般不循环而是直接进入次效蒸发器或出料。外循环蒸发器占用空间并不大，其安装图如图 1-3 和图 1-4 所示。

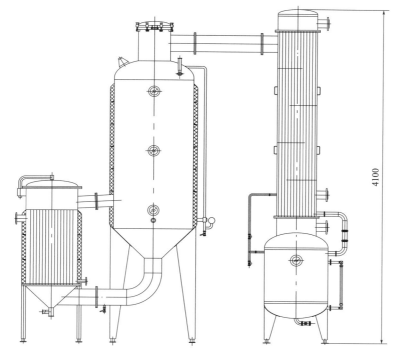

图 1-3 蒸发量 1000kg/h 单效外循环蒸发器安装总装图（单位：mm）

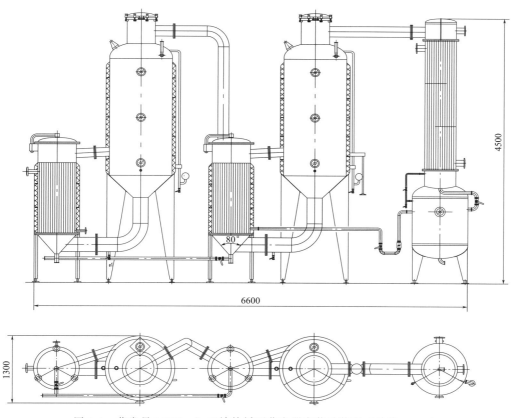

图 1-4 蒸发量 1500kg/h 双效外循环蒸发器安装总装图（单位：mm）

1.4 强制循环蒸发器

强制循环蒸发器主要用于浓度较大、黏度较大、在蒸发过程中易结垢结焦并含有颗粒物的耐热性比较强的料液的蒸发，如用于骨头汤、番茄酱、刺五加、污水、氯化钾等的蒸发浓缩，如图 1-2 (d)、(e) 所示。这种蒸发器可独立使用，也可与降膜、外循环蒸发器组合使用。目前应用较多。

强制循环蒸发器实际是在外循环蒸发器的基础上演变而来的。自然循环蒸发器亦即外循环蒸发器（或中央循环管蒸发器）是指在蒸发过程中由于蒸发的作用使料液产生密度差，料液依靠密度差产生循环。如果在料液循环管与加热室之间加装泵来加大循环速度即为强制循环蒸发器。强制循环蒸发器料液在加热管中循环速度为 2～5m/s。强制循环蒸发器动力消耗大，通常为 0.4～0.8kW/m²，这种蒸发器生蒸汽（一次蒸汽）加热温度都较高，因此这种蒸发器加热面积设计不宜太大。因此能用其他蒸发器蒸发的则不选用此蒸发器。强制循环蒸发器占用空间仅次于降膜式蒸发器，其安装图如图 1-5 和图 1-6 所示。

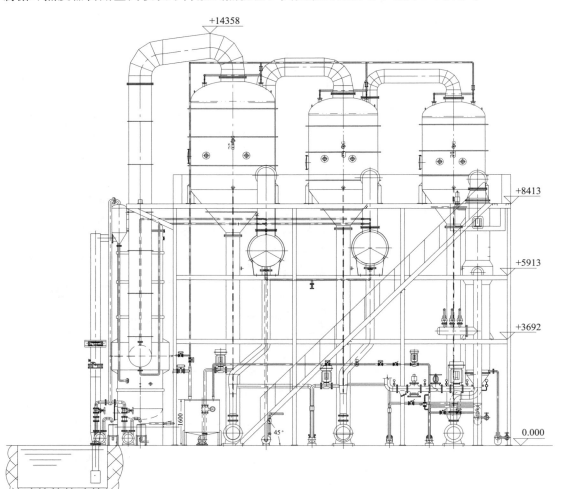

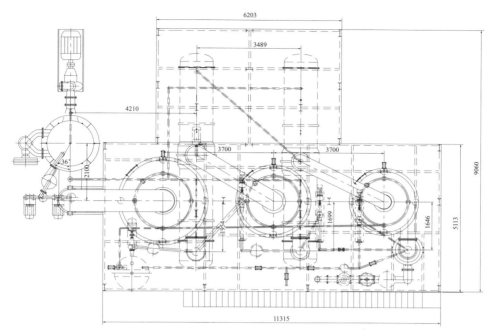

图 1-5　蒸发量 24000kg/h 用于番茄酱蒸发的三效强制循环蒸发器安装总装图（单位：mm）

图 1-6　实际应用于番茄酱生产的三效强制循环蒸发器

1.5　降膜式蒸发器

目前，实际中应用最为广泛的是降膜式蒸发器，如图 1-2(f)～(k)所示。这是因为降膜式蒸发器加热温度低、蒸发速率快、物料在设备中停留时间短、节能。在食品、乳品、化工、制药及玉米深加工中降膜式蒸发器都有广泛的应用，如用于果蔬汁、牛奶、蛋品、维生素 C、胶原蛋白、茶的浸泡液、谷氨酸钠等的蒸发浓缩，尤其适合热敏性物料的蒸发浓缩，物料在加热蒸发过程中有益元素能最大限度地得到保护。降膜式蒸发器分为单效、双效、三效及多效几种。根据料液特点及工艺需要，其加料方法也不尽相同。以三效降膜式蒸发器为例，其中最常用的加料方法是并流加料法，末效出料，如图 1-7 所示。

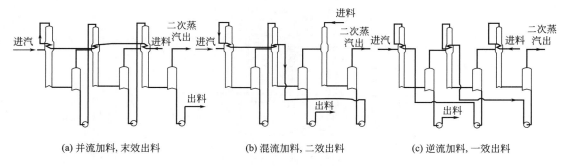

(a) 并流加料，末效出料   (b) 混流加料，二效出料   (c) 逆流加料，一效出料

图 1-7　不同加料法的三效降膜式蒸发器

　　料液在降膜式蒸发器中膜的形成与升膜式蒸发器完全不同。在降膜式蒸发器顶部设有料液分布器（应用最为广泛的是盘式分布器），料液分布器的作用是将进料均匀地分配给每根降膜管，并保证每根降膜管中的料液以液膜的状态沿着管壁向下流动。料液在降膜管中的流动是在重力及二次蒸汽流的作用下进行的，由于不是二次蒸汽克服料液自身的重力推动向上成膜，而是料液边向下流动边蒸发，到了降膜管底端，料液与二次蒸汽基本完成了分离，因此二次蒸汽夹带料液的现象大大改善，料液在加热管中布膜及蒸发更加稳定而有序。降膜管的长径比在 100～315 之间，管径一般在 38～50mm 之间。

　　降膜式蒸发器体积较大，占用空间较大，比同生产能力的外循环、强制循环蒸发器外形尺寸都要大。因此，一次性投资成本也比较大。如一台用于葡萄糖浆（玉米淀粉糖化液化转化而成）生产能力为 8000kg/h 的三效降膜式蒸发器，外形尺寸（长×宽×高）为 10000mm×5000mm×12500mm。

　　降膜式蒸发器的最大特点是连续进料连续出料，浓度可一次达到设计要求，料液在设备中停留的时间短，一台蒸发量为 5000kg/h 的三效降膜式蒸发器料液从进入（含预热过程）至出料的时间仅为 7min 左右，而外循环等蒸发器则是间断出料，物料在设备中停留时间长，一般在 20min 以上。降膜式蒸发器的另一特点是节能，运行成本较低，而强制循环蒸发器的动力消耗大。因此，能用降膜式蒸发器蒸发的则不采用强制循环蒸发器或外循环蒸发器。无论从应用领域及数量上看，降膜式蒸发器都是排在首位的。随着我国国民经济的快速发展，降膜式蒸发器的应用领域也正在不断地扩大。降膜式蒸发器在热敏性物料的低温蒸发上更显其优越性。作为节能技术的热压缩装置即热泵，在降膜式蒸发器中获得了广泛的应用并产生了良好的经济效益与社会效益。

　　图 1-8 所示为不同预热形式的降膜式蒸发器总装图。实际应用中的降膜式蒸发器如图 1-9～图 1-12 所示。

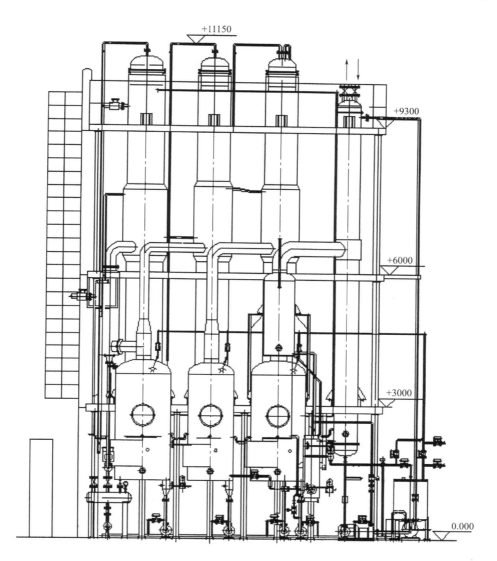

+11150

+9300

+6000

+3000

0.000

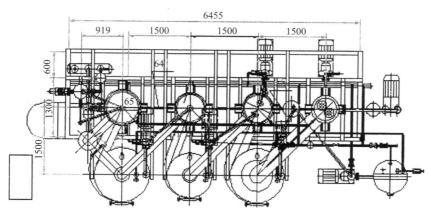

6455

919 1500 1500 1500

600

64

65

1300

1500

(a) RNJM03-4000型三效降膜式蒸发器(体内预热、含杀菌、含冷凝水预热)

图 1-8

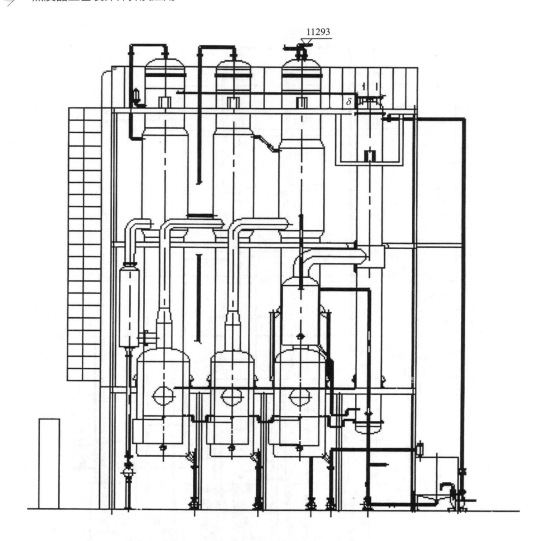

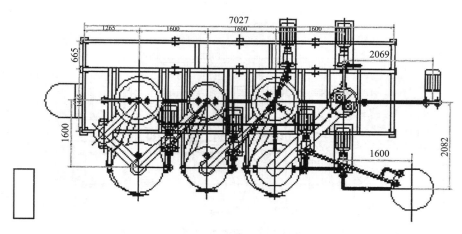

(b) TNJM03-6000型三效降膜式蒸发器(体内预热)

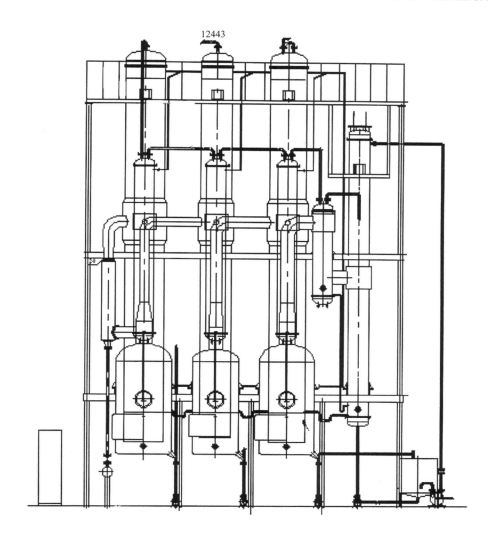

12443

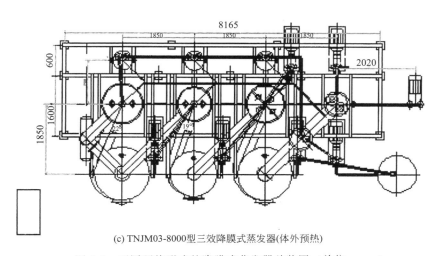

8165

1850 1850 1850

600

1850 1600

2020

22° 19°

(c) TNJM03-8000型三效降膜式蒸发器(体外预热)

图 1-8 不同预热形式的降膜式蒸发器总装图 （单位：mm）

图 1-9　实际应用于液态奶生产的
单效降膜式蒸发器

图 1-10　实际应用于氨基葡萄糖生产的
MVR 单效降膜式蒸发器

图 1-11　实际应用中的三效降膜式蒸发器

图 1-12　实际应用中的四效降膜式蒸发器

1.6　混合式蒸发器

混合式蒸发器是指在同一蒸发器组内有两种不同形式的蒸发器存在，如外循环蒸发器、升降膜式蒸发器、降膜式蒸发器与强制循环蒸发器的组合，这种蒸发器称为组合式蒸发器。这种蒸发器是根据料液的特性而设计的，用于料液在蒸发过程中黏度变化较大，易产生结垢结焦甚至有结晶析出的物料的蒸发上。最常用的是降膜式蒸发器与强制循环蒸发器结合的蒸发器组。组合式蒸发器近年来主要用于污水、谷氨酸二次母液、玉米浸泡液、番茄酱等的蒸发浓缩。如图 1-2 中（1）所示。

1.7　板式蒸发器

板式蒸发器最大优点是体积较小，占用空间较小，其安装图如图 1-13 和图 1-14 所示。其次，与管式降膜式蒸发器一样也是在负压下蒸发，因此属于低温蒸发。其主要形式有升膜式、升降膜式与降膜式三种。近些年来国内在果汁饮品、食品、玉米深加工、医药等领域都有应用。如用于苹果汁、山梨醇、骨头汤、胶原蛋白等的生产。如图1-2中（m）、（n）所示。其缺点是蒸发器胶垫容易老化而产生泄漏，清洗是否彻底也很难掌握。由于受制造模具制约，选用需要的板片形状还不灵活。

图1-13　实际用于鱼胶原蛋白生产的
双效板式升降膜式蒸发器

图1-14　实际用于鸡骨头汤生产的
三效板式升降膜式蒸发器

第❷章 蒸发器工艺计算及零部件设计

2.1 单效蒸发器的工艺计算

单效蒸发器的计算项目有蒸发量即生产能力的计算，加热蒸汽耗量的计算，蒸发器传热面积的计算。

2.1.1 蒸发量的计算

根据图 2-1 进行溶质的衡算：

$$SB_0 = (S-W)B_1$$
$$W = S(1-B_0/B_1) \qquad (2\text{-}1)$$

式中　S——原料液的流量，kg/h；

　　　W——单位时间内蒸发的水分量，即蒸发量，kg/h；

　　　B_0——原料液的质量分数，%；

　　　B_1——完成液的质量分数，%。

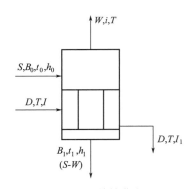

图 2-1　单效蒸发

2.1.2 加热蒸汽耗量的计算

蒸发操作中，加热蒸汽的热量一般用于将溶液加热至沸点，将水分蒸发为蒸汽以及向周围散失的热量。对某些溶液，如 NaOH 等水溶液，稀释时放出热量，因此蒸发这些溶液时应考虑供给和稀释热相当的浓缩热。

(1) 溶液稀释热不可忽略时物料的焓

$$DI + Sh_0 = Wi + (S-W)h_1 + DI_1 + q'$$
$$D = [Wi + (S-W)h_1 - Sh_0 + q']/(I-I_1) \qquad (2\text{-}2)$$

式中　D——加热蒸汽的消耗量，kg/h；

　　　I——加热蒸汽的焓，kcal/kg；

　　　h_0——原料液的焓，kcal/kg；

i——二次蒸汽的焓，kcal/kg；

h_1——完成液的焓，kcal/kg；

I_1——冷凝水的焓，kcal/kg；

q'——热损失，kcal/h。

若加热蒸汽的冷凝液在蒸汽的饱和温度下排出，则

$$R = I - I_1$$

式中　R——加热蒸汽的汽化热，kcal/kg。

式（2-2）可改写为

$$D = [Wi + (S - W)h_1 - Sh_0 + q']/R \tag{2-3}$$

（2）溶液稀释热可以忽略时物料的焓

$$h_0 = c(t_0 - 0) = ct_0 \tag{2-4}$$

$$h_1 = c_1(t_1 - 0) = c_1 t_1 \tag{2-5}$$

式中　c——料液的比热容，kcal/(kg·℃)；

t_0——原料液的温度，℃。

$$I_1 = c_p(T - 0) = c_p T \tag{2-6}$$

当冷凝液在饱和温度下排出时，则有

$$I - c_p T \approx R$$

$$i - c_p t_1 \approx r$$

式中　R——加热蒸汽的汽化热，kcal/kg；

r——二次蒸汽的汽化热，kcal/kg；

c_p——纯水的比热容，kcal/(kg·℃)；

T——二次蒸汽温度，℃；

t_1——完成液的温度，℃。

代入式（2-2）并整理得

$$D(I - c_p T) = Wi + (S - W)c_1 t_1 - Sct_0 + q' \tag{2-7}$$

当料液的比热容缺乏可靠数据时，可按下面经验公式计算：

$$c = c_a B + c_b(1 - B) \tag{2-8}$$

式中　B——溶液浓度（以溶质质量分数表示），％；

c_a，c_b——溶质、溶剂的比热容（当溶剂为水时 $c_b = c_p$）。

对于稀溶液即当 B 小于 20％ 时，其比热容 c 可近似地按式（2-9）估计：

$$c = c_b(1 - B) \tag{2-9}$$

将式（2-7）中的 c、c_1 均写成式（2-8）的形式，并与式（2-1）联立，即可得到原料液比热容 c_1 与完成液比热容 c 间的关系为

$$(S - W)c_1 = Sc - Wc_p \tag{2-10}$$

将式（2-10）代入式（2-7）并整理得

$$D(I - c_p T) = W(i - c_p t_1) + Sc(t_1 - t_0) + q' \tag{2-11}$$

简化得加热蒸汽耗量为

$$D = [Wr + Sc(t_1 - t_0) + q']/R \tag{2-12}$$

稀释热不可忽略时溶液的焓由专用的焓浓图查得。有时对稀释热不可忽略的溶液，也

可先按忽略稀释热的方法计算，然后再修正计算结果。

2.1.3 蒸发器传热面积计算

传热速率方程为

$$Q = kF\Delta t \tag{2-13}$$

式中　Q——传热量，kcal/h；

　　　F——蒸发器的传热面积，m^2；

　　　k——传热系数，kcal/($m^2 \cdot$ h $\cdot$ ℃)；

　　　Δt——加热蒸汽的饱和温度与溶液的沸点之差，℃。

则传热面积为

$$F = Q/(k\Delta t) \tag{2-14}$$

【**例 2-1**】　有一单效外循环蒸发器，蒸发 NaOH 水溶液，生产能力为 3000kg/h，进料浓度为 20％，进料温度为 60℃，出料浓度为 50％，平均比热容为 0.813kcal/(kg $\cdot$ ℃)，壳程蒸汽加热温度为 140℃，蒸发温度为 80℃，操作条件下溶液的沸点温度为 126℃，总传热系数为 1342kcal/($m^2 \cdot$ h $\cdot$ ℃)，加热蒸汽冷凝水在饱和温度下排出，热损失按 5％计算，试求：考虑浓缩热时加热蒸汽耗量和传热面积；忽略浓缩热时加热蒸汽耗量和传热面积。

从附表 12 查出加热蒸汽、二次蒸汽及冷凝水的有关参数如下：140℃饱和蒸汽的焓 $I = 653.0$kcal/kg，汽化热 $R = 512.3$kcal/kg；冷凝水的焓 $I_1 = 140.7$kcal/kg；二次蒸汽的焓 $i = 631.3$kcal/kg，二次蒸汽的汽化热 $r = 551.3$kcal/kg。

(1) 考虑浓缩热时

① 加热蒸汽耗量　由式（2-1）得

$$S = WB_1/(B_1 - B_0) = (3000 \times 50\%)/(50\% - 20\%) = 5000(\text{kg/h})$$

由附图 2 中查出 60℃时 20％NaOH 水溶液的焓和 126℃时 50％NaOH 水溶液的焓分别是 $h_0 = 50.24$kcal/kg，$h_1 = 148.33$kcal/kg。

由式（2-3）得加热蒸汽耗量为

$$D = [Wi + (S - W)h_1 - Sh_0 + q']/R$$
$$= [3000 \times 631.3 + (5000 - 3000) \times 148.33 - 5000 \times 50.24] \times 1.05/512.3$$
$$= 3974.87(\text{kg/h})$$

② 传热面积

$$F = Q/(k\Delta t) = 3974.87 \times 512.3/[1342 \times (140 - 126)] = 108.4(\text{m}^2)$$

(2) 忽略浓缩热时

① 加热蒸汽耗量　由式（2-12）计算得

$$D = [Wr + Sc(t_1 - t_0) + q']/R$$
$$= [3000 \times 551.3 + 5000 \times 0.813 \times (126 - 60)] \times 1.05/512.3$$
$$= 3939.68(\text{kg/h})$$

② 传热面积

$$F = Q/(k\Delta t) = 3939.68 \times 512.3/[1342 \times (140 - 126)] = 107.4(\text{m}^2)$$

2.2 多效蒸发器的工艺计算

以顺流加料法的蒸发操作为例，如图 2-2 所示。

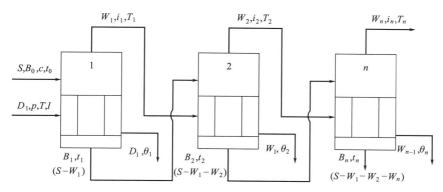

图 2-2 顺流加料法的多效蒸发工艺流程

S—进料量，kg/h；W_1，W_2，$\cdots$，W_n—各效的蒸发水量，kg/h；B_0，B_1，B_2，$\cdots$，B_n—料液及各效的质量分数，%；
t_0—进料温度，℃；t_1，t_2，$\cdots$，t_n—各效溶液的沸点，℃；D_1—加热蒸汽的耗量，kg/h；p—加热蒸汽的压力，
kgf/cm²❶（绝对压力）；T—加热蒸汽温度，℃；T_1，T_2，$\cdots$，T_n—各效二次蒸汽温度，℃；
θ_1，θ_2，$\cdots$，θ_n—各效蒸汽的冷凝温度，℃；I，i_1，i_2，$\cdots$，i_n—加热蒸汽及各效二次蒸汽的焓，kcal/kg

在蒸发计算过程中，进料量、料液的浓度与温度，以及浓缩液的浓度均由工艺条件所规定；加热蒸汽的压力，末效蒸发室的真空度，蒸发器的型式、效数及蒸发流程等，必须根据溶液性质、生产能力的大小通过经济比较而定；总的蒸发水量 W，各效蒸发水量 W_1、W_2、$\cdots$、W_n，加热蒸汽的消耗量 D 和各效的传热面积 F，可通过物料衡算、热量衡算和传热速率方程求取。

2.2.1 蒸发量的计算

在蒸发过程中，如果无额外蒸汽引出，则总蒸发量 W 为各效蒸发量（W_1，W_2，$\cdots$，W_n）之和：

$$W = W_1 + W_2 + \cdots + W_n \tag{2-15}$$

溶质的物料衡算式如下：

$$SB_0 = (S - W_1)B_1 = (S - W_1 - W_2)B_2 = \cdots = (S - W_1 - W_2 - \cdots - W_n)B_n \tag{2-16}$$

由此求出总蒸发量 W 为

$$W = S(1 - B_0/B_n) \tag{2-17}$$

而任一效中溶液的浓度为

$$B_n = SB_0/(S - W_1 - W_2 - \cdots - W_n) \tag{2-18}$$

---

❶ $1\text{kgf/cm}^2 = 98.0665\text{kPa}$，下同。

2.2.2 加热蒸汽耗量的计算

由图 2-2 可以看出，输入第一效蒸发器的热量为加热蒸汽和料液的带入量；输出的热量为，二次蒸汽、浓缩液、加热蒸汽冷凝水等带出的热量及热损失。如果忽略因溶液的浓度变化而产生的热效应，各效纯水的比热容值视为不变，则可写出第一效蒸发器的热量衡算式：

$$D_1 I_1 + Sct_0 = W_1 i_1 + (Sc - W_1 c_p)t_1 + D_1 \theta_1 c_p + q'_1 \tag{2-19}$$

式中　c——溶液的比热容；

q'_1——第一效蒸发器的热损失，kcal/h。

将式 (2-19) 移项整理，得

$$D_1(I_1 - c_p \theta_1) = W_1(i_1 - c_p t_1) + Sc(t_1 - t_0) + q'_1 \tag{2-20}$$

$I_1 - c_p \theta_1$ 为加热蒸汽的冷凝潜热 R_1（kcal/kg），其中，θ_1 为一效凝缩温度（℃）；$i_1 - c_p t_1$ 为一效二次蒸汽的蒸发潜热 r_1（kcal/kg）。式 (2-20) 可写为

$$D_1 R_1 = W_1 r_1 + Sc(t_1 - t_0) + q'_1 \tag{2-21}$$

对于第二效蒸发器，加热蒸汽量为 D_2（kg/h），当无额外蒸汽引出时，其质量即为第一效产生的二次蒸汽质量 W_1（kg/h），则可仿式 (2-20) 写出第二效蒸发器的热量衡算式：

$$D_2(I_2 - c_p \theta_2) = W_2(i_2 - c_p t_2) + (Sc - W_1 c_p)(t_2 - t_1) + q'_2 \tag{2-22}$$

$I_2 - c_p \theta_2$ 为加热蒸汽的冷凝潜热 R_2（kcal/kg）；$i_2 - c_p t_2$ 为二效二次蒸汽的蒸发潜热 r_2（kcal/kg）。式 (2-22) 可写为

$$D_2 R_2 = W_2 r_2 + (Sc - W_1 c_p)(t_2 - t_1) + q'_2 \tag{2-23}$$

同理，第三效蒸发器的热量衡算式为

$$D_3 R_3 = W_3 r_3 + (Sc - W_1 c_p - W_2 c_p)(t_3 - t_2) + q'_3 \tag{2-24}$$

第 n 效蒸发器的热量衡算式为

$$D_n(I_n - c_p \theta_n) = W_n(i_n - c_p t_n) + (Sc - W_1 c_p - W_2 c_p - \cdots - W_{n-1} c_p)(t_n - t_{n-1}) + q'_n \tag{2-25}$$

将式 (2-25) 等号两端各除以 $(i_n - c_p t_n)$，并移项整理得

$$W_n = D_n(I_n - c_p \theta_n)/(i_n - c_p t_n) - (Sc - W_1 c_p - W_2 c_p - \cdots - W_{n-1} c_p)(t_n - t_{n-1})/(i_n - c_p t_n) - q'_n/(i_n - c_p t_n) \tag{2-26}$$

$I_n - c_p \theta_n$ 为任一效加热蒸汽所放出的热量（kcal/kg），如果加热蒸汽的冷凝水在凝缩温度 θ_1 排出，则 $I_n - c_p \theta_n$ 为加热蒸汽的冷凝潜热 R_n（kcal/kg）；$i_n - c_p t_n$ 为任一效二次蒸汽的蒸发潜热 r_n（kcal/kg）。式 (2-25) 可写为

$$D_n R_n = W_n r_n + (Sc - W_1 c_p - W_2 c_p - \cdots - W_{n-1} c_p)(t_n - t_{n-1}) + q'_n \tag{2-27}$$

第 n 效蒸汽耗量为

$$D_n = [W_n r_n + (Sc - W_1 c_p - W_2 c_p - \cdots - W_{n-1} c_p)(t_n - t_{n-1}) + q'_n]/R_n$$

$(I_n - c_p \theta_n)/(i_n - c_p t_n)$ 为每千克加热蒸汽冷凝时所放出的潜热可以蒸发的溶剂量（kg），称为蒸发系数，用符号 a_n 表示，即

$$a_n = (I_n - c_p \theta_n)/(i_n - c_p t_n) \tag{2-28}$$

对于水溶液，a_n 可近似取 1。

$t_{n-1} - t_n$ 为相邻两效的沸点之差，当顺流操作时 $t_{n-1} > t_n$，每千克溶液从 $n-1$ 效进入时所放出的显热为 $c_n(t_{n-1} - t_n)$（kcal/kg），此项热量所产生的二次蒸汽量为

$$c_n(t_{n-1} - t_n)/(i_n - c_p t_n) = c_n \beta_n \tag{2-29}$$

这种现象称为溶液的自蒸发，式（2-29）中 β_n 为自蒸发系数：

$$\beta_n = (t_{n-1} - t_n)/(i_n - c_p t_n)$$

β_n 值很小，一般为 $0.01 \sim 0.1$。

将热损失一项并入等式右端两项中，可将式（2-26）的右端乘以一个系数 η_n，称为热利用系数。

$$W_n = [D_n a_n + (Sc - W_1 c_p - W_2 c_p - \cdots - W_{n-1} c_p)\beta_n]\eta_n \tag{2-30}$$

对一般溶液的蒸发，η_n 的值为 0.98。

式（2-30）为多效蒸发操作任一效蒸发量的计算式，这个式子将加热蒸汽耗量、自蒸发量和热损失的关系联系起来，多效蒸发的热量衡算式是求取第一效的加热蒸汽耗量 D_1 和校核各效的蒸发量 W_1，W_2，$\cdots$，W_n 的依据，所以，必须将各效蒸发量与计算式都整理为 D_1 的函数式，如由（2-30）得第一效与第二效的蒸发量分别为

$$W_1 = (D_1 a_1 + Sc_1 \beta_1)\eta_1 \tag{2-31}$$

$$W_2 = [D_2 a_2 + (Sc - W_1 c_1)\beta_2]\eta_2 \tag{2-32}$$

其他各效依次类推。

当有额外蒸汽从第一效与第二效引出时，则

$$D_2 = W_1 - E_1$$

$$D_3 = W_2 - E_2$$

式中　　E_1，E_2——由第一效与第二效的二次蒸汽中引出的额外蒸汽量，kg/h。

如将各效蒸发量表示为 D_1 的函数式，则为

$$\left.\begin{array}{l} W_1 = a_1 D_1 + b_1 \\ W_2 = a_2 D_1 + b_2 \\ \quad\vdots \\ W_n = a_n D_1 + b_n \end{array}\right\} \tag{2-33}$$

将式（2-33）各项相加，可得

$$W = W_1 + W_2 + \cdots + W_n = D_1(a_1 + a_2 + \cdots + a_n) + (b_1 + b_2 + \cdots + b_n) \tag{2-34}$$

设 $A = a_1 + a_2 + \cdots + a_n$，$B = b_1 + b_2 + \cdots + b_n$ 则式（2-34）可简化为

$$W = D_1 A + B$$

即

$$D_1 = (W - B)/A \tag{2-35}$$

由式（2-35）求出第一效加热蒸汽耗量 D_1 后，即可由式（2-31）和式（2-32）等求出蒸发量 W_1、W_2，$\cdots$，W_n。

应该说明，上述计算方法无论是顺流或是逆流都能适用，但在逆流操作时自蒸发系数不同，可写为

$$b_n = (t_{n+1} - t_n)/(i_n - c_p t_n)$$

此外，由于物料流向与顺流不同，加入末效的物料为 S，加入第一效的则为 $S - W_1 - W_2 - \cdots - W_n$，因此，式（2-31）和式（2-32）等中右端括号中的第二项要进行相应修改。

需要特别说明的是上述各热量衡算式仅适用于各效冷凝水直接排放掉忽略不计的情况下，若考虑冷凝水回收再利用，即前效冷凝水按顺序进入后效，若利用蒸发器壳程蒸汽对

物料进行预热，或蒸发器壳程中有蒸汽引出，可参照上述蒸发器的热量衡算公式将这些项考虑进去再进行热量衡算，详见计算实例。

降膜式蒸发器大都是在高于或等于沸点温度的情况下进料的，而实际进料的温度一般都比较低，绝大多数的降膜式蒸发器在各效壳程中还设有预热器，对低于沸点温度的物料进行逐级预热，冷凝水也不是直接排放掉，而是顺序从前效进入后效，冷凝水最终从末效排出，在此过程中回收其中一部分显热，将式（2-27）改写为式（2-38），可直观地表达出。还可看出随着蒸发的进行，料液在不同效中料液量、比热容的变化。多效降膜式蒸发器热量衡算大多是分步试算而得，最终维持蒸发进行的加热介质所给予的热量必须与实际所需要的热量平衡。

由式（2-27）整理得

第一效热量衡算式为

$$D_1 R_1 = W_1 r_1 + Sc(t_1 - t_0) + Q_1 - q_1 + q_1' \qquad (2\text{-}36)$$

第二效热量衡算式为

$$D_2 R_2 = W_2 r_2 + (Sc - W_1 c_p)(t_2 - t_1) + Q_2 - q_2 + q_2' \qquad (2\text{-}37)$$

依此类推，任一效热量衡算式直观的基本通式为

$$D_n R_n = W_n r_n + (Sc - W_1 c_p - W_2 c_p - \cdots - W_{n-1} c_p)(t_n - t_{n-1}) + Q_n - q_n + q_n'$$

$$(2\text{-}38)$$

式中　Q_n——任意一效利用壳程蒸汽对物料预热的热量，kcal/h；

　　　q_n——前一效或几效蒸发器壳程冷凝水进入次效壳程所放出的显热，kcal/h。

$$q_n = W_{n-1} c_p (t_{n-1} - t_n) r_n / i_n$$

式中　q_n——自蒸发热量，kcal/h；

　　　W_{n-1}——进水量，kg/h；

　　　c_p——冷凝水比热容，kcal/(kg·℃)；

　　　t_{n-1}——进水温度，$t_1 = 80℃$；

　　　t_n——饱和蒸气压下的二次蒸汽温度，℃；

　　　r_n——t_n下二次蒸汽的汽化热，kcal/kg；

　　　i_n——t_n下二次蒸汽热焓，kcal/kg。

当蒸发系统中各效设有物料预热装置，冷凝水顺序从前效进入后效壳程中，最终从末效排出时，上述工艺流程可改为图 2-3 所示的流程。

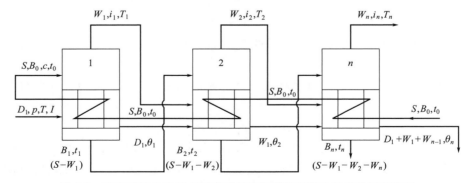

图 2-3　带有预热及冷凝水不直接排放的顺流加料法的多效工艺流程

2.2.3　蒸发器传热面积的计算

传热速率方程和传热面积计算公式同 2.1.3 节中式（2-13）和式（2-14）。

（1）蒸发器温差损失计算

传热性质：在蒸发操作中，蒸发器加热室壁面一侧为加热蒸汽进行冷凝，另一侧为溶液进行沸腾，故蒸发过程属于壁面两侧流体有相变的恒温传热过程，因此传热平均温差为 $T-t$（T 为加热蒸汽温度，t 为操作条件下溶液的沸点）。溶液的沸点受溶液浓度、蒸发器内液面压力等因素影响，在计算 Δt_m 时需考虑这些因素。

加热蒸汽温度为 T，溶液的沸点为 t，则蒸发器加热室的温差为 $\Delta t_m = T-t$，在多效操作的情况下，若无任何温度损失时，溶液的沸点等于二次蒸汽的温度，也必须等于进入次效作为加热蒸汽的温度，即

$$t_1 = T_2, t_2 = T_3, \cdots$$

而各效的温差为

$$\Delta t_1 = T_1 - t_1, \Delta t_2 = T_2 - t_2 = t_1 - t_2, \cdots, \Delta t_n = t_{n-1} - t_n$$

所以各效温差总和为 $\sum \Delta t = \Delta t_1 + \Delta t_2 + \cdots + \Delta t_n$，而总的温差为第一效加热温度与末效二次蒸汽温度之差，即 $\sum \Delta t_总 = T_1 - t_n$。在无温差损失时，温差的总和应与总温差相等，即 $\sum \Delta t = \sum \Delta t_总$，而实际上，蒸发过程中是有温差损失的，所以 $\sum \Delta t < \sum \Delta t_总$，$\sum \Delta t$ 称为有效总温差。两者之间的差额 Δ 称为温差损失，即

$$\Delta = \sum \Delta t_总 - \sum \Delta t$$

蒸发过程中温差损失主要有三项。

① 因溶液蒸气压下降而引起的温差损失 Δ'。

在相同温度下，由于溶质的存在，溶液的蒸气压总是比纯溶剂的低，因此当液面的压力一定时，溶液的沸点比纯溶剂的高，所高出的温度称为溶液的沸点升高。

溶液的沸点升高随着溶液的浓度而变，浓度越高，沸点升高越大，它们的沸点差值以 Δ' 表示。一般情况下，有机溶液的沸点升高 Δ' 不显著，无机溶液的 Δ' 较大；稀溶液的沸点 Δ' 较小；但高浓度的无机溶液的 Δ' 却相当大。例如，在 0.1MPa 下，10%NaOH 水溶液的沸点升高约为 3℃，而 50%NaOH 水溶液沸点升高可达 40℃以上。常压下不同浓度的沸点可通过实验测定，常压下某些无机盐水溶液的沸点升高与浓度的关系见附图 1，部分常见溶液的沸点可在相关书籍或手册中查得。当缺乏实验数据时，可用下式估算出沸点升高的数值：

$$\Delta' = f \Delta a$$

式中　Δa——常压下由于溶液蒸气压下降而引起的沸点升高,℃；

Δ'——操作压力下由于溶液蒸气压下降而引起的沸点升高,℃；

f——校正系数，量纲为 1。

f 的经验计算式为：

$$f = 0.0162(T_n + 273)^2 / r'$$

式中　T_n——操作压强下二次蒸汽的温度,℃；

r'——操作压强下二次蒸汽的汽化热, kJ/kg。

当蒸发器中的操作压强不是常压时，为估计不同压强下溶液的沸点以计算沸点升

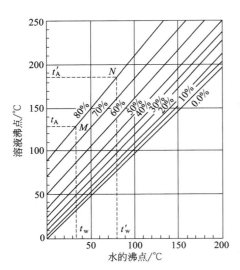

图 2-4　NaOH 水溶液的杜林线

高，提出了某些法则。其中杜林规则得到了广泛应用。

杜林规则：在相当宽的压强范围内，一定组成的溶液的沸点与同压强下溶剂的沸点成线性关系。图 2-4 所示为不同浓度 NaOH 的沸点与对应压强下纯水沸点的关系。由图 2-4 可见，NaOH 的质量分数为零（即纯水）的沸点为一条 45° 对角线；在浓度不太高（<40%）的范围内，溶液的沸点线大致为一组与 45° 对角线平行的线束，可以合理地认为溶液的沸点升高与操作压强无关，即不同压力下的 Δ' 可取常压下的 Δ' 数值；在高浓度范围内，只要已知两个不同压强下溶液的沸点，可通过杜林线的斜率计算或直接按水的沸点进行线性内插（或外推）。图 2-3 中在任意直线上（即任一组成）任选 N 及 M 两点，该两点纵坐标值分别为 t'_A 及 t_A，横坐标值分别为 t'_w 及 t_w，则直线的斜率为

$$k = (t'_A - t_A)/(t'_w - t_w) \tag{2-39}$$

式中　k——杜林线的斜率，量纲为 1；

　t_A，t_w——M 点溶液的沸点与纯水的沸点，℃；

t'_A，t'_w——N 点溶液的沸点与纯水的沸点，℃。

当某压力下水的沸点 $t_w = 0$ 时，式（2-39）变为

$$y_m = t'_A - kt'_w \tag{2-40}$$

式中　y_m——杜林线的截距，℃。

不同组成的杜林线是不平行的，斜率 k 与截距 y_m 都是溶液质量组成 x 的函数。对 NaOH 水溶液，k、y_m 与 x 的经验关系为

$$k = 1 + 0.142x \tag{2-41}$$

$$y_m = 150.75x^2 - 2.71x \tag{2-42}$$

利用经验公式计算 50kPa 时溶液的沸点：

用式（2-41）求 20%NaOH 水溶液的杜林线的斜率，即

$$k = 1 + 0.142x = 1 + 0.142 \times 0.2 = 1.028$$

再用式（2-42）求该线的截距，即

$$y_m = 150.75x^2 - 2.71x = 150.75 \times 0.2^2 - 2.71 \times 0.2 = 5.488$$

又由式（2-40）知该线的截距为

$$y_m = t'_A - kt'_w = 5.488$$

将已知值代入上式，得

$$t'_A - 1.028 \times 81.2 = 5.488$$

$$t'_A = 88.96℃$$

即在 50kPa 时溶液的沸点为 88.96℃。

② 加热管内溶液的静压强引起的温差损失 Δ''。

在蒸发过程中某些蒸发器加热管内积有一定液层，低层溶液所承受的压强要比液面的高，因此液层内溶液的沸点高于液面沸点。液层内部沸点与表面沸点之差即为液柱静压强

引起的温差损失。降膜式蒸发器与外循环蒸发器等不同，料液在降膜管中是以液膜状沿着降膜管壁在自身的重力及二次蒸汽流的作用下自上而下流动，降膜管内不存在料位，即便自动控制某效分离室要保持一定料位，但料位的高度也没有超过下器体出料口的高度，因此静压强引起的沸点升高可以忽略不计。

由静压强引起的温差损失用 Δ'' 表示。真空蒸发压力越低，Δ'' 越显著。

液层的平均压强为

$$p_m = p' + \rho_m gh/2$$

式中　p_m——液层的平均压强；

$\quad\quad p'$——液面处的压强，即蒸发器的操作压强；

$\quad\quad \rho_m$——液层的平均密度；

$\quad\quad g$——重力加速度；

$\quad\quad h$——液层高度。

则由液柱静压强引起的温差损失 Δ'' 可表示为

$$\Delta'' = t_m - t_b$$

式中　t_m——液层中部压强 p_m 对应的溶液的沸点；

$\quad\quad t_b$——液面处压强 p' 对应的溶液的沸点。近似计算时，t_b 与 t_m 可取对应压强下水的沸点。

影响 Δ'' 因素：沸腾时液层内混有气泡，液层实际的密度较计算公式所用的纯液体密度要小，算出的 Δ'' 值偏大；当溶液在加热管内循环速度较大时，会因流体阻力使平均压强增高。

【例 2-2】　在外循环蒸发器内，蒸发 28% 葡萄糖水溶液，分离器温度为 65℃，其对应的饱和蒸气压为 25.5kPa，加热液层高度为 0.65m，溶液的平均密度为 1100kg/m³。试求因静压强引起的温差损失 Δ''。

先求液层的平均压强：

$$p_m = p' + \rho_m gh/2 = 25.5 \times 10^3 + 1100 \times 9.81 \times 0.65/2 = 29007(\text{Pa}) \approx 29(\text{kPa})$$

查附表 12，29kPa 压强下对应饱和蒸汽温度为 68℃，故由静压强引起的温差损失

$$\Delta'' = 68 - 65 = 3 \text{（℃）}$$

③　各效间二次蒸汽在管道中，由于流动阻力而引起的温差损失 Δ'''。

各效间二次蒸汽在管道中，由于流动阻力引起的温差损失值难以准确计算。多效蒸发中二次蒸汽在进入次效加热壳程中，管路中由于流动阻力使蒸发压力降低，蒸汽的饱和温度随之下降，因而发生蒸汽在各效间的温度损失，这个损失与蒸汽流的速度、管路长短、管件多少、搏沫器的阻力等有关。管路损失温度约为 1℃，从蒸发器至冷凝的 Δ'' 取 1～1.5℃。

考虑了上述因素后，操作条件下任意一效溶液的沸点为

$$t_n = T_n + \Delta' + \Delta'' + \Delta'''$$

令 $\Delta = \Delta' + \Delta'' + \Delta'''$，则

$$t_n = T_n + \Delta$$

式中　T_n——冷凝器操作压力下任一效饱和蒸汽温度即二次蒸汽温度；

$\quad\quad \Delta$——总温差损失。

因此，传热平均温差为

$$T - t_n = T - (T_n + \Delta)$$

（2）有效温度差在各效的分配原则

① 等压强降原则　是指设定蒸汽通过各效的压强降相等。

设 p_0 表示第一效加热蒸汽的压强，p_k 表示冷凝器中的压强（间壁冷凝器为壳程或管程中压强，直接式冷凝器为器内压强），$\Delta p_{总}$ 为总的压强降，则经过蒸发器的压强降为

$$\Delta p_{总} = p_0 - p_k$$

假定蒸汽通过各效压强降相等，则当效数为 n 时，各效压强降为

$$\Delta p_n = \Delta p_{总} / n$$

根据 Δp_n 即可求出各效的二次蒸汽温度。

例如三效蒸发器，$\Delta p_3 = \Delta p_{总}/3$，若忽略蒸汽管道中压强降，则第三效的蒸发室压强 $p_3 = p_k$，由 p_3 可查出相应的饱和蒸汽温度 T'_3，即该效的二次蒸汽温度；第二效的蒸发室压强 $p_2 = p_3 + \Delta p_{总}/3$，由 p_2 可查出相应的饱和蒸汽温度 T'_2，即该效的二次蒸汽温度；第一效的蒸发室压强 $p_1 = p_2 + \Delta p_{总}/3$，由 p_1 可查出相应的饱和蒸汽温度 T'_1，即该效的二次蒸汽温度。

假定各效蒸发量的分配，由总蒸发水量求得各效的蒸发水量 W_1、W_2 及 W_3，然后计算出各效溶液浓度 B_1、B_2 及 B_3，根据各效二次蒸汽温度可求得溶液的沸点 t_1、t_2 及 t_3。

【例 2-3】　有一三效降膜式蒸发器用于牛奶的蒸发，第一效加热温度控制在 87℃，末效蒸发室真空度为 0.09MPa 左右。试求一效、二效蒸发温度。

假定蒸汽通过各效压强降相等。

87℃ 对应的饱和蒸气压（绝压）$p_0 = 0.06372 \text{kgf/cm}^2$（$1 \text{kgf/cm}^2 = 98.0665 \text{kPa}$），末效蒸发室内的绝压即第三效蒸发室的压强 $p_3 = p_k$，由 p_3 可查出相应的饱和蒸汽温度 T'_3 即末效的二次蒸汽温度。

若忽略蒸汽管道中压强降，则 $p_3 = p_k = 0.1013 - 0.09 = 0.0113$（MPa），所对应的饱和蒸汽温度约为 48℃，$\Delta p_{总} = p_0 - p_k = 0.06372 - 0.0113 = 0.05242$（MPa），假定蒸汽通过各效压强降相等，则当效数为 3 时，各效压强降为 $\Delta p_3 = 0.05242/3 = 0.01747$（MPa）。

第二效蒸发室的压强 $p_2 = 0.0113 + 0.01747 = 0.02877$（MPa），由 p_2 可查出相应的饱和蒸汽温度 T'_2 约为 67℃，即该效的二次蒸汽温度。

第一效蒸发室的压强 $p_1 = 0.02877 + 0.01747 = 0.04624$（MPa），由 p_1 可查出相应的饱和蒸汽温度 T'_1 约为 79℃，即该效的二次蒸汽温度。

也可以采用等温差的方法进行分配。例如，一效加热温度控制在 87℃，末效蒸发室温度为 $t_3 = 45℃$，总温差 $\Delta T = T_0 - t_k = 87 - 45 = 42$（℃）。

如三效蒸发器，$\Delta T_3 = \Delta T/3 = 42/3 = 14$（℃）。若忽略蒸汽管道中温度损失，则第二效的蒸发温度 $t_2 = t_3 + \Delta T/3 = 45 + 14 = 59$（℃）；第一效的蒸发温度 $t_1 = t_2 + \Delta T/3 = 59 + 14 = 73$（℃）。

可以看出两种分配方法各效温差不同，后者没有把温差损失考虑进去，按此分配计算更为方便，更为直观，与实际应用也比较接近。应予指出的是也不是所有蒸发器都按此方法进行分配各效蒸汽的压强，还要根据具体物料参数及生产工艺的具体要求进行综合考虑。

从上述计算不难看出，按等压强降分配一效的传热温差为 8℃ 往往过小，热量衡算后一效的蒸发面积过大，一效实际蒸发温度偏低。因此，也可以按照非等压强降的方法进行分

配，不过，这种分配方法各效的温差实际应用表明差距也不大，因此分配时各效压强降的差别也不宜过大。

②非等压强降原则　是指蒸汽通过各效的压强降不相等，根据实际需要将有效温差分配到各效。采用这种分配方法分配各效有效温差可用以调整各效的换热面积，为实际生产需要，可减少末效换热面积，用以消减或延缓结垢结焦的发生，从而满足某种料液正常蒸发的需要。这对热敏性的、易结垢结焦的物料蒸发来说是有益的。

无论采取何种分配方法，实际生产设备的蒸发参数都主要受加热及冷凝压力两个参数的影响，并在一定范围内波动，加热及冷凝压力这两个参数一经发生变化，蒸发参数也随之改变。

蒸发器总的传热系数为

$$K = 1/(1/a_i + R_i + \delta/\lambda + R_o + 1/a_o)$$

式中　K——总传热系数；

　　　a_i——管内溶液沸腾的对流传热系数；

　　　a_o——管外蒸汽冷凝的对流传热系数；

　　　R_i——管内垢层热阻；

　　　R_o——管外垢层热阻；

　　　δ——管壁厚度；

　　　λ——加热管的热导率。

在蒸发过程中，由于溶液的浓度不断提高，加热面处溶液更易呈过饱和状态，溶质和可溶性物质类析出，附着于加热表面，便形成污垢。因此 R_i 经常成为蒸发器的主要热阻部分，目前，R_i 的取值多来自经验数据。同样，影响管内溶液沸腾对流传热系数 a_i 因素也很多，如溶液的性质、操作条件、传热状况和蒸发器的结构等，所以 a_i 又是影响总传热系数的主要因素。但诸多的因素也致使准确计算 a_i 有困难。其次，随着蒸发器使用时间的加长，蒸发器管外热阻 R_o 也会不同程度地加大。因此，作为蒸发器的设计依据，总传热系数主要来自现场实测和生产经验。

2.3　蒸发器零部件的设计

降膜式蒸发器的料液是从蒸发器的顶部进入，在蒸发器的上管板上设有料液分布器，料液进入蒸发器即首先进入料液分布器，经过料液分布器将料液均匀地分配给蒸发器的每根降膜管，料液在自身的重力及二次蒸汽流的作用下以液膜状沿着管壁自上向下流动，料液进入蒸发器底部即下器体，再进入分离器实现二次蒸汽与料液的彻底分离。二次蒸汽进入次效作为加热热源或进入预热器中预热再进入冷凝器中被冷凝成凝结水排放掉。料液则从分离器的底部被泵抽出送到次效或下道工序。降膜式蒸发器如图2-5所示（带热泵的降膜式蒸发器）。与外循环蒸发器、升膜式蒸发器及强制循环蒸发器等的结构不同，降膜式蒸发器换热管较长，长径比为100～250。常用的管径在38～50mm之间。比较常用的管子长度在6000～12000mm之间。传热系数在500～1200kcal/(m²·h·℃)之间。一效加热温度最高，料液浓度一般最低，结垢结焦的可能性最小。因此，一效传热系数最大，末效温度最低，料液浓度最高（末效出料），结垢结焦比较严重，末效传热系数最小。由于成膜机理不同于升膜式蒸发器，可蒸发浓度较高、黏度较大（一般黏度在0.05～0.7Pa·s）的料液。

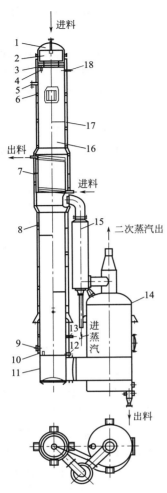

图 2-5　降膜式蒸发器
1—上器盖；2—盘式分布器；3—管板；4—降膜管；
5—安全阀座；6—保温；7—预热盘管；8—外包皮；
9—视镜；10—冷凝水接管；11—下器体；12—冷凝
水接管；13—下不凝气接管；14—分离器；15—热泵；
16—壳体；17—折流板；18—上不凝气接管

但不适宜处理易结晶的料液。提高传热系数的方法：蒸发器的结构设计要合理；有效布膜；及时清除降膜管上的垢层，包括管外的垢层；排除壳程中的不凝性气体；壳程中不得存水。

2.3.1　蒸发器效体的设计

降膜式蒸发器是在真空负压状态下完成蒸发的，在生产过程中系统最高真空度可达 0.085MPa 以上，因此降膜式蒸发器属于压力容器。在制造过程中应严格按 GB/T 150—2011《压力容器》、GB/T 151—2014《热交换器》及 QB/T 1163—2000《降膜式蒸发器》三个标准中有关规定进行制造、检验并验收。一台降膜式蒸发器机组主要由蒸发器器体、热泵、分离器、预热器、冷凝器、真空泵、物料泵、物料管线、冷凝水管线、不凝性气体管线、阀门、仪表、控制柜、平衡缸（或罐）等组成。用于牛奶蒸发的三效降膜式蒸发器流程如图 2-6 所示。用于奶粉生产的蒸发器还设有杀菌器保持管等。每一效蒸发器简称为某效，每一效主要由料液分布器、管板、降膜管、预热器、折流板、下器体、进汽接管、冷凝水接管、上不凝性气体接管、下不凝性气体接管、视镜、压力及温度传感器等组成。

2.3.2　料液分布器的设计

降膜式蒸发器的料液分布器目前应用最为广泛的是盘式分布器。盘式分布器一种为盘盘式分布器，如图 2-7 所示；另一种为板盘式分布器，图 2-10 左上角所示。盘盘式分布器主要由布料板、上分配盘（即上分布器）及下分配盘（即下分布器）组成。布料板是块带孔的圆板，它的主要作用是缓冲料液、预先分布料液，可以是平板，也可以做成外凸的，这样更有利于布料。上分配盘（图 2-8）位于下分配盘（图 2-9）之上，上分配盘的主要作用是把进入蒸发器中的料液均匀地分配给下分配盘。板盘式分布器主要由分配板和分配盘组成，分配板没有分配盘布料均匀，因此效果也就没有分配盘好。

盘盘式分布器的下分布器与上分布器结构大致相似，所不同的是盘底除了有布料孔外还设有导气管，导气管主要起到平衡稳流的作用，料液在分配给降膜管的过程中，不受二次蒸汽的干扰。导气管的内径多在 10～18mm 之间，壁厚为 1.5mm。导气管的长度比盘沿高出 20～25mm。下分布器上的小孔正对着上管板管间，导气管中心正对着降膜管中心。下分布器的作用是将上分布器供给的料液均匀地分配给每根降膜管，并保证每根降膜管周

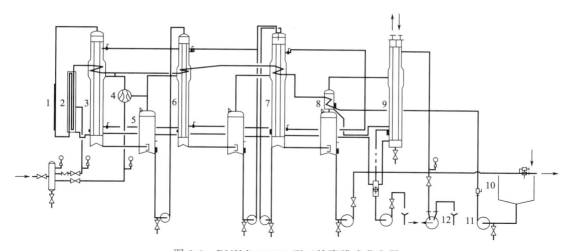

图 2-6　RNJM03-3600 型三效降膜式蒸发器

1—保持管；2—杀菌器；3——效蒸发器；4—热泵；5—分离器；6—二效蒸发器；7—三效蒸发器；
8—预热器；9—冷凝器；10—平衡缸；11—物料泵；12—真空泵

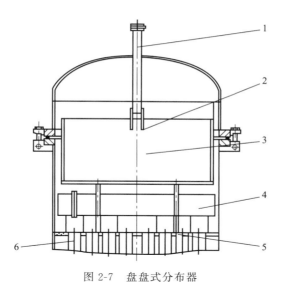

图 2-7　盘盘式分布器

1—进料管；2—布料板；3—上分布器；4—下分布器；5—上管板；6—降膜管

边都有料液，引导料液沿着管壁以膜的状态向下流动。

　　分布器工作原理：当料液进入分布器先经过喷淋式的布料板将料液分散成小液滴向上分布器盘面上喷洒，上分布器盘通过分布孔再把料液分配给下分布器，下分布器则把料液均匀地分配到管板管间的表面上，管板表面的料液则均匀地分配到每根降膜管内表面，并形成液膜，在料液自身重力及二次蒸汽流的作用下向下流动，并与管外加热介质实现热与质的交换。

　　现以盘盘式分布器为例计算分布器上小孔的直径。

　　分布器上小孔孔径按下式计算：

$$q = (d^2/4)\pi\mu\sqrt{2gh}$$

式中　q——单个小孔流量，m^3/s；

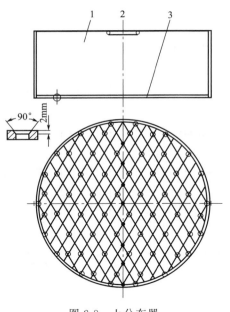

图 2-8 上分布器
1—壳；2—扳手；3—器底

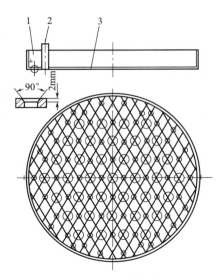

图 2-9 下分布器
1—壳体；2—导气管；3—器底

d——小孔直径，m；

μ——小孔流量系数，$\mu=0.61\sim0.63$；

g——重力加速度，m/s^2；

h——盘上液位高度，这里 $h=0.045\sim0.05m$。

【例 2-4】 进入蒸发器料液量为 1169kg/h，料液密度为 $1030kg/m^3$，降膜管在管板上的排列为正三角形排列，降膜管管径为 45mm，壁厚为 1.5mm。按正三角排列小孔的数量共 64 个，计算分布器（下分布器）上小孔孔径。

分布器上小孔孔径按下式计算：

$$q=(d^2/4)\pi\mu\sqrt{2gh}$$

这里 $q=1169/(1030\times3600\times64)=4.93\times10^{-6}$（$m^3/s$），$\mu=0.63$，$g=9.8m/s^2$，$h=0.045m$，则

$$4.93\times10^{-6}=(d^2/4)\pi\times0.63\times\sqrt{2\times9.8\times0.045}$$
$$d=0.00326m$$

影响分布器使用效果的因素是：分布器器底严重变形；小孔边缘有毛刺；下分布器上小孔与降膜管管间发生了严重错位。此外，对有导气管的下分布器来说，上分布器的小孔切不可对准导气孔，否则便无法正常生产。为防止料液溅出上分布器，上分布器高度不得过小，上分布器高度在 200～350mm 之间，进料管端部的布料板应没入上分布器沿口。上、下分布器之间及下分布器至上管板之间距离较短，物料流动较平稳，因此下分布器较短，高度在 60～100mm 之间即可满足需要。在加工过程中分布器器底要有严格的形位公差限制，不得变形。按 QB/T 1163—2000《降膜式蒸发器》中有关规定制造、检验并验收。

下分布器也有不带导气管的，其应用效果也很好。如板盘式分布器（图 2-10 左上角）就是这种结构。另外一种盘盘式分布器下分布器上不设分布孔，而是焊有三豁口式的短管，

豁口分上下三豁口结构，上下三豁口呈交错排列。上分布器小孔及下分布器上豁口管的豁口正对着正三角形排列的降膜管的垂心位置。三豁口布料管与降膜管的排列一致，呈间隔排列。管外径即为降膜管的中心距。料液从三豁口进入，沿着短管内表面落入到管板管间，再均匀地分配到每根降膜管并以膜的状态向下流动。该分布器应用效果也很好，如图 2-10 右下方和图 2-11 所示。GEA 公司生产的降膜式蒸发器上的分布器有的就是采用这种结构。

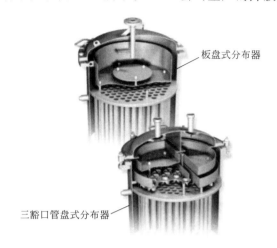

板盘式分布器

三豁口管盘式分布器

图 2-10　两种盘式分布器

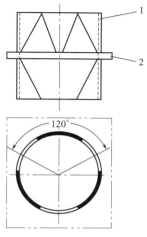

图 2-11　三豁口管盘式分布器
1—三豁口导管；2—下分布器

2.3.3　降膜管在管板上的排列

降膜管在管板上大多为正三角形排列，如图 2-12 所示。降膜管在管板上的排布按 GB/T 151—2014《热交换器》中的有关规定执行，降膜管的中心距不小于 1.25 倍的降膜管外径，常见的降膜管中心距见表 2-1。

流向

流向

图 2-12　降膜管在管板上的排列方式

表 2-1　常见的降膜管中心距　　　　　mm

换热管外径 d	10	12	14	15	19	20	22	25	30	32	35	38	45	50	55	57
降膜管中心距 s	13～14	16	19	22	25	26	28	32	38	40	44	48	57	65	70	72

降膜式蒸发器与其他管壳式换热器一样，为增强换热效果，防止降膜管受热不均，在壳程中要设置折流板，折流板的形式多为半圆弓形结构，在设计折流板时不能产生死汽区。折流板与降膜管装配间隙一般不小于 2mm。此外，要倒去孔边缘上的毛刺，以防结垢。

降膜管与管板的连接形式有焊接、胀接与胀焊结合三种。降膜式蒸发器降膜管与管板的连接与其他列管式换热器虽有相似之处，但也有不同，这是由于其工作要求决定的。降膜式蒸发器与管板不管采用何种连接方式，最后管子边缘都不得超出管板表面，应与管板上、下（下管板）表面平齐，且连接后管孔端部边缘必须修磨成具有一定均匀的圆角过渡的形式，如图 2-13 所示，这样做的主要目的就是使料液在管壁上能够均匀地布膜，以防局部产生结垢结焦。管板与降膜管连接完毕，壳程要进行水压试验，试验压力不得低于 0.2MPa，水温不低于 15℃，保持 15min 不得泄漏。降膜管预先也要进行水压试验，试验压力不低于 0.4MPa，保持 15min 不得泄漏。降膜管与管板的连接应符合 GB/T 151—2014《热交换器》中的有关规定及要求。

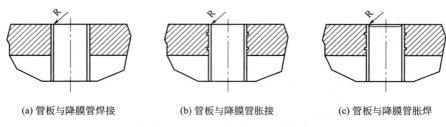

(a) 管板与降膜管焊接　　　　(b) 管板与降膜管胀接　　　　(c) 管板与降膜管胀焊

图 2-13　降膜管与管板的连接形式

管板的表面粗糙度不低于 $Ra1.6\mu m$。管板的厚度按 GB/T 151—2014《热交换器》中的有关计算进行确定。降膜管较长，常用的规格为 $\phi38mm\times1.5mm\times6000mm$、$\phi45mm\times1.5mm\times6000mm$、$\phi50mm\times1.5mm\times（6000\sim12000）mm$、$\phi57mm\times1.5mm\times12000mm$、$\phi65mm\times1.5mm\times13000mm$ 等。降膜管一般采用冷拔无缝不锈钢管。管子耐水压不低于 0.4MPa。降膜管的内表面要求较高，一般管内壁均采用内表面镜面抛光，可起到减缓或降低结垢结焦的作用。降膜管不得弯曲变形。降膜管应符合 QB/T 1163—2000《降膜式蒸发器》中的有关规定及要求。

2.3.4　预热器的设计

低于沸点温度的料液在降膜式蒸发器中都要经过逐级预加热，将料液的温度提高到沸点或沸点以上的温度方可进入蒸发器中蒸发。这就涉及预热的问题。

（1）基本概念

潜热：单位质量的纯物质在相变过程中温度不发生变化，吸收或放出的热称为潜热。

显热：纯物质在不发生相变和化学反应的条件下，因温度的改变而吸收或放出的热称为显热。

焓：也称热焓，它是表示物质系统能量的一个状态函数，通常用 H 来表示，其数值上等于系统的内能 U 加上压力 p 和体积 V 的乘积，即 $H=U+pV$。

熵：热力系中工质的热力状态参数之一，在可逆微变化过程中，熵的变化等于系统从热源吸收的热量与热源的热力学温度之比，可用于度量转变为功的程度。

无相变传热：两种流体在热交换过程中均没有发生相变的传热。

流体无相变（不计热损失，以下同）：

$$Q=G_1c_1(T_1-T_2)=G_2c_2(t_2-t_1)$$

式中　G_1，G_2——热流体、冷流体的量，kg/h；

$\quad\quad c_1$，c_2——热流体、冷流体的比热容，kJ/(kg·℃)；

T_1，T_2——热流体换热前后的温度，℃；

t_1，t_2——冷流体换热前后的温度，℃。

有相变传热：两种流体在热交换过程中一方或双方均有相变的传热，如饱和蒸汽的冷凝，被加热介质温度升高或被加热介质的沸腾。

流体有相变：

饱和蒸汽的冷凝，被加热介质温度升高时

$$Q = G_1[R + c_1(T_1 - T_2)] = G_2 c_2(t_1 - t_2)$$

饱和蒸汽的冷凝，被加热介质沸腾时

$$Q = G_1[R + c_1(T_1 - T_2)] = Wr + G_2 c_2(t_1 - t_2)$$

当加热蒸汽变成同温度凝结水排出时

$$Q = G_1 r = Wr' + G_2 c_2(t_1 - t_2)$$

式中　W——蒸发量，kg/h；

　　　R——饱和蒸汽冷凝潜热，kJ/kg；

　　　r——冷流体潜热，kJ/kg。

（2）恒温传热

在换热器中两流体间传递的热可能是伴有流体相变的潜热，如冷凝或沸腾；也可能是流体无相变仅有温度变化的显热，如加热或冷却。换热器的热量衡算是传热计算的基础之一。

换热器间壁两侧的流体均有相变时，如蒸发器中，饱和蒸汽和沸腾液体之间的传热就是恒温传热。此时，冷热流体的温度均不按管长变化，两者的温差处处相等，即 $\Delta t = T - t$。流体的流动方向对 Δt 也无影响。因此换热面积为

$$F = Q/[k(T - t)]$$

当换热器一侧为饱和蒸汽冷凝，流体温度恒定时，无并流、逆流区别，Δt 可简化为

$$\Delta t = \frac{t_2 - t_1}{\ln \dfrac{T_s - t_1}{T_s - t_2}}$$

在实际换热器操作中，纯粹的并流及逆流并不多见，经常采用折流、错流或其他复杂的流动形式。

（3）变温传热

变温传热是指在换热过程中两流体中都有温度变化或一方有温度变化的传热过程。变温传热时，若两流体相互流向不同，则对温差的影响也不同。

变温传热的平均温差：指逆流与并流时的平均温差。

在换热器中两流体若以相反的方向流动称为逆流［图2-14（a）］；若以相同的方向流动称为并流［图2-14（b）］。

错流：参与热交换的两流体在传热面的两侧彼此呈现直角方向的流动，如图2-14（c）所示。

折流：参与热交换的两流体在传热面的两侧，其中之一只沿着一个方向流动，而另一侧的流体先沿着一个方向流动，然后折回以相对方向流动，或如此反复地进行流动，称为简单折流。若两种流体均作折流流动，则称为复杂折流。在折流时两侧流体并流与逆流交替存在。如图2-14（d）所示。

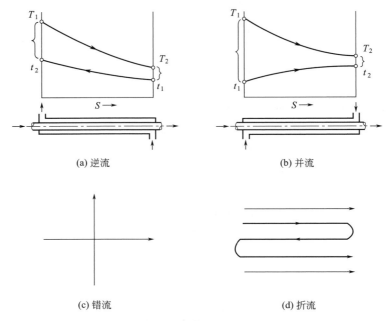

图 2-14　换热器操作中的几种流动形式

流向的选择：当换热器的传热量及总传热系数一定时，采用逆流操作，所需的换热器的传热面积较小，若传热面积一定，可节省加热介质及冷却介质的用量，因而换热器上应尽量采用逆流操作；若对流体的温度有所限制，如冷流体被加热后不得超过某一温度，或热流体被冷却后不得低于某一温度，则宜采用并流操作。

逆流与并流传热的平均温差的计算通式为

$$\Delta t = \frac{\Delta t_1 - \Delta t_2}{\ln \dfrac{\Delta t_1}{\Delta t_2}}$$

式中　Δt——换热器两端温差的对数平均值。

传热的基本方程为

$$F = Q \Big/ \left(k \, \frac{\Delta t_1 - \Delta t_2}{\ln \dfrac{\Delta t_1}{\Delta t_2}} \right)$$

在工程计算中 $\Delta t_2 / \Delta t_1 \leqslant 2$ 时，可用算术平均温差 $\Delta t_m = (\Delta t_1 + \Delta t_2)/2$ 代替对数平均温差，其误差不超过 4%。

错流与折流的平均温差：可采用图 2-15 安德伍德（Underwood）和鲍曼（Bowman）提出的图算法，该法是先按逆流时计算对数平均温差，再乘以考虑流动方向的修正系数，即

$$\Delta t_m = \varphi_{\Delta t} \, \Delta t'_m$$

式中　$\Delta t'_m$——按逆流计算的对数平均温差，℃；

　　　$\varphi_{\Delta t}$——温差修正系数，量纲为 1。

温差修正系数 $\varphi_{\Delta t}$ 与冷、热流体的温度变化有关，是 P 和 R 的函数，即

$$\varphi_{\Delta t} = f(P, R)$$

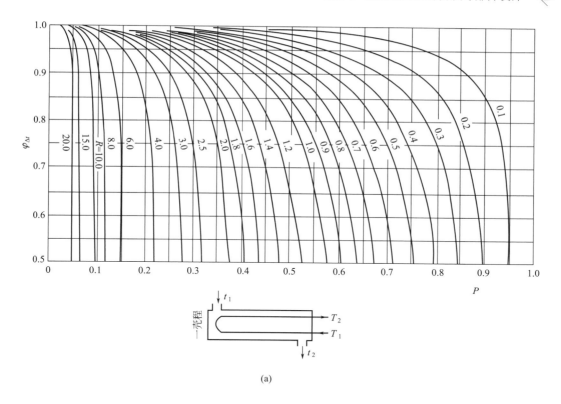

(a)

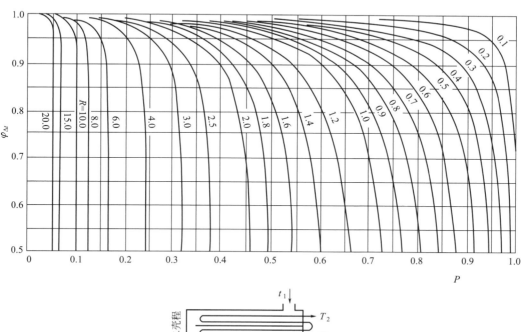

(b)

图 2-15

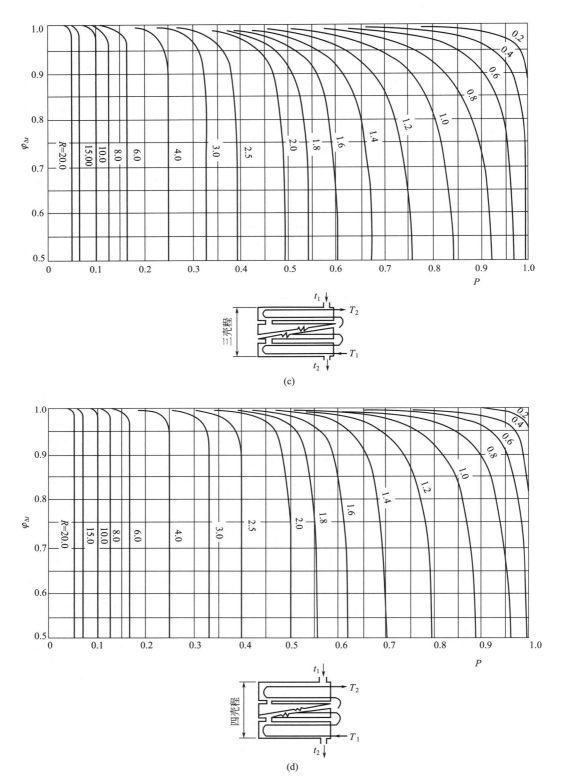

图 2-15 安德伍德（Underwood）和鲍曼（Bowman）图算法

其中

$$P = \frac{t_2 - t_1}{T_1 - t_1}$$

$$R = \frac{T_1 - T_2}{t_2 - t_1}$$

即 $P = \dfrac{\text{冷流体的温升}}{\text{两流体的最初温差}}$；$R = \dfrac{\text{热流体的温降}}{\text{冷流体的温升}}$。

温差修正系数 $\varphi_{\Delta t}$ 可根据 P 和 R 从图 2-15 中查得。图 2-15（a）、（b）、（c）、（d）分别适合于壳程为一、二、三及四程，每个单程可以是二、四、六或八程。从曲线上可看出 $\varphi_{\Delta t}$ 值恒小于 1，这是由于各种复杂流动中同时存在逆流和并流的缘故。温差修正系数是基于以下假定作出的：壳程任一截面上流体温度均匀一致；管方各程传热面积相等；总传热系数和流体的比热容为常数；流体无相变；换热器的热损失可以忽略不计。

对 1-2 型（壳方单程、管方双程）换热器，$\varphi_{\Delta t}$ 可用下式计算：

$$\varphi_{\Delta t} = \frac{\dfrac{\sqrt{R^2+1}}{R-1}\ln\dfrac{1-P}{1-PR}}{\ln\dfrac{2/P-1-R+\sqrt{R^2+1}}{2/P-1-R-\sqrt{R^2+1}}}$$

对 1-2n 型换热器也可近似使用上式计算 $\varphi_{\Delta t}$。

【例 2-5】 一单壳程单管程的列管式换热器中，热流体由 85℃冷却至 55℃，冷流体由 20℃加热至 45℃，热流体走壳程，冷流体走管程。试求上述温度条件下两流体作逆流与并流时的对数平均温差。

逆流：85℃→55℃，45℃↖20℃，$\Delta t_1 = 85-45 = 40℃$，$\Delta t_2 = 55-20 = 35℃$。

$$\Delta t = \frac{\Delta t_1 - \Delta t_2}{\ln\dfrac{\Delta t_1}{\Delta t_2}} = \frac{40-35}{\ln\dfrac{40}{35}} = 37.4(℃)$$

并流：85℃→55℃，20℃↗45℃，$\Delta t_1 = 85-20 = 65$（℃），$\Delta t_2 = 55-45 = 10$（℃）。

$$\Delta t = \frac{\Delta t_1 - \Delta t_2}{\ln\dfrac{\Delta t_1}{\Delta t_2}} = \frac{65-10}{\ln\dfrac{65}{10}} = 29.4(℃)$$

如果将例 2-5 改为单壳程双管程，计算此时的对数平均温差，则先按逆流式计算，得 $\Delta t = 37.4℃$，折流时的对数平均温差为 $\Delta t_m = \varphi_{\Delta t}\Delta t$，其中 $\varphi = f(P, R)$，$P = \dfrac{45-20}{85-20} = 0.38$，$R = \dfrac{T_1-T_2}{t_2-t_1} = \dfrac{85-55}{45-20} = 1.2$，查图 2-15（a）得 $\varphi_{\Delta t} = 0.89$，故 $\Delta t_m = 0.89 \times 37.4 = 33$（℃）。

计算蒸发器中预热器及冷凝器的换热面积要用到上述理论计算公式。

（4）蒸发器的预热

预热器的作用是在蒸发器中将温度低于沸点的料液预加热至沸点或沸点以上，保证料液在降膜管中有效蒸发。

进入蒸发器的料液温度分为低于沸点、高于沸点或等于沸点三种情况。前者最为普遍，温度低于沸点的料液需经过预热，即逐级预热使之达到或超过沸点方能进入蒸发器中蒸发，否则，料液在降膜管中就存在一个预热段，由于传热温差较大，料液瞬间在蒸发器中可能造成结垢结焦现象。预热根据加热介质的不同可分为溶液、溶剂、饱和蒸汽、饱和二次蒸汽及冷凝水等预热。降膜式蒸发器的预热大多数是利用效体壳程中饱和蒸气作为加热介质逐级完成的。常见的预热器的形式有盘管预热、列管预热及板式预热，如图 2-16 所示。蒸发量小的一般多采用盘管预热，即在蒸发器壳程中以盘管的形式利用壳程蒸汽进行预热，也称体内预热。大生产能力的多采用体外预热，即在蒸发器效体外部完成预热过程，也是利用蒸发器壳程蒸汽进行预热，如列管预热、板式预热。预热的温差选择不宜过大，一般在 10~18℃ 之间，大多取中间值。物料的性质、加热介质、换热器结构形式及材质等不同，传热系数也不同，换热器传热系数详见附表 1~附表 11。列管式换热器在无相变情况下的换热系数见表 2-2 和表 2-3。

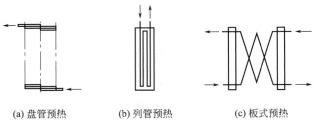

(a) 盘管预热　　(b) 列管预热　　(c) 板式预热

图 2-16　常见的预热器形式

表 2-2　列管式换热器在无相变情况下的换热系数 (一)

管内	管间	$k/[\mathrm{kcal/(m^2 \cdot h \cdot ℃)}]$
水(0.9~1.5m/s)	净水(0.3~0.6m/s)	500~600
水	水(流速较高时)	700~1000
冷水	轻有机物 $\mu<0.5\mathrm{cP}$	350~700
冷水	中有机物 $\mu=0.5~1\mathrm{cP}$	250~600
冷水	重有机物 $\mu>1\mathrm{cP}$	20~370
盐水	轻有机物 $\mu<0.5\mathrm{cP}$	200~500
有机溶剂 $\mu<0.5\mathrm{cP}$	有机溶剂 $\mu=0.3~0.55\mathrm{cP}$	170~200
中有机物 $\mu=0.5~1\mathrm{cP}$	中有机物 $\mu=0.5~1\mathrm{cP}$	100~300
重有机物 $\mu>1\mathrm{cP}$	重有机物 $\mu>1\mathrm{cP}$	50~200
水	气体	10~240

注：1cP=1mPa·s。

表 2-3　列管式换热器在无相变情况下的换热系数 (二)

管内	管间	$k/[\mathrm{kcal/(m^2 \cdot h \cdot ℃)}]$
水	水蒸气	1000~2400
水溶液 $\mu=2\mathrm{cP}$ 以下	水蒸气	1000~2400
水溶液 $\mu=2\mathrm{cP}$ 以上	水蒸气	490~2400
水	有机物蒸气及水蒸气	500~1000
水	重有机物蒸气(常压)	100~300
水	重有机物蒸气(负压)	50~100
水	饱和有机蒸气(常压)	500~1000

　　料液的预热过程可取无相变的变温传热段（蒸汽被冷凝成同温度的水排出体外），因此在计算传热温差时应按对数温差计算。由于采用预热的形式不同，传热温差计算也不尽相同。

　　预热过程一部分饱和蒸汽被冷凝成同温度的水（否则应分段计算换热面积），即在计算传热温差时可视为饱和蒸汽的温度没有发生变化。如果是盘管在效体壳程中预热，可按并流的形式求取对数平均温差。

　　【例 2-6】 蒸发器某效料液进口温度 52℃，出口温度 67℃，进料量为 1600kg/h，料液比热容为 3.89kJ/(kg·℃)，采用盘管预热，壳程饱和蒸汽温度 72℃，计算预热的对数平均温差及换热面积。

　　壳程中饱和蒸汽被冷凝成同温度的水，温度不变，按并流计算对数平均温度差。

　　并流：72℃→72℃，52℃↗67℃，$\Delta t_1 = 72 - 52 = 20$（℃），$\Delta t_2 = 72 - 67 = 5$（℃），则

$$\Delta t = \frac{\Delta t_1 - \Delta t_2}{\ln \dfrac{\Delta t_1}{\Delta t_2}} = \frac{20 - 5}{\ln \dfrac{20}{5}} = 10.8(℃)$$

　　换热面积为

$$F = Q/(k\Delta t) = 1600 \times 3.89 \times (67 - 52)/(4180 \times 10.8) = 2.07(\text{m}^2)$$

　　如果采用列管预热，单壳程双管程的结构形式，其对数平均温差与上述计算相同。

2.3.5　分离器的设计

（1）分离器的结构形式

　　分离器在降膜式蒸发器中是完成料液与二次蒸汽分离的装置。降膜式蒸发器的分离器主要结构型式如图 2-17 所示（按分离器底封头的型式分）。

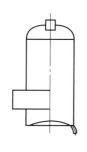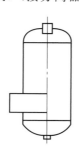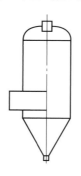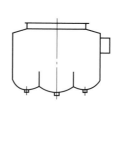

(a) 内凸封头分离器　　(b) 椭圆封头分离器　　(c) 锥形封头分离器　　(d) 波浪分离式封头分离器

图 2-17　分离器主要结构型式

（2）分离器的设计计算

① 分离器直径计算

$$d = \sqrt{\frac{WV_0}{\dfrac{\pi}{4}\omega_0 \times 3600}}$$

式中　W——二次蒸汽量（水分蒸发量），kg/h；

　　　V_0——蒸汽比体积，m^3/kg；

　　　ω_0——自由截面的二次蒸汽流速，m/s；$\omega_0=\sqrt[3]{4.26V_0}$。

② 分离器有效高度计算

$$h=\frac{WV_0}{\frac{\pi}{4}d^2V_s\times3600}$$

式中　V_s——允许的蒸发体积强度，$V_s=1.1\sim1.5m^3/(m^3\cdot s)$。

【例 2-7】　有一单效降膜式蒸发器，蒸发量为 700kg/h，二次蒸汽温度（分离器蒸发温度）65℃，试求降膜式蒸发器分离器的直径及有效高度。

查附表 12，65℃ 时的饱和蒸汽比体积 $V_0=6.201m^3/kg$，$\omega_0=\sqrt[3]{4.26V_0}=\sqrt[3]{4.26\times6.201}=2.978(m/s)$，则分离器直径为

$$d=\sqrt{\frac{WV_0}{\frac{\pi}{4}\omega_0\times3600}}=\sqrt{\frac{700\times6.201}{\frac{\pi}{4}\times2.978\times3600}}=0.718(m)\quad（圆整为 0.7m）$$

取 $V_s=1.3m^3/(m^3\cdot s)$，则分离器有效高度为

$$h=\frac{WV_0}{\frac{\pi}{4}d^2V_s\times3600}=\frac{700\times6.201}{\frac{\pi}{4}\times0.7^2\times1.3\times3600}=2.411(m)$$

应用最为普遍的是内凸封头分离器，具体结构如图 2-18 所示。二次蒸汽均以切线方式进入分离器，切点位置不低于图 2-18 所示正前方位置。分离器主要由器体、捕沫器、检修

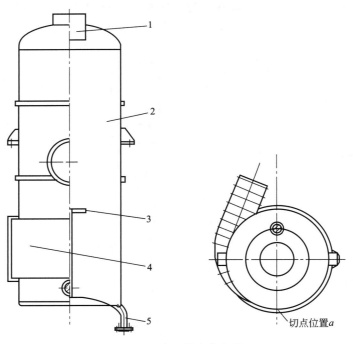

图 2-18　内凸封头分离器

1—出气口；2—器体；3—捕沫器；4—方接口；5—出料口

孔、视镜、灯孔、料液进出口、二次蒸汽出口、压力传感或压力表座及温度传感或温度表座等组成。蒸发后料液及二次蒸汽从蒸发器的下器体排出并进入分离器。分离器的进口横截面一般为矩形，按矩形长边为短边 2 倍选取。方接口底面至器底部一般为 300mm（内凸封头分离器器底）左右，二次蒸汽在方接口（根据分离器及下器体结构不同，二次蒸汽、料液出口也可采用圆形结构，这种结构一般多见于大型蒸发器）中的流速按 18m/s 计算应用效果已经很好。分离器二次蒸汽排出速度按 36m/s 选取比较适宜。排出管一般要伸入封头内一段（起到旋流的作用），这样做的目的是防止料液沿着器壁被二次蒸汽带走。

有些料液在蒸发过程中会产生大量雾沫，这些雾沫很容易被二次蒸汽夹带进入次效壳程或冷凝器的壳程中，尤其料液中含有易挥发性的低沸点物质，即便有捕沫器，作用也甚微。

捕沫器为圆盘帽式结构，因此也称捕沫帽。捕沫器位于分离器中央，料液进口的上方。捕沫器的直径按分离器直径的 0.25 倍设计比较合适。捕沫器上钻有小孔。捕沫器的主要作用是扑灭泡沫，防止二次蒸汽夹带料液。

2.3.6　下器体的设计

下器体位于蒸发器下管板之下，是料液与二次蒸汽一次分离的场所，可称为一次分离室，也是分离器的组成部分。实际上，如果下器体的容积足够大即为分离器。德国 GEA 公司生产的蒸发器就有这种分离器。蒸发后的料液首先落入下器体中并完成料液与二次蒸汽的分离。这种分离器的特点是直接与蒸发器下管板相连接。应用比较多的结构如图 2-19 所示，主要由器体、方接口、下器盖等组成。这种结构的优点在于器体底部为可拆卸式结构，

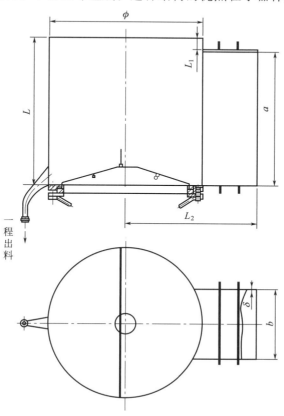

图 2-19　快开式下器体

便于检查降膜管在生产过程中结垢结焦的程度以及是否有其他故障。这种下器体的结构，主要用于框架支承式蒸发器。下器体另外一种结构的器底是锥形封头或椭圆封头，为焊接式结构，如图 2-20 所示。主要由下器体、裙座及方接口组成。这种下器体底部是打不开的，有的是在侧面设有检修孔。这种下器体主要适合于裙座支承式的大型蒸发器。这种下器体的不足之处是不便于检查及维修。比较适合完全自动控制的蒸发器。下器体可视为一次汽液分离器，下器体容积一般根据料液的特性而确定，下器体容积设计适宜，可减少雾沫的夹带量，也会起到降低料液温度的作用。蒸发量不大的料液完全可以在分离器中排出。

当降膜管周边润湿量小到一定数值时就要考虑分程，即把降膜管束分为双管程或多管程循环进料。分程的方法是从降膜管的料液分布器开始至上管板用隔板分开，下器体与之相应也用隔板分开。对可拆卸结构的下器体，隔板焊在下器体的壳体上，并在可拆卸器底上设有密封槽，防止两程料液掺混。对不可拆卸的下器体，隔板可焊接于底封头及侧壁上。

2.3.7 热泵的设计

(1) 热泵的理论计算

利用热压缩技术即热泵抽吸二次蒸汽提高其温度及压力作为一部分加热热源可起到节能降耗的作用，属于热力压缩。因此，这种蒸发器又称为 TVR 蒸发器。热力蒸汽再压缩加热蒸发器的热流图如图 2-21 所示。

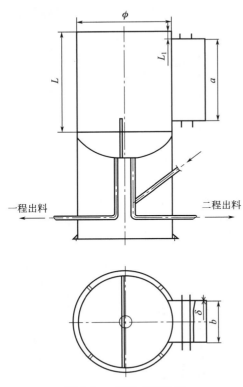

图 2-20　焊接式下器体

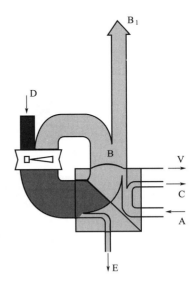

图 2-21　热力蒸汽再压缩加热
蒸发器的热流图

A—产品；B—蒸汽；B₁—残余蒸汽；C—浓缩液；
D—动力蒸汽；E—加热蒸汽冷凝水；V—热损失

蒸汽热泵主要由喷嘴、混合室、扩散管、保温层及外包皮等组成。其理论计算包括喷射系数的计算和热泵结构尺寸计算两部分。喷射系数为吸入蒸汽量 G_1 与工作蒸汽量 G_0 之比，用 μ 表示，即 $\mu = G_1/G_0$，它表示耗用 1kg 的高压蒸汽能抽取多少千克二次蒸汽进行再压缩。μ 值越大越节能。若计算选取上不合理，如喷射系数过小则蒸汽耗量加大，可能会导致蒸发系统热不平衡，如喷射系数过大则蒸汽耗量变小，可能导致生产能力不足。

热泵喷射系数的大小直接关系到耗用蒸汽量的大小及设备的使用效果。热泵喷射系数是热力蒸汽再压缩加热蒸发器的一个主要设计参数。热泵喷射系数确定方法有两种：一种是利用图线法（图 2-22）直接确定；另一种是采用差值的方法确定（表 2-4）。前者误差较大，后者误差较小，因此，一般多采用后者确定热泵喷射系数。无论哪种方法都要根据压缩比与膨胀比两个参数确定喷射系数。热泵排出蒸汽压力 p_4 与吸入蒸汽压力 p_1 的比值称为压缩比，即 $\sigma = p_4/p_1$，热泵的工作蒸汽压力 p_0 与吸入蒸汽压力 p_1 之比称为膨胀比，即 $\beta = p_0/p_1$。

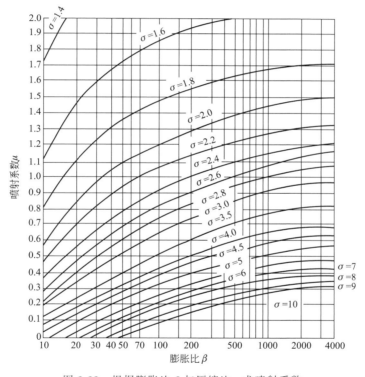

图 2-22　根据膨胀比 β 与压缩比 σ 求喷射系数

表 2-4　热泵的喷射系数

σ \ β	10	15	20	30	40	60	80	100	150	200	300	400	600	800	1000	1500	2000	3000	4000
1.2	3.1	3.42	3.6	3.71	3.8	3.89	3.95	4.0	4.01	4.02	4.03	4.04	4.06	4.06	4.06	4.06	4.07	4.07	4.07
1.4	1.73	1.98	2.11	2.31	2.4	2.47	2.52	2.56	2.59	2.61	2.61	2.62	2.62	2.63	2.64	2.65	2.65	2.66	2.66
1.6	1.12	1.32	1.40	1.58	1.67	1.75	1.79	1.83	1.88	1.98	1.95	1.98	2.00	2.00	2.01	2.01	2.01	2.01	2.01
1.8	0.81	1.00	1.11	1.23	1.29	1.36	1.41	1.44	1.49	1.53	1.58	1.61	1.64	1.66	1.67	1.67	1.69	1.70	1.71
2.0	0.58	0.76	0.87	0.98	1.05	1.12	1.17	1.20	1.24	1.28	1.32	1.35	1.38	1.40	1.42	1.44	1.45	1.46	1.47

续表

σ \ β	10	15	20	30	40	60	80	100	150	200	300	400	600	800	1000	1500	2000	3000	4000
2.2	0.46	0.60	0.71	0.82	0.89	0.97	1.01	1.05	1.10	1.13	1.17	1.20	1.23	1.25	1.26	1.28	1.30	1.32	1.33
2.4	0.37	0.48	0.55	0.68	0.72	0.82	0.86	0.90	0.94	0.98	1.02	1.05	1.09	1.12	1.14	1.17	1.20	1.22	1.23
2.6	0.30	0.41	0.49	0.58	0.65	0.71	0.77	0.81	0.86	0.90	0.94	0.97	1.00	1.03	1.06	1.08	1.10	1.12	1.13
2.8	0.24	0.34	0.41	0.50	0.57	0.64	0.69	0.73	0.78	0.82	0.87	0.87	0.93	0.96	0.98	1.00	1.03	1.04	1.05
3.0	0.19	0.28	0.34	0.41	0.47	0.53	0.59	0.62	0.68	0.71	0.77	0.81	0.86	0.89	0.91	0.93	0.94	0.96	0.98
3.2	0.17	0.25	0.31	0.38	0.43	0.50	0.54	0.57	0.62	0.67	0.71	0.75	0.79	0.82	0.84	0.86	0.89	0.91	0.92
3.4	0.15	0.22	0.27	0.35	0.40	0.46	0.50	0.52	0.58	0.62	0.67	0.70	0.73	0.76	0.78	0.80	0.82	0.84	0.85
3.6		0.19	0.24	0.31	0.36	0.42	0.46	0.49	0.54	0.59	0.63	0.65	0.69	0.71	0.73	0.75	0.76	0.78	0.79
3.8		0.17	0.22	0.28	0.33	0.39	0.43	0.45	0.50	0.53	0.57	0.60	0.63	0.65	0.67	0.69	0.71	0.73	0.74
4.0			0.19	0.25	0.30	0.35	0.40	0.42	0.46	0.50	0.53	0.55	0.59	0.61	0.62	0.64	0.66	0.68	0.70
4.5			0.15	0.20	0.24	0.29	0.33	0.36	0.40	0.44	0.48	0.51	0.53	0.55	0.57	0.59	0.60	0.62	0.63
5.0				0.16	0.19	0.24	0.28	0.31	0.35	0.38	0.41	0.43	0.46	0.48	0.50	0.51	0.53	0.55	0.56
5.5					0.16	0.21	0.24	0.27	0.30	0.33	0.37	0.40	0.42	0.44	0.45	0.47	0.49	0.51	0.52
6.0						0.18	0.20	0.23	0.26	0.30	0.33	0.36	0.39	0.41	0.42	0.43	0.45	0.46	0.47
7.0						0.15	0.17	0.19	0.22	0.25	0.29	0.31	0.34	0.36	0.37	0.39	0.41	0.42	0.43
8.0								0.16	0.19	0.22	0.25	0.27	0.30	0.32	0.33	0.35	0.36	0.38	0.39
9.0									0.16	0.19	0.21	0.23	0.26	0.28	0.30	0.32	0.33	0.35	0.36
10.0											0.18	0.20	0.23	0.25	0.27	0.29	0.30	0.32	0.33

(2) 热泵的几何尺寸计算

热泵的结构简图如图 2-23 所示。

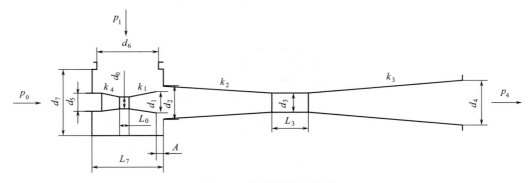

图 2-23　热泵的结构简图

① 喷嘴喉部直径计算

$$d_0 = 1.3 \frac{\sqrt{G_0}}{\sqrt[4]{\dfrac{p_0}{V_0}}}$$

式中　d_0——喷嘴喉部直径，m；

　　　G_0——工作蒸汽量，kg/h；

p_0——工作蒸汽压力，kgf/cm^2；

V_0——工作蒸汽在压力 p_0 下的比体积，m^3/kg。

对饱和蒸汽：

$$d_0 = 1.35\frac{\sqrt{G_0}}{\sqrt[4]{\frac{p_0}{V_0}}}$$

对饱和蒸汽其喷嘴喉部直径按下式计算实际应用表明效果已经很好：

$$d_0 = 1.6\sqrt{\frac{G_0}{p_0}}$$

② 喷嘴出口直径　喷嘴出口压力按与工作压力相等来考虑。

对饱和蒸汽：

当 $\beta < 500$ 时　　　　$d_1 = 0.61 \times 2.52^{\lg\beta} d_0$

当 $\beta > 500$ 时　　　　$d_1 = 0.61 \times 2.65^{\lg\beta} d_0$

对过热蒸汽：

当 $\beta < 100$ 时　　　　$d_1 = 0.67 \times 2.17^{\lg\beta} d_0$

当 $\beta > 100$ 时　　　　$d_1 = 0.56 \times 2.36^{\lg\beta} d_0$

③ 扩散管喉部直径

$$d_3 = 1.6\sqrt{\frac{0.622(G_1 + G_3 + G_4) + G_0 + G_2}{p_4}}$$

式中　d_3——扩散管喉部直径，mm；

G_1——被抽混合物中空气量，kg/h；

G_2——被抽混合物中水蒸气量，kg/h；

G_3——从泵外漏入的空气量，kg/h；

G_4——混合式冷凝器冷却水析出的空气量，kg/h。

校核最大的反压力：

$$p_{fm} \approx (d_0/d_3)^2(1+\mu)p_0$$

校核的结果必须使最大反压力 $p_{fm} = p_4$，若 $p_{fm} < p_4$，则可适当增大 d_0。

④ 热泵其他有关尺寸　按表2-5计算。

为了确定喷嘴出口端部至扩散管入口端部的距离 A，必须计算出自由喷射流长度和自由喷射流在距离喷嘴出口截面 I_c 处的直径 d_c 两个尺寸。

a. 自由喷射流长度 I_c 的计算

当喷射系数 $\mu \geq 0.5$ 时：

$$I_c = (0.37+\mu)d_1/4.42$$

当喷射系数 $\mu \leq 0.5$ 时：

$$I_c = (0.083 + 0.76\mu - 0.29)d_1/(2\alpha)$$

式中　I_c——喷射流长度，mm；

α——实践常数，对弹性介质，α 在 $0.01\sim0.09$ 之间选取，μ 值较大时取较高值。

表 2-5　热泵的尺寸数据

尺寸	数值	尺寸	数值
d_5	$(3\sim4)d_0$	L_3	$(2\sim4)d_3$
k_4	$1:1.2$	d_4	$1.8d_3$
L_0	$(0.5\sim2.0)d_0$	k_3	$(1:8)\sim(1:10)$
k_1	$1:4(p_s>1\text{Torr})$ $1:3(p_s<1\text{Torr})$	d_s	$(1.35\sim1.37)d_3(p_s>100\text{Torr})$ $1.4d_3(p_s\approx50\text{Torr})$ $1.45d_3(p_s\approx10\text{Torr})$ $1.5d_3(p_s\approx1\text{Torr})$ $\geqslant1.55d_3(p_s\leqslant10\text{Torr})$
d_2	$1.5d_3(p_s>100\text{Torr})$ $1.7d_3(p_s<1000\text{Torr})$		
k_2	$1:10$	L_1	$(d_5-d_0)/k_4$
d_6	$d_6=4.6(G_0/p_1)^{0.48}$	L_2	$(d_1-d_0)/k_1$
d_7	$d_7=(2.3\sim5)d_3$	L_4	$(d_2-d_3)/k_2$
L_7	$L_7=(1\sim1.15)d_7$	L_5	$(d_4-d_3)/k_3$

注：1. p_s 为工作压力。

2. $1\text{Torr}=133.322\text{Pa}$。

b. 在 I_c 处扩散管直径 D_c 的计算

$$D_c=d_3+0.1\times(L_4-I_c)$$

c. 自由喷射流在距离喷嘴出口截面积 I_c 处 d_c 的计算

当喷射系数 $\mu\geqslant0.5$ 时：

$$d_c=1.55d_1(1+\mu)$$

如果 $D_c>d_c$，则 $A=0$ ［图 2-24(a)］。

当喷射系数 $\mu\leqslant0.5$ 时：

$$d_c=3.4d_1\sqrt{0.083+0.76\mu}$$

喷嘴出口与扩散管入口在同一断面上。如果 $D_c<d_c$，则 $A>0$ ［图 2-24(b)］，喷嘴离开扩散管距离为 A 值。这里 $D_c=d_3+0.1\times[L_4-(I_c-A)]\geqslant d_c$ 令 $D_c=d_c$ 得 A 值。一般 A 值在 $0\sim36$ 范围内变化。

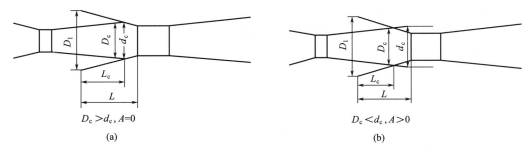

图 2-24　A 值的两种情况

【例 2-8】　以 RNJM02-1200 型双效降膜式蒸发器（图 2-25）在奶粉生产中的应用为例阐述热压缩技术在降膜式蒸发器中的设计过程。

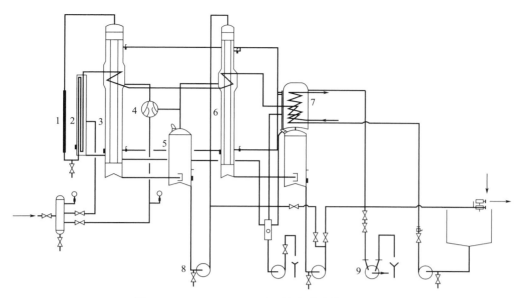

图 2-25　RNJM02-1200 型双效降膜式蒸发器流程

1—保持管；2—杀菌器；3—一效蒸发器；4—热泵；5—分离器；

6—二效蒸发器；7—冷凝器；8—物料泵；9—真空泵

（1）结构特点及主要技术参数

① 结构特点　本热泵抽吸一效二次蒸汽作为一效一部分加热热源。与蒸汽接触的部位全部采用 304 或 40Cr 不锈钢制造；采用 100mm 厚的岩棉进行绝热保温处理。

② 主要技术参数

物料介质：牛奶　　　　　　　　　　　出料质量分数：38%～40%

生产能力：$W=1200kg/h$　　　　　　使用蒸汽压力：0.7MPa

进料质量分数：11.5%　　　　　　　　物料比热容：3.894kJ/(kg·℃)

进料温度：5℃　　　　　　　　　　　蒸汽状态参数：见表 2-6

表 2-6　蒸汽状态参数

项目	压力/MPa	温度/℃	比体积 /(m³/kg)	汽化热 /(kJ/kg)	焓 /(kJ/kg)
工作蒸汽	0.6302	160	0.3068	2082.6	2757.98
一效加热	0.07149	90	2.361	2282.75	2659.58
一效蒸发	0.03463	72	4.655	2328.39	2625.458
二效蒸发	0.012518	50	12.04	2382.4	2591.75
冷凝器壳程	0.011967	49	12.62	2384.92	2590.08

（2）热泵的设计

现以二次差值计算方法根据表 2-6 各蒸汽状态参数介绍热泵的设计计算过程。

① 热泵喷射系数的计算　压缩比 $\sigma = p_4/p_1$，由表 2-6 查得 $p_4=0.07149MPa$；$p_1 = 0.03463MPa$，则 $\sigma=0.07149/0.03463=2.06$。膨胀比 $\beta=p_0/p_1$，由表 2-6 查得 $p_0 = 0.6302MPa$，$p_1=0.03463MPa$，则 $\beta=0.6302/0.03463=18.20$。

由压缩比及膨胀比根据表 2-4 及差值公式进行二次差值计算。

即当 $\sigma=2.06$，$\beta=15$ 时：

$$\mu_1 = 0.76 + [(0.6 - 0.76)/(2.2 - 2.0)] \times (2.06 - 2.0) = 0.712$$

当 $\sigma = 2.06$，$\beta = 20$ 时：

$$\mu_2 = 0.87 + [(0.71 - 0.87)/(2.2 - 2.0)] \times (2.06 - 2.0) = 0.822$$

当 $\sigma = 2.06$，$\beta = 18.20$ 时：

$$\mu = 0.712 + [(0.822 - 0.712)/(20 - 15)] \times (18.2 - 15) = 0.78$$

② 热泵的几何尺寸计算　热泵结构如图 2-23 所示。

用于一效加热的蒸汽总量可按热量衡算原理求出，由一效加热蒸汽量算出饱和生蒸汽耗量：

$$G_0 + \mu G_0 = D$$
$$G_0 = D/(1 + \mu)$$

式中，G_0 为饱和生蒸汽量，kg/h；D 为一效蒸发器加热蒸汽总量，这里 $D = 850$ kg/h；μ 为喷射系数，这里 $\mu = 0.78$。则 $G_0 = 850/(1 + 0.78) = 477.53$（kg/h）。

喷嘴喉部直径计算：

$$d_0 = 1.6 \sqrt{\frac{G_0}{p_0}}$$

式中，d_0 为喷嘴喉部直径，mm；p_0 为饱和生蒸汽压力，这里 $p_0 = 0.6302$ MPa。则

$$d_0 = 1.6 \times \sqrt{\frac{477.53}{6.302}} = 13.93 \text{（mm）}$$

喷嘴出口直径计算：

喷嘴出口压力按与工作压力相等考虑，对饱和蒸汽 $\beta < 500$ 时，

$$d_1 = 0.61 \times 2.52^{\lg\beta} d_0$$

则 $d_1 = 0.61 \times 2.52^{\lg 18.2} \times 13.93 = 27.17$（mm）。

扩散管喉部直径计算：

$$d_3 = 1.6 \sqrt{\frac{0.622(G_1 + G_3 + G_4) + G_0 + G_2}{p_4}}$$

式中，d_3 为扩散管喉部直径，mm；G_1 为被抽混合物中空气量，这里 $G_1 = 1$ kg/h；G_2 为被抽混合物中水蒸气量，$G_2 = D - G_0 = 850 - 477.53 = 372.47$ kg/h；G_3 为从泵外漏入的空气量，这里 $G_3 = 1$ kg/h；G_4 为混合式冷凝器冷却水析出的空气量，这里 $G_4 = 0$ kg/h。则

$$d_3 = 1.6 \times \sqrt{\frac{0.622 \times (1 + 1 + 0) + 477.53 + 372.47}{0.7149}} = 55.21 \text{（mm）}$$

校核最大的反压力：

$$p_{\text{fm}} \approx (d_0/d_3)^2 (1 + \mu) p_0$$

校核的结果必须使最大反压力 $p_{\text{fm}} = p_4$，若 p_{fm} 小于 p_4，则可适当增大 d_0 值。则

$$p_{\text{fm}} \approx (13.93/55.21)^2 \times (1 + 0.78) \times 6.302 = 0.714 \text{（kgf/cm}^2\text{）}$$

$p_{\text{fm}} \approx p_4 = 0.7149$ kgf/cm^2，因此可行。

热泵其他有关尺寸按表 2-5 计算。

$d_5 = (3 \sim 4) d_0 = 3 \times 13.93 = 41.79$（mm），取 $d_5 = 42$ mm。

$L_0 = (0.5 \sim 2.0) d_0 = 1.5 \times 13.93 = 20.9$（mm），取 $L_0 = 21$ mm。

$d_2 = 1.5d_3 = 1.5 \times 55.21 = 82.8$ （mm），取 $d_2 = 83$mm。

$L_3 = (2 \sim 4)d_3 = 3 \times 55.21 = 165.63$(mm)，取 $L_3 = 166$mm。

$d_4 = 1.8d_3 = 1.8 \times 55.21 = 99.38$(mm)，取 $d_4 = 99.4$mm。

$L_1 = (d_5 - d_0)/k_4 = (42 - 13.93)/(1/1.2) = 33.68$(mm)，取 $L_1 = 3.4$mm。

$L_2 = (d_1 - d_0)/k_1 = (27.17 - 13.93)/(1/4) = 52.96$(mm)，取 $L_2 = 53$mm。

$L_4 = (d_2 - d_3)/k_2 = (83 - 55.21)/(1/10) = 277.9$(mm)，取 $L_4 = 278$mm。

$L_5 = (d_4 - d_3)/k_3 = (99.4 - 55.21)/(1/8) = 353.52$(mm)，取 $L_5 = 354$mm。

二次蒸汽入口直径计算：

$$d_6 = 4.6(G_0/p_1)^{0.48}$$

则 $d_6 = 4.6 \times (477.53/0.3463)^{0.48} = 147.8$(mm)，取 $d_6 = 148$mm。

混合室直径 d_7 一般为扩散管喉部直径的 $2.3 \sim 5$ 倍选取，即

$$d_7 = (2.3 \sim 5)d_3$$

则 $d_7 = (2.3 \sim 5)d_3 = 4 \times 55.21 = 220.84$ （mm），取 $d_7 = 221$mm。

混合室长度一般按 d_7 的 $1 \sim 1.15$ 倍选取，即

$$L_7 = (1 \sim 1.15)d_7$$

即 $L_7 = 1.15 \times 221 = 254.15$ （mm），取 254mm。

自由喷射流长度 I_c 的计算：

当喷射系数 $\mu \geqslant 0.5$ 时，

$$I_c = (0.37 + \mu)d_1/(4.4\alpha)$$

当喷射系数 $\mu \leqslant 0.5$ 时，

$$I_c = (0.083 + 0.76\mu - 0.29)d_1/(2\alpha)$$

本例 $\mu = 0.78 > 0.5$，所以：$I_c = \dfrac{0.37 + 0.78}{4.4 \times 0.08} \times 27.71 = 90.53$ （mm）。

在 I_c 处扩散管的直径计算：

$$D_c = d_3 + 0.1 \times (L_4 - I_c)$$

则 $D_c = 55.21 + 0.1 \times (278 - 90.53) = 73.96$ （mm）。

自由喷射流在距离喷嘴出口截面积 I_c 距离处 d_c 计算：

当喷射系数 $\mu > 0.5$ 时，

$$d_c = 1.55d_1(1 + \mu)$$

则 $d_c = 1.55 \times 27.71 \times (1 + 0.78) = 76.45$ （mm）。

若 $D_c > d_c$，则 $A = 0$。本例 $D_c = 73.96$mm $< d_c = 76.45$mm，所以 $A > 0$。

这里，$D_c = d_3 + 0.1(L_4 - A) \geqslant d_c$，令 $D_c = d_c$，则

$$55.21 + 0.1 \times [278 - (90.53 - A)] = 76.45$$

$A = 24.93$mm（取 $A = 25$mm）。

（3）其他注意事项

热泵除了合理计算达到良好的使用性能外，其噪声不能忽视。目前国内使用的带有热泵的蒸发器，其噪声范围都在 $85 \sim 96$dB（A）之间，有的甚至超过 100dB（A）。降噪应从以下几个方面考虑：加工制造首先应保证加工精度，即保证热泵中的喷嘴与扩散管同轴度在允许的误差范围内，不得偏斜；扩散管端部不伸入混合室内，蒸汽高速射流，会在扩散管端部产生摩擦，产生振动噪声，收缩管端部与混合室端板内端面齐平焊接，可起到减少

噪声的作用；扩散管中的收缩管、喉管、扩压管如果是焊接式结构，必须保证其同轴度，圆度在允许的误差范围内，否则也会使噪声变大；收缩管、扩压管的壁厚不低于 3mm，喉管的壁厚不低于 7mm。焊接要牢固，不得出现开焊，一经出现开焊或开裂即会产生振动，进而使噪声加大。如果采用一体式的结构效果会更好，但加工比较困难。无论采用哪种结构，制造完毕应对热泵进行水压试验，试验压力不低于 0.2MPa，且保持 15min 不得渗漏。喷嘴内表面粗度不低于 $Ra1.6\mu m$，喷嘴的进、出口端部应有圆角过渡，不得有尖角或毛刺出现，以防噪声的产生；喷嘴的材质应具有一定硬度，加工成形后或经热处理后应耐磨。降低噪声的另一种方法是在扩散管中设置消声孔。对于大生产能力的热泵也可采用多喷嘴进流的方法。保温层可以防止热量损失并屏蔽一定噪声，因此热泵要进行绝热保温处理。一般保温材料为岩棉，保温层厚度不低于 50mm。保温材料要填实，不得出现空洞现象。

　　蒸汽热压泵作为降膜式蒸发器的给热装置，主要作用是利用一次蒸汽来抽吸二次蒸汽，经过混合热压缩提高二次蒸汽温度、压力，作为蒸发器一部分加热热源，从而可起到节约能源的作用。因此，热泵在降膜式蒸发器中已经得到了广泛的应用，并取得了良好的经济效益及社会效益。

　　把二次蒸汽经过热压缩后提高其温度及压力达到加热蒸汽的程度加以利用，这样既回收了二次蒸汽的热能又节省了冷却水的消耗，这种方法称为二次蒸汽的再压缩。如果用高压工作蒸汽对二次蒸汽进行压缩则称为热力压缩式，热压缩技术在降膜式蒸发器、混合式蒸发器、升降膜式蒸发器中都得到了成功的应用。此外，还有一种压缩为机械式的再压缩，这种压缩是完全靠外部的机械动力把二次蒸汽或废热蒸汽进行再压缩作为蒸发器的加热热源。

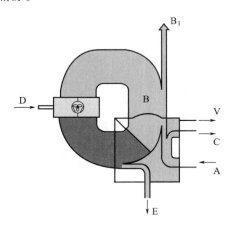

图 2-26　机械蒸汽再压缩加热蒸发器的热流图
A—产品；B—蒸汽；B$_1$—残余蒸汽；C—浓缩液；
D—电能；E—加热蒸汽冷凝水；V—热损失

利用高能效蒸气压缩机压缩蒸发系统的二次蒸汽，提高二次蒸汽的熔值，提高热熔的蒸汽进入蒸发系统作加热热源，循环使用，替代绝大多数的生蒸汽，生蒸汽仅用于补充热损失和补充进、出料温差所需热熔，从而大幅度降低蒸发器生蒸汽的消耗，达到节能目的。这属于把电能转化为热能的过程，如图 2-26 所示，即 MVR 蒸发器。

MVR 是蒸汽机械再压缩技术的简称。MVR 蒸发器是重新利用其自身产生的二次蒸汽的能量，从而减少对外界能源的需求的一项节能技术。早在 20 世纪 60 年代，德国和法国就已成功地将该技术用于化工、食品、造纸、医药、海水淡化及污水处理等领域。蒸发器工作过程是将低温位的蒸汽经压缩机压缩，温度、压力提高，热熔增加，然后进入换热器冷凝，以充分利用蒸汽的潜热。除开车启动外，整个蒸发过程中无需生蒸汽。近年来，在国内的玉米深加工、生物化工及污水处理等领域里有应用。也有利用二次蒸汽或废弃二次蒸汽进行机械再压缩用于蒸发上，属于能源的回收再利用，在电价不太高的情况下节能效果显著。不过，在其他领域内尚未得到广泛的应用。

2.3.8 蒸发器中杀菌器的设置

有些物料如牛奶、果蔬汁等料液在蒸发前需要进行灭菌，因此在蒸发器中需要设置杀菌装置。杀菌分为间接式杀菌及直接式杀菌两种，国内比较常用的是间接式杀菌。列管式杀菌器如图 2-27 所示，主要由换热管、壳体、管板、端盖、安全阀及保温材料等组成，杀菌系统主要由杀菌器、保持管、调节阀、截止阀、减压阀、压力表及温度表等组成。采用蒸汽间壁列管式杀菌在我国奶粉生产中应用最为普遍，这种杀菌温度一般控制在 86～94℃ 之间，杀菌后料液在保持管中保持时间（即杀菌时间）一般在几十秒，不超过 1min。随着我国奶粉等产品质量的提高，近年来也采用 UHT 超高温瞬时灭菌装置用于料液蒸发前灭菌。UHT 超高温杀菌是采用高温水间壁加热进行杀菌，杀菌温度一般控制在 120～137℃之间，灭菌时间通常在几秒钟内瞬间完成，灭菌效果好。

2.3.9 冷凝器的设计

冷凝器在蒸发系统中的主要作用是将末效二次蒸汽冷凝成凝结水然后由泵排出，真空泵通过冷凝器抽真空保持系统一定的真空度。冷凝器分为两类：一类为间接式冷凝器；另一类为直接式冷凝器。间接式冷凝器分为列管式冷凝器、板式冷凝器、盘管式冷凝器、螺旋板式冷凝器。直接式冷凝器分为喷淋式冷凝器（高、低）、水力喷射式冷凝器。常见冷凝器结构如图 2-28 所示。

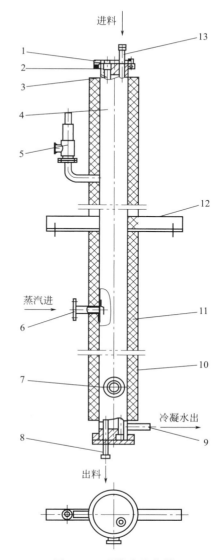

图 2-27 列管式杀菌器

1—端盖；2—管板；3—换热管；4—壳体；5—安全阀；6—蒸汽进口；7—视镜；8—出料口；9—冷凝水出口；10—外包皮；11—保温材料；12—支承；13—进料口

(1) 间接式冷凝器的设计

列管式冷凝器广泛应用于食品特别是乳品工业生产中，其最大优点是二次蒸汽与冷却水不接触，所以，也就不存在冷却水污染料液的问题。间接式冷凝器一般是二次蒸汽走壳程，冷却水走管程。它分为立式与卧式两种。

间接式冷凝器的设计分为换热面积计算及结构设计。

进入冷凝器的二次蒸汽分两部分，一部分是末效的二次蒸汽量，一部分是各效未冷凝掉的沿每效上、下不凝气管道进入冷凝器的蒸汽量，这部分蒸汽量按每效加热蒸汽量的 0.2%～1% 计算选取。

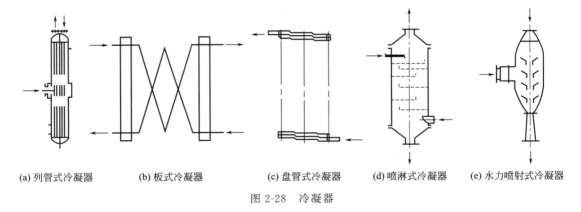

| (a) 列管式冷凝器 | (b) 板式冷凝器 | (c) 盘管式冷凝器 | (d) 喷淋式冷凝器 | (e) 水力喷射式冷凝器 |

图 2-28　冷凝器

【例 2-9】 一生产能力为 8000kg/h 用于速溶奶粉生产的四效降膜式蒸发器，其各效蒸发量分配为：1 效 3630kg/h；2 效 1552kg/h；3 效 1455kg/h；4 效 1363kg/h。进入冷凝器的末效二次蒸汽量为 1144kg/h，末效二次蒸汽温度为 45℃。采用间壁列管式冷凝器冷凝末效二次蒸汽，采用水环真空泵抽真空保持系统的真空度。进入冷凝器中的冷却水温度为 30℃，排出温度按 42℃ 计算。冷凝水在 45℃ 下排出，试计算冷凝器的换热面积。

二次蒸汽的潜热为 2394.13kJ/kg，末效二次蒸汽冷凝成同温度的冷凝水所放出的热量为

$$Q_1 = 1144 \times 2394.13 = 2738884.72 kJ/h$$

各效未冷凝掉的加热蒸汽量按 1% 选取，则

$$Q_2 = (36.30 + 15.52 + 14.55 + 13.63) \times 2394.13 = 191530.40 (kJ/h)$$

$$Q = Q_1 + Q_2 = 2738884.72 + 191530.40 = 2930415.12 (kJ/h)$$

传热温差计算：本例按单壳程双管程无相变的变温传热计算传热温差，因此按对数平均温差计算传热温差。

并流：45℃→45℃，30℃↗42℃，$\Delta t_1 = 45 - 30 = 15$（℃），$\Delta t_2 = 45 - 42 = 3$（℃）。

$$\Delta t = \frac{15 - 3}{\ln \frac{15}{3}} = 7.45 （℃）$$

换热面积按下式计算：

$$Q = kF\Delta t$$

式中，$Q = 2930415.12 kJ/h$，则

$$F = 2930415.12 / (4187 \times 7.45) = 93.94 （m^2）$$

考虑冷凝器在应用过程中可能出现的极端情况，为安全考虑，实际换热面积按理论计算的 1.25 倍选取。实际换热面积为

$$F' = 1.25 \times 93.94 = 117.42 (m^2)$$

(2) 直接式冷凝器的设计

直接式冷凝器也称混合式冷凝器，图 2-29 所示冷凝器是被冷凝的二次蒸汽与冷却水直接接触，把二次蒸汽冷凝成凝结水与冷却水混合一起进入到循环水池。由于这种冷凝是二

次蒸汽与冷却水直接接触进行热交换，冷却效果较好，操作方便，造价低廉。过去应用也比较广泛。缺点是长时间生产二次蒸汽的凝结水会污染冷却水，冷却水一旦发生倒灌也易污染料液，另外，多孔板易堵塞。因此，这种冷凝器虽然应用效果较好，但在食品工业尤其是乳品工业生产中很少采用。

直接式冷凝器应用最为普遍的是喷淋式冷凝器，这种冷凝器分高位冷凝器（也称大气冷凝器）及低位冷凝器两种，结构基本一致，所不同的是安装高度不同，前者安装高度必须高于大气压的约束即要高于 10m，才会自然排水，后者是靠泵把冷却水（含凝结水）排出（图 2-30）。喷淋式冷凝器其设计计算如下。

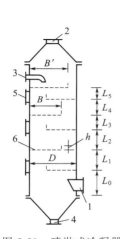

图 2-29　喷淋式冷凝器

1—二次蒸汽进口；2—不凝性气体出口；3—进水口；
4—排水口；5—人口或手孔；6—多孔淋水板

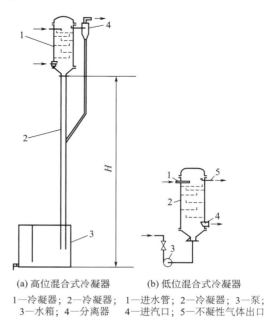

(a) 高位混合式冷凝器　　(b) 低位混合式冷凝器

1—冷凝器；2—冷凝器；　1—进水管；2—冷凝器；3—泵；
3—水箱；4—分离器　　4—进汽口；5—不凝性气体出口

图 2-30　直接式冷凝器

① 所用冷却水量 W_L　根据冷凝器入口蒸汽压力及冷却水进口温度由图 2-31 查得 $1m^3/h$ 冷却水冷凝的蒸汽量 $X(kg/h)$，则

$$W_L = W'_V/X$$

式中，W'_V 为被冷凝的蒸汽量，kg/h。由图所得值偏低，比实际经验数据约小 20%～25%，因此应取

$$W_L = (1.2 \sim 1.25)W'_V/X$$

② 冷凝器直径 D　蒸汽进入冷凝器后，在冷凝器截面的气速 u_V 一般取 15～20m/s，最大可取 25m/s。

$$D = \sqrt{\dfrac{W_V}{\dfrac{\pi}{4}u_V}}$$

其中，$W_V = W'_V V_S$，V_S 为蒸汽的比体积，可由相关饱和蒸汽表中查得。

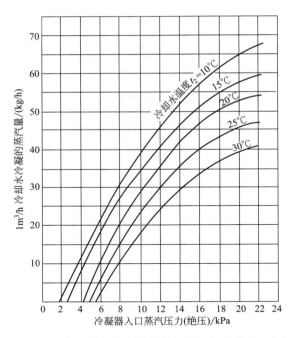

图 2-31　$1m^3/h$ 冷却水冷凝的蒸气量与冷凝器入口蒸汽
压力及冷却水温度的关系

③ 多孔淋水板的设计　淋水板数：冷凝器直径 $D<500mm$ 时，可用 4～6 块；冷凝器直径 $D\geqslant 500mm$ 时，可用 7～9 块。

淋水板的间距 L，采用下疏上密的上下不等距式：当用 4～6 块时，$L_{n+1}=(0.5\sim 0.7)L_n$；当用 7～9 块时，$L_{n+1}=(0.6\sim 0.7)L_n$。$L_0=D+(0.15\sim 0.3)m$，$L_{末}\geqslant 0.15m$。

弓形淋水板的宽度：最上一块 $B'=(0.8\sim 0.9)D$；其他各块淋水板 $B=\dfrac{D}{2}+0.05m$。

淋水板堰高 h：$D<500mm$，$h=40mm$；$D\geqslant 500mm$，$h=50\sim 70mm$。

淋水孔径 d：若冷却水质好或冷却水不循环使用时，d 可选取 4～5mm；若冷却水质差或冷却水循环使用时，d 可选取 6～10mm。

淋水孔冷却水流速 $u_0=\eta\varphi\sqrt{2gh}$（$h$ 为淋水板堰高），淋水孔的阻力系数 $\eta=0.95\sim 0.98$，水流收缩系数 $\varphi=0.8\sim 0.82$。单孔的淋水量为 $W_0=3600\times 0.785d^2u_0$，最上面一块淋水板要求 100% 的水量要通过淋水孔，考虑长期操作，孔易堵塞，孔数应加大 10%～15%，因此淋水孔数 $n=(1.1\sim 1.15)(W_L/W_0)$（$W_L$ 为总淋水量）。

其他各淋水板均要求 50% 淋水量通过淋水孔，考虑长期操作，孔易堵塞，孔数应加大 5%。因此，实际每块板的淋水孔数 $n=1.05[W_L/(2W_0)]$。

淋水孔以正六边形或正四边形排列为宜。

④ 冷凝器各管口尺寸　蒸汽进口尺寸 $D_1=(0.4\sim 0.65)D$。

不凝性气体接管口径 D_2：当 $D<500mm$ 时，$D_2=50\sim 75mm$；当 $D\geqslant 500mm$ 时，$D_2=75\sim 150mm$。

冷却水进口 D_3：以 1.5m/s 左右流速决定 D_3，若取流速 1.5m/s，则 $D_3=\sqrt{W_L}/65(m)$。

冷却水出口 D_4 即大气腿的管径：

$$D_4 = \sqrt{\cfrac{W_L}{\cfrac{\pi}{4} \times 3600}}$$

此外，为检修及清理淋水板，还要在冷凝器上设置手孔。

⑤ 冷凝器的安装　冷凝器安装高度指冷凝器的出水口至水封槽面间的垂直距离（也称大气腿高度）。它取决于冷凝器在真空条件下静压水柱的高度 H_1，若 p 为冷凝器内的真空度（MPa），则 $H_1 = 100p$（m）。若大气腿内水流速度为 1.5m/s 时，动力损失 $H_2 \leqslant 0.3$m。安全裕量 $H_3 = 0.5$m。安装高度 $H = H_1 + H_2 + H_3$，冷凝器安装高度大于与大气压相当的水柱高度即能自然排水，一般为 11～11.5m。

为了排除蒸汽所带的不凝性气体，在冷凝器后面安装蒸汽喷射泵，或水喷射泵或蒸汽串联的喷射泵，或机械真空泵。排水管（即大气腿）下端应插入液封槽的液面下面。若采用蒸汽喷射泵时，为了从喷射泵排出被冷凝蒸汽，需采用后冷凝器的密封槽。液封槽内液体的容量必须大于大气腿的容积，以防止停车时破坏液封。大气腿尽可能采用直管，若采用弯管时，必须避免与垂直线呈 45° 以上的弯管，以减少冷却水的排出阻力。蒸发器上混合冷凝器与水环真空泵合用完成冷凝及抽真空保持系统真空度的形式应用普遍。

【例 2-10】　有一三效降膜式蒸发器采用低位混合式冷凝器冷凝末效二次蒸汽，如图 2-30（b）所示，末效蒸发量为 1210kg/h，真空度为 0.09MPa，末效二次蒸汽直接进入冷凝器中被冷凝，冷却水进入温度为 30℃，计算冷凝器直径、淋水板数、冷却水量、蒸汽进口尺寸。

冷凝器直径：$W_V = W'_V V_S = 1210 \times 15.28 = 18488.8 \text{m}^3/\text{h}$，$u_V = 20 \text{m/s}$，则

$$D = \sqrt{\cfrac{W_V}{\cfrac{\pi}{4} u_V}} = \sqrt{\cfrac{18488.8}{\cfrac{\pi}{4} \times 20 \times 3600}} = 0.572 (\text{m})$$

圆整为 600mm。

淋水板数量：选取 8 块。

冷却水量：由图 2-31 查得 1m³/h 冷却水冷凝的蒸汽量为 18.5kg/h，则

$$W_L = W'_V / X = 1210/18.5 = 65.4 (\text{m}^3/\text{h})$$

蒸汽进口尺寸：二次蒸汽进入冷凝器速度按 36m/s 选取，则

$$1210 \times 15.28/3600 = \cfrac{D^2}{4} \times \pi \times 36$$

$$D = 0.426\text{m}$$

(3) 饱和蒸汽的冷凝及冷却

饱和蒸汽进入间壁式冷凝器时蒸汽先在其冷凝温度下放出潜热并液化，凝液开始冷却，由于这两段中温差与传热系数不相同，所以必须分别算出各段的传热面积，将整个过程假定为冷凝和冷却两个阶段。在计算各段的平均温差时必须知道两端交界处的冷流体温度 t_a。如图 2-32 所示，按逆流计算。实际上，在列管间壁式冷凝器中大多采用折流，折流多管程的某一截面的冷却水的温度分布也是不尽相同的，比较复杂。

$$F_1 = Q/(k_1 \Delta t_1)$$
$$F_2 = Q_1/(k_2 \Delta t_2)$$

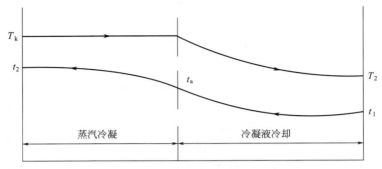

图 2-32　饱和蒸汽的冷凝和冷却

$$Q = Wr = Gc(t_2 - t_a)$$
$$Q_1 = Gc_p(T_k - T_2) = Gc(t_a - t_1)$$
$$Q/Q_1 = (t_2 - t_a)/(t_a - t_1)$$

2.3.10　真空泵的计算及选型

真空泵在蒸发器中的作用是从冷凝器中抽出不凝性气体维持系统的真空度，使蒸发器在真空减压状态下工作，有利于提高食品质量。目前应用最普遍的是水环式真空泵。

蒸发器多采用间接式（或混合式）冷凝器与水环真空泵并用，将二次蒸汽冷凝成凝结水同时抽除不凝性气体，保持蒸发系统的真空度。在蒸发器中用真空泵使系统成为负压，真空泵的吸气量是依据经验数值来确定的，真空泵吸气量（kg/h）为

$$G = G_1 + G_2 + G_3 + G_4$$

（1）G_1 值的确定

G_1 是真空系统渗漏的空气量，可根据真空系统中设备和管道的容积 V_1 按图 2-33 查出空气最大渗漏量 G_a，取 $G_1 = 2G_a$。

（2）G_2 值的确定

G_2 是蒸发过程中料液释放的不凝性气体量，一般很小，可以忽略，即 $G_2 = 0$。

（3）G_3 值的确定

G_3 是直接式冷凝器冷却水释放溶解空气量，如图 2-34 所示。

$$G_3 = G_b \frac{\gamma_t(273 + t)}{47.88\gamma_0(760 - h - p_t)}$$

式中　G_b——真空系统抽出的不凝气体量，kg/m^3，$G_b = V_a + V_b + V_c$；

　　　γ_t——温度 t 下饱和蒸汽的密度，kg/m^3；

　　　γ_0——0℃、绝对压力 0.1MPa 不凝气体的密度，kg/m^3；

　　　h——真空泵吸入口的真空度，Pa；

　　　p_t——温度 t 下的饱和蒸汽绝对压力，Pa；

　　　t——真空泵吸入口的气体温度，℃，$t = t_w + 5℃$；

　　　t_w——冷却水进口温度，℃。

如果蒸汽冷凝采用的是间接式表面冷凝器时，$G_3 = 0$。水中溶解的空气量在标准大气压下随水温升高而减小，不同温度下水中放出的空气量可由图 2-34 查得。

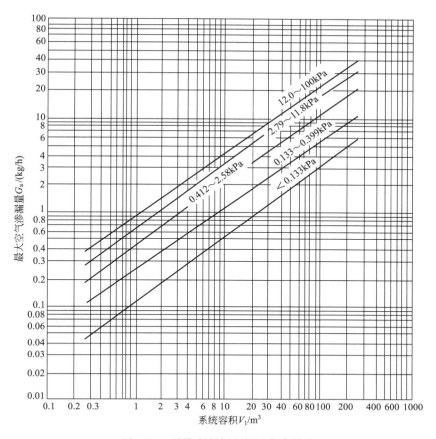

图 2-33　系统容积与空气最大渗漏量

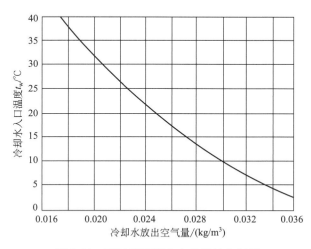

图 2-34　不同温度下水中放出的空气量

（4）G_4 值的确定

G_4 是未冷凝的蒸汽量，取决于冷凝效果，冷凝效果差这部分气体所占比例就大，正常情况下，采用经验值，$G_4 = (0.2\% \sim 1\%) G_p$（$G_p$ 为每小时进入冷凝器的蒸汽量）。

真空泵吸气为混合气体（由溶剂蒸汽和不凝性气体组成），在标准状况下，密度按下式计算：

$$\rho = p_0 M/(8.315T)$$

式中　ρ——在标准状况下混合气体密度，kg/m^3；

　　　p_0——在标准状况下的大气压，kPa；

　　　M——摩尔质量，kg/mol；

　　　T——热力学温度，K。

摩尔质量 M 按摩尔质量分数计算，即

$$Y_1 = G_4/18 \quad Y_2 = G_1/28.95$$

$$M = 18Y_1/(Y_1 + Y_2) + 28.95Y_2/(Y_1 + Y_2)$$

真空泵吸气量应换算成真空泵吸入状态的体积，其体积按下式计算：

$$V = (G/\rho)\big[(273 + t)p_0/(273p)\big]$$

式中　V——真空泵每小时吸气量，m^3/h；

　　　p——真空泵吸入压力，MPa；

　　　t——真空泵吸入状态温度（取冷凝状态温度），℃。

【例 2-11】　近年来，在蒸发器系统中普遍采用水环真空泵抽真空维持蒸发系统的真空度，保持料液在低沸点蒸发。在实际应用中，一些蒸发器真空泵选用得不尽合理，要么偏大，要么偏小；偏大不够经济，浪费能源；偏小则蒸发系统真空度低，影响蒸发器的蒸发量。因此，真空泵选择得是否合理关系到蒸发系统真空度的高低，即蒸发效果，也关系到是否节约能源。仅以 RNJM03-3600 型三效降膜式蒸发器在奶粉生产中的应用为例（图 2-35），对真空泵的吸气量进行计算并选择真空泵。

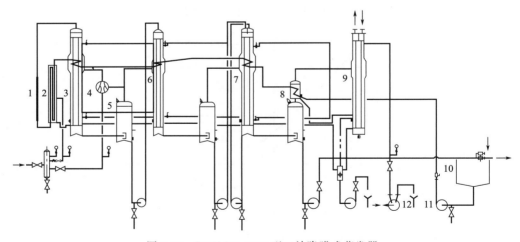

图 2-35　RNJM03-3600 型三效降膜式蒸发器
1—保持管；2—杀菌器；3—一效蒸发器；4—热泵；5—分离器；6—二效蒸发器；
7—三效蒸发器；8—预热器；9—冷凝器；10—平衡缸；11—物料泵；12—真空泵

(1) 主要技术参数

物料介质：牛奶　　　　　　　冷却水进入温度：20℃

生产能力：3600kg/h　　　　　冷却水排出温度：38℃

进料质量分数：11.5%　　　　 冷却水耗量：31t/h

出料质量分数：45％　　　　　　装机容量：35.5kW

冷凝器换热面积：38.99m² 　　　各效热量及蒸发量分配见表2-7（不计管道温度损失）

表 2-7　各效热量及蒸发量分配

项目	压力/MPa	温度/℃	热量/(kJ/h)	蒸发量/(kg/h)
一效加热	0.05894	85	4580946.352	—
一效蒸发	0.03178	70	—	1923
二效加热	0.03178	70	4580946.352	—
二效蒸发	0.017653	57	—	867
三效加热	0.017653	57	2047593.9	—
三效蒸发	0.009771	45	—	810
杀菌器	0.12318	105	281991.996	—
冷凝器	0.009771	45	—	—

（2）真空泵吸气量的理论计算过程

本例 $V_1 = 13.872\text{m}^3$，末效分离器绝对压力为0.009771MPa，查图2-33得 $G_a = 4\text{kg/h}$，则 $G_1 = 2G_a = 2 \times 4 = 8$ （kg/h）；$G_2 = 0$ 本例采用的是列管间壁式冷凝器，故 $G_3 = 0$；本例进入冷凝器蒸汽量为565.26kg/h，则 $G_4 = (0.2\% \sim 1\%)G_p = 1\% \times 565.26 = 5.65$ （kg/h）。则真空泵的吸气量为 $G = G_1 + G_2 + G_3 + G_4 = 8 + 0 + 0 + 5.65 = 13.65(\text{kg/h})$。

摩尔质量 M 按摩尔质量分数计算，即 $Y_1 = 5.65/18 = 0.3139$，$Y_2 = 8/28.95 = 0.2763$，则 $M_1 = 18 \times (0.3139/0.5902) = 9.573$ （kg/mol），$M_2 = 28.95 \times (0.2763/0.5902) = 13.553$ （kg/mol），$M = M_1 + M_2 = 9.573 + 13.553 = 23.126$ （kg/mol），故 $\rho = p_0 M/(8.315T) = 101.3 \times 23.126/(8.315 \times 273) = 1.032(\text{kg/m}^3)$，则 $V = (G/\rho)[(273 + t)p_0/(273p)] = (13.65/1.032) \times [(273 + 45) \times 0.1013/(273 \times 0.009771)] = 159.73(\text{m}^3/\text{h})$。

选择真空泵时，实际吸气量应大于上述计算值，一般按 1.25～1.5 倍计算值选取比较合适。本例按 1.5 倍计算值选取。因此，真空泵实际吸气量为 $V' = 1.5V = 1.5 \times 159.73 = 239.59$ （m³/h）。可依据此计算值查相关产品样本选择真空泵实际型号。

真空泵吸气量及型号的确定直接关系到蒸发器工作运行状态。真空泵选择过小就会导致蒸发器蒸发温度升高，严重时还会影响蒸发量；选择过大则不节能。因此，要选择出合适的真空泵必须根据蒸发器的大小及相关参数进行上述理论计算，根据计算出真空泵实际的理论吸气量选择真空泵，这样才会使蒸发系统处于稳定的工作运行状态。才不会出现由于真空泵选择不合适而给蒸发器带来诸如蒸发参数不正常或不节能等不良效果。真空泵工作所用的水温不得过高，否则会影响真空泵的吸气量，应采用自来水单独供水。

2.3.11　物料泵及冷凝水泵的确定选型

降膜式蒸发器是在真空状态下工作的，设备上的物料泵及冷凝水泵都是在负压状态下工作的，与常压工作的泵有所不同，所使用的泵必须具有足够的汽蚀余量才能保证正常工作。蒸发器上所使用的泵多为双密封水冷却的离心泵。

（1）泵的扬程及功率计算

泵的扬程按伯努利方程确定：

$$Z_1 + p_1/(\rho g) + u_1^2/(2g) + H = Z_2 + p_2/(\rho g) + u_2^2/(2g) + \sum H_{f,1-2}$$

泵的功率按下式计算：

$$N = (QH\rho g)/(102\eta)$$

泵的有效功率为

$$N_e = HQ\rho g$$

式中　N——轴功率，W；

　　　Q——泵在输送条件下的流量，m^3/s；

　　　H——泵的压头，m；

　　　ρ——被输送液体密度，kg/m^3；

　　　g——重力加速度，m/s^2；

　　　η——效率，这里按 $\eta=75\%$ 计算；

　　　N_e——有效功率，W。

【例 2-12】　过去国内一些制造厂家在泵的配套上曾出现过不少问题，这些问题主要表现为排料困难，分离室内存料，壳程存水，泵泄漏严重，泵的扬程不足，甚至无法正常生产等。仅以 RNJM03-8000 型三效降膜式蒸发器在奶粉生产中的应用为例，就泵的确定、选型及注意事项加以阐述。

① 主要技术参数及结构特点

物料介质：牛奶　　　　　　　　出料质量分数：38%~40%

生产能力：8000kg/h　　　　　　使用蒸汽压力：0.7~0.8MPa

进料质量分数：11.5%　　　　　　蒸发器生产状态参数：见表 2-8

进料温度：5℃

表 2-8　蒸发器生产状态参数

项目	压力（绝压）/MPa	温度/℃	比体积/(m³/kg)	汽化热/(kJ/kg)	焓/(kJ/kg)	各效蒸发量分配/(kg/h)
工作蒸汽	0.7883	169	0.2483	2052.886	2767.61	
一效加热	0.06372	87	2.629	2286.878	2654.977	4240
二效加热	0.03178	70	5.045	2333.415	2626.505	1960
三效加热	0.017653	57	8.757	2365.655	2604.314	1800
三效蒸发	0.011382	48	13.23	2387.01	2587.985	
冷凝器	0.009771	45	15.28	2394.127	2582.542	
杀菌器	0.12318	105	1.419	2243.395	2683.448	

本蒸发器结构特点是：采用三效降膜蒸发器，末效为双管程进料，采用并流加料法，末效出料；采用五个预热级（包括一个杀菌段），采用体外预热，将进入蒸发器的 5℃ 的料液温度加热至沸点或沸点以上的温度，本例为 92℃。本蒸发器物有料泵 5 台，冷凝水泵 1 台，真空泵 1 台，如图 2-36 所示。

② 泵的扬程及功率计算　本例以一效蒸发器的出料泵为例进行计算，如图 2-37 所示。

进入蒸发器的料液量为 11228kg/h，蒸发后出料泵流量为 6988kg/h，输料管径为 $\phi50mm \times 2mm$ 的不锈钢管，分离器蒸发温度为 70℃，因此进料入口压力为 -0.0695MPa。

进料密度为 1030kg/m³，蒸发器安装高度为 12m，吸入管路的阻力可不计，排出管路的压力损失可忽略不计，料液在管内流速为 1.2m/h。1-1 至 2-2 之间距离按 0.3m 计算，按

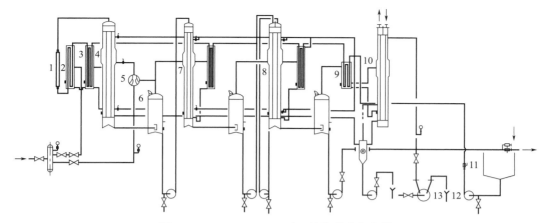

图 2-36　RNJM03-8000 型三效降膜式蒸发器
1—保持管；2—杀菌器；3，9—预热器；4——效；5—热泵；6—分离器；
7—二效；8—三效；10—冷凝器；11—平衡缸；12—物料泵；13—真空泵

此条件求出泵的扬程及其功率。泵的扬程按伯努利方程式求取。以 1-1
截面为基准面，列 1-1 至 2-2 基准面机械能算式：

$$Z_1 + p_1/(\rho g) + u_1^2/(2g) + H = Z_2 + p_2/(\rho g) + u_2^2/(2g) + \sum H_{f.1-2}$$

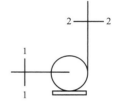

图 2-37　截面位置

$Z_2 - Z_1 = 0.3\text{m}$，$p_1 = -0.0695\text{MPa}$（表压），$p_2 = 0.133\text{MPa}$（表压），$u_1 = 1.1\text{m/s}$，$\sum H_{f.1-2} = 0\text{MPa}$，$u_2 = 1.2\text{m/s}$，则

$$0 - 6.95 \times 10^4/(1030 \times 9.8) + 1.1^2/(2 \times 9.8) + H = 0.3 + 1.33 \times 10^5/(1030 \times 9.8) + 1.2^2/(2 \times 9.8) + 0$$

$$H = 20.4\text{m}$$

实际扬程圆整为 21m。

泵的功率按下式计算：

$$N = (QH\rho g)/(102\eta)$$
$$= (1.88 \times 10^3 \times 21 \times 1030 \times 9.8)/(0.75 \times 102 \times 1000) = 5.21(\text{kW})$$

物料大多数是在低于蒸发器中料液沸点温度进入蒸发器的，都要经过逐级预热至沸点或沸点以上的温度方可进行降膜蒸发。预热可分为两种形式：一种为体内预热，即以盘管的形式在蒸发器的壳程中完成预热；另一种为体外预热，这种预热多采用列管预热（也有采用板式预热）。本例为体外预热，共分五个预热级（末级杀菌也可视为预热段）。无论哪种形式的预热在输送料液过程中物料在管路中都要有一定阻力，这些阻力与管路阀门的多少、弯度、弯头的数量及管子内表面的粗糙度有关，计算往往比较麻烦。一般的做法是在泵的输出管道安装压力表，这样就可很容易计算出泵的压头，也可知道管道的压力损失是多少。多次的实验测定即是以后同类设计的参考依据。

(2) 泵的选型

在例 2-12 的降膜式蒸发器中，除了一台进料泵外，其余泵均是在负压下工作的，所选泵必须具有抗汽蚀和克服真空度的能力。

① 汽蚀对泵的影响　汽蚀是离心泵的特有现象。汽蚀产生的原因一种是当叶片入口附近液体的静压力等于或低于输送温度下液体的饱和蒸气压时，将在该处部分汽化，产生气泡。含气泡的液体进入叶轮高压区后，气泡就急剧凝结或破裂，因气泡的消失产生局部真

空。此时周围的液体以极高的速度流向原气泡占据的空间,产生极大的局部冲击压力。其危害是使泵的性能下降,其次是产生振动和噪声。汽蚀产生的另一种原因是泵与管道连接处或管道或设备有漏点,有空气被吸入。后者在生产过程中最为常见。

汽蚀余量常用来描述泵的汽蚀特性,计算式为

$$NPSH = p_{in}/(\rho g) + u_{in}^2/(2g) - p_v/(\rho g)$$

式中　　p_v——一定温度下液体汽化相变压强,MPa;

　　　　p_{in}——液体在泵入口处的静压强,MPa;

　　　　u_{in}——液体在泵入口处的绝对速度,m/s。

发生汽蚀的临界汽蚀余量 $(NPSH)_{cr}$ 为实验测定数据,再加上一定安全裕量得到必需汽蚀余量,$(NPSH)_{cr}$ 与泵的设计有关,即 $NPSH > (NPSH)_{cr}$。

② 必须能克服真空度的约束　例 2-12 中三效降膜式蒸发器在生产过程中是低温加热蒸发,系统在负压状态下工作,最高真空度可达 0.09MPa 以上,因此用于蒸发器上的泵包括冷凝水泵都必须具有克服真空度的能力。

离心泵允许吸上真空度按下式计算:

$$H'_s = (p_a - p_1)/(\rho g)$$

式中　　p_a——当地大气压,Pa;

　　　　p_1——泵吸入口处允许的最低绝压,Pa。

这里 $p_a = 1.0133 \times 10^5$ Pa,$p_1 = 3.339 \times 10^3$ Pa,则

$$H'_s = (1.0133 \times 10^5 - 3.339 \times 10^3)/(1030 \times 9.81) = 9.698(m) \quad (水柱)$$

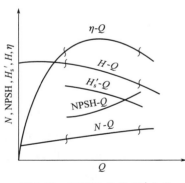

图 2-38　NPSH-Q 及 H'_s 曲线

③ 双密封水冷却离心泵　NPSH 与 Q 的变化关系如图 2-38 所示。该曲线是按输送 20℃ 的清水测定得到的,当输送其他液体时应乘以校正系数予以修正,但一般校正系数小于 1,故通常将其作为外加的安全因素,不再校正。

由于降膜式蒸发器的蒸发过程是在负压状态下完成的,所以泵允许吸上真空度是泵的抗汽蚀性能参数,其值与泵的结构、流量、被输送液体的性质及当地大气压等因素有关。某泵生产企业针对双密封水冷却离心泵作的汽蚀余量实验报告如表 2-9 所示。介质为水,开式叶轮。当地大气压为 0.1033MPa,所使用的泵就必须具有足够的抗汽蚀的能力。用于多效降膜式蒸发器的泵多为双密封水冷却的离心泵。根据料液的特性,如物料的浓度,黏度及悬浮物的多少来确定泵的叶轮的形式。离心泵叶轮的形式有闭式、半开式及开式叶轮三种。在降膜式蒸发器中所使用的离心泵叶轮结构上述三种都有应用。用于乳品生产的可采用闭式叶轮,麦芽糖浆浓度高、黏度大,就可采用半开式的叶轮。污水中的悬浮物多,且在蒸发过程中随着浓度的提高还有结晶的产生,用于污水的泵叶轮也为半开式的,并在泵中还设有导流装置。这些泵的密封均采用双端面机械密封且水冷却,单密封泵在蒸发器中有过应用,但由于真空的作用及工作时产生的振动,单密封很难克服真空的约束,在使用时易漏入空气致使排料困难,最终导致更换密封频繁,甚至无法使用。在选择泵时应将物料的特性及主要参数如温度、流量、扬程及输送料液时泵所处的工作状态等提供给泵的生产厂家,由厂家根据物料特性及参数选择并确定出所需要的泵,这样比较安全可靠。此外,应尽可能减少泵吸入管道的阻力。在蒸发

器中进入泵的管道直径都比较大，其流速可按 $0.9\sim1\text{m/s}$ 选取。

表 2-9 双密封水冷却离心泵汽蚀余量实验报告

| 序号 | 测定数据 | | | | | 换算成额定转速2850r/min的计算值 | | | | |
	流量 /(m³/h)	输入功率 /kW	扬程 /m	转速 /(r/min)	进口压力 /kPa	流量 /(m³/h)	扬程 /m	输入功率 /kW	汽蚀余量 /m	机组效率 /%
1	10.73	2.245	22.69	2891.5	0.0012	10.58	22.04	2.150	10.84	29.55
2	10.63	2.238	22.77	2890.8	−0.0114	10.48	22.14	2.145	9.64	29.47
3	10.58	2.227	22.79	2892.8	−0.0249	10.42	22.12	2.130	8.31	29.50
4	10.55	2.225	22.82	2891.5	−0.0330	10.40	22.17	2.131	7.55	29.47
5	10.44	2.202	22.80	2891.3	−0.0421	10.29	22.15	2.109	6.67	29.44
6	10.42	2.212	22.80	2891.0	−0.0513	10.27	22.15	2.119	5.79	29.26
7	10.32	2.198	22.89	2892.2	−0.0615	10.17	22.23	2.103	3.80	29.27
8	10.18	2.184	22.94	2894.7	−0.0711	10.02	22.23	2.084	3.86	29.13
9	9.99	2.192	22.91	2890.6	−0.0808	9.85	22.27	2.101	2.94	28.46
10	10.06	2.184	22.92	2891.6	−0.0829	9.91	22.27	2.091	2.74	28.75
11	9.98	2.175	23.02	2895.1	−0.0865	9.83	22.31	2.075	2.38	28.78
12	9.96	2.173	22.99	2894.1	−0.0884	9.81	22.29	2.075	2.20	28.70
13	9.88	2.163	22.99	2895.6	−0.0904	9.73	22.27	2.062	2.00	28.62
14	9.86	2.170	22.97	2896.0	−0.0924	9.70	22.25	2.068	1.81	28.43
15	9.76	2.158	22.92	2894.6	−0.0932	9.61	22.22	2.060	1.73	28.24
16	9.75	2.154	22.87	2894.6	−0.0939	9.60	22.17	2.056	1.67	28.20

　　蒸发器是在真空状态下出料，设备组装完毕必须进行气密性试验，因此首先要进行以水代料试车试验（系统抽真空），检查是否有漏点。其真空度衰减应符合 QB/T 1163—2000《降膜式蒸发器》的有关规定。如分离器或出料管道与泵连接处出现泄漏，分离器、管道内即可吸入空气，在料液中产生大量气泡，随即进入泵中即形成汽蚀，导致泵排料困难，分离器料位上涨，甚至无法正常生产。蒸发器出料泵出口一般要加装单向阀，以防料液倒流。在多效蒸发器中单向阀通常装在末效出料泵的出口管路上，这样也便于生产前的抽真空用。

　　需要说明的是由于降膜式蒸发器应用领域广泛，如用于酒精、二氯甲烷及乙酸乙酯的蒸发回收上，上述离心泵也很难满足生产需要，主要是因为：有机溶剂对泵的密封垫圈腐蚀严重，用不多久垫圈即开始腐蚀并出现泄漏现象，严重阻碍生产。所以，一般采用磁力泵代替上述泵，实际应用效果良好。在麦芽糖浆及葡萄糖浆生产中，这两种料液经过蒸发后浓度根据工艺要求有的可达 75% 以上。用于这种料液的泵可选择浓浆泵，浓浆泵就是为高浓度且含有悬浮颗粒的料液而设计。对葡萄糖浆及麦芽糖浆其浓度如果高于 78% 应考虑采用螺杆泵。总之，蒸发器上的泵比较特殊，应根据具体物料的特性对泵进行适合生产需要的正确选择，这样才能避免一些问题的发生。

2.3.12 蒸发器蒸汽、出料、冷凝水及不凝性气体接口的设计

（1）蒸发器进汽接口的确定

　　蒸发器进汽口的蒸汽流速按 $45\sim50\text{m/s}$ 选取。蒸汽进口处要设置蒸汽挡板，蒸汽挡板环带空间面积应与进口接管的横截面积相当。

（2）蒸发器出料口尺寸的确定

降膜式蒸发器出料方式有两种：一种是在分离器中出料；另一种是在下器体中出料（含分离器出料）。前者应用比较普遍，在真空状态下各效出料的流速按 1.1m/s 选取，流速选择不宜过快，过快会导致出料困难，尤其自动控制的蒸发器，生产完毕，即使分离器破空后料液排出速度仍缓慢。因此，出料管道直径不能按常压下选择。

（3）冷凝水出口尺寸的确定

在真空状态下各效出水口水的流速按 1.1m/s 选取，流速选择过大可能导致蒸发器壳程存水，这样的例子在过去的应用中是出现过的。效间冷凝水管一般做成 U 形接管状，目的是用以保持各效壳程内的压力，起到一定的水封作用。根据两效间的压差确定 U 形管的高度。

（4）上、下不凝气接口尺寸的确定

蒸发器各效壳程上都设有不凝性气体接口，以上、下不凝性气体接口居多。其主要作用是能及时排除不凝性气体，保持系统的真空度。不凝性气体主要由空气、二氧化碳及氮气等组成。理论上不凝性气体中是不含有水蒸气的，实际上在不凝性气体中仍会混有一定量的水蒸气，这主要取决于热平衡计算及实际各效冷凝效果，这部分未冷凝掉的水蒸气按 0.2%～1% 计算。实际上各效壳程中不凝性气体量除了空气之外，水蒸气占的量比较多，二氧化碳及氮气量却很少，计算时可以忽略。计算不凝性气体接口尺寸主要是估算空气及水蒸气的量。每一效的气体量可按计算真空泵吸气量的方法求出，然后确定不凝性气体接口尺寸。调节平衡各效温差往往是通过调节上、下不凝气管道上的节流垫片孔径（或调节阀门通流截面积）的大小来完成的（也可以采用球阀等调节）。一般，要做成一系列的不同孔径的节流垫片，以备试车调整各效蒸发温度使用。

（5）视镜及检修孔的设置

蒸发器效体壳程下部、预热器壳程下部、冷凝器壳程下部及分离器下部（距下管板或器底约 200mm 处）均设有视镜，目的是用以观察壳程中冷凝水水位及料液的运动状态。水位或料位持续升高则说明系统有泄漏处或排出管道细或泵出现故障。其次，在分离器上还设有检修孔，以备检修之用。

2.3.13　检测仪表及照明灯的设置

蒸发系统分为手动控制及自动控制两种控制方法。为了及时掌握蒸发器一些工作参数情况，在蒸发器或管道上都要设置压力表或温度表或浓度检测仪等，这些仪表分为现场直接显示或在控制柜中集中显示，无论手动还是自动控制这些检测仪表都不能缺少。如蒸发器、分离器、预热器、冷凝器上的温度表或压力表，物料管道、蒸汽管道、真空管道上的温度表或压力表，还有出料管道上的密度仪等。此外，为及时掌握并方便观察料液在蒸发器中的蒸发及运行状态，在分离器上还要设置照明灯，照明灯一般设置于分离器封头之上，在分离器前侧壁下方设有观察视镜。灯分为普通灯及防爆灯两种。

第 **3** 章

降膜式蒸发器的设计

生产能力（即水分蒸发量）：单位时间内从料液中蒸发出的水分量，以 kg/h 为单位。检验设备生产能力也是以被蒸发料液为基准，检验设备生产能力是否达到设计要求，而不是以水蒸发为基准检查设备的生产能力。

蒸发强度（生产强度）：蒸发器的蒸发强度是指单位时间单位传热面积的蒸发量，用式 $U = W/F$ 来表示 $[kg/(m^2 \cdot h)]$。如果料液是沸点进料，$q = W \cdot r$ 可写成 $U = W/F = q/(Fr) = (Fk \Delta t)/(Fr) = k \Delta t/r$。要提高蒸发强度必须提高传热系数或增大传热温差或两者并进，温度差的提高主要在于提高系统的真空度，真空度过高还会造成能源的浪费，因此真空度应适度，而第一效加热蒸汽的压力也有帮助。

经济指标：蒸发器单位时间蒸发所耗用的蒸汽量与蒸发量之比即为经济指标，即 $V = D_0/W$。

绝对压强：以绝对零压作起点计算的压强，称为绝对压强，简称绝压，是流体的真实压强。蒸发器的计算均为绝对压强。

表压强：压力表上表示被测流体的绝对压强比大气压强高或低的读数，即为表压。表压有正负之分。正的为正压，负的为负压。低于大气压强的数值称真空度。真空度数值书写为正。

$$表压强 = 绝对压强 - 大气压强$$
$$真空度 = 大气压强 - 绝对压强$$

浓缩比：浓缩后料液质量分数（$b\%$）与浓缩前料液质量分数（$a\%$）之比，即 b/a。从质量分数上可看出物料经过蒸发能够提高干物质含量的范围，不同类型蒸发器其浓缩比范围不同，浓缩比的大小是判定蒸发是否能够连续进行的一个最基本参数。

黏度：黏度的物理意义是阻碍流体流动产生单位速度梯度的剪应力，可写成：$\mu = \tau/(du/dy)$。由上式可知，速度梯度最大之处剪应力亦最大，速度梯度为零剪应力亦为零。黏度总是与速度梯度相联系，只有在运动时才显现出来。分析静止流体的规律时就不用考虑黏度这个因素。黏度是流体的重要物理性质之一，其值由实验测定。液体的黏度随温度升高而减小，气体的黏度则随温度升高而增大。压强变化时，液体的黏度基本不变；气体的黏度随压强增加而增加得很少，在一般工程计算中可以忽略，只有在极高或极低的压强下，才需要考虑压强对气体黏度的影响。

3.1 单效降膜式蒸发器的工艺设计计算

单效降膜式蒸发器的特点是料液在蒸发器中受热时间较短，适合于低温蒸发，尤其是热敏性料液的蒸发。一般处理量较大，浓缩后料液浓度要求较高的料液，不宜采用单效蒸发。对浓缩比较大的料液，采用单效蒸发，料液在蒸发过程中往往需要重复进料重复蒸发，不如双效、三效等降膜式蒸发器等节能。

以单效降膜式蒸发器在液态奶中的应用为例阐述设备的设计过程。单效降膜式蒸发器在液态奶的前处理阶段主要作用是经过巴氏杀菌（灭菌温度72～75℃）的奶液进入到单效中蒸发出一部分水分。视使用蒸汽压力的高低及冷却水温度的高低，其蒸发温度多在60～65℃之间，甚至可达51～55℃（冷却水温度较低），一般奶液质量分数从11.5%提高到12.7%～13.1%之间。经过浓缩提高奶液干物质含量，同时去除奶液中的膻味及不良气味。灭菌温度72～83℃为高温巴氏灭菌，目前还有一种为低温杀菌法，即在62～65℃下加热处理30min，所以进入蒸发器其加热温度通常不超过75℃，加热温度不高，无疑对奶液中有益元素是有益的。

RNJM01-1500型单效降膜式蒸发器主要技术参数为：

物料介质：牛奶 使用蒸汽压力：0.7325MPa（绝压）
生产能力：1500kg/h 加热温度：75℃
进料质量分数：11.5% 冷却水进入温度：30℃
出料质量分数：13.1% 冷却水排出温度：42℃
进料温度：68℃ 冷凝水排出温度：60℃
料液比热容：3.8939kJ/(kg·℃)[牛奶比热容在3.8939～4.017kJ/(kg·℃)
之间，不计在蒸发过程中比热容的微小变化]

RNJM01-1500型单效降膜式蒸发器如图3-1所示，其特点是采用全自动控制。凡与物料接触的部位全部采用304-2B板面制造，与物料接触的管道内部全部充装氩气进行保护焊接；采用热压缩技术即采用热泵抽吸二次蒸汽并提高其温度和压力作为一部分加热热源；采用间壁列管式冷凝器冷凝二次蒸汽，采用水环真空泵抽真空保持系统的真空度，蒸发器器体进行绝热保温处理。

(1) 蒸发器换热面的确定

蒸发器换热面积的大小决定了生产能力的大小，是决定出料质量分数是否能够达到要求的关键。本例蒸发器换热面积计算过程如下。

表3-1列出了蒸发状态参数。

表3-1 蒸发状态参数

项目	压力/MPa	温度/℃	比体积/(m³/kg)	汽化热/(kJ/kg)	焓/(kJ/kg)
工作蒸汽	0.7325	166	0.2662	2059.486	2760.054
蒸发器加热	0.03913	75	4.133	2320.854	2630.474
蒸发	0.02031	60	7.678	2358.118	2604.976

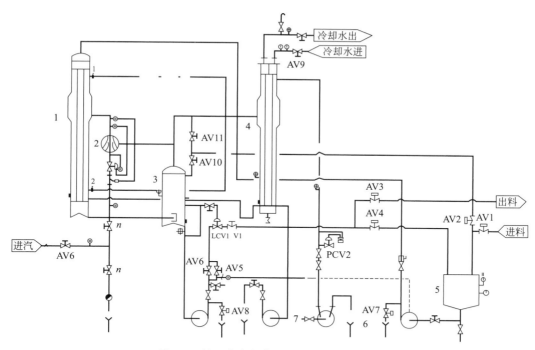

图 3-1 用于液态奶蒸发单效降膜式蒸发器

1—蒸发器；2—热泵；3—分离器；4—冷凝器；5—物料缸；6—物料泵；7—真空泵

① 温差损失 降膜式蒸发器的温差损失包括两部分：一部分为沸点升高；另一部分为管道沿程压力损失。

溶液的沸点升高随溶液浓度而变，浓度越高沸点升高也越大，牛奶在不同含固量下沸点升高[1]按下式计算：

$$\Delta a = 0.38 e^{0.05+0.045B}$$

式中 Δa——常压下溶液的沸点升高，℃；

B——牛奶固形物的百分含量，这里 $B=13.1\%$。则

$$\Delta a = 0.38 \times e^{0.05+0.045\times13.1} = 0.72(℃)$$

溶液的沸点升高还与压强有关，上式是在常压下的沸点升高，而在其他压力下的沸点升高可按下式进行计算：

$$\Delta = \Delta a f$$

式中，f 为校正系数，$f=0.0038\ (T^2/r)$；T 为某压力下水的沸点，这里 $T=333K$；r 为某压力下水的蒸发潜热，这里 $r=563.2kcal/kg$。则

$$f = 0.0038 \times (T^2/r) = 0.0038 \times (333^2/563.2) = 0.748$$

$$\Delta = 0.72 \times 0.748 = 0.54(℃)$$

降膜式蒸发器中的静压强可忽略不计，管道等温度损失按 $1\sim1.5℃$ 选取，这里取 $1.5℃$，则温差损失为 $2.04℃$，取 $2℃$。沸点温度为 $62℃$。

② 物料处理量 按下式计算：

---

❶ 沸点升高计算公式 $\Delta a = 0.38e^{0.05+0.045B}$ 中 B 的代入值为百分含量的数值，如百分含量为 13.1%，则代入公式中的 B 值为 13.1。

$$SB_0 = (S - W)B_1$$

这里 $B_0 = 11.5\%$，$W = 1500 \text{kg/h}$，$B_1 = 13.1\%$，则进料量为

$$S = 1500 \times 13.1 / (13.1 - 11.5) = 12281.25 (\text{kg/h})$$

③ 热量衡算　按下式计算：

$$D_n R_n = [W_n r_n + (Sc - W_1 c_p - W_2 c_p - \cdots - W_{n-1} c_p)(t_n - t_{n-1}) + q_n']$$

由于是单效，所以可写成为

$$D = [Wr - Sc(T - t) + q'] / R$$

式中　D——蒸汽耗量，kg/h；

　　　W——水分蒸发总量，$W = 1500 \text{kg/h}$；

　　　S——进料量，$S = 12281.25 \text{kg/h}$；

　　　c——物料比热容，$c = 3.8939 \text{kJ/(kg} \cdot \text{℃)}$；

　　　T——进料温度，$T = 68 \text{℃}$；

　　　t——料液沸点温度，$t = 62 \text{℃}$；

　　　R——加热蒸汽潜热，$R = 2320.85 \text{kJ/kg}$；

　　　r——二次蒸汽汽化潜热，$r = 2358.118 \text{kJ/kg}$；

　　　q'——热量损失，这里按总热量的 5% 计算。则

$$D = [1500 \times 2358.118 - 12281.25 \times 3.8939 \times (68 - 62)] \times 1.05 / 2320.85 = 1470.5 (\text{kg/h})$$

④ 生蒸汽耗量　本蒸发器采用热压缩技术，即采用热泵抽吸二次蒸汽经过热泵提高其温度、压力作为蒸发器的加热热源，生蒸汽的耗量计算如下。

按内插法计算热泵的喷射系数：压缩比 $\sigma = p_4 / p_1$，由表 3-1 查得 $p_4 = 0.03913 \text{MPa}$，$p_1 = 0.02031 \text{MPa}$，则 $\sigma = 0.03913 / 0.02031 = 1.93$；膨胀比 $\beta = p_0 / p_1$，由表 3-1 查得 $p_0 = 0.7325 \text{MPa}$，$p_1 = 0.02031 \text{MPa}$，则 $\beta = 0.7325 / 0.02031 = 36$。由压缩比及膨胀比根据表 2-4 及差值公式进行二次差值计算。

当 $\sigma = 1.93$、$\beta = 30$ 时：

$$\mu_1 = 1.23 + [(0.98 - 1.23) / (2.0 - 1.8)] \times (1.93 - 1.8) = 1.068$$

当 $\sigma = 1.93$、$\beta = 40$ 时：

$$\mu_2 = 1.29 + [(1.05 - 1.29) / (2.0 - 1.8)] \times (1.93 - 1.8) = 1.134$$

当 $\sigma = 1.93$、$\beta = 36$ 时：

$$\mu = 1.068 + [(1.134 - 1.068) / (40 - 30)] \times (36 - 30) = 1.1076 \quad (\text{取 } \mu = 1.1)$$

$$D = G_0 + E$$

式中　D——蒸发器蒸汽耗量，$D = 1470.5 \text{kg/h}$；

　　　G_0——生蒸汽量，kg/h；

　　　E——热泵抽吸二次蒸汽量，kg/h，$E = \mu G_0$；

　　　μ——喷射系数，$\mu = 1.1$。则

$$G_0 = D / (1 + \mu) = 1470.5 / (1 + 1.1) = 700.24 (\text{kg/h})$$

⑤ 换热面积

$$F = [Wr - Sc(T - t)] / [k(T' - t)]$$

式中　k——传热系数，$k = 4389 \text{kJ/(m}^2 \cdot \text{h} \cdot \text{℃)}$；

　　　T'——加热温度，$T' = 75 \text{℃}$。则

$$F = [1500 \times 2358.118 - 12281.25 \times 3.8939 \times (68 - 62)] / [4389 \times (75 - 62)] = 58.64 (\text{m}^2)$$

⑥ 降膜管根数 降膜管按 $\phi38\text{mm}\times1.5\text{mm}\times6000\text{mm}$ 选取，降膜管根数为

$$n=58.6/(0.0365\times\pi\times5.95)=85.7 \text{（根）（取 86 根）}$$

⑦ 周边润湿量 又称降膜管周边润湿宽度，它指料液在单位时间内、单位长度上降膜管周边的布料量（也称降液密度），单位为 $\text{kg}/(\text{m}\cdot\text{h})$。它分上、下周边润湿量。上、下周边润湿量是指料液进入蒸发器及离开蒸发器时的周边润湿量。下周边润湿量更能反映料液在降膜管中的分布情况。

提高降膜管周边润湿量的方法有两种，一种是加长降膜管的长度。目前降膜管长度已经有 8m、11m、12m 规格的，有的甚至更长。其次是分程。分程是指将降膜管分成两组或多组以增加降膜管的周边液膜的厚度。

料液蒸发过程中最小周边润湿量，即不干壁的条件，按下式计算：

$$\frac{G_{\min}}{\gamma_1\rho_1}=\left(\frac{\sigma}{\gamma_1^{4/3}\rho_1 g^{1/3}}\right)^{0.625}$$

式中 $G_{\min}$——单位长度管周边最小降液量，$\text{kg}/(\text{m}\cdot\text{s})$；

ρ_1——液体密度，kg/m^3；

γ_1——液体运动黏度，m^2/s；

σ——表面张力，N/m；

g——重力加速度，m/s^2。

料液不干壁的条件为降膜管底端的周边润湿量 $G'\geqslant G_{\min}$

本例中 $\rho_1=1040\text{kg}/\text{m}^3$，$\gamma_1=1.153\times10^{-3}\text{m}^2/\text{s}$，$\sigma=0.0475\text{N}/\text{m}$，$g=9.8\text{m}/\text{s}^2$，则

$$\frac{G_{\min}}{1.153\times10^{-3}\times1040}=\left[\frac{0.0475}{(1.153\times10^{-3})^{4/3}\times1040\times9.8^{1/3}}\right]^{0.625}$$

$$G_{\min}=0.406\text{kg}/(\text{m}\cdot\text{s})$$

液体物性取操作压力下溶液中溶质最终含量对应沸点温度时的数值。按此要求降膜管上部的降液密度按下式计算：

$$G_{\text{B}}=\frac{a}{b}G_{\min}$$

式中，a、b 为溶液初始及终了干物质百分含量。则

$$G_{\text{B}}=\frac{11.5}{13.1}\times0.406=0.356[\text{kg}/(\text{m}\cdot\text{s})]$$

周边润湿量不足多出现在多效降膜式蒸发器中的末效或末两效，这主要取决于浓缩比的大小。当周边润湿量小到一定数值，就应采取分程的方法进料，以加大降膜管的周边润湿量。分程有体内分程与体外分程两种。体内分程是指降膜管在同一壳程中进行分程，这种分程结构简单紧凑，比较多见。体外分程是指降膜管不在同一壳程中。

本例中上、下周边润湿量分别为

$$G'=12281.25/(0.035\pi\times86)=1299.4 [\text{kg}/(\text{m}\cdot\text{h})]$$

$$G'_1=10781.25/(0.035\pi\times86)=1140.7 [\text{kg}/(\text{m}\cdot\text{h})]$$

⑧ 蒸发强度

$$U=1500/(0.035\times\pi\times86\times5.95)=26.7 [\text{kg}/(\text{m}^2\cdot\text{h})]$$

⑨ 经济指标

$$V=700.24/1500=0.467$$

从实际应用看，周边润湿量是安全的，但对浓缩比较大的绝大多数料液来说，其周边润湿量已经远远小于了临界周边润湿量，在实际中应用效果也是好的，因此按上述公式计算出的临界周边润湿量还只能是个参考。周边润湿量是蒸发器设计的一个重要参数，计算过程中必须进行计算比较。

（2）蒸发器器体的确定

① 蒸发器器体直径 D （按正三角形排列）

$$D = t(1.1\sqrt{n} - 1) + 2t$$

式中，t 为管心距，mm；n 为管子数，根。则

$$D = 48 \times (1.1 \times \sqrt{86} - 1) + 2 \times 48 = 537.6(\text{mm})$$

取标准直径为 550mm。

按上述公式初步确定效体直径，然后在管板上排管，再根据实际情况进行圆整。

② 蒸发器进汽接管直径 d

$$1470.5/(0.2420 \times 3600) = \frac{d^2}{4}\pi \times 45 \text{（这里蒸汽流速取 45m/s）}$$

$$d = 219\text{mm}$$

（3）料液分布器的设计

本例采用盘式分布器进行布料布膜。

① 分布器上小孔的确定　确定分布器上小孔的原则是必须保证每根降膜管中的料液都能沿着管壁以膜的状态均匀流动，这里就存在边缘分布孔能否保证边缘降膜管料液分配均匀的问题，因此必须先布孔。本例布料小孔的数量为 100 个。

② 分布器上小孔孔径的计算

$$q = (\pi d^2/4)\mu\sqrt{2gh}$$

式中　d——小孔直径，m；

q——单个小孔流量，m^3/s；

μ——小孔流量系数，$\mu = 0.61 \sim 0.63$，这里 $\mu = 0.63$；

g——重力加速度，这里 $g = 9.8\text{m/s}^2$；

h——盘上液位高度，这里 $h = 0.045\text{m}$。则

$$3.3 \times 10^{-3} = 100 \times (\pi d^2/4) \times 0.63 \times \sqrt{2 \times 9.8 \times 0.045}$$

$$d = 0.0084\text{m}$$

所以，分布器上小孔孔径为 8.4mm。

（4）热泵结构尺寸计算

① 喷嘴喉部直径 d_0

$$d_0 = 1.6\sqrt{\frac{G_0}{p_0}}$$

式中，d_0 为喷嘴喉部直径，mm；p_0 为饱和生蒸汽压力，这里 $p_0 = 0.7325\text{MPa}$，则

$$d_0 = 1.6 \times \sqrt{\frac{700.24}{7.325}} = 15.6 \text{（mm）（取 16mm）}$$

② 喷嘴出口直径 d_1　喷嘴出口压力按与工作压力相等考虑，对饱和蒸汽 $\beta < 500$ 时：

$$d_1 = 0.61 \times (2.52)^{\lg\beta} d_0$$

则

$$d_1 = 0.61 \times (2.52)^{\lg 36} \times 16 = 41.1 \text{(mm)} \quad （取 41 mm）$$

③ 扩散管喉部直径 d_3　按下式计算比较合适：

$$d_3 = 1.6 \sqrt{\dfrac{0.622 \times (G_1 + G_3 + G_4) + G_0 + G_2}{P_4}}$$

式中，d_3 为扩散管喉部直径，mm；G_1 为被抽混合物中空气量，这里 $G_1 = 1$ kg/h；G_2 为被抽混合物中水蒸气量，$G_2 = D - G_0 = 1470.5 - 700.24 = 770.26$（kg/h）；$G_3$ 为从泵外漏入的空气量，这里 $G_3 = 1$ kg/h；G_4 为混合式冷凝器冷却水析出的空气量，这里 $G_4 = 0$ kg/h。则

$$d_3 = 1.6 \times \sqrt{\dfrac{0.622 \times (1 + 1 + 0) + 700.24 + 770.26}{0.3913}} = 98.13 \text{(mm)} \quad （取 98 mm）$$

④ 校核最大的反压力 p_{fm}

$$p_{\text{fm}} \approx (d_0/d_3)^2 (1 + \mu) p_0$$

校核的结果必须使最大反压力 $p_{\text{fm}} = p_4$，若 $p_{\text{fm}} < p_4$，则可适当增大 d_0 值。则

$$p_{\text{fm}} \approx (16/98)^2 \times (1 + 1.11) \times 7.325 = 0.4120 \text{(kgf/cm}^2\text{)}$$

$p_{\text{fm}} \approx p_4 = 0.3913$ kgf/cm^2，因此可行。

⑤ 热泵其他有关尺寸（表 2-5）

$$d_5 = (3 \sim 4)d_0 = 3 \times 16 = 48 \text{(mm)}$$
$$L_0 = (0.5 \sim 2.0)d_0 = 1.5 \times 16 = 24 \text{(mm)}$$
$$d_2 = 1.5 d_3 = 1.5 \times 98 = 147 \text{(mm)}$$
$$L_3 = (2 \sim 4)d_3 = 3 \times 98 = 294 \text{(mm)}$$
$$d_4 = 1.8 d_3 = 1.8 \times 98 = 176.4 \text{(mm)} \quad （取 176 mm）$$
$$L_1 = (d_5 - d_0)/k_4 = (48 - 16)/(1/1.2) = 38.4 \text{(mm)} \quad （取 38 mm）$$
$$L_2 = (d_1 - d_0)/k_1 = (41 - 16)/(1/4) = 100 \text{(mm)}$$
$$L_4 = (d_2 - d_3)/k_2 = (147 - 98)/(1/10) = 490 \text{(mm)}$$
$$L_5 = (d_4 - d_3)/k_3 = (176 - 98)/(1/8) = 624 \text{(mm)}$$

⑥ 二次蒸汽入口直径 d_6

$$d_6 = 4.6 \times (G_0/p_1)^{0.48}$$
$$= 4.6 \times (700.24/0.2031)^{0.48} = 229.5 \text{(mm)} \quad （取 230 mm）$$

⑦ 混合室直径 d_7　一般为扩散管喉部直径的 2.3 ~ 5 倍，即

$$d_7 = (2.3 \sim 5)d_3 = 3 \times 98 = 294 \text{(mm)}$$

⑧ 混合室长度 L_7　一般按 d_7 的 1 ~ 1.15 倍选取，即

$$L_7 = (1 \sim 1.15)d_7$$

⑨ 自由喷射长度 I_c

$$I_c = (0.37 + \mu)d_1/(4.4\alpha)$$

式中，I_c 为喷射流长度，mm；α 为实践常数，对弹性介质，α 在 0.01 ~ 0.09 之间选取，μ 值较大时取较高值。本例 $\mu = 1.11 > 0.5$，所以

$$I_c = (0.37 + 1.11) \times 41/(4.4 \times 0.08) = 172 \text{(mm)}$$

⑩ 在 I_c 处扩散管直径 D_c

$$D_c = d_3 + 0.1 \times (L_4 - I_c)$$
$$= 98 + 0.1 \times (490 - 172) = 129.8 \text{（mm）}$$

⑪ 自由喷射流在距离喷嘴出口截面积 I_c 距离处 d_c 当喷射系数 $\mu > 0.5$ 时：

$$d_c = 1.55 d_1 (1 + \mu)$$
$$= 1.55 \times 41 \times (1 + 1.11) = 134.09 \text{（mm）}$$

如果 $D_c > d_c$，$A = 0$。本例 $D_c = 129.8\text{mm} < d_c = 134.09\text{mm}$，所以，$A > 0$。这里 $D_c = d_3 + 0.1 \times [L_4 - (I_c - A)] \geq d_c$，令 $D_c = d_c$，则

$$d_3 + 0.1 \times [L_4 - (I_c - A)] = d_c$$
$$98 + 0.1 \times [490 - (172 - A)] = 134.09$$
$$A = 42.9\text{mm} \text{（取 36mm）}$$

⑫ 热泵生蒸汽进汽口直径

$$700.24/(3.76 \times 3600) = \frac{d^2}{4}\pi \times 45 \text{（这里蒸汽流速取 45m/s）}$$

$$d = 0.038\text{m}$$

热泵各个尺寸如图 3-2 所示。

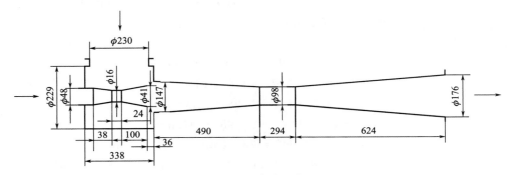

图 3-2　热泵尺寸

(5) 分离器的设计计算

① 分离器直径

$$d = \sqrt{\frac{WV_0}{\frac{\pi}{4}\omega_0 \times 3600}}$$

式中，W 为二次蒸汽量（水分蒸发量），这里 $W = 1500\text{kg/h}$；V_0 为蒸汽比体积，$V_0 = 7.678\text{m}^3/\text{kg}$；$\omega_0$ 为自由截面的二次蒸汽流速，$\omega_0 = \sqrt[3]{4.26 V_0} = \sqrt[3]{4.26 \times 7.678} = 3.198 \text{（m/s）}$。则

$$d = \sqrt{\frac{1500 \times 7.678}{\frac{\pi}{4} \times 3.198 \times 3600}} = 1.129 \text{（m）（取 1.1m）}$$

② 分离器的有效高度

$$h = \frac{WV_0}{\frac{\pi}{4}d^2 V_s \times 3600}$$

式中，V_s 为允许的蒸发体积强度，$V_s=1.1\sim1.5\text{m}^3/(\text{m}^3\cdot\text{s})$。则

$$h=\frac{1500\times7.678}{\frac{\pi}{4}\times1.1^2\times1.3\times3600}=2.59\ (\text{m})$$

③ 分离器方接口尺寸　这里二次蒸汽流速选取 18m/s，断面为长方形，长是高的 2 倍。

$$1500/(0.130\times3600)=2a^2\times18$$
$$a=298\text{mm}$$

方接口长：

$$b=2\times298=596\ (\text{mm})$$

即方接口尺寸为 298mm×596mm。

④ 分离器出口尺寸　这里二次蒸汽流速按 36m/s 选取。

$$1500/(0.130\times3600)=\frac{d^2}{4}\pi\times36$$
$$d=337\text{mm}$$

⑤ 分离器出料管尺寸　这里料液流速按 1.1m/s 选取。

$$10781.25/(1030\times3600)=\frac{d^2}{4}\pi\times1.1$$
$$d=0.058\text{m}\ (\text{取 }60\text{mm})$$

(6) 冷凝器的设计计算

蒸发器温度过高大多数是由冷凝器冷凝面积不足，冷却水量不足或冷却水温度过高所致。一般情况下，冷凝器换热面积大多按末效二次蒸汽冷凝成同温度的凝结水直接排放掉进行计算。实际上冷凝器壳程温度大多都低于二次蒸汽温度，当冷凝水温有要求，需要继续降温，冷凝器换热面积计算就略有不同。本例冷凝器采用间壁列管式冷凝器，冷凝器换热面积计算过程如下。

① 对数温差

并流，60℃ → 60℃，30℃ ↗ 42℃，$\Delta t_1=60-30=30$（℃），$\Delta t_2=60-42=18$（℃），则

$$\Delta t=(30-18)/\ln(30/18)=23.5\ (\text{℃})$$

② 换热面积

$$F=(Q_1+Q_2)/(k\Delta t)$$

式中，Q_1 为进入冷凝器中冷凝潜热，kJ/h；Q_2 为蒸发器壳程中冷凝水进入冷凝器自蒸发所放出的热量，kJ/h。

$$Q_1=(1500+14.71)\times2358.118=3571864.92(\text{kJ/h})$$
$$Q_2=Dc(t_1-t_2)r_2/i_2$$

式中，t_1 为进水温度，$t_1=75$℃；t_2 为饱和压力下蒸发温度，$t_2=60$℃；i_2 为 t_2 下的热焓，$i_2=2609.338$kJ/kg；r_2 为 t_2 时的汽化潜热，$r_2=2358.118$kJ/kg。则

$$Q_2=1470.5\times4.187\times(75-60)\times2358.118/2609.338=83463.087(\text{kJ/h})$$
$$Q=Q_1+Q_2=3571864.92+83463.087=3655328.0(\text{kJ/h})$$

传热系数 $k=4187\text{kJ/(m}^2\cdot\text{h}\cdot\text{℃)}$，则换热面积为

$$F = 3655328.0/(4187 \times 23.5) = 37.15 (\text{m}^2)$$

实际换热面积为

$$F' = 1.25 \times 37.15 = 46.44 \ (\text{m}^2) \qquad (\text{取整为 } 46\text{m}^2)$$

③ 换热管数量

选择直径为 25mm、壁厚为 1.5mm、长度为 6000mm 的换热管，则冷凝器换热管根数为

$$n = 46/(0.0235 \times \pi \times 6.0) = 103.8 (\text{根}) \quad (\text{取 } 104 \text{ 根})$$

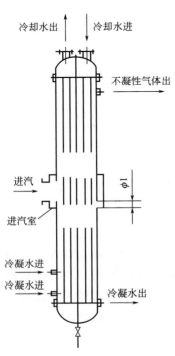

图 3-3　列管式冷凝器进汽结构

④ 冷凝器壳体直径　$D = t \times (1.1\sqrt{n} - 1) + 2t = 32 \times (1.1 \times \sqrt{104} - 1) + 2 \times 32 = 391(\text{mm})$，根据实际换热管的排布确定，圆整为 400mm。

为了进汽的需要，冷凝器的进汽口应考虑进汽室采用四周进汽的方法，即采用两点进汽的方法，进汽结构如图 3-3 所示，效果较好。

⑤ 冷却水耗量　$W = 3655328.0/[4.187 \times (42 - 30)] = 72.8(\text{t/h})$，选择供水泵应不低于此水量。

从上述计算可看出，蒸发温度高，冷凝器换热面积小，反之则大。对饱和的二次水蒸气来说大多是在冷凝后直接排除了。

（7）真空泵的计算选型

真空泵吸气量为

$$G = G_1 + G_2 + G_3 + G_4$$

按图 2-33 查出空气最大渗漏量 G_a，取 $G_1 = 2G_a$，真空系统中设备和管道容积 $V_1 = 6.732\text{m}^3$，末效分离器绝对压力为 0.02550MPa，查图 2-33 得 $G_a = 3.7\text{kg/h}$，则 $G_1 = 2G_a = 2 \times 3.7 = 7.4 \ (\text{kg/h})$。

G_2 是蒸发过程中料液释放的不凝性气体量，一般很小，可以忽略，即 $G_2 = 0$。

G_3 是直接式冷凝器冷却水释放溶解空气量，如果蒸汽冷凝采用的是间接式表面冷凝器，$G_3 = 0$。水中溶解的空气量在标准大气压下随水温升高而减小，不同温度下水中放出的空气量可由图 2-34 查得。

G_4 是未冷凝的蒸汽量，取决于冷凝效果，冷凝效果差这部分气体所占比例就大，正常情况下，采用经验值，$G_4 = (0.2\% \sim 1\%)G_p$。$G_p$ 为每小时进入冷凝器的二次蒸汽量。$G_4 = 1500 \times 1\% = 15 \ (\text{kg/h})$。（本例不计效体壳程未冷凝掉的蒸汽量）

则

$$G = 7.4 + 0 + 0 + 15 = 22.4 \ (\text{kg/h})$$

真空泵吸气为混合气体（由溶剂蒸汽和不凝性气体组成），在标准状况下，密度按下式计算：

$$\rho = p_0 M/(8.315T)$$

式中　ρ——在标准状况下混合气体密度，kg/m^3；

p_0——在标准状况下的大气压，kPa；

M——摩尔质量，kg/mol；

T——热力学温度，K。

摩尔质量 M 按摩尔质量分数计算，即

$$Y_1 = 15/18 = 0.833, Y_2 = 7.4/28.95 = 0.256$$

则

$$M_1 = 18 \times (0.833/1.089) = 13.77(\text{kg/mol})$$
$$M_2 = 28.95 \times (0.256/1.089) = 6.81(\text{kg/mol})$$
$$M = M_1 + M_2 = 13.77 + 6.81 = 20.58(\text{kg/mol})$$
$$\rho = 101.3 \times 20.58/(8.315 \times 273) = 0.918(\text{kg/m}^3)$$

真空泵吸气量应换算成真空泵吸入状态的体积，其体积按下式计算：

$$V = (G/\rho)[(273+t)p_0/(273p)]$$

式中　V——真空泵每小时吸气量，m³/h；

p——真空泵吸入压力，MPa；

t——真空泵吸入状态温度，℃，取冷凝状态温度。

则

$$V = (22.4/0.918) \times [(273+60) \times 0.1013/(273 \times 0.02031)] = 148.45(\text{m}^3/\text{h})$$

选择真空泵时，其实际吸气量应大于上述计算值，一般按 1.25～1.5 倍计算值选取。本例按 1.25 倍计算值选取。因此，真空泵实际吸气量为

$$V' = 1.25 \times 148.45 = 185.56(\text{m}^3/\text{h})$$

可选择 2BV 系列水环真空泵，最大吸气量为 230m³/h。

物料泵及冷凝水泵选择双密封水冷却的离心泵（选择过程略）。

需要说明的是在蒸发过程中随着料液浓度的升高，料液、水及水蒸气的比热容也在发生微小变化，本书计算没有计入比热容的微小变化。对于牛奶而言，其比热容可按下式进行估算：

$$c = 1 - 0.7B$$

式中，B 为料液浓度，%。

低温奶（5℃）直接进入蒸发器也可采用图 4-1 所示的单效结构形式进行生产。

3.2　双效降膜式蒸发器的工艺设计计算

双效降膜式蒸发器的特点是料液在蒸发器中受热时间较短，一效二次蒸汽用于加热二效得到利用，比单效节能，浓缩后料液浓度提高得较快。

有一并流双效降膜式蒸发器，如图 3-4 所示，用于牛奶的蒸发，蒸发量为 2400kg/h，牛奶的进料质量分数为 11.5%，进料温度为 90℃，经过蒸发后牛奶的质量分数为 45%，第一效加热温度不超过 87℃，采用热压缩技术，即采用热泵抽吸一效二次蒸汽用于一效的一部分加热热源，料液比热容按 3.8939kJ/(kg·℃) 计算，不计在蒸发过程中比热容的变化。试计算各效蒸发量；蒸汽耗量；各效传热面积、降膜管根数及降膜管周边润湿量（各蒸发器壳程冷凝水按直接排出进行计算）。表 3-2 列出了蒸发状态参数。

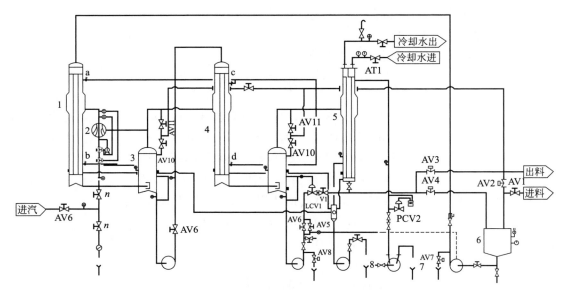

图 3-4　RNJM02-2400 型双效降膜式蒸发器

1——一效蒸发器；2—热泵；3—分离器；4—二效蒸发器；5—冷凝器；6—平衡缸；7—物料泵；8—真空泵

表 3-2　蒸发状态参数

项目	压力/MPa	温度/℃	比体积/(m³/kg)	汽化热/(kcal/kg)	焓/(kcal/kg)
工作蒸汽	0.7507	167	0.2600	491.9	660.5
一效加热	0.06372	87	2.629	547.1	634.1
一效蒸发	0.03463	72	4.655	556.1	628.1
二效蒸发	0.011382	48	13.23	570.1	618.1

假设一效蒸发量为 1600kg/h，二效蒸发量为 800kg/h，则

$$S = \frac{WB_2}{B_2 - B_0} = \frac{2400 \times 45\%}{45\% - 11.5\%} = 3223.9(\text{kg/h})$$

第一效出料浓度为

$$B_1 = \frac{SB_0}{S - W_1} = \frac{3223.9 \times 11.5\%}{3223.9 - 1600} = 22.8\%$$

（1）各效蒸发量及蒸汽耗量

一效沸点升高：

$$\Delta a = 0.38 e^{0.05+0.045B} = 0.38 \times e^{0.05+0.045 \times 22.8} = 1.11℃$$

$$f = 0.0038 \times (T^2/r) = 0.0038 \times (318^2/571.8) = 0.672$$

$$\Delta = \Delta a f = 1.11 \times 0.672 = 0.746(℃)$$

降膜式蒸发器中的静压强可忽略不计，管道等温度损失按 1～1.5℃ 选取，这里取 1.5℃，则温差损失为 2.246℃，取 2℃。沸点温度为 74℃。

二效沸点升高：

$$\Delta a = 0.38 e^{0.05+0.045B} = 0.38 e^{0.05+0.045 \times 45} = 3.03(℃)$$

$$f = 0.0038(T^2/r) = 0.0038 \times (321^2/570.1) = 0.69$$

$$\Delta = \Delta a f = 3.03 \times 0.69 = 2.09(℃)$$

管道等温度损失按 1.5℃ 选取，则温差损失为 3.59℃，取 4℃。沸点温度为 52℃。

由热量衡算式

$$W_n = [D_n + (Sc - W_1 c_p - W_2 c_p - \cdots - W_{n-1} c_p) b_n] \eta_n$$

得

$$W_1 = (D_1 + Scb_1) \eta_1$$

$$W_2 = [D_2 + (Sc - W_1 c_p) b_2] \eta_2$$

由热泵关系式

$$D = G_0 (1 + \mu)$$

得

$$W_1 = [G_0 (1 + \mu) + Scb_1] \eta_1$$

$$W_2 = [(W_1 - \mu G_0) + (Sc - W_1 c_p) b_2] \eta_2$$

喷射系数的计算选取：

压缩比 $\sigma = p_4 / p_1$，由表 3-2 查得 $p_4 = 0.06372\text{MPa}$，$p_1 = 0.03463\text{MPa}$，则 $\sigma = 0.06372 / 0.03463 = 1.84$。

膨胀比 $\beta = p_0 / p_1$，由表 3-2 查得 $p_0 = 0.7507\text{MPa}$；$p_1 = 0.03463\text{MPa}$，则 $\beta = 0.7507 / 0.03463 = 21.68$。

由压缩比及膨胀比根据表 2-4 及差值公式进行二次差值计算。

当 $\sigma = 1.84$、$\beta = 20$ 时：

$$\mu_1 = 1.11 + [(0.87 - 1.11)/(2.0 - 1.8)] \times (1.84 - 1.8) = 1.062$$

当 $\sigma = 1.84$、$\beta = 30$ 时：

$$\mu_2 = 1.23 + [(0.98 - 1.23)/(2.0 - 1.8)] \times (1.84 - 1.8) = 1.18$$

当 $\sigma = 1.84$、$\beta = 21.68$ 时：

$$\mu = 1.062 + [(1.18 - 1.062)/(30 - 20)] \times (21.68 - 20) = 1.082$$

$$W_1 = [G_0 (1 + 1.082) + 3223.9 \times 0.93 \times 0.0235] \times 0.98$$

$$= 2.04 G_0 + 69.05$$

$$W_2 = [(2.04 G_0 + 69.05 - 1.082 G_0) + (3223.9 \times 0.93 - 2.04 G_0 - 69.05) \times 0.039] \times 0.98$$

$$= 0.86 G_0 + 179.62$$

$$W_1 + W_2 = 2400$$

$$2400 = 2.04 G_0 + 69.05 + 0.86 G_0 + 179.62$$

$$G_0 = 741.84\text{kg/h}$$

$$W_1 = 2.04 \times 741.84 + 69.05 = 1582.4 \ (\text{kg/h})$$

$$W_2 = 0.86 \times 741.84 + 179.62 = 817.6 \ (\text{kg/h})$$

与第一次假设相近，若相差较大，则以第一次的计算结果作为第二次的假设值，重复上述步骤。

（2）换热面积、降膜管根数及降膜管周边润湿量

第一效换热面积：

$$F_1 = Q_1 / (k_1 \Delta t_1)$$

$$Q_1 = D_1 R_1 = G_0 (1 + \mu) R_1 = 741.84 \times (1 + 1.082) \times 547.1 = 845001.9 (\text{kcal/h})$$

$$k_1 = 1200\text{kcal/(m}^2 \cdot \text{h} \cdot \text{℃)}$$

$$F_1 = 845001.9 / [1200 \times (87 - 74)] = 54.16 (\text{m}^2)$$

降膜管的规格为 $\phi 50\text{mm} \times 1.5\text{mm} \times 5950\text{mm}$（以下同）。

管子根数：
$$n = 54.16/(0.0485 \times \pi \times 5.950) = 59.77(根) \quad (取 60 根)$$

周边润湿量（上）：
$$G' = 3223.9/(0.047 \times \pi \times 60) = 364.1[\text{kg/(m·h)}]$$

蒸发强度：
$$U_1 = W_1/F_1 = 1582.4/54.16 = 29.22[\text{kg/(m}^2\text{·h)}]$$

第二效换热面积：
$$F_2 = Q_2/(k_2 \Delta t_2)$$

$$Q_2 = D_2 R_2 = (W_1 - \mu G_0)R_2 = (1582.4 - 1.082 \times 741.84) \times 556.1 = 433631.43(\text{kcal/h})$$

$$k_2 = 750\text{kcal/(m}^2\text{·h·℃)}$$

$$F_2 = \frac{433631.43}{750 \times (72-52)} = 28.9(\text{m}^2)$$

管子根数：
$$n = 28.9/(0.0485 \times \pi \times 5.950) = 31.89(根) \quad (取 32 根)$$

周边润湿量（上）：
$$G' = 1641.5/(0.047 \times \pi \times 32) = 347.59[\text{kg/(m·h)}]$$

蒸发强度：
$$U_2 = W_2/F_2 = 817.6/28.9 = 28.29[\text{kg/(m}^2\text{·h)}]$$

总蒸发强度：
$$U = W/F = 2400/83.06 = 28.89[\text{kg/(m}^2\text{·h)}]$$

经济指标：
$$V = 741.84/2400 = 0.309$$

如果采用分步试算，一效蒸发量为 1637kg/h，二效蒸发量为 763kg/h。一效换热面积为 55.27m²，二效换热面积为 26.8m²。一效换热面积比利用上述计算方法大，这对热敏性料液蒸发是有好处的，尤其有利于防止多效蒸发末效结垢结焦。

3.3 带预热及杀菌的双效降膜式蒸发器的工艺设计计算

有一双效降膜式蒸发器用于奶粉的生产，生产能力为 1200kg/h，进料质量分数为 11.5%，经过浓缩后奶液浓度为 38%～40%，进料温度为 5℃，杀菌温度为 85～94℃，采用间壁列管式杀菌器灭菌。采用间壁列管式冷凝器冷凝末效二次蒸汽，采用水环真空泵抽真空保持系统的真空度。冷却水进入温度为 30℃，排出温度为 42℃，牛奶的比热容按 0.93kcal/(kg·℃) 计算，不计在蒸发过程中比热容的变化。采用并流加料法，末效出料。采用热压缩技术，即采用热泵抽吸一效二次蒸汽作为一效的一部分加热热源。采用蒸发器壳程冷凝水作为第一级物料预热器的加热热源。其流程如图 3-5 所示。计算各级预热面积及管长；各效蒸发量；蒸汽耗量；各效换热面积、降膜管根数及降膜管周边润湿量；冷凝器换热面积及换热管根数；冷却水耗量。

蒸发状态参数见表 3-3。

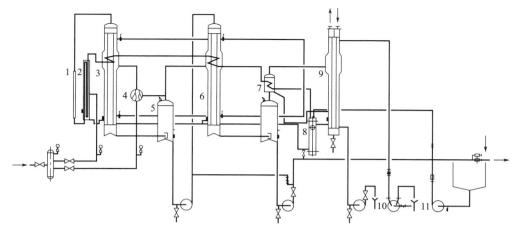

图 3-5 RNJM02-1200 型双效降膜式蒸发器

1—保持管；2—杀菌器；3—一效蒸发器；4—热泵；5—分离器；6—二效蒸发器；

7，8—预热器；9—冷凝器；10—真空泵；11—物料泵

表 3-3 蒸发状态参数

项目	压力/MPa	温度/℃	比体积/(m³/kg)	汽化热/(kcal/kg)	焓/(kcal/kg)
工作蒸汽	0.8076	170	0.2426	489.5	661.3
一效加热	0.06372	87	2.629	547.1	634.1
一效蒸发	0.03463	72	4.655	556.1	628.1
二效蒸发	0.013216	51	11.5	568.4	618.4
杀菌（壳程）	0.12318	105	1.419	535.8	640.9

（1）沸点升高计算

假设一效蒸发量为 800kg/h，二效蒸发量为 400kg/h。

进料量：

$$S = \frac{WB_2}{B_2 - B_0} = \frac{1200 \times 40\%}{40\% - 11.5\%} = 1684(\text{kg/h})$$

第一效出料浓度：

$$B_1 = \frac{SB_0}{S - W_1} = \frac{1684 \times 11.5\%}{1684 - 800} = 21.9\%$$

一效沸点升高：

$$\Delta a = 0.38e^{0.05+0.045B} = 0.38e^{0.05+0.045\times21.9} = 1.07(\text{℃})$$

$$f = 0.0038 \times (T^2/r) = 0.0038 \times (345^2/556.1) = 0.81$$

$$\Delta = \Delta a f = 1.07 \times 0.81 = 0.87\text{℃}$$

降膜式蒸发器中的静压强可忽略不计，管道等温度损失按 1～1.5℃ 选取，这里取 1.5℃，则温差损失为 2.37℃，取 2℃。沸点温度为 74℃。

二效沸点升高：

$$\Delta a = 0.38e^{0.05+0.045B} = 0.38e^{0.05+0.045\times40} = 2.4（\text{℃}）$$

$$f = 0.0038 \times (T^2/r) = 0.0038 \times (324^2/568.4) = 0.702$$

$$\Delta = \Delta a f = 2.4 \times 0.702 = 1.68(\text{℃})$$

管道等温度损失按 1.5℃ 选取，则沸点升高为 3.18℃，取 3℃。沸点温度为 54℃。

（2）物料预热计算

① 预热管径确定

$$1684/(1030 \times 3600) = \frac{d^2}{4} \times \pi \times 1.2$$

$$d = 0.0219$$

选取外径为 25mm、壁厚为 1.5mm 的不锈钢管。

② 换热面积计算

本计算不计蒸发过程中料液比热容的微小变化（以下计算同）。本蒸发系统的预热分三段预热加一个杀菌器（可视为预热）：

$$Q_1 = 1684 \times 3.8939 \times (20 - 5) = 98359.914 \text{kJ/h}$$
$$Q_2 = 1684 \times 3.8939 \times (45 - 20) = 163933.19 \text{kJ/h}$$
$$Q_3 = 1684 \times 3.8939 \times (60 - 45) = 98359.914 \text{kJ/h}$$
$$Q_4 = 1684 \times 3.8939 \times (75 - 60) = 98359.914 \text{kJ/h}$$
$$Q_5 = 1684 \times 3.8939 \times (90 - 75) = 98359.914 \text{kJ/h}$$

a. 第一级物料预热器的换热面积及管长　由于是无相变的变温传热，因此按对数温差计算传热温差。

为缩小预热器体积，减少占地，第一级预热器采用折流式四管程进行设计，$Q_1 = 98359.914 \text{kJ/h}$，$k_1 = 4187 \text{kJ/(m}^2 \cdot \text{h} \cdot ℃)$。先按逆流计算对数温差：72℃→50℃，20℃↖5℃，$\Delta t_1 = 72 - 20 = 52$（℃），$\Delta t_2 = 50 - 5 = 45$（℃），则

$$\Delta t = (52 - 45)/\ln(52/45) = 48.4(℃)$$

折流时的对数平均温度差：

$$\Delta t_m = \varphi_{\Delta t} \Delta t$$

其中 $\varphi_{\Delta t} = f(P, R)$，$P = \dfrac{t_2 - t_1}{T_1 - t_1} = \dfrac{20 - 5}{72 - 5} = 0.224$，$R = \dfrac{T_1 - T_2}{t_2 - t_1} = \dfrac{72 - 50}{20 - 5} = 1.47$，查曲线图 2-14(a) 得 $\varphi_{\Delta t} = 0.97$。

$$\Delta t_m = 0.97 \times 48.4 = 46.95(℃) \quad (即 \Delta t_1 = 46.95℃)$$

换热面积：

$$F_1 = \frac{Q_1}{k_1 \Delta t_1} = \frac{98359.914}{4187 \times 46.95} = 0.5(\text{m}^2)$$

预热管长：

$$L = 0.5/(0.0235 \times \pi) = 6.78(\text{m})$$

取管长为 1.2m，则管子根数为

$$n = 6.78/1.2 = 5.6（根）\quad （取 6 根）$$

单壳程六管程预热。

b. 第二级物料预热器的换热面积及管长　第二级预热是利用末效的二次蒸汽进行的，是以盘管的形式（大型的采用列管）对料液进行预热的，这一级的预热意义很大。按无相变变温传热计算传热温差，因此按并流对数温差计算传热温差。

$Q_2 = 163933.19 \text{kJ/h}$，$k_2 = 4187 \text{kJ/(m}^2 \cdot \text{h} \cdot ℃)$。并流：51℃→51℃，20℃↗45℃，$\Delta t_1 = 51 - 20 = 31$（℃），$\Delta t_2 = 51 - 45 = 6$（℃），则

$$\Delta t = \frac{31-6}{\ln \dfrac{31}{6}} = 15.2(℃) \qquad (即~\Delta t_2' = 15.2℃)$$

换热面积：

$$F_2 = \frac{Q_2}{k_2 \Delta t_2'} = \frac{163933.19}{4187 \times 15.2} = 2.58(\text{m}^2)$$

预热管长：

$$L = 2.58/(0.0235 \times \pi) = 34.9~(\text{m})$$

c. 第三级物料预热器的换热面积及管长　第三级预热是利用末效壳程的加热蒸汽进行预热的，也是以盘管的形式（大型的采用列管）对料液进行预热。按无相变变温传热计算传热温差，因此按并流对数温差计算传热温差。

$Q_3 = 98359.914\text{kJ/h}$，$k_3 = 4187\text{kJ/(m}^2 \cdot \text{h} \cdot ℃)$。并流：$72℃ \rightarrow 72℃$，$45℃ \nearrow 60℃$，$\Delta t_1 = 72-45 = 27$（℃），$\Delta t_2 = 72-60 = 12$（℃），则

$$\Delta t = \frac{27-12}{\ln \dfrac{27}{12}} = 18.5(℃)~(即~\Delta t_3 = 18.5℃)$$

换热面积：

$$F_3 = \frac{Q_3}{k_3 \Delta t_3} = \frac{98359.914}{4187 \times 18.5} = 1.27(\text{m}^2)$$

预热管长：

$$L = 1.27/(0.0235 \times \pi) = 17.2~(\text{m})$$

d. 第四级物料预热器的换热面积及管长　第四级预热是利用一效壳程的加热蒸汽进行预热的，也是以盘管的形式（大型的采用列管）对料液进行预热。按无相变变温传热计算传热温差，因此按并流对数温差计算传热温差。

$Q_4 = 98359.914\text{kJ/h}$，$k_4 = 4187\text{kJ/(m}^2 \cdot \text{h} \cdot ℃)$。并流：$87℃ \rightarrow 87℃$，$60℃ \nearrow 75℃$，$\Delta t_1 = 87-60 = 27$（℃），$\Delta t_2 = 87-75 = 12$（℃），则

$$\Delta t = \frac{27-12}{\ln \dfrac{27}{12}} = 18.5(℃) \qquad (即~\Delta t_4 = 18.5℃)$$

换热面积：

$$F_4 = \frac{Q_4}{k_4 \Delta t_4} = \frac{98359.914}{4187 \times 18.5} = 1.27(\text{m}^2)$$

预热管长：
$$L = 1.27/(0.0235 \times \pi) = 17.2~(\text{m})$$

e. 第五级物料预热器的换热面积及管长第五级是杀菌段，也可看成是最末级的预热级。是以间壁列管的形式对料液进行杀菌。第五级杀菌器采用折流式五管程进行设计。按无相变变温传热计算对数传热温差。

$Q_5 = 98359.914\text{kJ/h}$，$k_5 = 4187\text{kJ/(m}^2 \cdot \text{h} \cdot ℃)$。并流：$105℃ \rightarrow 105℃$，$75℃ \nearrow 90℃$，$\Delta t_1 = 105-75 = 30$（℃），$\Delta t_2 = 105-90 = 15$（℃），则

$$\Delta t = \frac{30-15}{\ln \dfrac{30}{15}} = 21.64(℃) \qquad (即~\Delta t_5 = 21.64℃)$$

换热面积：

$$F_5 = \frac{Q_5}{k_5 \Delta t_5} = \frac{98359.914}{4187 \times 21.64} = 1.086 (\text{m}^2) \quad (\text{取 } 1.1\text{m}^2)$$

预热管长：

$$L = 1.1/(0.0235 \times \pi) = 14.9 \ (\text{m})$$

第五级预热为杀菌段，采用折返式五管程管长为 3m 的杀菌器。

(3) 热量衡算

经过热量衡算实际蒸发量分配：一效 852kg/h；二效 348kg/h（由热平衡多次试算而得）。

各效占总蒸发量质量分数：一效 71%；二效 29%。

沸点：一效沸点 74℃；二效沸点 54℃。

热量衡算（多次试算结果）：

$$D = [Wr + Sc(t - T) + Q - Q_L + q]/R$$

式中　D——蒸汽耗量，kg/h；

　　　W——水分蒸发总量，1200kg/h；

　　　S——进料量，1684kg/h；

　　　c——物料比热容，3.8939kJ/(kg·℃)；

　　　T——进料温度，90℃；

　　　t——料液沸点温度；

　　　R——加热蒸汽潜热，2290.71kJ/kg；

　　　r——二次蒸汽汽化热，2328.391kJ/kg；

　　　q——热量损失，这里按总热量的 6% 计算；

　　Q_L——前效壳程（或杀菌器壳程）冷凝水进入后效壳程冷凝水放出的热量，kJ/h；

　　　Q——壳程蒸汽对物料预热的热量，kJ/h。

用于一效加热的蒸汽耗量按下式计算：

$$D_1 R_1 = W_1 r_1 + Sc(t_1 - t_0) + Q_1 - q_1 + q'_1$$

$$D_1 = \frac{852 \times 2328.391 + 1684 \times 3.8939 \times (74 - 90) + 98359.914 - \dfrac{43.8 \times 4.187 \times (105 - 87) \times 2290.71}{2654.977}}{2290.71}$$

$$\times 1.06 = 913.6 (\text{kg/h})$$

由于采用热压缩技术，本例喷射系数 $\mu = 1.1$。由热泵关系式得

$$G_0 = D/(1 + \mu) = 913.6/(1 + 1.1) = 435 (\text{kg/h})$$

用于一效加热的一效二次蒸汽量及热量分别为

$$913.6 - 435 = 478.6 \ (\text{kg/h})$$

$$478.6 \times 2328.391 = 1114367.933 \ (\text{kg/h})$$

用于二效加热的一效二次蒸汽量及热量分别为

$$852 - 478.6 = 373.4 \ (\text{kg/h})$$

$$373.4 \times 2328.391 = 869421.199 \ (\text{kJ/h})$$

二效热量衡算式为

$$D_2 R_2 = W_2 r_2 + (Sc - W_1 c_p)(t_2 - t_1) + Q_2 - q_2 + q'_2$$

二效蒸发所需热量为

$$Q_2 = \left[348 \times 568.4 + (1684 \times 0.93 - 852 \times 1) \times (54 - 74) + 23491.74 - \right.$$
$$\left. \frac{957.4 \times (87 - 72) \times 556.1}{628.1} \right] \times 4.187 \times 1.06 = 862336.213 (\text{kJ/h})$$

$$862336.213 / 869421.199 = 0.992$$

不再试算。

（4）换热面积计算

① 一效换热面积

$$F = \frac{Q}{k \Delta t}$$

这里 $Q = 852 \times 2328.391 - 1684 \times 3.8939 \times (90 - 74) = 1878871.89 \text{kJ/h}$，$k = 5024.4 \text{kJ/}$ $(\text{m}^2 \cdot \text{h} \cdot \text{℃})$。

$$F = \frac{1878871.89}{5024.4 \times (87 - 74)} = 28.77 (\text{m}^2)$$

降膜管的规格为 $\phi 45\text{mm} \times 1.5\text{mm} \times 5950\text{mm}$（以下同）。

管子根数：
$$n = 28.77 / (0.0435 \times \pi \times 5.950) = 35.4 \text{（根）} \qquad \text{（取 35 根）}$$

周边润湿量（上）：
$$G' = 1684 / (0.042 \times \pi \times 35) = 364.83 [\text{kg/(m·h)}]$$

蒸发强度：
$$U = W/F = 852 / 28.77 = 29.6 [\text{kg/(m}^2 \cdot \text{h)}]$$

经济指标（杀菌器采用蒸汽加热消耗的蒸汽量为 43.8kg/h）：
$$V = (435 + 43.8) / 1200 = 0.399$$

② 二效换热面积

$$F = \frac{Q}{k \Delta t}$$

这里 $Q = 348 \times 568.4 - (1684 \times 0.93 - 852 \times 1) \times (74 - 54) = 768401.59 \text{（kJ/h）}$，$k = 3140.25 \text{kJ/(m}^2 \cdot \text{h} \cdot \text{℃)}$。

$$F = \frac{768401.59}{3140.25 \times (72 - 54)} = 13.59 (\text{m}^2)$$

管子根数：
$$n = 13.59 / (0.0435 \times \pi \times 5.950) = 16.73 \text{（根）} \qquad \text{（取 17 根）}$$

周边润湿量（上）：
$$G' = 832 / (0.042 \times \pi \times 17) = 371.1 [\text{kg/(m·h)}]$$

蒸发强度：
$$U = W/F = 348 / 13.59 = 25.6 [\text{kg/(m}^2 \cdot \text{h)}]$$

总蒸发强度：
$$U = W/F = 1200 / 42.36 = 28.33 [\text{kg/(m}^2 \cdot \text{h)}]$$

（5）冷凝器换热面积及换热管根数（本例不计外部冷凝水带入的热量）
进入冷凝器的末效二次蒸汽量的热量：

$$Q=(348+9.136+3.73)\times568.4\times4.187-163933.19=694888.48（kJ/h）$$

按对数平均温差计算传热温差。

并流：45℃→45℃，30℃↗42℃，$\Delta t_1=45-30=15$（℃），$\Delta t_2=45-42=3$（℃）。

$$\Delta t=\frac{15-3}{\ln\frac{15}{3}}=7.46（℃）$$

换热面积：

$$F=\frac{Q}{k\Delta t}=\frac{694888.48}{4187\times7.46}=22.25（m^2）$$

实际换热面积按 1.25 倍的计算值确定冷凝器的换热面积，则

$$F'=1.25\times22.25=27.8（m^2）$$

取管子规格为 $\phi25mm\times2mm\times5500mm$。

换热管根数：

$$n=27.8/(0.023\times\pi\times5.5)=70.02（取70根）$$

(6) 冷却水耗量

$$W=694888.48/[4.187\times(42-30)]=13.83（t/h）$$

3.4 带预热及杀菌的三效降膜式蒸发器的工艺设计计算

三效降膜式蒸发器的特点是：料液在蒸发器中受热时间较短，二效二次蒸汽作为三效的加热热源，从而使二效二次蒸汽得到了充分利用，连续进料连续出料，蒸发速度快，料液浓度提升得也比双效快，比双效更加节能。因此，它适合于处理量较大、蒸发后浓度要求较高的料液的蒸发。

有一三效降膜式蒸发器用于奶粉生产，生产能力为 3600kg/h，进料质量分数为11.5%，经过浓缩后奶液浓度为38%~40%，进料温度为5℃，杀菌温度为86~94℃，采用间壁列管式杀菌器进行灭菌。一效加热温度控制在85~87℃之间，末效蒸发室真空度为0.085~0.09MPa 之间。采用间壁列管式冷凝器冷凝末效二次蒸汽，采用水环真空泵抽真空保持系统的真空度。冷却水进入温度为 30℃，排出温度为 42℃，牛奶的比热容按0.93kcal/(kg·℃) 计算，不计在蒸发过程中比热容的微小变化。采用并流加料法，末效出料。采用热压缩技术，即采用热泵抽吸一效二次蒸汽作为一效的一部分加热热源。其流程如图 3-6 所示。计算：进料量及出料量；各级预热热量；各效蒸发量及蒸汽耗量；各效传热面积及降膜管周边润湿量；冷凝器换热面积及冷却水耗量。蒸发状态参数见表 3-4。

表 3-4 蒸发状态参数

项目	压力/(kgf/cm²)	温度/℃	比体积/(m³/kg)	汽化热/(kcal/kg)	焓/(kcal/kg)
进汽	7.146	165	0.2725	493.5	660.0
杀菌	1.2318	105	1.419	535.8	640.9
一效加热	0.6372	87	2.629	547.1	634.1
一效蒸发	0.3463	72	4.655	556.1	628.1
二效蒸发	0.1939	59	8.02	563.8	622.8
三效蒸发	0.09771	45	15.28	571.8	616.8
冷凝器(壳)	0.09771	45	15.28	571.8	616.8

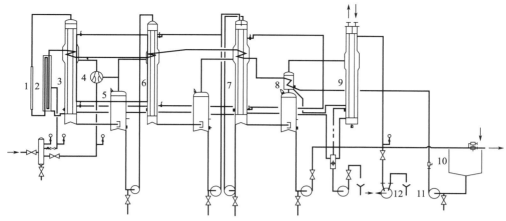

图 3-6　RNJM03-3600 型三效降膜式蒸发器

1—保持管；2—杀菌器；3——效蒸发器；4—热泵；5—分离器；6—二效蒸发器；
7—三效蒸发器；8—预热器；9—冷凝器；10—平衡缸；11—物料泵；12—真空泵

（1）物料衡算

进料量：
$$S = 3600 \times 40/(40-11.5) = 5052.63(\text{kg/h}) \quad （取 5053\text{kg/h}）$$

出料量：
$$S' = 5053 - 3600 = 1453(\text{kg/h})$$

（2）预热热量计算

本计算不计蒸发过程中料液比热容的微小变化（以下计算同）。

本蒸发系统的预热分四段预热加一个杀菌器（可视为预热），如图 3-6 所示。
$$Q_1 = 5053 \times 3.8939 \times (40-5) = 688655.68(\text{kJ/h})$$
$$Q_2 = 5053 \times 3.8939 \times (52-40) = 236110.52(\text{kJ/h})$$
$$Q_3 = 5053 \times 3.8939 \times (65-52) = 255786.40(\text{kJ/h})$$
$$Q_4 = 5053 \times 3.8939 \times (79-65) = 275462.27(\text{kJ/h})$$
$$Q_5 = 5053 \times 3.8939 \times (90-79) = 216434.64(\text{kJ/h})$$

（3）各效蒸发量计算

蒸发量分配：一效 1990kg/h；二效 829.5kg/h；三效 780.5kg/h（由热平衡多次试算而得）。

各效占总蒸发量质量分数：一效 55.33%；二效 22.97%；三效 21.7%。

沸点温度：一效沸点 74℃；二效沸点 61℃；三效沸点 48℃（计算略）。

一效的热量衡算式：
$$D_1 R_1 = W_1 r_1 + Sc(t_1 - t_0) + Q_1 - q_1 + q'_1$$

用于一效加热的蒸汽耗量：
$$\begin{aligned}
D_1 &= [1990 \times 2328.39 - 5053 \times 3.8939 \times (90-74) + 275462.27 \\
&\quad 96.48 \times 4.187 \times (105-87) \times 2290.71/2654.98]/2290.71 \times 1.06 \\
&= 2122.98(\text{kg/h}) \quad （取 2123\text{kg/h}）
\end{aligned}$$

采用热压缩技术抽吸一效二次蒸汽作为一效蒸发器的一部分加热热源。

这里喷射系数 $\mu = 1.069$（计算略）。

$$G_0 + \mu G_0 = D$$
$$G_0 = D/(1 + \mu)$$

式中　G_0——饱和生蒸汽量，kg/h；

　　　D——一效蒸发器加热蒸汽总量，这里 $D = 2123$kg/h；

　　　μ——喷射系数，这里 $\mu = 1.069$。

则

$$G_0 = 2123/(1 + 1.069) = 1026.1(\text{kg/h})$$

用于一效加热的一效二次蒸汽量为

$$2123 - 1026.1 = 1096.9 \ (\text{kg/h})$$

用于二效加热的一效二次蒸汽量及热量分别为

$$1990 - 1096.9 = 893.1 \ (\text{kg/h})$$

$$893.1 \times 2328.39 = 2079485.11 \ (\text{kJ/h})$$

二效的热量衡算式：

$$D_2 R_2 = W_2 r_2 + (Sc - W_1 c_{\text{p}})(t_2 - t_1) + Q_2 - q_2 + q'_2$$

二效蒸发所需热量：

$$Q = \left[829.5 \times 565 - (5053 \times 0.93 - 1990 \times 1) \times (74 - 61) + 61090.61 \right.$$
$$\left. - \frac{2219.46 \times (87 - 72) \times 556.1}{628.1} \right] \times 4.187 \times 1.06$$
$$= 2064046.32(\text{kJ/h})$$

$$2064046.32/2079485.11 = 0.993$$

用于三效加热的热量：

$$829.5 \times 2365.655 = 1962310.823 \ (\text{kJ/h})$$

三效的热量衡算式：

$$D_3 R_3 = W_3 r_3 + (Sc - W_1 c_{\text{p}} - W_2 c_{\text{p}})(t_3 - t_2) + Q_3 - q_3 + q'_3$$

三蒸发所需热量：

$$Q = \left[780.5 \times 571.8 - (5053 \times 0.93 - 1990 \times 1 - 829.5 \times 1) \times (61 - 48) \right.$$
$$\left. + 56391.34 - \frac{3112.56 \times (72 - 59) \times 563.8}{622.8} \right] \times 4.187 \times 1.06$$
$$= 1959979.72 \ (\text{kJ/h})$$

$$1959979.72/1962310.823 = 0.998$$

不再试算。

(4) 各效换热面积计算

① 一效换热面积

$$F = \frac{Q}{k \Delta t}$$

这里 $Q = 1990 \times 2328.39 - 5053 \times 3.8939 \times (90 - 74) = 4318682.1 \ (\text{kJ/h})$，$k = 4815.05 \text{kJ/(m}^2 \cdot \text{h} \cdot \text{℃)}$。

$$F = \frac{4318682.1}{4815.05 \times (87 - 74)} = 68.99 \ (\text{m}^2)$$

降膜管的规格为 $\phi 50mm \times 1.5mm \times 7950mm$。

管子根数：

$$n = 68.99/(0.0485 \times \pi \times 7.950) = 56.98 \text{（根）} \qquad \text{（取 57 根）}$$

周边润湿量（上）：

$$G' = 5053/(0.047 \times \pi \times 57) = 600.68 \text{ } [kg/(m \cdot h)]$$

蒸发强度：

$$U = W/F = 1990/68.99 = 28.84 \text{ } [kg/(m^2 \cdot h)]$$

② 二效换热面积

$$F = \frac{Q}{k \Delta t}$$

这里 $Q = 829.5 \times 565 - (5053 \times 0.93 - 1990 \times 1)(74 - 61) = 1814841.46$（kJ/h），$k = 3558.95kJ/(m^2 \cdot h \cdot ℃)$。

$$F = \frac{1814841.46}{3558.95 \times (72 - 61)} = 46.36 \text{ （}m^2\text{）}$$

降膜管的规格为 $\phi 50mm \times 1.5mm \times 7950mm$。

管子根数：

$$n = 46.36/(0.0485 \times \pi \times 7.950) = 38.29 \text{（根）} \qquad \text{（取 38 根）}$$

周边润湿量（上）：

$$G' = 3063/(0.047 \times \pi \times 38) = 546.18 \text{ } [kg/(m \cdot h)]$$

蒸发强度：

$$U = W/F = 829.5/46.36 = 17.89 \text{ } [kg/(m^2 \cdot h)]$$

③ 三效换热面积

$$F = \frac{Q}{k \Delta t}$$

这里 $Q = 780.5 \times 571.8 - (5053 \times 0.93 - 1990 \times 1 - 829.5 \times 1)(61 - 48) = 1766296.96$ （kJ/h），$k = 3265.46kJ/(m^2 \cdot h \cdot ℃)$。

$$F = \frac{1766296.96}{3265.46 \times (59 - 48)} = 49.17 \text{ （}m^2\text{）}$$

降膜管的规格为 $\phi 50mm \times 1.5mm \times 7950mm$。

管子根数：

$$n = 49.17/(0.0485 \times \pi \times 7.950) = 40.6 \text{（根）} \qquad \text{（取 41 根）}$$

周边润湿量（上）：

$$G' = 2233.5/(0.047 \times \pi \times 41) = 369.13 \text{ } [kg/(m \cdot h)]$$

蒸发强度：

$$U = W/F = 780.5/49.17 = 15.87 \text{ } [kg/(m^2 \cdot h)]$$

④ 总蒸发强度

$$U = W/F = 3600/164.51 = 21.88 \text{ } [kg/(m^2 \cdot h)]$$

经济指标：

$$V = (1026.1 + 96)/3600 = 0.312$$

末效周边润湿量安全，为增大其润湿量延缓结垢结焦的时间也可使末效分成双管程进料。

对生产奶粉而言，随着生产时间的延长，末效结垢结焦更加严重，二效次之。对于三效蒸发器来说较为理想的换热面积是一效大于二效，二效大于三效。如果三效面积过大，应重新分配各效有效温差再进行计算。由于沸点升高的影响，末效尤为明显，换热面积甚至成倍增大。牛奶是众多料液中比较难蒸发的料液之一，这是因为料液中的蛋白质及脂肪含量较高，最易结垢结焦，属于热敏性物料。蒸发器换热面积计算及分配是关键。应予指出在计算过程中忽略热量衡算及各效蒸发量与假设蒸发量分配上的差异而引起的沸点升高上的微小差异。

(5) 冷凝器换热面积及冷却水耗量计算

进入冷凝器的热量：

$Q=(780.5+21.23+8.295)\times571.8\times4.187-688655.68=1272028.664$（kJ/h）

冷凝器换热面积：

$$F=Q/(k\Delta t)$$

$Q=1272028.664$kJ/h，这里 $k=1000$kcal/($m^2\cdot h\cdot ℃$)。

传热温差 Δt 按对数温差计算。

并流：45℃→45℃，30℃↗42℃，$\Delta t_1=45-30=15$（℃），$\Delta t_2=45-42=3$（℃）。

$$\Delta t=\frac{15-3}{\ln\dfrac{15}{3}}=7.46(℃)$$

$$F=1272028.664/(4187\times7.46)=40.72（m^2）$$

为安全考虑按理论计算的 1.25 倍选取冷凝器的换热面积，实际换热面积 $F'=1.25\times40.69=50.86$（m^2）。

冷却水耗量：

$$W=1272028.664/[4.187\times(42-30)]=25.32（t/h）$$

采用解方程方法进行计算看其结果的差异。

3.5 用于浓度较高料液蒸发的三效降膜式蒸发器的设计

有一三效降膜式蒸发器用于麦芽糖浆的生产，生产能力为 3200kg/h，进料温度为 43℃，进料质量分数为 30%，pH 值为 6，经过蒸发浓缩后出料质量分数为 75%。一效加热温度控制在 94～96℃之间，末效蒸发温度在 51℃。采用间壁列管式冷凝器冷凝末效二次蒸汽，采用水环真空泵抽真空保持系统的真空度。冷却水进水温度为 30℃，排出温度为 42℃，麦芽糖浆的平均比热容按 0.55kcal/(kg·℃) 计算，不计在蒸发过程中比热容的变化。采用并流加料法，末效出料。采用热压缩技术，即采用热泵抽吸一效二次蒸汽作为一效的一部分加热热源，其流程如图 3-7 所示。计算：各级预热面积及管长；各效蒸发量及蒸汽耗量；各效传热面积、降膜管根数及降膜管周边润湿量。

(1) 各级预热面积

① 各效温度降分配

采用等温降的方法确定各效蒸发温度。本例一效加热温度控制在 96℃，末效蒸发室温度为 51℃，即 $t_3=51$℃，总温度差 $\Delta T=T_0-t_3=96-51=45$（℃）。

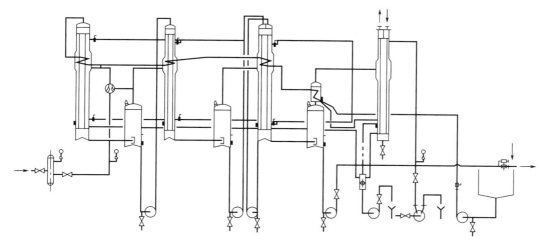

图 3-7　TNJM03-3200 型三效降膜式蒸发器

本例为三效蒸发器，因此 $\Delta T_3 = \Delta T/3 = 45/3 = 15$（℃）。若忽略蒸汽管道中温度损失，则：第二效的蒸发温度 $t_2 = t_3 + \Delta T/3 = 51 + 15 = 66$（℃）；第一效的蒸发温度 $t_1 = t_2 + \Delta T/3 = 66 + 15 = 81$（℃）。

蒸发状态参数如表 3-5 所示。

表 3-5　蒸发状态参数

项目	压力/MPa	温度/℃	比体积/(m³/kg)	汽化热/(kcal/kg)	焓/(kcal/kg)
工作蒸汽	0.7883	169	0.2483	490.3	661.0
一效加热	0.08949	96	1.915	541.5	637.6
二效加热	0.05028	81	3.282	550.7	631.7
三效加热	0.02666	66	5.947	559.6	625.6
三效蒸发	0.013216	51	11.5	568.4	619.4

② 物料衡算及沸点升高计算

假定蒸发量分配：一效 1792kg/h；二效 723kg/h；三效 685kg/h。

进料量：

$$S = \frac{W \times B_3}{B_3 - B_0} = \frac{3200 \times 75\%}{75\% - 30\%} = 5333 \ (\text{kg/h})$$

第一效出料浓度：

$$SB_0 = (S - W)B_1$$

$$B_1 = \frac{SB_0}{S - W_1} = \frac{5333 \times 30\%}{5333 - 1792} = 45\%$$

第二效出料浓度：

$$S_1 B_1 = (S_1 - W_1)B_2$$

$$B_2 = \frac{S_1 B_1}{S_1 - W_2} = \frac{3541 \times 45\%}{3541 - 723} = 56.5\%$$

第三效出料浓度要求为 75%。

麦芽糖浆常压下的沸点升高：浓度为 40%～45% 约为 1.5℃；浓度为 50%～60% 约为 2.7℃；浓度为 75%～80% 约为 5.8℃。

操作压力下的沸点升高分别如下。

一效：
$$\Delta' = f\Delta a = [0.0162 \times (81+273)^2/2640.5] \times 1.5 = 1.15 (\text{℃})$$

管道温度损失按 1.5℃ 计算（以下同），一效沸点温度为 84℃。

二效：
$$\Delta'' = f\Delta a = [0.0162 \times (66+273)^2/2339.13] \times 2.7 = 2.2 (\text{℃})$$

二效沸点温度为 70℃。

三效：
$$\Delta''' = f\Delta a = [0.0162 \times (51+273)^2/2375.9] \times 5.8 = 3.94 (\text{℃})$$

三效沸点温度为 57℃。

③ 物料预热计算

本计算不计蒸发过程中比热容的微小变化（以下计算同）。

本蒸发系统的预热分四段预热，体内盘管预热（见图 3-7）。

预热热量：
$$Q_1 = 5333 \times 2.30285 \times (48-43) = 61405.495 (\text{kJ/h})$$
$$Q_2 = 5333 \times 2.30285 \times (61-48) = 159654.288 (\text{kJ/h})$$
$$Q_3 = 5333 \times 2.30285 \times (76-61) = 184216.486 (\text{kJ/h})$$
$$Q_4 = 5333 \times 2.30285 \times (92-76) = 196497.585 (\text{kJ/h})$$

预热管径的确定：
$$5333/(1040 \times 3600) = (d^2/4)\pi \times 1.2$$
$$d = 0.038\text{m}$$

取 $\phi43\text{mm} \times 2\text{mm}$ 规格管。

a. 第一级物料预热器的换热面积　第一级预热是利用末效二次蒸汽作为加热介质，是以盘管的形式对料液进行预热，按无相变变温传热计算传热温差，按对数温差计算传热温差，按并流计算传热温差。

$Q_1 = 61405.495\text{kJ/h}$，这里 $k_1 = 4187\text{kJ/(m}^2 \cdot \text{h} \cdot \text{℃})$。

按并流计算对数温差。

并流：51℃→51℃，43℃↗48℃，$\Delta t_1 = 51-43 = 8$（℃），$\Delta t_2 = 51-48 = 3$（℃）。
$$\Delta t = \frac{8-3}{\ln\dfrac{8}{3}} = 5.1 \text{（℃）}$$

换热面积：
$$F_1 = \frac{Q}{k\Delta t} = \frac{61405.495}{4187 \times 5.1} = 2.876 \text{（m}^2\text{）}$$

管长：
$$L_1 = 2.876/(0.041 \times \pi) = 22.3 \text{（m）}$$

b. 第二级物料预热器的换热面积　第二级预热是在蒸发器壳程中利用壳程加热蒸汽完成预热，是以盘管的形式对料液进行预热，按无相变的变温计算传热温差，按对数温差计算传热温差。以下预热均与本段预热相同。

$Q_2 = 159654.288\text{kJ/h}$，这里 $k_2 = 4187\text{kJ/(m}^2 \cdot \text{h} \cdot \text{℃})$。

并流：66℃→66℃，48℃↗61℃，$\Delta t_1=66-48=18$（℃），$\Delta t_2=66-61=5$（℃）。

$$\Delta t=\frac{18-5}{\ln\frac{18}{5}}=10.15\ (℃)$$

换热面积：

$$F_2=\frac{Q}{k\Delta t}=\frac{159654.288}{4187\times10.15}=3.76\ (m^2)$$

管长：

$$L_2=3.76/(0.041\times\pi)=29.2\ (m)$$

c.第三级物料预热器的换热面积

$Q_3=184216.486kJ/h$，这里 $k_3=4187kJ/(m^2\cdot h\cdot℃)$。

并流：81℃→81℃，61℃↗76℃，$\Delta t_1=81-61=20$（℃），$\Delta t_2=81-76=5$（℃）。

$$\Delta t=\frac{20-5}{\ln\frac{20}{5}}=10.8(℃)$$

换热面积：

$$F_3=\frac{Q}{k\Delta t}=\frac{184216.486}{4187\times10.8}=4.1\ (m^2)$$

管长：

$$L_3=4.1/(0.041\times\pi)=31.8\ (m)$$

d.第四级物料预热器的换热面积

$Q_4=196497.585kJ/h$，这里 $k_4=4187kJ/(m^2\cdot h\cdot℃)$。

并流：96℃→96℃，92℃↘76℃，$\Delta t_1=96-92=4$（℃），$\Delta t_2=96-76=20$（℃）。

$$\Delta t=\frac{4-20}{\ln\frac{4}{20}}=9.94\ (℃)$$

换热面积：

$$F_4=\frac{Q}{k\Delta t}=\frac{196497.585}{4187\times9.94}=4.72\ (m^2)$$

管长：

$$L_4=4.72/(0.041\times\pi)=36.7\ (m)$$

（2）各效蒸发量及蒸汽耗量

蒸发量分配：一效 1785kg/h；二效 733kg/h；三效 682kg/h(由热平衡多次试算而得)。

各效占总蒸发量质量分数：一效 55.78%；二效 22.9%；三效 21.32%。

第一效热量衡算式：

$$D_1R_1=W_1r_1+Sc(t_1-t_0)+Q_1-q_1+q'_1$$
$$q_1=0$$

用于一效加热的蒸汽耗量：

$$D=\frac{1785\times2305.781-5333\times2.30285\times(92-84)+196497.585}{2267.26}\times1.06=1970.18\ (kg/h)$$

采用热压缩技术抽吸一效二次蒸汽作为一效蒸发器的一部分加热热源。

这里喷射系数经计算(计算过程略)得 $\mu=1.047$,取 $\mu=1$(喷射系数在实际蒸发器设计中为安全考虑往往取小值)。

$$G_0 + \mu G_0 = D$$
$$G_0 = D/(1+\mu)$$

式中,G_0 为饱和生蒸汽量,kg/h;D 为一效蒸发器加热蒸汽总量,这里 $D=1970.18$kg/h;μ 为喷射系数,这里 $\mu=1$。则

$$G_0 = 1970.18/(1+1) = 985.09 \ (\text{kg/h})$$

用于一效加热的一效二次蒸汽量为

$$1970.18 - 985.09 = 985.09 \ (\text{kg/h})$$

用于二效加热的一效二次蒸汽量及热量分别为

$$1785 - 985.09 = 799.91 \ (\text{kg/h})$$
$$799.91 \times 2305.781 = 1844417.28 \ (\text{kJ/h})$$

第二效热量衡算式:
$$D_2 R_2 = W_2 r_2 + (Sc - W_1 c_p)(t_2 - t_1) + Q_2 - q_2 + q'_2$$

二效蒸发所需热量:
$$Q = \left[733 \times 559.6 - (5333 \times 0.55 - 1785 \times 1) \times (84-70) + 43997.25\right.$$
$$\left. - \frac{1970.18 \times (96-81) \times 550.7}{631.7}\right] \times 4.187 \times 1.06$$
$$= 1830085.182 \ (\text{kJ/h})$$
$$1830085.182/1844417.28 = 0.992$$

用于三效加热的热量:
$$733 \times 2343.045 = 1717451.985 \ (\text{kJ/h})$$

第三效热量衡算式:
$$D_3 R_3 = W_3 r_3 + (Sc - W_1 c_p - W_2 c_p)(t_3 - t_2) + Q_3 - q_3 + q'_3$$

三效蒸发所需热量:
$$Q = \left[682 \times 568.4 - (5333 \times 0.55 - 1785 \times 1 - 733 \times 1) \times (70-57) + 38130.95\right.$$
$$\left. - \frac{2770.09 \times (81-66) \times 559.6}{625.6}\right] \times 4.187 \times 1.06$$
$$= 1700792.76 \ (\text{kJ/h})$$
$$1700792.76/1717451.985 = 0.99$$

因此可视为热平衡,不再试算。

(3) 各效换热面积计算

一效换热面积:

$$F = \frac{Q}{k\Delta t}$$

这里 $Q = 1785 \times 2305.781 - 5333 \times 2.30285 \times (92-84) = 4017570.29 \ (\text{kJ/h})$,$k = 4396.35$kJ/(m²·h·℃)。

$$F = \frac{4017570.29}{4396.35 \times (96-84)} = 76.15 \ (\text{m}^2)$$

降膜管的规格为 $\phi50\text{mm} \times 1.5\text{mm} \times 7950\text{mm}$（以下同）。

管子根数：
$$n = 76.15/(0.0485 \times \pi \times 7.950) = 62.897 \text{（根）} \quad \text{（取 63 根）}$$

周边润湿量（上）：
$$G' = 5333/(0.047 \times \pi \times 63) = 573.59 \text{ [kg/(m·h)]}$$

蒸发强度：
$$U = W/F = 1785/76.15 = 23.44 \text{ [kg/(m}^2\text{·h)]}$$

二效换热面积：
$$F = \frac{Q}{k\Delta t}$$

这里，$Q = 733 \times 559.6 - (5333 \times 0.55 - 1785 \times 1) \times (84 - 70) = 1650149.875$（kJ/h），$k = 2721.55\text{kJ/(m}^2\text{·h·℃)}$。

$$F = \frac{1650149.875}{2721.55 \times (81-70)} = 55 \text{（m}^2\text{）}$$

管子根数：
$$n = 55/(0.0485 \times \pi \times 7.950) = 45.42 \text{（根）} \quad \text{（取 45 根）}$$

周边润湿量（上）：
$$G' = 3548/(0.047 \times \pi \times 45) = 534.25 \text{ [kg/(m·h)]}$$

蒸发强度：
$$U = W/F = 733/55 = 13.33 \text{ [kg/(m}^2\text{·h)]}$$

三效换热面积：
$$F = \frac{Q}{k\Delta t}$$

这里 $Q = 682 \times 568.4 - (5333 \times 0.55 - 1785 \times 1 - 733 \times 1) \times (70 - 57) = 1600488.496$（kJ/h），$k = 1884.15\text{kJ/(m}^2\text{·h·℃)}$。

$$F = \frac{1600488.496}{1884.15 \times (66-53)} = 65.34 \text{（m}^2\text{）}$$

这里取约沸点升高值的一半作为计算换热面积的沸点温度应用效果已经很好。

管子根数：
$$n = 65.34/(0.0485 \times \pi \times 7.950) = 53.97 \text{（根）} \quad \text{（取 54 根）}$$

周边润湿量（上）：
$$G' = 2815/(0.047 \times \pi \times 54) = 353 \text{ [kg/(m·h)]}$$

蒸发强度：
$$U = W/F = 682/65.34 = 10.44 \text{ [kg/(m}^2\text{·h)]}$$

总蒸发强度：
$$U = W/F = 3200/196.49 = 16.28 \text{ [kg/(m}^2\text{·h)]}$$

经济指标：
$$V = 985.09/3200 = 0.308$$

从上述计算可看出，总蒸发面积为 196.49m^2，比同生产能力的用于其他物料蒸发的三效蒸发面积约大 10m^2，实际应用中甚至比这还要大。糖类尤其浓度较高的糖类蒸发比较困难，其蒸发面积比一般性料液都要大。而像麦芽糖、葡萄糖浆等虽然浓度较高，在蒸发过程中其流动性却较好，由于料液成分比较单一，在蒸发过程中也不易结垢结焦。

3.6 采用不同计算方法计算蒸发器换热面积

仍以上述参数(3.5 节中)为依据，其他参数不变。

采用单效联立的形式进行热平衡计算。

(1) 热量衡算

实际蒸发量分配：一效 1743kg/h；二效 740kg/h；三效 717kg/h(由热平衡多次试算而得)。

各效占总蒸发量质量分数：一效 54.5%；二效 23.1%；三效 22.4%。

用于一效加热的蒸汽耗量：

$$D = \frac{1743 \times 2305.781 - 5333 \times 2.30285 \times (92-84) + 196497.585}{2267.26} \times 1.06 = 1924.9 \ (kg/h)$$

采用热压缩技术抽吸一效二次蒸汽作为一效蒸发器的一部分加热热源。

这里喷射系数经计算(计算过程略)得 $\mu = 1.047$，取 $\mu = 1$。

$$G_0 + \mu G_0 = D$$
$$G_0 = D/(1+\mu)$$

式中，G_0 为饱和生蒸汽量，kg/h；D 为一效蒸发器加热蒸汽总量，这里 $D = 1924.9kg/h$；μ 为喷射系数，这里 $\mu = 1$。则

$$G_0 = 1924.9/(1+1) = 962.45 \ (kg/h)$$

用于一效加热的一效二次蒸汽量为

$$1924.9 - 962.45 = 962.45 \ (kg/h)$$

用于二效加热的一效二次蒸汽量及热量分别为

$$1743 - 962.45 = 780.55 \ (kg/h)$$
$$780.55 \times 2305.781 = 179977.361 \ (kJ/h)$$

二效蒸发所需热量：

$$Q = \left[740 \times 559.6 - 3590 \times 0.55 \times (84-70) + 43997.25 \right.$$
$$\left. - \frac{1924.9 \times (96-81) \times 550.7}{631.7} \right] \times 4.187 \times 1.06$$
$$= 1798753.17 \ (kJ/h)$$

用于三效加热的热量：

$$740 \times 2343.045 = 1733853.3 \ (kJ/h)$$

三效蒸发所需热量：

$$Q = \left[717 \times 568.4 - 2850 \times 0.55 \times (70-57) + 38130.95 \right.$$
$$\left. - \frac{2705.45 \times (81-66) \times 559.6}{625.6} \right] \times 4.187 \times 1.06$$
$$= 1726449.042 \ (kJ/h)$$

(2) 各效换热面积计算

一效换热面积：

$$F = \frac{Q}{k \Delta t}$$

这里 $Q = 1743 \times 2305.781 - 5333 \times 2.30285 \times (92-84) = 3920727.491$（kJ/h），$k = 4396.35 \text{kJ}/(\text{m}^2 \cdot \text{h} \cdot \text{℃})$。

$$F = \frac{3920727.491}{4396.35 \times (96-84)} = 74.3 \text{（m}^2\text{）}$$

二效换热面积：

$$F = \frac{Q}{k \Delta t}$$

这里 $Q = 740 \times 559.6 - 3590 \times 0.55 \times (84-70) = 1618112.21$（kJ/h），$k = 2721.55 \text{kJ}/(\text{m}^2 \cdot \text{h} \cdot \text{℃})$。

$$F = \frac{1618112.21}{2721.55 \times (81-70)} = 54.05 \text{（m}^2\text{）}$$

三效换热面积：

$$F = \frac{Q}{k \Delta t}$$

这里 $Q = 717 \times 568.4 - 2850 \times 0.55 \times (70-57) = 1621061.11$（kJ/h），$k = 1884.15 \text{kJ}/(\text{m}^2 \cdot \text{h} \cdot \text{℃})$。

$$F = \frac{1621061.11}{1884.15 \times (66-53)} = 66.2 \text{（m}^2\text{）}$$

这里取约温差损失值的一半作为计算换热面积的沸点温度。

前者三效总面积 $F' = 76.15 + 55 + 65.34 = 196.49$（m^2），后者三效总面积 $F'' = 74.3 + 54.05 + 66.2 = 194.55$（m^2）。总蒸发面积相差 1.94m^2。后者蒸发面积与前者蒸发面积所差无几，因此采用此计算方法也是可行的。需要注意的是后者计算是在忽略了由于浓度的增高所带来的料液比热容上的微小变化之上进行的。

3.7　四效降膜式蒸发器的设计

有一四效降膜式蒸发器用于味精发酵液的蒸发，发酵液进料干物质含量（大部分为谷氨酸钠）为 12%，蒸发后干物质含量为 30%，生产能力为 20000kg/h，pH 值为 5。发酵液的比热容按 0.677kcal/(kg·℃) 计算，不计在蒸发过程中比热容的微小变化。一效加热控制在 96℃，末效蒸发温度在 48℃左右。进料温度按 25℃计算，采用列管式冷凝器，真空泵为水环真空泵。冷却水进水温度为 30℃，排出温度为 42℃，冷凝水在 48℃排出。采用并流加料法，末效出料。采用热压缩技术，即采用热泵抽吸二效二次蒸汽作为一效的一部分加热热源。其设备工艺流程如图 3-8 所示。计算：各级预热换热量；各效蒸发量；蒸汽耗量；各效传热面积、降膜管根数及降膜管周边润湿量；冷凝器的换热面积、管子根数及冷却水耗量。

(1) 各效温度降分配

采用等温降的方法确定各效蒸发温度。本例一效加热温度控制在 96℃，末效蒸发室温度为 48℃，即 $t_4 = 48$℃，总温度差 $\Delta T = T_0 - t_4 = 96 - 48 = 48$（℃）。

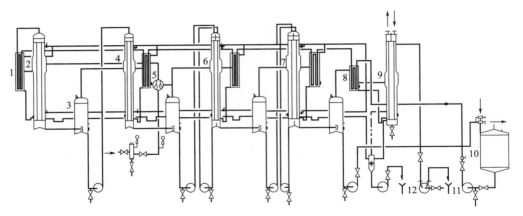

图 3-8　FJNJM04-20000 型四效降膜式蒸发器
1，8—预热器；2——效蒸发器；3—分离器；4—二效蒸发器；5—热泵；
6—三效蒸发器；7—四效蒸发器；9—冷凝器；
10—平衡罐；11—物料泵；12—真空泵

本例为四效蒸发器，因此 $\Delta T_4 = \Delta T/4 = 48/4 = 12$（℃）。若忽略蒸气管道中温度损失，则：第三效的蒸发温度 $t_3 = t_4 + \Delta T/4 = 48 + 12 = 60$（℃）；第二效的蒸发温度 $t_2 = t_3 + \Delta T/4 = 60 + 12 = 72$（℃）；第一效的蒸发温度 $t_1 = t_2 + \Delta T/4 = 72 + 12 = 84$（℃）。

蒸发状态参数如表 3-6 所示。

表 3-6　蒸发状态参数

项目	压力/MPa	温度/℃	比体积/(m³/kg)	汽化热/(kcal/kg)	焓/(kcal/kg)
工作蒸汽	0.8076	170	0.2426	489.5	661.3
一效加热	0.08949	96	1.915	541.5	637.6
二效加热	0.05028	84	2.934	548.9	632.9
三效加热	0.03463	72	4.655	556.1	628.1
四效加热	0.02031	60	7.678	563.2	623.2
四效蒸发	0.011382	48	13.23	570.1	618.1

（2）物料预热即沸点升高计算

蒸发量分配：一效 6920.5kg/h；二效 6434.5kg/h；三效 3446kg/h；四效 3199kg/h（多次试算而得）。

各效占总蒸发量质量分数：一效 34.60%；二效 32.17%；三效 17.23%；四效 16.00%。

进料量：

$$S = \frac{WB_3}{B_3 - B_0} = \frac{20000 \times 30\%}{30\% - 12\%} = 33333 \ (kg/h)$$

（3）各级预热换热量计算

本例采用体外列管预热，各个预热级的热量为

$$Q_1 = 33333 \times 2.8346 \times (40-25) = 1417285.827 \ (kJ/h)$$
$$Q_2 = 33333 \times 2.8346 \times (52-40) = 1133828.662 \ (kJ/h)$$
$$Q_3 = 33333 \times 2.8346 \times (64-52) = 1133828.662 \ (kJ/h)$$
$$Q_4 = 33333 \times 2.8346 \times (76-64) = 1133828.662 \ (kJ/h)$$

$$Q_5 = 33333 \times 2.8346 \times (90-76) = 1322800.105 \quad (\text{kJ/h})$$

第一效出料浓度：

$$SB_0 = (S - W_1)B_1$$

$$B_1 = \frac{SB_0}{S - W_1} = \frac{33333 \times 12\%}{33333 - 7092} = 15.24\%$$

第二效出料浓度：

$$S_1 B_1 = (S_1 - W_2)B_2$$

$$B_2 = \frac{S_1 B_1}{S_1 - W_2} = \frac{26241 \times 15.24\%}{26241 - 6622} = 20.38\%$$

第三效出料浓度：

$$S_2 B_2 = (S_2 - W_3)B_3$$

$$B_3 = \frac{S_2 B_2}{S_2 - W_3} = \frac{19619 \times 20.38\%}{19619 - 3285} = 24.48\%$$

各效温度差损失计算：沸点升高可按牛奶蒸发的计算方法进行估算。

一效沸点升高：

$$\Delta a = 0.38e^{0.05 + 0.045B} = 0.38e^{0.05 + 0.045 \times 15.2} = 0.79 \quad (\text{℃})$$

$$f = 0.0038(T^2/r) = 0.0038 \times (357^2/48.9) = 0.88$$

$$\Delta = \Delta a f = 0.79 \times 0.88 = 0.695 \quad (\text{℃})$$

降膜式蒸发器中的静压强可忽略不计，管道等温度损失按 $1 \sim 1.5$℃选取，这里取 1.5℃，则温差损失为 2.195℃，取 2℃。沸点温度为 86℃。

二效温差损失：

$$\Delta a = 0.38e^{0.05 + 0.045B} = 0.38e^{0.05 + 0.045 \times 20.38} = 0.999 \quad (\text{℃})$$

$$f = 0.0038(T^2/r) = 0.0038 \times (345^2/556.1) = 0.81$$

$$\Delta = \Delta a f = 0.999 \times 0.81 = 0.81 \quad (\text{℃})$$

管道等温度损失按 1.5℃选取，则温差损失为 2.309℃，取 2℃。沸点温度为 74℃三效温差损失：

$$\Delta a = 0.38e^{0.05 + 0.045B} = 0.38e^{0.05 + 0.045 \times 24.48} = 1.2 \quad (\text{℃})$$

$$f = 0.0038(T^2/r) = 0.0038 \times (333^2/563.2) = 0.748$$

$$\Delta = \Delta a f = 1.2 \times 0.748 = 0.89 \quad (\text{℃})$$

管道等温度损失按 1.5℃选取，则温差损失为 2.39℃，取 2℃。沸点温度为：62℃四效温差损失：

$$\Delta a = 0.38e^{0.05 + 0.045B} = 0.38e^{0.05 + 0.045 \times 30} = 1.54 \quad (\text{℃})$$

$$f = 0.0038(T^2/r) = 0.0038 \times (321^2/570.1) = 0.687$$

$$\Delta = \Delta a f = 1.54 \times 0.687 = 1.058 \quad (\text{℃})$$

管道等温度损失按 1.5℃选取，则温差损失为 2.558℃，取 3℃。沸点温度为 51℃。

沸点温度：一效沸点 86℃；二效沸点 74℃；三效沸点 62℃；四效沸点 51℃（不计由于假设蒸发量分配带来温差损失的微小变化）。

（4）热量衡算

第一效热量衡算式：

$$D_1 R_1 = W_1 r_1 + Sc(t_1 - t_0) + Q_1 - q_1 + q'_1$$

用于一效加热的蒸汽耗量：

$$D = \frac{6920.5 \times 2298.24 - 33333 \times 2.834 \times (90-86) + 1322800.105}{2267.26} \times 1.06$$

$$= 7877.75 \ （kg/h）$$

采用热压缩技术抽吸二效二次蒸汽作为蒸发器的一部分加热热源。

喷射系数计算：膨胀比 $\beta = 8.076/0.3463 = 23.32$，压缩比 $\sigma = 0.8949/0.3463 = 2.584$，利用差值的方法求取，按表2-4进行差值计算，即当 $\sigma = 2.584$、$\beta = 23.32$ 时有

$$\mu_1 = 0.55 + \frac{0.49-0.55}{2.6-2.4} \times (2.584-2.4) = 0.494$$

$$\mu_2 = 0.68 + \frac{0.58-0.68}{2.6-2.4} \times (2.584-2.4) = 0.588$$

$$\mu = 0.494 + \frac{0.588-0.494}{30-20} \times (23.32-20) = 0.525$$

取 $\mu = 0.53$。

$$G_0 + \mu G_0 = D$$
$$G_0 = D/(1+\mu)$$

式中，G_0 为饱和生蒸汽量，kg/h；D 为一效蒸发器加热蒸汽总量，这里 $D = 7877.75$ kg/h；μ 为喷射系数，这里按 $\mu = 0.53$ 计算。则

$$G_0 = 7877.75/(1+0.53) = 5148.86 \ （kg/h）$$

用于二效加热的热量：

$$6920.5 \times 2298.24 = 15904969.92 \ （kJ/h）$$

第二效热量衡算式：

$$D_2 R_2 = W_2 r_2 + (Sc - W_1 c_p)(t_2 - t_1) + Q_2 - q_2 + q'_2$$

二效蒸发所需热量：

$$Q = \left[6434.5 \times 556.1 - (33333 \times 0.677 - 6920.5 \times 1) \times (86-74) + 270797.39 \right.$$
$$\left. - \frac{7877.75 \times (96-84) \times 548.9}{632.9} \right] \times 4.187 \times 1.06 = 15885655.13 \ （kJ/h）$$

$$15885655.13/15904969.92 = 0.998$$

用于一效加热的二效二次蒸汽量：

$$7877.75 - 5148.86 = 2728.89 \ （kg/h）$$

用于三效加热的二效二次蒸汽量：

$$6434.5 - 2728.89 = 3705.61 \ （kg/h）$$

用于三效加热的热量：

$$3705.61 \times 2328.39 = 8628105.268 \ （kJ/h）$$

第三效热量衡算式：

$$D_3 R_3 = W_3 r_3 + (Sc - W_1 c_p - W_2 c_p)(t_3 - t_2) + Q_3 - q_3 + q'_3$$

三效蒸发所需热量：

$$Q' = \left[3446 \times 563.2 - (33333 \times 0.677 - 6920.5 \times 1 - 6434.5 \times 1) \times (74-62) + 270797.39 \right.$$
$$\left. - \frac{14798.25 \times (84-72) \times 556.1}{628.1} \right] \times 4.187 \times 1.06 = 8627120.47 \ （kJ/h）$$

$$8627120.47/8628105.268 = 0.999$$

用于四效加热的热量：

$$3446 \times 2358.12 = 8126081.52 \ (\text{kJ/h})$$

第四效热量衡算式：

$$D_4 R_4 = W_3 r_3 + (Sc - W_1 c_p - W_2 c_p - W_3 c_p)(t_4 - t_3) + Q_4 - q_4 + q'_4$$

四效蒸发所需热量：

$$Q'' = \Big[3199 \times 570.1 - (33333 \times 0.677 - 6920.5 \times 1 - 6434.5 \times 1 - 3446 \times 1) \times (62 - 51) +$$

$$270797.39 - \frac{18503.86 \times (72 - 60) \times 563.2}{623.2} \Big] \times 4.187 \times 1.06 = 8123980.34 \ (\text{kJ/h})$$

$$8123980.34/8126081.52 = 0.999$$

从上述计算实际所需热量与前效给予的热量之比均大于或等于99%，因此可视为热量平衡，不再试算。

（5）各效换热面积计算

一效换热面积：

$$F = \frac{Q}{k \Delta t}$$

这里，$Q = 6920.5 \times 2298.24 - 33333 \times 2.8346 \times (90 - 86) = 15527027.03 \ (\text{kJ/h})$，$k = 4396.35 \text{kJ/(m}^2 \cdot \text{h} \cdot ℃)$。

$$F = \frac{15527027.03}{4396.35 \times (96 - 86)} = 353.18 \ (\text{m}^2)$$

降膜管的规格为 $\phi 50\text{mm} \times 1.5\text{mm} \times 9950\text{mm}$（以下同）。

管子根数：

$$n = 353.18/(0.0485 \times \pi \times 9.950) = 233.1 \ (\text{根}) \qquad (\text{取 233 根})$$

周边润湿量（上）：

$$G' = 33333/(0.047 \times \pi \times 233) = 969 \ [\text{kg/(m} \cdot \text{h})]$$

蒸发强度：

$$U = W/F = 6920.5/353.18 = 19.6 \ [\text{kg/(m}^2 \cdot \text{h})]$$

二效换热面积：

$$F = \frac{Q}{k \Delta t}$$

这里 $Q = 6434.5 \times 556.1 - (33333 \times 0.677 - 6920.5 \times 1) \times (86 - 74) = 14195915.3 \ (\text{kJ/h})$，$k = 4187 \text{kJ/(m}^2 \cdot \text{h} \cdot ℃)$。

$$F = \frac{14195915.3}{4187 \times (84 - 74)} = 339.3 \ (\text{m}^2)$$

管子根数：

$$n = 339.3/(0.0485 \times \pi \times 9.950) = 223.9 \ (\text{根}) \qquad (\text{取 224 根})$$

周边润湿量（上）：

$$G' = 26412.5/(0.047 \times \pi \times 224) = 798.98 \ [\text{kg/(m} \cdot \text{h})]$$

蒸发强度：

$$U = W/F = 6920.5/339.3 = 20.4 \ [\text{kg/(m}^2 \cdot \text{h})]$$

三效换热面积：

$$F = \frac{Q}{k\Delta t}$$

这里 $Q = 3446 \times 563.2 - (33333 \times 0.677 - 6920.5 \times 1 - 6434.5 \times 1) \times (74 - 60) = 7663256.365$（kJ/h），$k = 3349.6$ kJ/(m²·h·℃)。

$$F = \frac{7663256.365}{3349.6 \times (72 - 62)} = 228.78 \text{（m}^2\text{）}$$

管子根数：

$$n = 228.78/(0.0485 \times \pi \times 9.950) = 150.98 \text{（根）} \qquad \text{（取 151 根）}$$

周边润湿量（上）：

$$G' = 19978/(0.047 \times \pi \times 151) = 896.5 \, [\text{kg/(m·h)}]$$

蒸发强度：

$$U = W/F = 3446/228.7 = 15.1 \, [\text{kg/(m}^2\text{·h)}]$$

如果周边润湿量不足需要分双管程。

四效换热面积：

$$F = \frac{Q}{k\Delta t}$$

这里 $Q = 3199 \times 570.1 - (33333 \times 0.677 - 6920.5 \times 1 - 6434.5 \times 1 - 3446 \times 1) \times (62 - 51) = 7370501.915$（kJ/h），$k = 3140.25$ kJ/(m²·h·℃)。

$$F = \frac{7370501.915}{3140.25 \times (60 - 51)} = 260.79 \text{（m}^2\text{）}$$

管子根数：

$$n = 260.79/(0.0485 \times \pi \times 9.950) = 172.1 \text{（根）} \qquad \text{（取 172 根）}$$

周边润湿量（上）：

$$G' = 16532/(0.047 \times \pi \times 172) = 651 \, [\text{kg/(m·h)}]$$

蒸发强度：

$$U = W/F = 3199/260.79 = 12.3 \, [\text{kg/(m}^2\text{·h)}]$$

总蒸发强度：

$$U = W/F = 20000/1182.05 = 16.92 \, [\text{kg/(m}^2\text{·h)}]$$

经济指标：

$$V = 5148.86/20000 = 0.257$$

大型蒸发器的冷凝水量较大，应充分利用这部分冷凝水的余热对物料进行预热，然后再进入下道工序。冷凝水在 48℃ 排出。

(6) 冷凝器的计算

进入冷凝器的二次蒸汽所带入的热量：

$Q = (3199 + 78.77 + 69.21 + 37.06 + 34.46) \times 2387 - 1417285.827 = 6742673.673$（kJ/h）

按对数温差计算传热温差。

并流：48℃→48℃，30℃↗42℃，$\Delta t_1 = 48 - 30 = 18$（℃），$\Delta t_2 = 48 - 42 = 6$（℃）。

$$\Delta t = \frac{18 - 6}{\ln\dfrac{18}{6}} = 10.9 \text{（℃）}$$

换热面积：

$$F=\frac{Q}{k\Delta t}=\frac{6742673.673}{4187\times 10.9}=147.7 \ (\mathrm{m}^2)$$

实际冷凝器换热面积按 1.25 倍的计算值选取，实际冷凝器的换热面积为 $F'=1.25\times 147.7=184.6\mathrm{m}^2$。

选取换热管规格为 $\phi25\mathrm{mm}\times2\mathrm{mm}\times8500\mathrm{mm}$。

管子数量：

$$n=184.6/(0.0235\times\pi\times8.5)=294.3 \ (根) \qquad (取\ 294\ 根)$$

冷却水耗量：

$$W=6742673.673/[4.187\times(42-30)]=134.2 \ (\mathrm{t/h})$$

3.8 降膜式蒸发器分程及其注意事项

降膜式蒸发器特点之一就是料液在蒸发器中受热时间短，减少受热时间无疑可以最大限度保持料液中有益元素不被破坏，从而保证产品的品质。分程是因为降膜管的周边润湿量不足，为防止结垢结焦加速或干壁现象产生，采取分程是最有效的方法之一。用以加大降膜管的周边润湿量。分不分程完全取决于料液的浓缩比、料液的特性。仅以 YNNM03-3800 型三效降膜式蒸发器在椰奶生产中的应用为例进行阐述。

一效加热温度控制在 95℃，末效蒸发温度在 50℃。采用并流加料法，末效出料，末效分四管程循环进料。采用热压缩技术即热泵抽吸一效二次蒸汽作为一效的一部分加热热源。采用盘管利用蒸发器壳程中蒸汽对物料进行预热，第一级采用末效二次蒸汽进行预热，余下二次蒸汽进入冷凝器被冷凝。冷凝器采用间壁列管式冷凝器。一、二、三效体全部进行保温绝热处理。其流程如图 3-9 所示。计算三效蒸发器各效换热面积及各效降膜管周边润湿量，据此考虑是否分程。

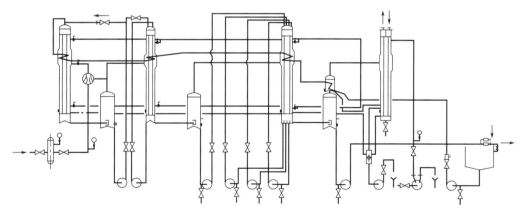

图 3-9 末效为多管程进料的三效降膜式蒸发器

(1) 主要技术参数

物料介质：椰奶水溶液　　　　进料质量分数：4%

水分蒸发量：3800kg/h　　　　出料质量分数：60%

（2）各效温度差分配

采用等温降的方法确定各效蒸发温度。本例一效加热温度控制在 95℃，末效蒸发室温度为 50℃，即 $t_3 = 50℃$，总温度差 $\Delta T = T_0 - t_3 = 95 - 50 = 45$（℃）。

本例为三效蒸发器，因此 $\Delta T_3 = \Delta T/3 = 45/3 = 15$（℃）。若忽略蒸汽管道中温度损失，则：第二效的蒸发温度 $t_2 = t_3 + \Delta T/3 = 50 + 15 = 65$（℃）；第一效的蒸发温度 $t_1 = t_2 + \Delta T/3 = 65 + 15 = 80$（℃）。

蒸发状态参数如表 3-7 所示。

表 3-7　蒸发状态参数

项目	压力/MPa	温度/℃	比体积/(m³/kg)	汽化热/(kcal/kg)	焓/(kcal/kg)
工作蒸汽	0.7146	165	0.2725	493.5	660.0
一效加热	0.08619	95	1.982	542.1	637.2
二效加热	0.04829	80	3.408	551.3	631.3
三效加热	0.02550	65	6.201	560.2	625.2
三效蒸发	0.012578	50	12.04	569.0	619.0
冷凝器壳程	0.012578	50	12.04	569.0	616.0

（3）物料量计算

进料量：

$$S = 3800 \times 60/(60-4) = 4071 \text{（kg/h）}$$

出料量：

$$S' = 4071 - 3800 = 271 \text{（kg/h）}$$

各效蒸发量分配（经过多次试算而得）：一效 2121kg/h；二效 874kg/h；三效 805kg/h。
各效沸点温度：一效 82℃；二效 67℃；三效 54℃（计算略）。

（4）预热管径及换热量

管径：

$$4071/(1030 \times 3600) = \frac{d^2}{4} \times \pi \times 1.2$$

$d = 0.034$m 取直径为 40mm，选用壁厚为 2mm 的 304 不锈钢管。
换热热量：

$$Q_1 = 4071 \times 0.93 \times (45-30) = 56790.45 \text{（kcal/h）}$$

$$Q_2 = 4071 \times 0.93 \times (60-45) = 56790.45 \text{（kcal/h）}$$

$$Q_3 = 4071 \times 0.93 \times (75-60) = 56790.45 \text{（kcal/h）}$$

$$Q_4 = 4071 \times 0.93 \times (89-75) = 53004.42 \text{（kcal/h）}$$

（5）热量衡算

用于第一效加热用的蒸汽量按下式计算：

$$D = [Wr - Sc(T-t) + Q + q]/R$$

式中　D——蒸汽耗量，kg/h；

　　　W——水分蒸发量，kg/h；

　　　S——进料量，kg/h；

　　　c——物料比热容，这里按 $c = 0.93$kcal/(kg·℃)，计算过程中不计由于浓度的变化引起料液比热容发生的微小变化；

T——进料温度,℃；

t——料液沸点温度,℃；

R——加热蒸汽潜热，kcal/kg；

r——二次蒸汽汽化潜热，kcal/kg；

q——热量损失，5%～6%，这里按总热量的 6% 计算；

Q——预热热量，kcal/h。

用于一效加热的蒸汽耗量：

$$D = \frac{2121 \times 551.3 - 4071 \times 0.93 \times (89-82) + 53004.42}{542.1} \times 1.06 = 2338.24 \ (kg/h)$$

由于采用热压缩技术，经计算本例喷射系数 $\mu = 1.016$，取 $\mu = 1$。

由热泵关系式：

$$G_0 + \mu G_0 = D$$
$$G_0 = D/(1+\mu) = 2338.24/(1+1) = 1169.12 \ (kg/h)$$

用于一效加热的一效二次蒸汽量为

$$2338.24 - 1169.12 = 1169.12 \ (kg/h)$$

用于二效加热的一效二次蒸汽量及热量分别为

$$2121 - 1169.12 = 951.88 \ (kg/h)$$
$$951.88 \times 551.3 = 524771.44 \ (kcal/h)$$

实际所需热量：

$$Q = \left[874 \times 560.2 - (4071 \times 0.93 - 2121 \times 1) \times (82-67) + 56790.45 \right.$$
$$\left. - \frac{2338.24 \times (95-80) \times 551.3}{631.3}\right] \times 1.06$$
$$= 520248.96 \ (kcal/h)$$
$$520248.96/524771.44 = 0.991$$

用于三效加热的热量：

$$874 \times 560.2 = 489614.8 \ (kcal/h)$$

实际所需热量：

$$Q = \left[805 \times 569 - (4071 \times 0.93 - 2121 \times 1 - 874 \times 1) \times (67-54) + 56790.45\right.$$
$$\left. - \frac{3507.24 \times (80-65) \times 560.2}{625.2}\right] \times 1.06$$
$$= 484857.78 \ (kcal/h)$$
$$484857.78/489614.8 = 0.99$$

从上述计算可看出热量平衡，不再试算。

（6）蒸发器换热面积、分程计算

一效换热面积：

$$F = \frac{Q}{k\Delta t}$$

这里 $Q = 2121 \times 551.3 - 4071 \times 0.93 \times (89-82) = 1142805.09 \ (kcal/h)$，$k = 1050 kcal/(m^2 \cdot h \cdot ℃)$。

$$F = \frac{Q}{k\Delta t} = \frac{1142805.09}{1050 \times (95-82)} = 83.7 \ (m^2)$$

选取直径为 50mm、壁厚为 1.5mm、长为 7950mm 的 SUS304 卫生级不锈钢无缝钢管作为降膜管，以下各效同。

降膜管根数：
$$n=83.7/(0.0485\times\pi\times7.95)=69.13\text{（根）}\qquad\text{（取 69 根）}$$

降膜管上端周边润湿量：
$$G=4071/(0.047\times\pi\times69)=399.78\ [kg/(m\cdot h)]$$

降膜管下端周边润湿量：
$$G_1=1950/(0.047\times\pi\times69)=191.5\ [kg/(m\cdot h)]$$

二效换热面积：
$$F=\frac{Q}{k\Delta t}$$

这里 $Q=874\times560.2-(4071\times0.93-2121\times1)\times(82-67)=464639.35$（kcal/h），$k=820kcal/(m^2\cdot h\cdot℃)$。

$$F=\frac{Q}{k\Delta t}=\frac{464639.35}{820\times(80-67)}=43.6\text{（}m^2\text{）}$$

降膜管根数：
$$n=43.6/(0.0485\times\pi\times7.95)=36.012\text{（根）}\qquad\text{（取 36 根）}$$

降膜管上端周边润湿量：
$$G=1950/(0.047\times\pi\times36)=367\ [kg/(m\cdot h)]$$

降膜管下端周边润湿量：
$$G_1=1076/(0.047\times\pi\times36)=202.53\ [kg/(m\cdot h)]$$

三效换热面积：
$$F=\frac{Q}{k\Delta t}$$

这里 $Q=805\times569-(4071\times0.93-2121\times1-874\times1)\times(67-54)=447761.61$（kcal/h），$k=700kcal/(m^2\cdot h\cdot℃)$。

$$F=\frac{Q}{k\Delta t}=\frac{447761.61}{700\times(65-54)}=58.15\text{（}m^2\text{）}$$

降膜管根数：
$$n=58.15/(0.0485\times\pi\times7.95)=48.03\text{（根）}\qquad\text{（取 48 根）}$$

降膜管上端周边润湿量：
$$G=1076/(0.047\times\pi\times48)=151.9\ [kg/(m\cdot h)]$$

根据料液的黏度情况，降膜管上端周边润湿量若小于或等于 300kg/(m·h) 时就应考虑是否分程的问题。

降膜管周边润湿量严重不足，可分四管程进料。

假设每一程降膜管为 12 根，则：一程降膜管上端周边润湿量 $G'_1=1076/(0.047\times\pi\times12)=607.58\ [kg/(m\cdot h)]$；二程降膜管上端周边润湿量 $G'_2=874.75/(0.047\times\pi\times12)=380.3\ [kg/(m\cdot h)]$；三程降膜管上端周边润湿量 $G'_3=673.5/(0.047\times\pi\times12)=382\ [kg/(m\cdot h)]$；四程降膜管上端周边润湿量 $G'_4=472.25/(0.047\times\pi\times12)=266.67\ [kg/(m\cdot h)]$。

分程循环进料的原则及意义：分不分程取决于料液周边润湿量的大小、黏度的高低以及蒸发温度对料液黏度影响的程度。分四程进料，末效干壁的可能性不大，结垢结焦的速度就会减缓，清洗间隔时间就会延长，因此生产效率也会提高。

（7）分程后的几个问题

① 分程后物料泵的选择问题　分程是从料液分布器至上管板用隔板按分程要求分隔开来，下器体则是用隔板把器盖按上分程区域要求一一对应分割开来。上分程隔板是可拆卸的，下隔板可以是焊接结构，也可以是可拆卸的结构。

对分程一效来说关键是泵的选择，泵输送量不能大于实际的料液量，否则由于泵内断料引起空转导致泵泄漏甚至无法工作，从而影响正常生产。泵出口应设置阀控制流量，每一程计算料液量与设计料液量往往还有差距，一般地实际料液量要比计算料液量小。一般离心泵都有余量，不可超出工作流量，甚至选择略小于实际料液量的泵都能满足需要。

② 料液不得残留　单管程的料液一般不会出现料液残留问题，而多管程就不同了，多管程下器体端盖制造相对较为复杂，由于隔板把下器盖分成若干个区域，因此每个小区域最易出现料液残留或死角问题。为了便于出料，可将出料底部做成倾斜式或沟槽式结构（如图 3-9 所示）。为防止死角出现，相隔处应有圆角过渡。隔板端部也必须倒去毛刺，制作成圆角过渡。

③ 补偿周边润湿量的其他方法　一、二效的周边润湿量虽然不算大，但由于蒸发后浓度不高，不分程也不会在短时内引起结垢或结焦。为了加大一效周边润湿量，可采取小回流的方法进行补偿。其次，对计算后各效面积进行调整，尽量减少末效降膜管根数。蒸发器一般都有最大生产量，为了防止结垢或结焦加速，可采取加大进料量的方法进行补偿。

④ 检修方便　设计多管程蒸发器要方便检修。小型蒸发器下器盖应能打开，密封要好，不得有泄漏现象发生。大型蒸发器要设置检修人孔或相关的手孔，以备检修之用。

除应用过物料之外，分程前应准确掌握料液不同浓度及温度情况下黏度的变化情况，以便掌握蒸发器的选型或料液在蒸发过程中结垢或结焦的程度。

3.9　降膜式蒸发器节流孔板的计算及其调整对加热温度的影响

决定降膜式蒸发器温度高低的参数主要有两个，一个是一效加热蒸汽的压力，另一个是冷凝器的压力。但在正常使用情况下，各效温度可在一定范围内进行微调，这种调整即通过调换各效壳程中上下不凝性气体出口的节流孔板来完成，从而达到某效加热或蒸发温度的需要。上下不凝性气体接口主要是为真空泵抽取不凝性气体而设置的，节流孔板小，加热温度高，反之则低。仅以 CNJM03-3200 型三效降膜式蒸发器在茶粉生产中的应用为例进行阐述。

（1）主要技术参数

物料介质：茶浸渍液　　　　进料质量分数：3%～4%

进料温度：20℃　　　　　　出料质量分数：17%～25%

蒸发状态参数见表 3-8。

表 3-8　蒸发状态参数

项目	压力/MPa	温度/℃	蒸发量分配/(kg/h)
工作蒸汽	0.7883	169	—
一效加热	0.06882	89	1785
二效加热	0.03463	72	735
三效加热	0.017653	57	680
三效蒸发	0.009771	45	—
冷凝器	0.009771	45	—

　　本例蒸发器的流程如图 3-10 所示。在本例蒸发系统中，每一效都设有上下不凝性气体接管 1～6，汇集于上下不凝性气体的总管并接于冷凝器进口。在每效上下不凝性气体接口处都装有节流孔板。节流孔板的作用是通过调换节流孔板的孔径对某效或系统加热温度进行调整。本蒸发系统采用列管间壁式冷凝器，采用水环真空泵抽真空保持系统的真空度。

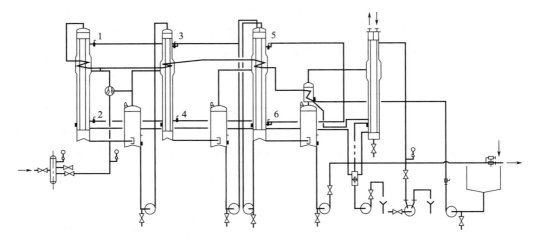

图 3-10　用于茶粉生产的 CNJM03-3200 三效降膜式蒸发器
1～6—上下不凝性气体接管

(2) 节流孔板孔径的计算

计算节流孔板的孔径实质上是计算进入真空泵的不凝性气体的量。

仅以用于茶粉生产的三效蒸发器中的第一效上下不凝性气体接口上的节流孔板为例进行计算。

真空泵吸气量：

$$G = G_1 + G_2 + G_3 + G_4$$

G_1 值的确定：G_1 是真空系统渗漏的空气量，它可根据真空系统中设备和管道的容积 V_1 按图 2-33 查出空气最大渗漏量 G_a，取 $G_1 = 2G_a$，本例 $V_1 = 3.7 \text{m}^3$，末效分离器绝对压力为 0.009771MPa，查图 2-33 得 $G_a = 1.5 \text{kg/h}$，则 $G_1 = 2G_a = 2 \times 1.5 = 3$（kg/h）。

G_2 值的确定：G_2 是蒸发过程中料液释放的不凝性气体量，一般 G_2 很小，可以忽略，即 $G_2 = 0$。

G_3 值的确定：G_3 是直接式冷凝器冷却水释放溶解空气量，如果蒸汽冷凝采用的是间接式表面冷凝器时，$G_3 = 0$，本例采用的是列管间壁式冷凝器，故 $G_3 = 0$。

G_4 值的确定：G_4 是未冷凝的蒸汽量，取决于冷凝效果，冷凝效果差，这部分气体所占比例就大。正常情况下，采用经验值，$G_4=(0.2\%\sim1\%)G_p$，G_p 为每小时进入冷凝器的蒸汽量，这里 $G_4=(0.2\%\sim1\%)G_p=0.2\%\times973.6=1.95$（kg/h）（这里取小值）。则

$$G=G_1+G_2+G_3+G_4=3+0+0+1.95=4.95 \text{（kg/h）}$$

真空泵吸气为混合气体(由溶剂蒸气和不凝性气体组成)，在标准状况下，密度按下式计算：

$$\rho=p_0M/(8.315T)$$

式中，ρ 为标准状况下混合气体密度，kg/m³；p_0 为标准状况下的大气压，kPa；M 为摩尔质量，kg/mol；T 为热力学温度，K。

摩尔质量 M 按摩尔质量分率计算，即

$$Y_1=1.95/18=0.108$$
$$Y_2=3/28.95=0.1036$$

则

$$M_1=18\times(0.108/0.213)=9.13 \text{（kg/mol）}$$
$$M_2=28.95\times(0.1036/0.213)=14.08 \text{（kg/mol）}$$
$$M=M_1+M_2=9.13+14.08=23.21 \text{（kg/mol）}$$
$$\rho=p_0M/(8.315T)=101.3\times23.21/(8.315\times273)=1.036 \text{（kg/m}^3\text{）}$$

真空泵吸气量计算：真空泵吸气量应换算成真空泵吸入状态的体积，其体积按下式计算，即

$$V=(G/\rho)[(273+t)p_0/(273p)]$$

式中　V——真空泵每小时吸气量，m³/h；

　　　　p——真空泵吸入压力，MPa；

　　　　t——真空泵吸入状态温度,℃，取冷凝状态温度。则

$$V=(G/\rho)[(273+t)p_0/(273p)]=(4.95/1.036)\times[(273+45)\times0.1013/(273\times$$
$$0.009771)]=57.72 \text{（m}^3\text{/h）}$$

上下节流孔板孔径计算(不凝性气体流速按 $45\sim50$m/s 选取)：

$$\frac{57.72}{2\times3600}=\frac{d^2}{4}\times\pi\times50$$

$$d=0.014\text{m}$$

（3）节流孔板的调整对各效温度的影响

节流孔板孔径变小，壳程中压力在一定范围内会升高，调节其中一效节流孔板，其他效蒸发参数也会随之发生变化。上述计算是按上下节流孔板孔径相等原则计算而得，实际上，每效上下节流孔板的孔径是不一样的，一般情况下，下大于上不凝气节流孔板的孔径。一效大于二效节流孔板孔径，三效上下节流孔板孔径与一效接近。如要提高一效壳程温度，则要把一效上下节流孔板孔径变小，直至达到所需要的温度为止。计算完毕，生产时要制出与之相邻孔径的几块孔板，以备调试更换。

节流孔板孔径过大的弊端是对于蒸汽直接加热的一效来说加热温度提高缓慢，蒸发温度提高也缓慢，由此引起次效的加热温度也随之降低，一部分蒸汽的热能就会被真空泵消耗并带入到冷凝器中，导致热效率降低，因此也就不节能。另外，真空泵选择应合适，吸气量不能过大，当蒸汽压力一定时，壳程真空度越高往往热效率越低。

节流孔板不但能够调节各效的加热温度，而且能够使蒸发器在合理的热力状态下进行

工作，进而起到节能降耗的作用。真空泵吸气量过大势必会造成蒸发器壳程温度过低，过低的加热温度不利于蒸发，也不节能，根据蒸发的需要，在满足蒸发温度的情况下尽量不在低温下加热。需要注意的是，节流孔板对蒸发参数的调节只是在一定的很小的范围内微调，超过此范围调节势必会影响蒸发的正常进行。

3.10 料液置换水与水置换料液

降膜式蒸发器不同于其他形式的蒸发器，料液都是在高于或等于沸点温度进料的。高于或等于沸点温度直接进料的很少，大都是在常温甚至低温下进料。因此，在料液蒸发前都要经过逐级预热使料液温度达到、接近或超过沸点温度后方可降膜蒸发。预热分为体内与体外两种方式，预热器的型式有盘管预热、列管预热、板式换热器预热等。由于预热器的存在，生产结束或生产开始这些预热装置中都会不同程度地残留一定料液或水，此外一些进料管道中也存留一定料液或水，为此每个生产班次结束或每个生产班次开始都要进行料液及水的置换。仅以 RNJM01-1250 型单效降膜式蒸发器（手动操作，如图 3-11 所示）在液态奶生产中的应用为例阐述料液的置换与水的置换过程。

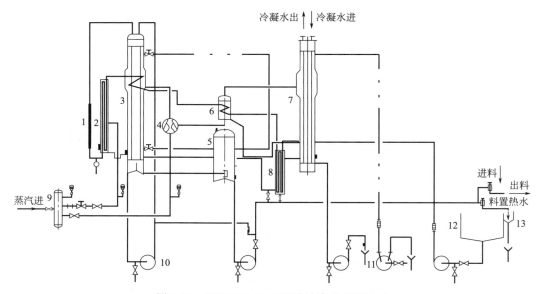

图 3-11　RNJM01-1250 型单效降膜式蒸发器

1—保持管；2—杀菌器；3—蒸发器；4—热泵；5—分离器；6,8—预热器；7—冷凝器；9—分汽缸；
10—泵；11—真空泵；12—平衡缸；13—排水缸

（1）主要技术参数

介质：牛奶　　　　　　　　　　蒸发器壳程温度：84～87℃

生产能力：1250kg/h　　　　　　蒸发温度：56～65℃

进料温度：5℃　　　　　　　　　冷却水（采用冰水）进入温度：5℃（排水温度控

进料质量分数：11.5%　　　　　制在28℃）

出料质量分数：13.4%　　　　　装机容量：17.5kW

（2）料液置换水与水置换料液

① 料液置换水 是指进料前以水代料进行蒸发，然后料液将水置换出的过程。进水开始，当水构成循环，启动真空泵抽真空。当分离器的真空度达到约 0.07MPa 时依次缓慢打开蒸发器蒸汽阀及杀菌器蒸汽阀，当达到表 3-9 所示蒸发参数时（观察平衡缸内直至无水），可开启进料阀，关闭给水阀，此时料液已进入置换水的过程。当管道、预热器中的水完全被置换到分离器，对于手动控制可根据物料特性如料液颜色、浓度及黏度的变化在分离器视镜口观察或在出料管道取样检测水溶液的浓度变化，然后决定是否将水排放掉，如果确定不可排放则可将排水阀关闭或切换至平衡缸内循环或直接将料液打入到下道工序，然后设备即进入正常的生产状态。对于自动控制可在 PLC 触摸屏设置水溶液最低密度值，根据质量流量计的检测与设定密度值比对一致后由 PLC 发出指令继续排水或是关闭排水阀。

表 3-9 蒸发状态参数

项目	压力/MPa	温度/℃
工作蒸汽	0.63～0.7	166～170
蒸发器加热	−0.038～−0.042	85～87
蒸发	−0.076～−0.0845	56～65
冷凝器（壳程）	−0.096～−0.097	28～32
杀菌	−0.046～−0.06	76～84
杀菌壳程压力（不高于）	0.022	105

② 水置换料液 是指生产结束，以水将设备内残存料液置换出的过程，也是设备水洗的开始。其操作过程为：关闭进料阀（观察平衡缸直至无料），开启进水阀，依次关闭蒸发器及杀菌器蒸汽阀，关掉真空泵，破坏系统真空，对于手动控制也是根据物料特性如料液颜色、浓度及黏度的变化，在分离器视镜口观察或在出料管道取样检测水溶液的浓度变化，然后决定最后稀料是否排放掉。对于自动控制其检测方法与上述一致，即可在 PLC 触摸屏设置料液最低密度值，经过质量流量计的检测，比对后由 PLC 发出指令继续排放或是关掉排料阀。

无论是单效还是多效，也无论是手动操作还是自动控制，生产开始或生产结束都要进行料液置换水与水置换料液的操作。即便是沸点进料的无预热的降膜式蒸发器，其进出料管道中也或多或少残存料液，生产结束时也必须将管道中的料液置换出。水置换出的料液可直接进入下道工序。

3.11 含有热压缩技术的单效板式升降膜式蒸发器的工艺设计计算

板式蒸发器分为板式升膜式蒸发器、板式升降膜式蒸发器和板式降膜式蒸发器三种。后两种应用比较多见。板式蒸发器属于膜式蒸发器，因其加热温度不高，设备结构紧凑，占用空间小，因此近年来在乳品、果汁、骨头汤、胶原蛋白及山梨醇等行业都有应用。蒸发器传热系数最高也不超过 1390kcal/(m²·h·℃)，传热系数的高低与板式蒸发器的结构以及板片的结构形式有一定关系。日本的板式蒸发器较高，接近 4m，而国内板式蒸发器的高度在 2.5m 左右，最高也不超过 3m。此外，国内蒸发器内部结构与日本也不相同。实践表明，采用国内的板式蒸发器，传热系数一般不超过 1200kcal/(m²·h·℃)。

液态奶因生产工艺需要，对牛奶干物质含量需要提高。用于提高牛奶干物质的方法有三种：①采用管式降膜蒸发器蒸发；②采用闪急蒸发（物料不经过加热，而是靠高压到低压空间压力的变化而使料液中水分得以迅速汽化）；③采用板式升降膜或板式降膜式蒸发器蒸发。牛奶属于热敏性物料，不论哪种方法都必须尽可能采用低温蒸发，而且是连续进料连续出料。现代液态奶生产的加热温度都很低，一般在 75～80℃ 之间，最高不超过 85℃。

图 3-12 中工艺流程物料介质为牛奶，生产能力为 500kg/h，进料黏度为 0.01Pa•s，进料质量分数为 11.5%，进料温度为 5℃，出料质量分数为 13.1%，加热温度为 80℃，蒸发温度为 65℃，使用蒸汽压力 0.7MPa，蒸发器状态参数如表 3-10 所示。试计算：预热面积，蒸汽耗量，各效换热面积，热泵结构尺寸，各效分离器结构尺寸，冷凝器换热面积，冷却水耗量。

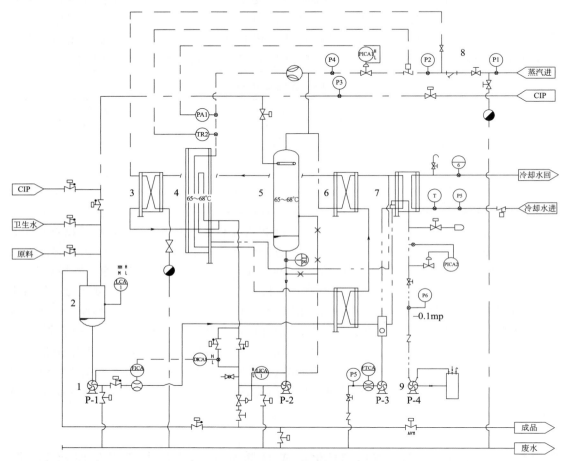

图 3-12　BSJM01-500 型单效板式升降膜蒸发器

1—物料泵；2—平衡缸；3—预热器；4—蒸发器；5—分离器；
6—预热器；7—冷凝器；8—进蒸汽系统；9—真空泵

表 3-10　蒸发状态参数

项目	压力/(kgf/cm²)	温度/℃	比体积/(m³/kg)	汽化热/(kcal/kg)	焓/(kcal/kg)
工作蒸汽	7.146	165	0.2725	493.5	660.0
预热蒸汽	1.4609	110	1.210	532.6	642.3
蒸发器加热	0.4829	80	3.408	551.9	620.9
蒸发	0.2550	65	6.201	560.2	625.2
冷凝器	0.2438	64	6.468	560.8	624.8

注：1kgf/cm²=98.0665kPa。

（1）结构特点

本例采用单效板式升降膜蒸发器用于牛奶的蒸发，采用热压缩技术，即采用热泵抽吸一部分二次蒸汽并提高其温度压力作为蒸发器的加热热源。由于牛奶的进料温度为5℃较低，本例采用三组板式换热器作为预热器，将5℃的牛奶加热到70℃，第一段采用蒸发器壳程冷凝水预热，第二段采用二次蒸汽预热，第三段采用生蒸汽预热，如图3-12所示。采用全自动控制，即在PLC触摸屏上进行参数设定、调整及控制。

（2）物料衡算

进料量：

$$S = \frac{500 \times 13.1\%}{13.1\% - 11.5\%} = 4093.75 \text{ （kg/h）} \quad \text{（取4094g/h）}$$

$$\text{出料量 } S' = 4094 - 500 = 3594 \text{ （kg/h）}$$

（3）预热级计算

本计算不计蒸发过程中料液比热的微小变化，以下计算同。

由于进料温度为5℃，本蒸发系统采用三个预热级将进料温度由5℃预热至70℃。

① 第一级预热面积计算

由5℃预热至13℃所需热量：

$$Q = 4094 \times 0.93 \times (13 - 5) = 30459.36 \text{ （kcal/h）}$$

冷凝水从80℃降到20℃的热量：

$$Q' = 516 \times 1 \times (80 - 20) = 30960 \text{ （kcal/h）}$$

因30960＞30459.36，所以冷凝水量足够。

传热温差按对数平均温差计算。

逆流：80℃↘20℃，13℃↖5℃，$\Delta t_1 = 80 - 13 = 67$ （℃），$\Delta t_2 = 20 - 5 = 15$ （℃）。则

$$\Delta t = (67 - 15)/\ln(67/15) = 34.74 \text{ （℃）}$$

折流时的对数平均温度差：

$$\Delta t_m = \varphi_{\Delta t} \Delta t$$

其中 $\varphi_{\Delta t} = f(P, R)$，$P = \dfrac{t_2 - t_1}{T_1 - t_1} = \dfrac{13 - 5}{80 - 5} = 0.11$，$R = \dfrac{T_1 - T_2}{t_2 - t_1} = \dfrac{80 - 20}{13 - 5} = 7.5$。

查图2-15（a）得 $\varphi_{\Delta t} = 0.97$，故：$\Delta t_m = 0.97 \times 34.74 = 33.7$ （℃）

换热面积：

$$F = \frac{Q}{k \Delta t} = \frac{30459.36}{800 \times 33.7} = 1.13 \text{ （m}^2\text{）}$$

实际换热面积：$F' = 1.25 \times 1.13 = 1.4$ （m^2）

② 第二级预热面积计算

由13℃预热至45℃所需热量：

$$Q = 4094 \times 0.93(48 - 13) = 133259.7 \text{ （kcal/h）}$$

进入预热器的热量：

$$Q' = 242 \times 560.2 = 135568.4 \text{ （kcal/h）} > 133259.7 \text{ （kcal/h）}$$

所以热量足够。

传热温差按对数平均温差计算。

并流：65℃→65℃，13℃↗48℃，$\Delta t_1 = 65 - 13 = 52$（℃），$\Delta t_2 = 65 - 48 = 17$（℃）。

$$\Delta t = (52 - 17)/\ln(52/17) = 31.3\ (℃)$$

换热面积：

$$F = \frac{Q}{k\Delta t} = \frac{133259.7}{1000 \times 31.3} = 4.26\ (\text{m}^2)$$

实际换热面积：

$$F' = 1.25 \times 4.26 = 5.33\ (\text{m}^2)$$

③ 第三级预热面积计算

第三级采用的是生蒸汽加热，由 48℃预热至 70℃所需热量。

$$Q = 4094 \times 0.93 \times (70 - 48) = 83763.24\ (\text{kcal/h})$$

传热温差按对数平均温差计算。

并流：110℃→110℃，48℃↗70℃，$\Delta t_1 = 110 - 48 = 62$（℃），$\Delta t_2 = 110 - 70 = 40$（℃）。

$$\Delta t = (62 - 40)/\ln(62/40) = 50\ (℃)$$

换热面积：

$$F = \frac{Q}{k\Delta t} = \frac{83763.24}{1200 \times 50} = 1.4\ (\text{m}^2)$$

实际换热面积：

$$F' = 1.25 \times 1.4 = 1.75\ (\text{m}^2)$$

（4）沸点升高计算

一效沸点升高计算：

因蒸汽压下降而引起的沸点升高按下式计算：

$$\Delta a = 0.38 \text{e}^{0.05 + 0.045B} = 0.38 \text{e}^{0.05 + 0.045 \times 13.1} = 0.72\ (℃)$$

$$\Delta' = \Delta a f$$

$$f = 0.0038 \times (T^2/r) = 0.0038 \times (338^2/560.2) = 0.77\ (℃)$$

$$\Delta' = \Delta a f = 0.72 \times 0.77 = 0.55\ (℃)$$

降膜式蒸发器中的静压强可忽略不计，管道等温度损失按 1～1.5℃选取，这里取 1.5℃，

$$\Delta = \Delta' + \Delta'' + \Delta''' = 0.55 + 0 + 1.5 = 2.05\ (℃)$$

则沸点升高为 2.05℃，取 2℃。沸点温度为 67℃。

（5）热量衡算

$$D_1 R_1 = W_1 r_1 + Sc(t_1 - t_0) + Q_1 - q_1 + q_1'$$

用于一效加热的蒸汽耗量：

$$D = \frac{500 \times 560.2 - 4094 \times 0.93 \times (70 - 67)}{551.9} \times 1.06 = 516(\text{kg/h})$$

采用热压缩技术抽吸二次蒸汽作为蒸发器的一部分加热热源。

喷射系数计算：

膨胀比：

$$\beta = p_0/p_1 = 7.146/0.2550 = 28$$

压缩比：

$$\sigma = p_4/p_1 = 0.4829/0.2550 = 1.89$$

利用差值的方法求取，按表 2-4 进行差值计算，即当 $\sigma = 1.89$，$\beta = 28$ 时，有

$$\mu_1 = 1.11 + \frac{1.11 - 0.87}{2.0 - 1.8} \times (1.89 - 1.8) = 1.22$$

$$\mu_2 = 1.23 + \frac{1.23 - 0.98}{2.0 - 1.8} \times (1.89 - 1.8) = 1.34$$

$$\mu = 1.22 + \frac{1.22 - 1.34}{30 - 20} \times (28 - 20) = 1.124（为了安全起见，取 \mu = 1）$$

$$G_0 + \mu G_0 = D$$
$$G_0 = D/(1 + \mu)$$

式中　G_0——饱和生蒸汽量，kg/h；

　　　D——蒸发器加热蒸汽总量，kg/h；这里 $D = 516$kg/h；

　　　μ——喷射系数，这里 $\mu = 1$。

则

$$G_0 = 516/(1 + 1) = 258（kg/h）$$

用于蒸发器加热的二次蒸汽量为：

$$W = 516 - 258 = 258（kg/h）$$

用于预热器预热的二次蒸汽量及热量分别为：

$$W' = 500 - 258 = 242（kg/h）$$
$$Q = 242 \times 560.2 = 135568.4（kcal/h）$$

（6）蒸发器换热面积计算

这里，$Q = 500 \times 560.2 - 4094 \times 0.93 \times (70 - 67) = 268677.74（kcal/h）$

$$k = 1050 kcal/(m^2 \cdot h \cdot ℃)$$

$$F = \frac{268677.74}{1050 \times (80 - 67)} = 19.68（m^2）$$

蒸发强度：

$$U = W/F = 500/19.68 = 25.4[kg/(m^2 \cdot h)]$$

经济指标：

$$V = 258 + 157.27/500 = 0.83$$

（7）热泵结构尺寸计算

① 喷嘴喉部直径计算

$$d_0 = 1.6\sqrt{\frac{G_0}{p_0}}$$

式中　d_0——喷嘴喉部直径，mm；

　　　p_0——饱和生蒸汽压力，这里 $p_0 = 0.7146$MPa。

则

$$d_0 = 1.6\sqrt{\frac{258}{7.146}} = 9.6（mm）　（取10mm）$$

喷嘴出口直径：

喷嘴出口压力按与工作压力相等考虑，对饱和蒸汽，
$\beta < 500$ 时

$$d_1 = 0.61 \times (2.52)^{\lg\beta} d_0$$

则

$$d_1 = 0.61 \times (2.52)^{\lg 28} \times 10 = 23.24 \text{（mm）}\quad（取23mm）$$

扩散管喉部直径：

扩散管喉部直径按下式计算比较合适

$$d_3 = 1.6\sqrt{\frac{0.622(G_1+G_3+G_4)+G_0+G_2}{p_4}}$$

式中　d_3——扩散管喉部直径，mm；

G_1——被抽混合物中空气量，kg/h。这里 $G_1=1$kg/h；

G_2——被抽混合物中水蒸气量，kg/h。$G_2=D-G_0=516-258=258$kg/h；

G_3——从泵外漏入的空气量，kg/h。这里 $G_3=1$kg/h；

G_4——混合式冷凝器冷却水析出的空气量，kg/h。这里 $G_4=0$kg/h。

则

$$d_3 = 1.6\sqrt{\frac{0.622(1+1+0)+258+258}{0.4829}} = 52.36 \text{（mm）}$$

校核最大的反压力 p_{fm}，校核的结果必须使最大反压力 $p_{fm}=p_4$。若 $p_{fm}<p_4$，则可适当增大 d_0 值。

$$p_{fm} \approx (d_0/d_3)^2 \times (1+\mu)p_0 = (10/52.36)^2 \times (1+1) \times 7.146 = 0.5213 \text{（kgf/cm}^2）$$

$p_{fm}=0.5213$kgf/cm^2 接近于 $p_4=0.4829$kgf/cm^2，因此可行。

② 热泵其他有关尺寸按表2-5计算

$$d_5 = (3\sim4)d_0 = 3\times10 = 30 \text{（mm）}$$
$$L_0 = (0.5\sim2.0)d_0 = 1.5\times10 = 15 \text{（mm）}$$
$$d_2 = 1.5d_3 = 1.5\times52.36 = 78.54 \text{（mm）}\quad（取79mm）$$
$$L_3 = (2\sim4)d_3 = 3\times52.36 = 157.08 \text{（mm）}\quad（取157mm）$$
$$d_4 = 1.8d_3 = 1.8\times52.36 = 94.25 \text{（mm）}\quad（取94mm）$$
$$L_1 = (d_5-d_0)/K_4 = (30-10)/(1/1.2) = 24 \text{（mm）}$$
$$L_2 = (d_1-d_0)/K_1 = (23-10)/(1/4) = 52 \text{（mm）}$$
$$L_4 = (d_2-d_3)/K_2 = (79-52.36)/(1/10) = 266.4 \text{（mm）}\quad（取266mm）$$
$$L_5 = (d_4-d_3)/K_3 = (94-52.36)/(1/8) = 333.12 \text{（mm）}\quad（取333mm）$$

③ 二次蒸汽入口直径计算

$$d_6 = 4.6 \times (G_0/p_1)^{0.48} = 4.6 \times (258/0.2550)^{0.48} = 127.4 \text{（mm）}\quad（取127mm）$$

混合式直径 d_7 一般选取扩散管喉部直径的 2.3～5 倍，即

$$d_7 = (2.3\sim5)d_3$$

则

$$d_7 = (2.3\sim5)d_3 = 3\times52.36 = 157.08 \text{（mm）}\quad（取157mm）$$

混合式长度一般按 d_7 的 1～1.15 倍选取，即

$$L_7 = (1\sim1.15)d_7 = 1.1\times157 = 172.7 \text{（mm）}\quad（取173mm）$$

本例 $\mu=1>0.5$

$$I_C=\frac{0.37+\mu}{4.4\alpha}\times d_1=\frac{0.37+1}{4.4\times0.08}\times23=89.51\text{（mm）}$$

式中　I_C——喷射流长度，mm；

　　　α——实践常数；对弹性介质，α 在 $0.01\sim0.09$ 之间选取，μ 值较大时取较高值。

④ 在 I_C 处扩散管的直径计算

$$D_C=d_3+0.1\times(L_4-I_C)=52.36+0.1\times(94-89.51)=52.81\text{（mm）}$$

自由喷射流在距离喷嘴出口截面积 I_C 距离处 d_c 的计算：

当喷射系数 $\mu>0.5$ 时，

$$d_c=1.55d_1(1+\mu)=1.55\times23\times(1+1)=71.3\text{（mm）}$$

如果 $D_C>d_c$，则 $A=0$，喷嘴出口与扩散管入口在同一断面上。

如果 $D_C<d_c$，则 $A>0$，喷嘴离开扩散管的距离为 A 值。本例中，$D_C=52.81\text{mm}<d_c=71.3\text{mm}$，所以 $A>0$。这里 $D_C=d_3+0.1\times[L_4-(I_C-A)]\geqslant d_c$，得 A 值。A 值通常在 $0\sim36$ 范围内变化，令：

$$d_3+0.1\times[L_4-(I_C-A)]=d_c$$
$$52.36+0.1\times[266-(89.51-A)]=71.3$$

则 $A=12.91\text{mm}$　（取 13mm）

热泵生蒸汽进汽口直径为

$$258\times0.2725\div3600=\frac{d^2}{4}\pi\times45（这里蒸汽流速取45\text{m/s}）$$

则 $d=0.0235\text{m}$　（取 24mm）

热泵结构见图 3-13，其工作原理是靠一次蒸汽的高速射流在混合室形成负压区，然后将二次蒸汽抽吸到混合室中并提高其温度压力作为一部分加热热源，因此，热泵制造成形后整体的气密性是关键，整体组装后应做水压试验，试验压力不得低于 0.2MPa，保持 15min 不得泄漏。

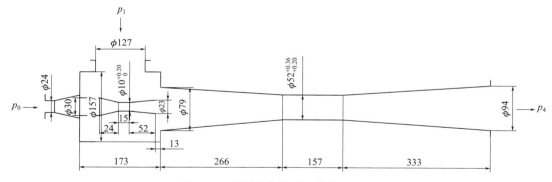

图 3-13　热泵结构尺寸（单位：mm）

(8) 分离器计算

① 分离器直径的确定

分离器直径按下式计算：

$$d = \sqrt{\dfrac{WV_0}{\dfrac{\pi}{4}\omega_0 \times 3600}}$$

式中　d——分离器直径，m；

　　　W——二次蒸汽量（水分蒸发量），这里 $W=1820\mathrm{kg/h}$；

　　　V_0——蒸汽比体积；

　　　ω_0——自由截面的二次蒸汽流速，m/s。

$$\omega_0 = \sqrt[3]{4.26V_0} = \sqrt[3]{4.26 \times 4.655} = 2.71(\mathrm{m/s})$$

$$d = \sqrt{\dfrac{1820 \times 4.655}{\dfrac{\pi}{4} \times 2.71 \times 3600}} = 1.052(\mathrm{m}) \quad （取1100\mathrm{mm}）$$

② 分离器的有效高度（不含锥体部分）的确定

$$h = \dfrac{WV_0}{\dfrac{\pi}{4}d^2 V_\mathrm{S} \times 3600}$$

式中，V_S 为允许的蒸发体积强度，$\mathrm{m^3/(m^3 \cdot s)}$；通常，$V_\mathrm{S}=1.1 \sim 1.5\mathrm{m^3/(m^3 \cdot s)}$。
则

$$h = \dfrac{1820 \times 4.655}{\dfrac{\pi}{4} \times 1.1^2 \times 1.1 \times 3600} = 2.25(\mathrm{m})$$

③ 一效分离器入口尺寸的确定

分离器入口二次蒸汽流速按 18m/s 计算。设进口宽度为 a，高度 b 按宽度的 2 倍设计。则

$$1820 \times 4.655/3600 = 2a^2 \times 18$$
$$a = 0.256\mathrm{m}, \quad b = 0.512\mathrm{m}$$

④ 分离器二次蒸汽出口尺寸的确定

分离器出口二次蒸汽流速按 36m/s 计算。则有

$$1820 \times 4.655/3600 = \dfrac{D^2}{4} \times \pi \times 36$$
$$D = 0.289\mathrm{m}$$

(9) 冷凝器的计算

进入冷凝器的热量：

$$Q = (242+5.16) \times 560.2 - 133259.7 = 5199.33 \ (\mathrm{kcal/h})$$

按对数平均温差计算传热温差。

逆流：64℃→64℃，30℃↗42℃，$\Delta t_1 = 64-30 = 34$（℃），$\Delta t_2 = 64-42 = 22$（℃）。

$$\Delta t = (34-22)/\ln(34/22) = 27.57 \ (\text{℃})$$

冷凝器换热面积：

$$F = \dfrac{Q}{k\Delta t} = \dfrac{5199.33}{1000 \times 27.57} = 0.188 \ (\mathrm{m^2})$$

实际换热面积按 $1m^2$ 选取。

冷却水耗量：

$$W = 1.25 \times 5199.33 / (42-30) = 541.6 \text{ (kg/h)}$$

实际按 1t/h 选取冷却水泵。

3.12 含有热压缩技术的双效板式升降膜式蒸发器的工艺设计计算

胶原蛋白是一种生物高分子物质，在动物细胞中扮演结合组织的角色，为生物科技产业最具关键性材料之一，也是需求十分庞大的最佳生物医药材料之一，其应用领域包括生物医药材料、食品工业、化妆品等。胶原蛋白的生产工艺为（以鱼皮为原料）：原料清洗→浸酸→水洗→提取→过滤→浓缩→灭菌→喷雾干燥→包装。胶原蛋白属于热敏性物料，浓缩段可采用管式降膜式蒸发器或板式蒸发器等进行生产。本例采用板式升降膜式蒸发器即 JBJM02-800 型双效板式升降膜式蒸发器，现就其在胶原蛋白生产中的设计及应用进行阐述。

（1）主要技术参数及结构特点

介质：胶原蛋白水溶液　　　　　出料质量分数：40%

生产能力：800kg/h　　　　　　一效加热温度：85～87℃

pH 值：6　　　　　　　　　　最高蒸发温度：72℃

进料黏度：10cP（0.01Pa·s）　　使用蒸汽压力：0.7MPa

进料质量分数：18%　　　　　　装机容量：10kW

进料温度：50℃　　　　　　　设备外形尺寸：5500mm×3900mm×5000mm

蒸发器状态参数见表 3-11。

表 3-11　蒸发器状态参数

项目	压力/MPa	温度/℃	比体积/(m³/kg)	汽化潜热/(kJ/kg)	焓/(kJ/kg)
工作蒸汽	0.7883	169	0.2483	2052.886	2767.607
一效加热	0.0589	85	2.828	2295.732	3084.171
二效加热	0.03178	70	5.045	2333.415	2626.505
二效蒸发	0.012578	50	12.04	2382.403	2591.753
冷凝器	0.012578	50	12.04	2382.403	2591.753

本蒸发器采用板式升降膜蒸发器结构；由于进料温度为 50℃，所以采用一个预热级，即一个板式预热器将物料从 50℃ 预热至 73℃；采用热压缩技术即热泵抽吸一效二次蒸汽提高其温压作为一效一部分加热热源。采用板式冷凝器冷凝二效二次蒸汽，采用水环真空泵抽真空保持蒸发系统的真空度；采用全自动控制，系统控制参数为进料量、加热温度、蒸发温度、出料密度及系统真空度。其工艺流程如图 3-14 所示。

（2）板式蒸发器设计过程

① 换热面积的计算　蒸发量分配：一效 546kg/h；二效 254kg/h（计算略）。

沸点温度：一效 72℃；二效 53℃（计算略）。

各效占总蒸发量质量分数：一效 68.25%；二效 31.75%。

进料量：

$$S = 800 \times 40 / (40-18) = 1454.55 \text{ (kg/h)}$$

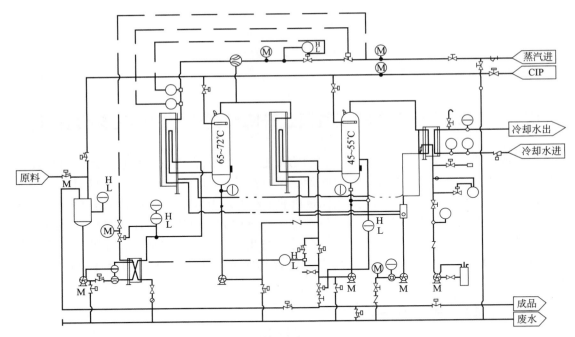

图 3-14　JBJM02-800 型双效板式升降膜式蒸发器

出料量：

$$S' = 1454.55 - 800 = 654.55 \ (\text{kg/h})$$

一效加热蒸汽耗量：

$$D = [Wr - Sc(T - t) + Q_1 + q'] / R$$

式中　D——蒸汽耗量，kg/h；

W——水分蒸发量，这里 $W = 546\text{kg/h}$；

S——进料量，这里 $S = 1454.55\text{kg/h}$；

c——物料比热容，这里 $c = 3.8939\text{kJ/(kg·℃)}$；

T——进料温度，这里 $T = 73℃$；

t——料液沸点温度，这里按 72℃ 计算；

R——加热蒸汽潜热，这里 $R = 2295.732\text{kJ/kg}$；

r——二次蒸汽汽化潜热，这里 $r = 2333.415\text{kJ/kg}$；

Q_1——预热热量，这里 $Q_1 = 31174.57\text{kJ/h}$；

q'——热量损失，这里按总热量的 6% 计算。

则

$$D = [546 \times 2333.415 - 1454.55 \times 3.8939 \times (73 - 72) + 31174.57] \times 1.06/2295.732$$
$$= 600 \ (\text{kg/h})$$

本蒸发器采用热压缩技术，生蒸汽耗量为

$$D = G_0 + E$$

式中　D——蒸发器蒸汽耗量，这里 $D = 600\text{kg/h}$；

G_0——生蒸汽量，kg/h；

E——热泵抽吸二次蒸汽量，kg/h，$E = \mu G_0$；

　　μ——喷射系数，$\mu=1.052$，这里取 $\mu=1$（计算略）。

则
$$G_0=D/(1+\mu)=600/(1+1)=300\ (\text{kg/h})$$

用于一效加热的一效二次蒸汽量：
$$600-300=300\ (\text{kg/h})$$

用于二效加热的一效二次蒸汽量及热量：
$$546-300=246\ (\text{kg/h})$$
$$246\times2333.415=574020.09\ (\text{kJ/h})$$

二效实际所需的热量：
$$Q=[254\times2382.403-(1454.55\times3.8939-546\times4.187)\times(72-53)]\times1.06$$
$$=573409.891\ (\text{kJ/h})$$
$$573409.891/574020.09=0.998$$

可视为平衡不再试算。

一效换热面积按下式计算：
$$F=[Wr-Sc(T-t)]/[k(T'-t)]$$

式中　k——传热系数，这里 $k=3204.36\text{kJ}/(\text{m}^2\cdot\text{h}\cdot\text{℃})$；

　　　T'——加热温度，这里 $T'=85\text{℃}$。

则　$F=[546\times2333.415-1454.55\times3.8939\times(73-72)]/[3204.36\times(85-72)]$
$$=30.4\ (\text{m}^2)$$

根据热量衡算二效的换热面积[这里 $k=2095.5\text{kJ}/(\text{m}^2\cdot\text{h}\cdot\text{℃})$]：
$$F=\frac{254\times2382.403-(1454.55\times3.8939-546\times4.187)\times(72-53)}{2095.5\times(70-53)}=15.2\ (\text{m}^2)$$

　　无论哪种形式的蒸发器，最难确定的就是传热系数，影响传热系数的因素较多，计算出的传热系数往往与实际应用相差甚远，传热系数还有很多不确定因素难以量化。因此，传热系数的选取要根据具体物料特性及蒸发参数综合进行确定。一般情况下，板式升降膜式蒸发器一效传热系数最小值取自然循环（标准型）蒸发器与降膜式蒸发器经验数值的平均值即$(600+1200)/2=900\text{W}/(\text{m}^2\cdot\text{℃})$，一效传热系数在 $900\text{W}/(\text{m}^2\cdot\text{℃})$ 比较合适。实际应用证明效果比较好。这样选取是因为这种蒸发器具有升膜腔及降膜腔，是两种不同的蒸发腔，这两种腔的传热系数不相同，料液在这两种腔中的蒸发也不相同，在选取传热系数时就必须都兼顾到，这就需要有一定设计经验的积累。板式升降膜式蒸发器升膜腔料液的运动状态与降膜腔不同。膜的厚薄也是影响蒸发快慢及结垢快慢的主要因素，这就涉及板片的尺寸问题，即板面净宽度的布膜厚度。本例板面净宽度为 650mm，板面润湿量为 $203.4\text{kg}/(\text{m}^2\cdot\text{h})$。周边润湿量即管壁或板面所覆盖料液量的大小，反映了管壁或板面成膜量的大小，同样也是判断板式降膜式蒸发器能否干壁的依据。

　　② 分离器的设计　分离器直径按下式计算：
$$d=\sqrt{\frac{WV_0}{\frac{\pi}{4}\omega_0\times3600}}$$

式中　V_0——蒸汽比体积，这里 $V_0=5.045\text{m}^3/\text{kg}$；

　　　ω_0——自由截面的二次蒸汽流速，这里 $\omega_0=\sqrt[3]{4.26V_0}=2.78\ (\text{m/s})$。

则一效分离器直径：

$$d = \sqrt{\frac{WV_0}{\frac{\pi}{4}\omega_0 \times 3600}} = \sqrt{\frac{546 \times 5.045}{\frac{\pi}{4} \times 2.78 \times 3600}} = 0.592 \text{（m）} \quad \text{（取 600mm）}$$

分离器高度按下式计算：

$$h = 4WV_0 / (\pi d^2 V_s \times 3600)$$

式中 V_s——允许的蒸发体积强度，这里 $V_s = 1.1 \sim 1.5 \text{m}^3/(\text{m}^3 \cdot \text{s})$。

则一效分离器高度：

$$h = 4 \times 546 \times 5.045/(\pi \times 0.6^2 \times 1.3 \times 3600) = 2.08(\text{m}) \quad \text{（取 2.5m）}$$

二效分离器直径：

$$d = \sqrt{\frac{254 \times 12.04}{\frac{\pi}{4} \times 3.715 \times 3600}} = 0.54(\text{m}) \quad \text{（取 550mm）}$$

二效分离器高度：

$$h = 4 \times 254 \times 12.04/(\pi \times 0.55^2 \times 1.3 \times 3600) = 2.75(\text{m}) \quad \text{（取 2.5m）}$$

③ 冷凝器的设计　进入冷凝器的热量为

$$Q_1 = (254 + 6 + 2.46) \times 2382.403 = 625285.49(\text{kJ/h})$$

假设冷凝器壳程中冷凝水在 50℃ 温度下排出。按无相变变温传热计算传热温差。因此，按对数温差计算传热温差。冷凝器冷却水进水温度为 32℃，排水温度为 42℃。

50℃→50℃，32℃↗42℃，$\Delta t_1 = 50 - 32 = 18$（℃），$\Delta t_2 = 50 - 42 = 8$（℃）。则

$$\Delta t = (18 - 8)/\ln(18/8) = 12.3 \text{（℃）}$$

冷凝器换热面积按下式计算：

$$F = Q/(k \cdot \Delta t)$$

式中 Q——换热热量，这里 $Q = 625285.49\text{kJ/h}$；

k——传热系数，这里 $k = 4187\text{kJ}/(\text{m}^2 \cdot \text{h} \cdot \text{℃})$；

Δt——传热温差，这里 $\Delta t = 12.3\text{℃}$。

则

$$F = 625285.49/(4187 \times 12.3) = 12.14 \text{（m}^2\text{）}$$
$$F' = 1.25 \times 12.14 = 15.2 \text{（m}^2\text{）}$$

④ 冷却水耗量的计算

$$W = 625285.49/[4.187 \times (42 - 30)] = 12445 \text{（kg/h）}$$

(3) 板式升降膜式蒸发器与管式降膜式蒸发器的应用比较

板式升膜、升降膜或降膜式蒸发器灵活、功能多，可对中等规模的热敏产品进行加工，多用在果汁或停留时间短、生产优质浓缩物的其他流体。现在这种蒸发器越来越多地应用在医药企业及化工厂生产抗生素及无机酸，此型蒸发器的流体停留时间短、容量大，广泛应用于许多加工设备中。板式蒸发器的另一优点是占地占用空间比较小，本例设备外形尺寸为 5486mm×3890mm×4970mm（长×宽×高）。缺点是蒸发速率没有管式降膜式蒸发器快，进汽、进料阻力较大，对结垢结焦程度的判断比较困难，清洗困难，也无法知道清洗是否彻底，因此更适合全自动控制，否则由于加热蒸汽温度等的波动会使结焦速度加快，这些均与管式降膜式蒸发器不同，另外胶垫易老化产生泄漏。由于应用上存在不足，其应用范围受限，没有管式降膜式蒸发器应用领域广泛。

本蒸发器参数正常，自动控制正常，产品各项指标均达到设计要求。应予指出，蒸发器与冷凝器换热面积的大小、冷却水量的大小、冷却水温的高低共同决定着生产能力的大小与蒸发温度的高低。要获得稳定的蒸发效果上述是关键。此外，无论是自动控制还是手动控制，使用蒸汽压力必须稳定，进料参数也必须稳定，这样自动控制才不会产生较大波动，否则难以达到设计要求。

3.13 含有热压缩技术的三效板式升降膜式蒸发器的工艺设计计算

胶原蛋白属于热敏性物料，黏度较大，随着蒸发温度的降低黏度会增大。板式升降膜蒸发器用于胶原蛋白生产也是比较成熟的技术，它属于低温蒸发，一般一效加热温度都在85～87℃。以 BSJM03-3600 型三效板式升降膜蒸发器的应用为例进行阐述，其流程如图 3-15 所示。

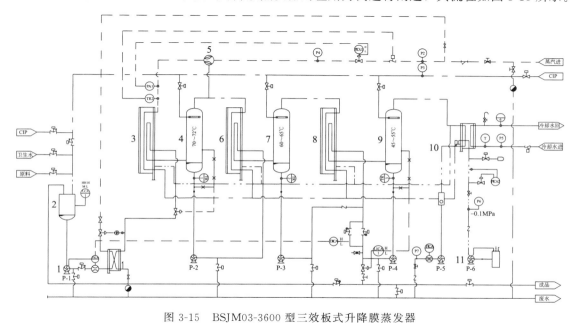

图 3-15 BSJM03-3600 型三效板式升降膜蒸发器

1—物料泵；2—平衡缸；3——效蒸发器；4——效分离器；5—热泵；6—二效蒸发器；7—二效蒸发器；
8—三效蒸发器；9—三效分离器；10—冷凝器；11—真空泵

物料介质为胶原蛋白水溶液，生产能力为 3600kg/h，pH 值为 6，进料黏度为 0.01Pa·s，进料质量分数为 18%，进料温度为 50℃，出料质量分数为 40%，一效加热温度 85～87℃之间。最高蒸发温度为 72℃，使用蒸汽压力 0.7MPa，蒸发器状态参数如表 3-12 所示，试

表 3-12 蒸发状态参数

项目	压力/(kgf/cm²)	温度/℃	比体积/(m³/kg)	汽化热/(kcal/kg)	焓/(kcal/kg)
工作蒸汽	7.883	169	0.2483	490.3	661.0
预热蒸汽	1.4609	110	1.210	532.6	642.3
一效加热	0.5894	85	2.828	548.3	633.3
一效蒸发	0.3463	72	4.655	556.1	628.1
二效蒸发	0.19390	59	8.020	563.8	622.8
三效蒸发	0.10284	46	14.56	571.3	617.3
冷凝器	0.009771	45	15.28	571.8	616.8

计算：预热面积，蒸汽耗量，各效换热面积，热泵结构尺寸，各效分离器结构尺寸冷凝器换热面积，冷却水耗量。

（1）结构特点

本例采用三效板式升降膜蒸发器用于胶原蛋白水溶液的蒸发，采用并流加料，末效出料。采用热压缩技术，即采用热泵抽吸一效一部分二次蒸汽提高其温压作为一效加热热源。由于进料温度为 50℃，本例采用一组板式换热器作为预热器，采用生蒸汽独立预热。采用全自动控制，即在 PLC 触摸屏上进行参数设定、调整及控制。

（2）物料衡算

蒸发量分配：假设一效蒸发量为 1800kg/h；二效蒸发量为 900kg/h；三效蒸发量为 900kg/h。则

进料量：

$$S = \frac{WB_3}{B_3 - B_0} = \frac{3600 \times 40\%}{40\% - 18\%} = 6545.5 \text{（kg/h）} \quad \text{（取 6546kg/h）}$$

出料量：$S' = 6546 - 3600 = 2946 \text{（kg/h）}$

第一效出料浓度：

$$SB_0 = (S - W_1)B_1$$

$$B_1 = \frac{SB_0}{S - W_1} = \frac{6546 \times 18\%}{6546 - 1800} = 24.83\%$$

第二效出料浓度：

$$S_1 B_1 = (S_1 - W_1)B_2$$

$$B_2 = \frac{S_1 B_1}{S_1 - W_2} = \frac{4746 \times 24.83\%}{4746 - 900} = 30.64\%$$

（3）预热级计算

本计算不计蒸发过程中料液比热的微小变化，以下计算同。

本蒸发系统的预热采用一个预热级将进料温度由 50℃ 预热至 73℃。

由 50℃ 预热至 75℃ 所需热量：

$$Q = 6546 \times 0.93 \times (75 - 50) = 152194.5 \text{（kcal/h）}$$

预热面积：

按对数平均温差计算传热温差。

逆流：110℃ → 110℃，50℃ ↗ 75℃，$\Delta t_1 = 110 - 50 = 60$（℃），$\Delta t_2 = 110 - 75 = 35$（℃）。

$$\Delta t = (60 - 35)/\ln(60/35) = 46.38 \text{（℃）} \quad \text{（取 46℃）}$$

换热面积：

$$F = \frac{Q}{k\Delta t} = \frac{152194.5}{1290 \times 46} = 2.56 \text{（m}^2\text{）}$$

实际换热面积：　　　　$F' = 1.25 \times 2.56 = 3.2 \text{（m}^2\text{）}$

蒸汽耗量：　　　　$G = 152194.5/532.6 = 285.76 \text{（kg/h）}$

（4）沸点升高计算

本计算不计由于假设蒸发量与热平衡后蒸发量的出入引起沸点升高的微小变化，不计

由于浓度的升高比热的微小变化。

① 一效沸点升高计算

因蒸汽压下降而引起的沸点升高按下式计算：

$$\Delta a = 0.38 e^{0.05+0.045B} = 0.38 e^{0.05+0.045 \times 24.83} = 1.22 \ (℃)$$

$$\Delta' = \Delta a f$$

$$f = 0.0038 \times (T^2/r) = 0.0038 \times (345^2/556.1) = 0.813 \ (℃)$$

$$\Delta' = \Delta a f = 1.22 \times 0.813 = 0.992℃$$

降膜式蒸发器中的静压强可忽略不计，管道等温度损失按 1~1.5℃选取，这里取 1℃。

$$\Delta = \Delta' + \Delta'' + \Delta''' = 0.992 + 0 + 1 = 1.992 \ (℃)$$

则沸点升高为 1.992℃，取 2℃。沸点温度为：74℃。

② 二效沸点升高计算

因蒸汽压下降而引起的沸点升高按下式计算：

$$\Delta a = 0.38 e^{0.05+0.045B} = 0.38 e^{0.05+0.045 \times 30.64} = 1.59 \ (℃)$$

$$\Delta' = \Delta a f$$

$$f = 0.0038 \times (T^2/r) = 0.0038 \times (332^2/563.8) = 0.74 \ (℃)$$

$$\Delta' = \Delta a f = 1.59 \times 0.74 = 1.18 \ (℃)$$

管道等温度损失按 1℃选取。

$$\Delta = \Delta' + \Delta'' + \Delta''' = 1.18 + 0 + 1 = 2.18 \ (℃)$$

则沸点温度损失为 2.18℃，取 2℃。沸点温度为 61℃。

③ 三效沸点升高计算

因蒸汽压下降而引起的沸点升高按下式计算：

$$\Delta a = 0.38 e^{0.05+0.045B} = 0.38 e^{0.05+0.045 \times 40} = 2.42 \ (℃)$$

$$\Delta' = \Delta a f$$

$$f = 0.0038 \times (T^2/r) = 0.0038 \times (319^2/571.3) = 0.68 \ (℃)$$

$$\Delta' = \Delta a f = 2.42 \times 0.68 = 1.65 \ (℃)$$

管道等温度损失按 1℃选取。

$$\Delta = \Delta' + \Delta'' + \Delta''' = 1.65 + 0 + 1 = 2.65 \ (℃)$$

则沸点温度损失为 2.65℃，取 3℃。沸点温度为 49℃。

(5) 热量衡算

蒸发量分配：一效 1820kg/h；二效 886kg/h；三效 894kg/h（由热平衡多次试算而得）。

各效占总蒸发量质量百分数：一效 50.56%；二效 24.61%；三效 24.83%。

沸点温度：一效沸点 74℃；二效沸点 61℃；三效沸点 49℃。

一效的热量衡算式：

$$D_1 R_1 = W_1 r_1 + SC(t_1 - t_0) + Q_1 - q_1 + q_1'$$

用于一效加热的蒸汽耗量：

$$D = \frac{1820 \times 556.1 - 6546 \times 0.93 \times (75-74)}{548.3} \times 1.06 = 1944.88 \ (kg/h) \quad （取1945kg/h）$$

采用热压缩技术抽吸一效二次蒸汽作为一效蒸发器的一部分加热热源。

喷射系数计算：

膨胀比：
$$\beta = p_0/p_1 = 7.883/0.3463 = 22.76$$

压缩比：
$$\sigma = p_4/p_1 = 0.5894/0.3463 = 1.702$$

利用差值的方法求取，按表 2-4 进行差值计算，即当 $\sigma = 1.702$、$\beta = 22.76$ 时，有

$$\mu_1 = 1.46 + \frac{1.11 - 1.45}{1.8 - 1.6} \times (1.702 - 1.6) = 1.2866$$

$$\mu_2 = 1.58 + \frac{1.23 - 1.58}{1.8 - 1.6} \times (1.702 - 1.6) = 1.5443$$

$$\mu = 1.2866 + \frac{1.5443 - 1.2866}{30 - 20} \times (22.76 - 20) = 1.35 \quad （取 \mu = 1，为了安全）$$

$$G_0 + \mu G_0 = D$$
$$G_0 = D/(1 + \mu)$$

式中　G_0——饱和生蒸汽量，kg/h；

　　　D——一效蒸发器加热蒸汽总量，kg/h，这里 $D = 1945$kg/h；

　　　μ——喷射系数，这里 $\mu = 1$。

则
$$G_0 = 1945/(1 + 1) = 972.5 \ (kg/h)$$

用于一效加热的一效二次蒸汽量为
$$1945 - 972.5 = 972.5 \ (kg/h)$$

用于二效加热的一效二次蒸汽量及热量分别为
$$1820 - 972.5 = 847.5 \ (kg/h)$$
$$847.5 \times 556.1 = 471294.75 \ (kcal/h)$$

二效的热量衡算式：
$$D_2 R_2 = W_2 r_2 + (SC - W_1 C_P)(t_2 - t_1) + Q_2 - q_2 + q_2'$$
$$Q_2 = 0；q_2 = 0$$

二效蒸发所需热量：
$$Q = [886 \times 563.8 - (6546 \times 0.93 - 1820 \times 1) \times (74 - 61)] \times 1.06 = 470688.4 \ (kcal/h)$$
$$470688.4 \div 471294.75 = 0.998$$

用于三效加热的热量：
$$886 \times 563.8 = 499526.8 \ (kcal/h)$$

三效的热量衡算式：
$$D_3 R_3 = W_3 r_3 + (SC - W_1 C_P - W_2 C_P)(t_3 - t_2) + Q_3 - q_3 + q_3'$$

三效蒸发所需热量：
$$Q = [894 \times 571.3 - (6546 \times 0.93 - 1820 \times 1 - 886 \times 1) \times (61 - 49)] \times 1.06 = 498370.49 \ (kcal/h)$$
$$498370.49 \div 499526.8 = 0.998$$

不再试算

（6）各效换热面积计算

一效换热面积：

$$F = \frac{Q}{k \Delta t}$$

这里 $Q = 1820 \times 556.1 - 6546 \times 0.93 \times (75 - 74) = 1006014.22$ （kcal/h）

$$k = 760 \text{kcal}/(\text{m}^2 \cdot \text{h} \cdot \text{℃})$$

$$F = \frac{1006014.22}{760 \times (85 - 74)} = 120.33 \text{ (m}^2\text{)}$$

本例板面净宽度为 650mm。

周边润湿量（上）：

$$G' = 6546/67.84 = 96 [\text{kg}/(\text{m} \cdot \text{h})]$$

蒸发强度：

$$U = W/F = 1820/120.33 = 15.12 [\text{kg}/(\text{m}^2 \cdot \text{h})]$$

二效换热面积：

$$F = \frac{Q}{k\Delta t}$$

这里 $Q = 886 \times 563.8 - (6546 \times 0.93 - 1820 \times 1) \times (74 - 61) = 444045.66$ （kcal/h）

$$k = 700 \text{kcal}/(\text{m}^2 \cdot \text{h} \cdot \text{℃})$$

$$F = \frac{444045.66}{700 \times (74 - 61)} = 48.76 \text{ (m}^2\text{)}$$

本例板面净宽度为 650mm。

周边润湿量（上）：

$$G' = 1780/27 = 65.9 [\text{kg}/(\text{m} \cdot \text{h})]$$

蒸发强度：

$$U = W/F = 886/48.76 = 18.17 [\text{kg}/(\text{m}^2 \cdot \text{h})]$$

三效换热面积：

$$F = \frac{Q}{k\Delta t}$$

这里 $Q = 894 \times 571.3 - (6546 \times 0.93 - 1820 \times 1 - 886 \times 1) \times (61 - 49)$
$$= 470160.84 \text{ (kcal/h)}$$

$$k = 500 \text{kcal}/(\text{m}^2 \cdot \text{h} \cdot \text{℃})$$

$$F = \frac{470160.84}{500 \times (61 - 49)} = 78.36 \text{ (m}^2\text{)}$$

周边润湿量（上）：

$$G' = 2233.5/(0.047 \times \pi \times 41) = 369.13 [\text{kg}/(\text{m} \cdot \text{h})]$$

蒸发强度：

$$U = W/F = 894/78.36 = 11.41 [\text{kg}/(\text{m}^2 \cdot \text{h})]$$

总蒸发强度：

$$U = W/F = 3600/247.45 = 14.55 [\text{kg}/(\text{m}^2 \cdot \text{h})]$$

经济指标：

$$V = (972.5 + 285.76)/3600 = 0.35$$

（7）热泵结构尺寸计算

喷嘴喉部直径计算：

$$d_0 = 1.6 \sqrt{\frac{G_0}{p_0}}$$

式中 d_0——喷嘴喉部直径，mm；

p_0——饱和生蒸汽压力，这里 $p_0=0.7883$MPa。

则

$$d_0=1.6\sqrt{\frac{972.5}{7.883}}=17.77\text{（mm）}\quad\text{（取18mm）}$$

喷嘴出口直径：

喷嘴出口压力按与工作压力相等考虑，对饱和蒸汽 $\beta<500$ 时，

$$d_1=0.61\times(2.52)^{\log\beta}d_0$$

则

$$d_1=0.61\times(2.52)^{\log22.76}\times18=38.59\text{（mm）}\quad\text{（取39mm）}$$

扩散管喉部直径计算：

$$d_3=1.6\sqrt{\frac{0.622(G_1+G_3+G_4)+G_0+G_2}{p_4}}$$

式中 d_3——扩散管喉部直径，mm；

G_1——被抽混合物中空气量，kg/h，这里 $G_1=1$kg/h；

G_2——被抽混合物中水蒸气量，kg/h，$G_2=D-G_0=1945-972.5=972.5$(kg/h)；

G_3——从泵外漏入的空气量，kg/h，这里 $G_3=1$kg/h；

G_4——混合式冷凝器冷却水析出的空气量，kg/h。这里 $G_4=0$kg/h。

则

$$d_3=1.6\sqrt{\frac{0.622(1+1+0)+972.5+972.5}{0.5894}}=91.9\text{（mm）}\quad\text{（取92mm）}$$

校核最大的反压力：

$$p_{fm}\approx(d_0/d_3)^2\times(1+\mu)p_0$$

校核的结果必须使最大反压力 $p_{fm}=p_4$，若 p_{fm} 小于 p_4，则可适当增大 d_0 值。

则

$$p_{fm}\approx(d_0/d_3)^2\times(1+\mu)p_0=(18/92)^2\times(1+1)\times7.883=0.6035(\text{kgf/cm}^2)$$

$p_{fm}\approx p_4=0.5894$kgf/cm^2，因此可行。

热泵其它有关尺寸按表 2-5 计算：

$$d_5=(3\sim4)d_0=3\times18=54\text{（mm）}$$
$$L_0=(0.5\sim2.0)d_0=1.5\times18=27\text{（mm）}$$
$$d_2=1.5d_3=1.5\times92=138\text{（mm）}$$
$$L_3=(2\sim4)d_3=3\times92=276\text{（mm）}$$
$$d_4=1.8d_3=1.8\times92=165.6\text{（mm）}\quad\text{（取166mm）}$$
$$L_1=(d_5-d_0)/K_4=(54-18)/(1/1.2)=43.2\text{（mm）}\quad\text{（取43mm）}$$
$$L_2=(d_1-d_0)/K_1=(39-18)/(1/4)=84\text{（mm）}$$
$$L_4=(d_2-d_3)/K_2=(138-92)/(1/10)=460\text{（mm）}$$
$$L_5=(d_4-d_3)/K_3=(166-92)/(1/8)=592\text{（mm）}$$

二次蒸汽入口直径计算：

$$d_6=4.6\times(G_0/P_1)^{0.48}$$
$$d_6=4.6\times(972.5/0.3463)^{0.48}=207.97\text{（mm）}\quad\text{（取208mm）}$$

混合式直径 d_7 一般为扩散管喉部直径的 2.3~5 倍选取。即：

$$d_7 = (2.3 \sim 5)d_3$$

则

$$d_7 = 3d_3 = 3 \times 92 = 276 \text{（mm）}$$

混合式长度一般按 d_7 的 1~1.15 倍选取，即：

$$L_7 = 1.1d_7 = 1.1 \times 276 = 303.6 \text{(mm)} \quad \text{(取304mm)}$$

本例 $\mu = 1 > 0.5$，

$$I_C = \frac{0.37 + \mu}{4.4\alpha}d_1$$

式中 I_C——喷射流长度，mm；

α——实践常数，对弹性介质，α 在 0.01~0.09 之间选取，μ 值较大时取较高值。

所以

$$I_C = \frac{0.37 + 1}{4.4 \times 0.08} \times 39 = 151.78 \text{（mm）}$$

在 I_C 处扩散管的直径计算：

$$D_C = d_3 + 0.1(L_4 - I_C)$$

则

$$D_C = 92 + 0.1 \times (460 - 151.78) = 122.8 \text{（mm）}$$

自由喷射流在距离喷嘴出口截面积 I_C 距离处 d_c 计算，当喷射系数 $\mu > 0.5$ 时，$d_c = 1.55d_1 \times (1 + \mu)$。

则

$$d_c = 1.55d_1 \times (1 + \mu) = 1.55 \times 39 \times (1 + 1) = 120.9 \text{（mm）}$$

如果 $D_C > d_c$，$A = 0$，本例 $D_C = 122.8\text{mm} > d_c = 120.9\text{mm}$，$A = 0$。

喷嘴出口与扩散管入口在同一断面上。如果 $D_C < d_c$，则 $A > 0$ 喷嘴离开扩散管距离为 A 值。这里 $D_C = d_3 + 0.1 \times [L_4 - (I_C - A)] \geq d_c$，得 A 值。一般 A 值在 0~36 范围内变化。

热泵生蒸汽进汽口直径：

$$972.5 \div 4.027 \div 3600 = \frac{d^2}{4}\pi \times 45 \text{（这里蒸汽流速取45m/s）}$$

$$d = 0.0436\text{m} \quad \text{(取44mm)}$$

热泵结构尺寸见图 3-16。

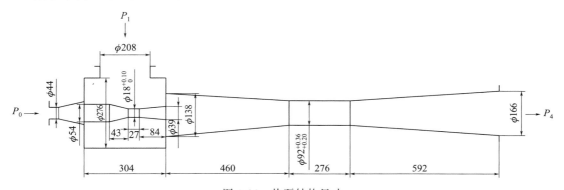

图 3-16 热泵结构尺寸

(8) 各效分离器计算

① 一效分离器直径的确定

分离器直径按下式计算：

$$d = \sqrt{\dfrac{WV_0}{\dfrac{\pi}{4}\omega_0 \times 3600}}$$

式中　d——分离器直径，m；

　　　W——二次蒸汽量（水分蒸发量），这里 $W = 1820\text{kg/h}$；

　　　V_0——蒸汽比容，这里 $V_0 = 3.408\text{m}^3/\text{kg}$；

　　　ω_0——自由截面的二次蒸汽流速，m/s。

$$\omega_0 = \sqrt[3]{4.26 \times V_0}$$

$$\omega_0 = \sqrt[3]{4.26 \times 4.655} = 2.71(\text{m/s})$$

$$d = \sqrt{\dfrac{1820 \times 4.655}{\dfrac{\pi}{4} \times 2.71 \times 3600}} = 1.052(\text{m})\quad（取1100\text{mm}）$$

分离器的有效高度（不含锥体部分）按下式计算：

$$h = \dfrac{WV_0}{\dfrac{\pi}{4}d^2 V_s \times 3600}$$

式中　V_s——允许的蒸发体积强度，m³/(m³·s)，$V_s = 1.1 \sim 1.5\text{m}^3/(\text{m}^3 \cdot \text{s})$。

$$h = \dfrac{1820 \times 4.655}{\dfrac{\pi}{4} \times 1.1^2 \times 1.1 \times 3600} = 2.25(\text{m})$$

一效分离器入口尺寸确定：

分离器入口二次蒸汽流速按 18m/s 计算，设进口宽度尺寸为 a，高度尺寸 b 按宽度尺寸 2 倍设计。则

$$1820 \times 4.655 \div 3600 = 2a^2 \times 18$$

$$a = 0.256\text{m}, b = 0.512\text{m}$$

分离器二次蒸汽出口尺寸：

分离器出口二次蒸汽流速按 36m/s 计算。

$$1820 \times 4.655 \div 3600 = \dfrac{D^2}{4} \times \pi \times 36$$

$$D = 0.289\text{m}$$

② 二效分离器直径的确定

分离器直径按下式计算：

$$d = \sqrt{\dfrac{WV_0}{\dfrac{\pi}{4}\omega_0 \times 3600}}$$

式中　d——分离器直径，m；

W——二次蒸汽量（水分蒸发量），这里 $W=886\text{kg/h}$；

V_0——蒸汽比容，这里 $V_0=8.020\text{m}^3/\text{kg}$；

ω_0——自由截面的二次蒸汽流速，m/s。

$$\omega_0=\sqrt[3]{4.26\times V_0}$$

$$\omega_0=\sqrt[3]{4.26\times 8.020}=3.24(\text{m/s})$$

$$d=\sqrt{\dfrac{886\times 8.020}{\dfrac{\pi}{4}\times 3.24\times 3600}}=0.881(\text{m})\quad(\text{取}900\text{mm})$$

分离器的有效高度（不含封头部分）按下式计算：

$$h=\dfrac{WV_0}{\dfrac{\pi}{4}d^2V_s\times 3600}$$

式中 V_s——允许的蒸发体积强度，$\text{m}^3/(\text{m}^3\cdot\text{s})$，$V_s=1.1\sim1.5\text{m}^3/(\text{m}^3\cdot\text{s})$。

$$h=\dfrac{886\times 8.020}{\dfrac{\pi}{4}\times 0.9^2\times 1.2\times 3600}=2.59(\text{m})$$

二效分离器入口尺寸确定：

分离器入口二次蒸汽流速按 18m/s 计算，设进口宽度尺寸为 a，高度尺寸 b 按宽度尺寸 2 倍设计。

则

$$886\times 8.020\div 3600=2a^2\times 18$$

$a=0.234\text{m}$，$b=0.468\text{m}$

分离器二次蒸汽出口尺寸：

分离器出口二次蒸汽流速按 36m/s 计算。

$$886\times 8.020\div 3600=\dfrac{D^2}{4}\times\pi\times 36$$

$$D=0.264\text{m}$$

③ 三效分离器直径的确定

分离器直径按下式计算：

$$d=\sqrt{\dfrac{WV_0}{\dfrac{\pi}{4}\omega_0\times 3600}}$$

式中 d——分离器直径，m；

W——二次蒸汽量（水分蒸发量），这里 $W=894\text{kg/h}$；

V_0——蒸汽比容，这里 $V_0=14.56\text{m}^3/\text{kg}$；

ω_0——自由截面的二次蒸汽流速，m/s。

$$\omega_0=\sqrt[3]{4.26\times V_0}$$

$$\omega_0=\sqrt[3]{4.26\times 14.56}=3.96(\text{m/s})$$

$$d = \sqrt{\frac{894 \times 14.56}{\frac{\pi}{4} \times 3.96 \times 3600}} = 1.078(\text{m}) \quad (\text{取}1000\text{mm})$$

分离器的有效高度（不含锥体部分）按下式计算：

$$h = \frac{WV_0}{\frac{\pi}{4}d^2 V_s \times 3600}$$

式中　V_s——允许的蒸发体积强度，$\text{m}^3/(\text{m}^3 \cdot \text{s})$，$V_s = 1.1 \sim 1.5\text{m}^3/(\text{m}^3 \cdot \text{s})$

$$h = \frac{894 \times 14.56}{\frac{\pi}{4} \times 1^2 \times 1.5 \times 3600} = 3.071(\text{m})$$

分离器入口二次蒸汽流速按 18m/s 计算，设进口宽度尺寸为 a，高度尺寸 b 按宽度尺寸 2 倍设计，则：

$$894 \times 14.56 \div 3600 = 2a^2 \times 18$$
$$a = 0.317\text{m}, b = 0.634\text{m}$$

分离器二次蒸汽出口尺寸：

分离器出口二次蒸汽流速按 36m/s 计算。

$$894 \times 14.56 \div 3600 = \frac{D^2}{4} \times \pi \times 36$$
$$D = 0.358\text{m}$$

(9) 冷凝器的计算

冷凝器换热面积计算：

热量：

$$Q = 894 \times 571.8 = 511189.2 \ (\text{kcal/h})$$

按对数平均温差计算传热温差：

并流：45℃→45℃，30 ↗ 42℃，$\Delta t_1 = 45 - 30 = 15(℃)$，$\Delta t_2 = 45 - 42 = 3(℃)$。

$$\Delta t = (15 - 3)/\ln(15/3) = 7.46℃$$

换热面积：

$$F = \frac{Q}{k\Delta t} = \frac{511189.2}{1000 \times 7.46} = 68.52 \ (\text{m}^2)$$

实际换热面积：

$$F' = 69\text{m}^2$$

冷却水耗量：

$$W = 1.25 \times 511189.2/(42 - 30) = 53.25(\text{t/h})$$

采用三效蒸发末效温度较低，因此，为了降低出料黏度也可以采用二效出料，即可以采用混流加料法进行蒸发。

3.14　降膜式蒸发器在茶多酚生产中的应用

某些液体的蒸发潜热见表 3-13。

表 3-13 某些液体的蒸发潜热   kcal/kg

液体	在大气压下的沸点/℃	温度/℃				
		0	20	60	100	140
氨	−33	302	284	—	—	—
苯胺	184	—	—	—	—	104（在180℃）
丙酮	56.5	135	132	124	113	—
苯	80	107	104	97.5	90.5	82.5
丁醇	117	168	164	156	146	134
水	100	595	584	579	539	513
二氧化碳	−78	56.1	37.1	—	—	—
甲醇	65	286	280	265	242	213
硝基苯	211	—	—	—	—	79.2（在211℃）
丙醇	98	194	189	178	163	142
异丙醇	82.5	185	179	167	152	133
二硫化碳	46	89.4	87.6	82.2	75.5	67.1
甲苯	110	99	97.3	92.8	88	82.1
乙酸	118	—	—	—	97（在118℃）	94.4
氟利昂-12	−30	37	34.6	31.6	—	—
氯	−34	63.6	60.4	53	42.2	17
氯甲苯	132	89.7	88.2	84.6	80.7	76.5
氯仿	61	64.8	62.8	59.1	55.2	—
四氯化碳	77	52.1	62.8	59.1	55.2	—
乙酸乙酯	77.1	102	98.2	92.1	84.9	75.7
乙醇	78	220	218	210	194	170
乙醚	34.5	92.5	87.5	77.9	67.4	54.5
戊醇	—	—	—	120	—	—
甲酸	—	—	—	120	—	—

茶多酚简称GTP，是茶叶中儿茶素类、丙酮类、酚酸类和花色素类化合物的总称。因其化学性质中有多个活性羟基，对人体的保健极为有利，且有抑菌、杀菌、抗肿瘤、抗辐射等多项功能，作为医药和食品等的添加剂，有很好的开发和应用前景。茶多酚提取工艺其中之一为溶剂提取法：茶叶的浸渍→萃取分离→浓缩→喷雾干燥→成品包装。所用溶剂有乙酸乙酯、丙酮、乙醚、甲醇、乙烷等。浸渍后的溶剂最终需要经过浓缩将其蒸发与物料分离，冷凝收集后再返回至溶剂储罐内以备再利用。仅以 YZJM01-3500 型单效降膜式蒸发器在乙酸乙酯的蒸发、冷凝、回收上的应用为例阐述其设计过程及应用注意事项。

（1）主要技术参数及工作特点

物料介质：乙酸乙酯   进料温度：20℃
物料处理量：4500kg/h   冷却水进入温度：30℃
进料质量分数：2%   装机容量：15kW
出料质量分数：9%

结构特点：如图 3-17 所示，主要由蒸发器、汽液分离器、冷凝器、冷却器、泵、控制系统等组成。采用单效降膜式蒸发器蒸发，采用间壁列管式冷凝器回收乙酸乙酯，共分两段，即第一段为冷凝段，第二段为冷却段（防止挥发），第二段壳程通以冰水进行冷却，采用降膜式换热器冷却。真空泵过流件材质为 316L 不锈钢，物料泵选择磁力泵，照明灯采用防爆灯，电机为防爆电机，其他电器均符合防爆要求的有关规定。效体进行保温绝热处理。

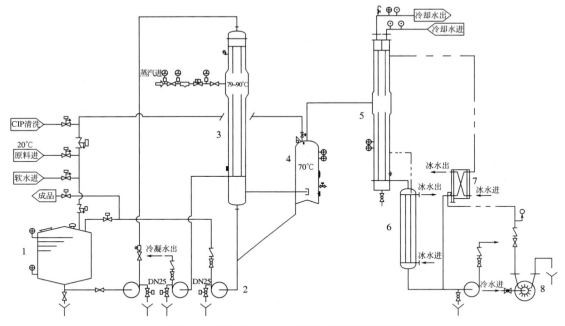

图 3-17　YZJM01-3500 型单效降膜式蒸发器

1—平衡缸；2—物料泵；3—蒸发器；4—分离器；5—冷凝器；6—冷却器；7—板式冷凝器；8—真空泵

工作过程：进料→蒸发→分离→冷凝→冷却→储罐。

当设备蒸发参数稳定后即可实现连续进料连续出料，已蒸发的料液不再重复进入蒸发器内，从而缩短了料液在蒸发器中的停留时间。这也是降膜式蒸发器的特点。

（2）蒸发系统计算过程

① 蒸发器计算　蒸发器蒸汽状态参数见表 3-14。

表 3-14　蒸发器蒸汽状态参数

项目	压力/MPa	温度/℃	比体积/(m³/kg)	汽化热/(kJ/kg)	焓/(kJ/kg)
工作蒸汽	0.04637	79	3.540	2310.803	2641.578
蒸发	—	70		378.08	
冷凝	—	70	—	—	—
冷却		35			

a. 总蒸发量

$$W = S(1 - B_0/B_1) = 4500 \times (1 - 2/9) = 3500 \, \text{kg/h}$$

b. 热量衡算

$$D = [Wr + Sc(t - T) + q'] / R$$

式中　D——加热蒸汽耗量，kg/h；

　　　W——水分蒸发量，这里 $W = 3500 \, \text{kg/h}$；

S——进料量，这里 $S=4500\mathrm{kg/h}$；

c——物料比热容，这里 $c=1.923\mathrm{kJ/}$（$\mathrm{kg \cdot ℃}$）；

T——进料温度，这里 $T=20℃$；

t——料液沸点温度，这里 $t=71℃$（温差损失取 $1℃$）；

R——加热蒸汽汽化潜热，这里 $R=2310.803\mathrm{kJ/kg}$；

r——料液蒸发汽化潜热，这里 $r=378.08\mathrm{kJ/kg}$；

q'——热量损失，这里按总热量的 5% 计算。

则

$$D=[3500×378.08+4500×1.923×(71-20)]×1.05/2310.803=801.82（\mathrm{kg/h}）$$

蒸发器采用蒸汽直接加热的方式，冷凝水返回至锅炉。

c. 蒸发器换热面积计算

$$F=Q/(k\Delta t)=[Wr+Sc(t-T)]/[k(T'-t)]$$

式中，$k=4396.35\mathrm{kJ/}$（$\mathrm{m^2 \cdot h \cdot ℃}$）；$T'=79℃$。

这里

$$Q=[3500×378.08+4500×1.923×(71-20)]=1764608.5(\mathrm{kJ/h})$$

则

$$F=1764608.5/[4396.35×（79-71）]=50.2（\mathrm{m^2}）$$

降膜管选择 $\phi 38\mathrm{mm}×1.5\mathrm{mm}×8000\mathrm{mm}$ 规格管子，其长径比为 210，则降膜管根数为

$$n=50.2/(0.0365×\pi×7.95)=55.07(根)　　（取 55 根）$$

周边润湿量：

$$G'=4500/(0.035×\pi×55)=744.5[\mathrm{kg/(m \cdot h)}]$$

乙酸乙酯比较容易蒸发，因此其蒸发面积较小。

d. 分离器计算　分离器直径按下式计算：

$$d=\sqrt{\dfrac{WV_0}{\dfrac{\pi}{4}×\omega_0×3600}}$$

式中　V_0——蒸汽比体积，这里 V_0 按 $6.201\mathrm{m^3/kg}$ 选取；

ω_0——自由截面的二次蒸汽流速，$\omega_0=\sqrt[3]{4.26V_0}=2.978$（$\mathrm{m/s}$）。

则

$$d=\sqrt{\dfrac{3500×6.201}{\dfrac{\pi}{4}×2.978×3600}}=1.606（\mathrm{m}）　　（取 1600\mathrm{mm}）$$

分离器高度按下式计算：

$$h=4WV/（\pi d^2 V_s×3600）$$

式中　V——二次蒸汽体积流量，$\mathrm{m^3/s}$；

V_s——允许的蒸发体积强度，这里 $V_s=1.1\sim1.5\mathrm{m^3/}$（$\mathrm{m^3 \cdot s}$）。

则

$$h=4×3500×6.201/（\pi×1.6^2×1.3×3600）=2.308（\mathrm{m}）　　（取 2.3\mathrm{m}）$$

② 冷凝器计算　乙酸乙酯蒸发分离后即进入间壁式冷凝器、冷却器中进行冷凝、冷却、回收以便再次利用。

a. 冷凝器的计算

$$F = Q / (k \Delta t)$$

式中　Q——换热热量，这里 $Q = 3500 \times 378.08 = 1323280$（kJ/h）；

　　　k——传热系数，这里 $k = 300.5$ kJ/（m²·h·℃）；

　　　Δt——传热温差，℃。

冷却水进入温度为 30℃，排出温度为 42℃。

乙酸乙酯蒸气在冷凝成同温度的液体后排出并进入冷却器。

假设乙酸乙酯二次蒸气冷凝成同温度的液体即在 60℃下排出。冷凝器采用单壳程多管程结构，先按并流计算传热温差：70℃→70℃，30℃↗42℃，$\Delta t_1 = 70 - 30 = 40$（℃），$\Delta t_2 = 70 - 42 = 28$（℃）。则

$$\Delta t = (40 - 28) / \ln(40/28) = 33.6 \text{（℃）}$$
$$F = 1323280 / (300.5 \times 33.6) = 131.06 \text{（m}^2\text{）}$$

从安全考虑实际换热面积为

$$F' = 1.25 \times 131.06 = 163.8 \text{（m}^2\text{）}$$

冷却水耗量：

$$W = 1323280 / [4.187 \times (42 - 30)] = 26.3 \text{（t/h）}$$

b. 冷却器的计算　乙酸乙酯沸点温度较低，为 77.1℃，易挥发，为了进一步冷却降温、便于储存，设置二次冷却，将乙酸乙酯温度由 70℃降至 35℃左右，第二段冷却器冷却介质为冰水，冰水进入温度设为 10℃，排出温度设为 25℃。

这里换热热量 $Q = 3500 \times 1.923 \times (70 - 35) = 235567.5$（kJ/h），传热系数 $k = 290.48$ kJ/（m²·h·℃）。

按并流计算传热温差：70℃→35℃，10℃↗25℃，$\Delta t_1 = 70 - 10 = 60$（℃），$\Delta t_2 = 35 - 25 = 10$（℃）。则

$$\Delta t = (60 - 10) / \ln(60/10) = 27.9 \text{（℃）}$$

则换热面积为

$$F = 235567.5 / (290.48 \times 27.9) = 29.07 \text{（m}^2\text{）}$$

实际换热面积为

$$29.07 \times 1.25 = 36.34 \text{（m}^2\text{）}$$

第二段冷却器采用间壁降膜式换热器结构，乙酸乙酯经分布器分配给每根降膜换热管，乙酸乙酯以液膜的形式与管外冷却介质进行热与质的交换。换热管采用螺旋波纹形表面的管子，用以强化传热效果。乙酸乙酯蒸气与酒精类似，蒸发容易进行，蒸发面积较小，而冷凝比较困难，冷凝器换热面积较大。为了防止未冷凝的乙酸乙酯蒸气被真空泵抽走，可在吸气管道上或真空泵排出口再设置冷凝器进行回收，效果更好。

（3）操作注意事项

单效降膜式蒸发器的工作过程是，进料构成循环即可给汽加热，然后开启真空泵抽真空。开始进料要少，约是实际进料量的 70%，此后逐步递增，当进料量接近设计值，蒸发参数接近稳定时，料液在设备内循环结束，即可连续进料连续出料。当参数稳定后要求进汽压力必须稳定，进料量不能随意调整。

当换热面积一定时，冷凝器中的冷却水量、水温是影响蒸发器蒸发的关键。降膜式蒸发器安装高度较高，因此必须保证冷却水量，水量不足换热量降低，蒸发量降低，尤其是

在冷却水用量较大的生产线系统中，更要注意降膜式蒸发器的给水量是否能达到设计值，如果难以保证，应考虑单独供水。乙酸乙酯的沸点较低易挥发，蒸发特别是在真空减压下蒸发较容易进行。

3.15 喷射式蒸发器与降膜式蒸发器比较

国内引进的一种喷射式蒸发器，也是在蒸发器上部进料，上管板上不设分布器，只有一个喷射管，用以向上管板上的换热管内喷洒料液，料液蒸发机理类似降膜式蒸发器。有的国内制造厂家也在模仿制造，这种蒸发器究竟属于哪种型式的蒸发器，与降膜蒸发器区别在哪里，效果又如何，就此进行阐述。

（1）喷射式蒸发器的喷洒料液布膜的均匀性分析

这种喷射式蒸发器料液也是从蒸发器的顶部进料，它采用的是一个文氏管向换热管中喷洒料液，在管内力求布膜，然后料液在自身重力及二次蒸汽流的作用下自上而下运动，类似降膜式蒸发器，然而却没有料液分布器。采用喷射管布料不采用料液分布器布料，主要是为防止分布器上小孔被堵塞。其进料泵也比纯降膜式蒸发器的要大，也是为防止料液在换热管中结垢结焦而设计。降膜式蒸发器的特点是料液经过分布器（板盘式或盘盘式分布器）布料给降膜管，使每根降膜管的周边都有料液并均匀润湿，然后料液在自身重力及二次蒸汽流的推动下，自上而下运动，料液边运动边蒸发，等料液到了下管板就已经完成蒸发。降膜式蒸发器适用于物料的最高黏度为 $0.7Pa\cdot s$ 左右，超过这个黏度不宜采用降膜式蒸发器蒸发，在生产过程中会因为黏度过大而流淌不下来，致使结垢结焦加速，甚至料液难以成膜，难以完成蒸发任务。喷射式蒸发器试图利用泵大流量来改变料液在降膜管中结垢结焦情况，实际上料液进入蒸发器后也是在自身重力及二次蒸汽流的作用下自上而下流动，只是增厚了料液在降膜管中液膜的厚度，并没有改变料液在降膜管中的状态，如果变成了满管进料，性质就发生了根本性的改变，实际上并没有。

（2）喷射式蒸发器与降膜式蒸发器的比较

二十世纪九十年代末，国内进口美国用于玉米浸泡液的蒸发器也是类似这种蒸发器，不过料液是从蒸发器底部管板中部的一束管子进料，然后从顶部再进入到其他管子中，也没有分布器，说降膜不是降膜，说强制循环又不是完全的强制循环蒸发器，该蒸发器是为防止结垢结焦而设计的。后来国内降膜式蒸发器在玉米浸泡液上的成功应用表明，事实上这种对结垢结焦的担忧是完全没有必要的，而且降膜式蒸发器在玉米浸泡液中应用效果非常好。需要特别说明的是无论哪种蒸发器，生产一定时间都必须停机进行清洗，无限延长清洗间隔时间只会影响蒸发器的使用效果及产品质量。喷射式布料，其结构简图如图 3-18 所示。从图 3-18 上就能清楚地看到料液是呈现一定倾斜夹角进入到管中的，一部分料液也一定会喷洒到管板的管间上，然后流入到换热管管中并沿着管壁以液膜的状态向下运动。由于喷射夹角的存在，这样

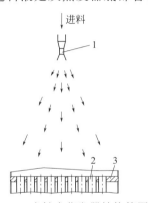

图 3-18 喷射式蒸发器结构简图
1—喷射管；2—换热管；3—管板

势必导致换热管壁料液薄厚不均。更主要的是有很大一部分料液，并没有沿着管壁向下流动与加热介质进行热交换，而是从管子中部直接落入到换热管下端，这一部分料液基本上是不蒸发的，所以从蒸发效率上看显然没有盘式降膜式蒸发器效率高。

(3) 喷射式蒸发器应用效果及存在的问题

从结构特点看，这种蒸发器采用的泵虽然比降膜式蒸发器的泵要大，而比强制循环蒸发器的泵却要小。从理论上看，物料在换热管中的运动并没有偏离降膜式蒸发器料液的蒸发机理。因此，即使为了防止堵塞分布器小孔，但是当料液黏度超过了一定值后，料液在降膜管中结垢结焦速度也会加快，甚至难以成膜。所适应的物料黏度范围与降膜式蒸发器料液黏度范围基本一致，并没有改变料液在降膜管中的运动状态，所以也不可能适合高黏度物料的蒸发。从这一点看，这种蒸发器又不能与强制循环蒸发器相比，只能是介于降膜式蒸发器与强制循环蒸发器之间的一种形式。实际上这种蒸发器所适应的物料范围并没有超过降膜式蒸发器的应用范围，或者可定义为降膜式蒸发器的一个特例。从应用上看这种蒸发器由于布料不均，其中有些物料并没有参与蒸发；其次，这种蒸发器又没有引入热压缩技术，所以，蒸发效率比降膜式蒸发器要低得多，即便是采用了喷嘴式布料，靠喷射冲击并不能减少或消除黏稠料液在换热管中结垢结焦的现象，所以结垢结焦依然会存在。

喷射式蒸发器是利用文氏管原理将料液从蒸发器顶部喷洒到上管板及换热管中，然后在料液自身重力及二次蒸汽流的作用下自上而下运动，原理与降膜式蒸发器相似，基本上不能消除或改善料液在换热管中的结垢结焦现象。由于其没有真正的分布器，导致料液不能很好地沿着管壁润湿成膜状向下运动，料液在换热管中的周边润湿的程度及厚薄也就无从谈起，所以，其蒸发速率比降膜式蒸发器要低。由于上述一些不足其应用受到限制，这种蒸发器在实际中并没有得到广泛的应用。

3.16 降膜式蒸发器分布器

分布器是降膜式蒸发器的布料装置，分布器上小孔的分布决定着蒸发效果。分布器上小孔的大小及其排布的形式，决定着料液在降膜管中的分布情况，过去分布器制造及安装出现过不少问题，都不同程度地影响蒸发效果。应该如何排布才能使料液最有效地润湿每根降膜管并能够布膜均匀，仅以 RNJM03-3500 型三效降膜式蒸发器的一效分布器在奶粉生产中的应用为例加以阐述。

(1) 主要技术参数及工作原理

介质：牛奶　　　　　　　　进料质量分数：11.5%
生产能力：3500kg/h　　　　三效出料质量分数：45%

降膜式蒸发器的分布器目前应用效果比较好的是盘式分布器及板盘式分布器。图 3-19 为盘式分布器。盘式分布器主要由布料板、上分布器及下分布器组成。布料板是块带孔的圆板，它主要的作用是缓冲料液、预先分布料液，可以是平板也可以做成向外凸起型的弧板，这样更有利于布料。

分布器工作原理：当料液进入分布器时，先经过喷淋式的布料板将料液分散成小液滴向上分布器盘面上喷洒；上分布器通过分布孔再把料液分配给下分布器；下分布器小孔正

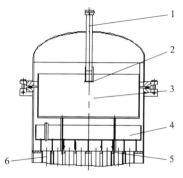

图 3-19　降膜式蒸发器料液分布器
1—进料管；2—布料板；3—上分布器；
4—下分布器；5—上管板；6—降膜管

冲着降膜管管间，把料液均匀地分配到管板管间的表面上；管板表面的料液再分配给每根降膜管内表面，并形成液膜，在料液自身重力及二次蒸汽流的作用下自上而下地向下流动，并与管外加热介质进行热与质交换。

（2）盘式分布器上小孔的分布

　　下分布器上小孔的排列分为直线形、正三角形或正六边形排列，如图 3-20 所示（大圆代表降膜管）。图 3-20（a）直线型排列小孔正冲着降膜管管间，呈一字型排列，单从小孔排列看是等腰三角形。小孔这样排布，它对相邻降膜管能够产生最有效的润湿并向周边扩散，对其较远的降膜管也有一定布料作用。分布器上小孔按照这种排布形式，目前应用比较普遍，孔数较少，孔的直径较大，效果也较好。正三角形排列，如图 3-20（b）所示。直线型排列实际在分布器上的排布如图 3-21 所示。小孔呈正三角形排列，在分布器上的排列是以降膜管中心为圆心，在降膜管周边（管心距）呈正三角形排列。从图中可看出这种排列小孔数量要比前者多，小孔孔径要比前者小，一个小孔中的料液实际上是在向三个降膜管供料。图 3-21 及图 3-22 及图 3-23 为实际应用中的布料孔呈直线形、正三角形及正六边形排列的盘式分布器。

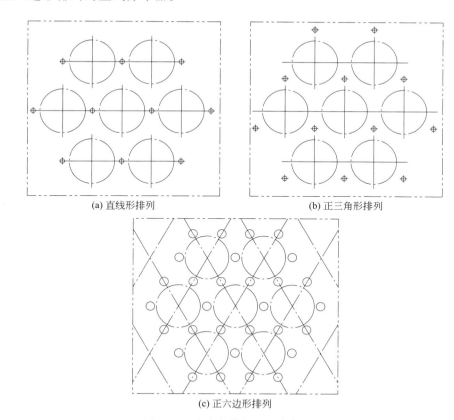

(a) 直线形排列　　　　　　　　　　(b) 正三角形排列

(c) 正六边形排列

图 3-20　小孔在管板上的分布情况

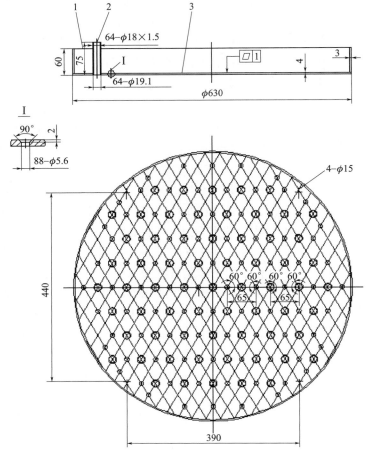

图 3-21　小孔呈直线形排列的料液分布器
1—壳体；2—导气管；3—器底

分布器上小孔孔径按下式计算：

$$q = (d^2/4)\pi\mu \times \sqrt{2gh}$$

式中　d——小孔直径，m；

q——单个小孔流量，m^3/s，这里 $q=0.00127m^3/s$；

μ——小孔流量系数，这里 $\mu=0.63$；

g——重力加速度，m/s^2，这里 $g=9.8m/s^2$；

h——盘上液位高度，m，这里 $h=0.045m$。

如果按直线形排列计算小孔数量，进料量为4701kg/h，料液密度按1030kg/m³，分布器上小孔数量为88个，则

$$1.27\times10^{-3} = (d^2/4)\pi\times0.63\times88\times\sqrt{2\times9.8\times0.045}$$

$$d = 0.0057m = 5.7mm$$

如果按正三角形排列，分布器上小孔数量为98个，按上述公式计算，小孔孔径为5.6mm。

如果按正六边形排列计算小孔数量，进料量为4701kg/h，料液密度按1030kg/m³，分

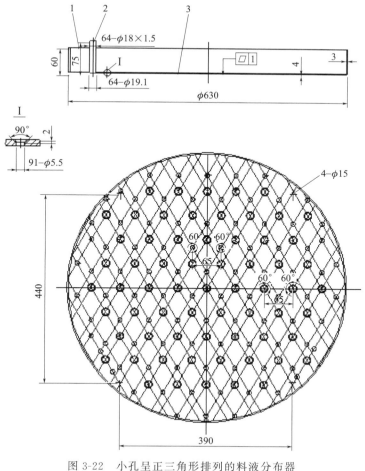

图 3-22　小孔呈正三角形排列的料液分布器
1—壳体；2—导气管；3—器底

布器上小孔数量为 225 个，按上述公式计算，小孔孔径为 3.5mm。如图 3-23 所示对于大流量的完全可以。

$$1.27×10^{-3}=(d^2/4)\pi×0.63×225×\sqrt{2×9.8×0.045}$$

$$d=0.0035\text{m}=3.5\text{mm}$$

这三种排列都能满足需要，采用正六边形排列从小孔的布局看效果也是好的，但是对蒸发量小的不宜采用这种排列，因为小孔孔径会变小，容易堵塞。

（3）盘式分布器与伞板结合型分布器

还有一种分布器为盘式分布器与伞板结合型的分布器。这种分布器在实际中还没有得到广泛应用，这种分布器从结构原理上看也是盘式分布器的一种。只不过该分布器上小孔把料液直接分配到伞板表面上，再由伞板把料液分配给降膜管。与最早应用的伞板型料液分布器不同，其在降膜管上边缘即管板上加工出凸台形止口，伞板也不伸入到降膜管中，而是位于管板上方，料液从伞板上流下先流到台阶上，然后再分布到降膜管的周边并形成液膜。这样就消除了伞板置于降膜管中由于长时间生产可能造成堵塞的弊端。其优点是在每根降膜管周边以液面的形式（或称之为膜状）向降膜管布料，这种布料迅速均匀，改正

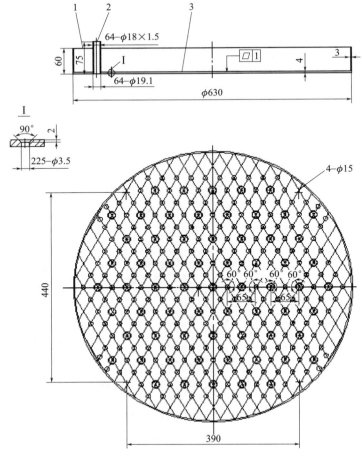

图 3-23　小孔呈正六边形排列的料液分布器
1—壳体；2—导气管；3—器底

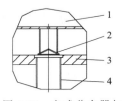

图 3-24　盘式分布器与
伞板结合型分布器
1—分布器；2—伞板；
3—管板；4—降膜管

了小孔点进料布膜的缺点，其结构如图 3-24 所示。这种分布器制造比较复杂，对上管板加工要求较高，上管板止口端部要求有圆角过渡，降膜管端部要有圆角过渡，伞板端部边缘要倒成圆角过渡，不得有毛刺，以防结垢。其优点是吸收了完全盘式分布器的优点，使降膜管中都有料液分布，不会出现布料不均的问题，又克服了内置伞板布料的不足。从图中可看出这种分布器小孔的数量要少于前两种分布器上小孔的数量，即小孔的数量与降膜管的数量相等。小孔孔径按上述公式计算为 6.54mm，很明显比前两种分布器上小孔孔径都要大，也就是说分布孔加大了，小孔就更不容易堵塞。缺点是应用时间久了，伞板表面可能会结垢。

（4）注意事项

上述介绍了盘式分布器上小孔分布的三种形式及其应用效果。需要说明的是分布器器底制造成型后必须平整，应保证其平面度，其误差应符合 QB/T 1163—2000 降膜式蒸发器中有关规定，即器底平面度误差不得大于 2/1000（mm）。器底上小孔不得有毛刺，以防结垢堵塞小孔影响料液在降膜管中的正常分配及布膜。降膜式蒸发器安装时降膜管的中心线应与水平面保持垂直状态，管板尤其是上管板应与水平面平行，其误差应符合QB/T 1163—2000 降膜式蒸发器中的有关规定。降膜管与管板连接处要有圆角过渡，采用第四种盘式分布器时端部止口也要有圆角过渡。现场安装后应再次检查并确认分布器安装是否正确，检查并确认小孔方位是否发生偏离。不管哪种形式的分布器一经出现错位就会影响布膜，也会影响蒸发，因此，应严格按照设计要求进行制造安装并做检查。

盘式分布器是目前应用效果比较好的分布器。分布器是降膜式蒸发器的重要部件，在制造过程中应保证其质量，严格检查符合设计要求后方可出厂。过去因为分布器设计、制造问题影响生产能力的现象比较多见。如分布器上小孔发生错位导致料液分布不均，不能有效布膜就会导致生产能力降低。设备在使用过程中应严格按照操作规程进行，定期进行检查。特别是要按照使用说明书中有关规定按时进行清洗，长时间不清洗分布器小孔也会结垢甚至堵塞，从而影响正常生产。

3.17 蒸发器的预热问题

蒸发器尤其是降膜式蒸发器应用领域广泛，最典型的应用就是在乳品工业生产中的应用。料液进入蒸发器分为低于沸点、等于沸点或高于沸点进料三种。对于蒸发器尤其是降膜式蒸发器来说，低于沸点进料必须先将料液温度预热到沸点或沸点以上，方可进入蒸发器蒸发。这样做的目的就是保证进出料的连续性、稳定性，否则蒸发器换热管就有一段为预热段，导致受热不均衡，从而引起结垢结焦加剧，严重时还会影响产品质量以及生产能力。

(1) 进料温度

进入蒸发器前的料液温度一般都较低，低温进料蒸发与等于或大于沸点进料蒸发其效果截然不同，无论哪种蒸发器都如此。进料温度是蒸发器设计的一个重要参数，在生产工艺上能改变进入蒸发器的料液温度，要尽量做到高温进料而不是低温进料（特殊物料除外）。物料没有达到沸点进料，很难做到连续进料连续出料，这一点对降膜式蒸发器和MVR蒸发器的应用影响尤其明显。

(2) 预热的形式

低于沸点温度进料要将物料逐级进行预热，预热至沸点或沸点以上的温度再进入蒸发器蒸发。常用预热器的形式有盘管预热、列管式预热、板式预热等。加热介质有生蒸汽、二次蒸汽及冷凝水。

① 盘管预热 一般是以螺旋盘管的形式缠绕在蒸发器换热管的外部或者是独立预热。在多效降膜蒸发器中很多都是采用这种预热方式，利用末效二次蒸汽预热进料就是采用独立的盘管预热。物料在盘管中的流速一般按 1.2m/s 选取，壳程蒸汽流速按 $40\sim50$m/s 选取。一般计算管的内径超过 57mm，就应该考虑采用列管式预热器，因为管子直径过大，会导致制造困难、预热效果下降。

② 列管式预热 除了盘管预热比较常用的还有列管式预热，列管式预热分为单管程预热、双管程、多管程预热，这种预热器一般是位于蒸发器器体之外，因此也称之为体外预

热。料液在预热器中的流速一般按 0.5～1.5m/s 选取，不超过 2.5m/s，速度过慢传热效果下降，流速是采用列管预热分程的依据。

③ 板式预热　近年来采用板式换热器进行预热的例子也越来越多，板式换热器壳程受压一般不超过 0.6MPa。板式换热器的特点是传热系数较大、传热效果较好；容易出现的问题就是胶垫容易老化，如果物料具有腐蚀性，使用时间久了容易出现泄漏。因此，要定期检查，定期更换胶垫。

（3）预热温升的设置

有很多蒸发器看上去也都设置了预热过程，但是效果并不理想，也就是说料液经过预热后进入蒸发器前并没有达到沸点温度，没有达到设计值。这主要是与设置的预热级数、加热介质、每一段设置的温升以及计算的换热面积是否正确有关。每一段预热温升一般定在 15～20℃ 之间比较合适，采用温升为 15℃ 居多。

设计预热器时要知道每一段预热的温度值是否与设计值相符，即要在预热器最终出口设置温度表进行跟踪监测。实际应用中大多数预热器没有设置温度表，就不知道实际应用与设计值有无偏离，对下次设计也就没有参考的价值。在生产过程中，还要尽量做到预热器中物料不存留、没有死角。

3.18　用于红枣浸汁液浓缩的三效降膜式蒸发器的设计

红枣浸汁液属于热敏性物料，含有大量的糖类物质，主要为葡萄糖，也含有果糖、蔗糖以及由葡萄糖和果糖组成的低聚糖、阿拉伯聚糖还有半乳醛聚糖等，含有大量的维生素 C、核黄素、硫胺素、胡萝卜素、尼克酸等多种维生素，具有较强的补养作用，能提高人体免疫功能，增强抗病能力。近年来在乳品、饮料、食品等中作为天然辅料受到广大消费者青睐。因其含糖量较高，黏度较大，各地区枣的差异也较大。其浓缩前及浓缩后料液浓度各生产厂家也不尽相同：有的进料浓度较低，低的在 7%～10% 之间；有的却较高，高的在 17%～21% 之间。经过浓缩后出料浓度却都较高，有的出料浓度已达 70% 以上。大多是采用降膜式蒸发器进行蒸发，而蒸发器的结构形式也有差异，有的降膜式蒸发器中带有杀菌，有的却没有，这主要是由工艺设计要求决定的。在实际应用中有的蒸发器并没有达到设计要求，其主要原因是，蒸发器本身设计有问题；其次是用户使用蒸发器也存在一定问题，如没能定期进行清洗导致结垢结焦加速，生产能力下降等。就此仅以 ZNJM03-4000 型三效降膜式蒸发器在枣汁蒸发上的应用为例进行理论计算并做阐述，其流程如图 3-25 所示。表 3-15 列出了蒸发状态参数。

（1）主要技术参数及结构特点

物料介质：枣汁

水分蒸发量：4000kg/h

计算蒸发量：4200 kg/h

进料质量分数：18%

进料温度：80℃

进料黏度：约 50mPa·s

出料质量分数：70%

出料黏度：约 800cP

物料比热容：这里按 0.93kcal/(kg·℃) 计算

各效热损失：按 6% 计入

使用蒸汽压力：0.7MPa

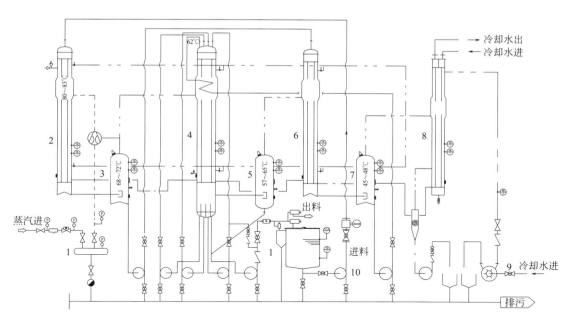

图 3-25 ZNJM03-4000 型三效降膜式蒸发器

1—进蒸汽系统；2——效蒸发器；3——效分离器；4—二效蒸发器；5—二效分离器；6—三效蒸发器；
7—三效冷凝器；8—冷凝器；9—真空泵；10—进料泵

表 3-15 蒸发状态参数

项目	压力/(kgf/cm²)	温度/℃	比体积/(m³/kg)	汽化热/(kcal/kg)	焓/(kcal/kg)
工作蒸汽	7.146	165	0.2725	493.5	660.0
一效加热	0.4829	80	3.408	551.3	630.9
一效蒸发	0.2912	68	5.475	558.5	626.5
二效蒸发	0.16835	56	9.158	565.5	621.5
三效蒸发	0.09771	45	15.28	571.8	616.8
冷凝器	0.09771	45	15.28	571.8	616.8

（2）物料及热量衡算

假设蒸发量分配：一效 2212kg/h；二效 937kg/h；三效 1051kg/h。

进料量：

$$S=\frac{W\times B_2}{B_2-B_0}=\frac{4200\times70\%}{70\%-18\%}=5653.85\ (\text{kg/h})\quad(取5654\text{kg/h})$$

出料量：
$$S'=5654-4200=1454\ (\text{kg/h})$$

第一效出料浓度：

$$SB_0=(S-W)B_1$$

$$B_1=\frac{S\times B_0}{S-W_1}=\frac{5654\times18\%}{5654-2212}=29.57\%$$

第三效出料浓度：

$$S_1B_1=(S_1-W_1)B_2$$

$$B_3=\frac{S_1\times B_1}{S_1-W_3}=\frac{3442\times29.57\%}{3442-1051}=42.57\%$$

出料量：$$S'=5654-4200=1454（kg/h）$$

预热热量及管长：

由于进料温度较高，本蒸发系统只设置一个预热级预热。

进料管道直径按下式计算：

$$5654\div1030\div3600=\frac{d^2}{4}\pi\times1.2$$

$d=0.0402m$，取直径45mm，壁厚为2mm卫生级无缝不锈钢管。

物料预热器的换热面积：

由于进料温度为80℃，如果采用并流加料法，没有预热段，本例为降低其黏度采用混流加料，即二效出料，因此只设一个物料预热级。预热是利用二效壳程蒸汽作为加热介质，以盘管的形式对料液进行预热，按无相变变温传热计算传热温差，按对数温差计算传热温差，按并流计算传热温差。

$Q_1=2406\times0.93\times(62-48)=31326.12$（kcal/h），这里$k_1=1000kcal/(m^2\cdot h\cdot℃)$

按并流计算对数温差：

并流：68℃→68℃，48℃↗62℃，$\Delta t_1=68-48=20$（℃），$\Delta t_2=68-62=6$（℃）。

$$\Delta t=(20-6)/\ln(20/6)=11.62（℃）$$

换热面积：

$$F_1=\frac{Q}{k\Delta t}=\frac{31326.12}{1000\times11.62}=2.7(m^2)$$

管长：$$L_1=2.7/(0.041\times\pi)=20.97（m）（取21m）$$

各效热量衡算：

蒸发量分配：一效2180kg/h；二效952kg/h；三效1068kg/h（经过多次试算而得）。

各效占总蒸发量质量分数：一效51.9%；二效22.7%；三效25.4%。

(3) 沸点升高

本计算不计由于假设蒸发量与热平衡后蒸发量的出入引起沸点升高的微小变化，不计由于浓度的升高引起比热的微小变化。

一效沸点升高计算：

因蒸汽压下降而引起的沸点升高按下式计算：

$$\Delta a=0.38e^{0.05+0.045B}=0.38e^{0.05+0.045\times29.57}=1.51（℃）$$

$$\Delta'=\Delta af$$

$$f=0.0038(T^2/r)=0.0038\times(341^2/558.5)=0.79（℃）$$

$$\Delta'=\Delta af=1.51\times0.79=1.195（℃）$$

降膜式蒸发器中的静压强可忽略不计，管道等温度损失按1～1.5℃选取，这里取1.5℃。

$$\Delta=\Delta'+\Delta''+\Delta'''=1.195+0+1.5=2.695（℃）$$

则沸点升高为2.695℃，取3℃。沸点温度为：71℃。

二效沸点升高计算：

因蒸汽压下降而引起的沸点升高按下式计算：

$$\Delta a=0.38e^{0.05+0.045B}=0.38e^{0.05+0.045\times70}=9.32（℃）$$

$$\Delta'=\Delta af$$

$$f = 0.0038(T^2/r) = 0.0038(329^2/565.5) = 0.73 \text{ (℃)}$$

$$\Delta' = \Delta a f = 9.32 \times 0.74 = 6.77 \text{ (℃)}$$

管道等温度损失按1℃选取。

$$\Delta = \Delta' + \Delta'' + \Delta''' = 6.77 + 0 + 1 = 7.7 \text{ (℃)}$$

则沸点温度损失为7.77℃，取8℃。沸点温度为：64℃。

三效沸点升高计算：

因蒸汽压下降而引起的沸点升高按下式计算：

$$\Delta a = 0.38e^{0.05+0.045B} = 0.38e^{0.05+0.045 \times 42.57} = 2.71 \text{ (℃)}$$

$$\Delta' = \Delta a f$$

$$f = 0.0038(T^2/r) = 0.0038(318^2/571.8) = 0.67 \text{ (℃)}$$

$$\Delta' = \Delta a f = 2.71 \times 0.67 = 1.82 \text{ (℃)}$$

管道等温度损失按1.5℃选取，

$$\Delta = \Delta' + \Delta'' + \Delta''' = 1.82 + 0 + 1.5 = 3.32 \text{ (℃)}$$

则沸点温度损失为3.32℃，取3℃。沸点温度为：48℃。

一效的热量衡算式：

$$D_1 R_1 = W_1 r_1 + SC(t_1 - t_0) + Q_1 - q_1 + q_1'$$

用于一效加热的蒸汽耗量：

$$D = [2180 \times 558.5 - 5654 \times 0.93 \times (80-71)] \times 1.06/551.3 = 2250 \text{ (kg/h)}$$

采用热压缩技术抽吸一效二次蒸汽作为一效蒸发器的一部分加热热源。

这里喷射系数$\mu = 1$（计算略）。

$$G_0 + \mu G_0 = D$$

$$G_0 = D/(1+\mu)$$

式中　G_0——饱和生蒸汽量，kg/h；

　　　　D——一效蒸发器加热蒸汽总量，kg/h，这里$D = 2250$kg/h；

　　　　μ——喷射系数，这里$\mu = 1$。

则　　　　　　　　$G_0 = 2250/(1+1) = 1125 \text{ (kg/h)}$

用于一效加热的一效二次蒸汽量为

$$2250 - 1125 = 1125 \text{ (kg/h)}$$

用于二效加热的一效二次蒸汽量及热量分别为

$$2180 - 1125 = 1055 \text{ (kg/h)}$$

$$1055 \times 558.5 = 589217.5 \text{ (kcal/h)}$$

二效的热量衡算式：

$$D_2 R_2 = W_2 r_2 + (SC - W_1 C_P - W_3 C_P)(t_2 - t_2') + Q_2 - q_2 + q_2' \quad （t_2'为二效料液预热温度）$$

二效蒸发所需热量：

$$Q = [952 \times 565.5 + (5654 \times 0.93 - 2180 \times 1 - 1068 \times 1) \times (64-62)$$
$$+ 31326.12 - 2250 \times (80-68) \times 558.5/626.5] \times 1.06$$
$$= 584875.27 \text{ (kcal/h)}$$

$$584875.27 \div 589217.5 = 0.993$$

用于三效加热的热量：

$$952 \times 565.5 = 538356 \text{ (kcal/h)}$$

三效的热量衡算式：

$$D_3R_3 = W_3r_3 + (SC - W_1C_P)(t_1 - t_3) + Q_3 - q_3 + q_3'$$

三蒸发所需热量：

$$\begin{aligned} Q &= [1068 \times 571.8 - (5654 \times 0.93 - 2180 \times 1) \times (71 - 48) - 3305 \times (68 - 56) \\ &\quad \times 565.5/621.5] \times 1.06 \\ &= 534024.7 \text{ (kcal/h)} \end{aligned}$$

$$534024.7 \div 538356 = 0.992$$

不再试算。

(4) 各效换热面积计算

一效换热面积：

$$F = \frac{Q}{k\Delta t}$$

这里 $Q = 2180 \times 558.5 - 5654 \times 0.93 \times (80 - 71) = 1170206.02$ （kcal/h）

$$k = 1030 \text{kcal/(m}^2 \cdot \text{h} \cdot \text{℃)}$$

$$F = \frac{1170206.02}{1030 \times (80 - 71)} = 126.24 \text{ (m}^2)$$

降膜管的规格：$\phi 50\text{mm} \times 1.5\text{mm} \times 7950\text{mm}$

管子根数：

$$n = 126.24/(0.0485 \times \pi \times 7.950) = 104.26(\text{根}) \quad （\text{取104根}）$$

周边润湿量（上）：$G' = 5654/(0.047 \times \pi \times 104) = 368.4 [\text{kg/(m} \cdot \text{h)}]$

蒸发强度：$U = W/F = 2180/126.24 = 17.27 [\text{kg/(m}^2 \cdot \text{h)}]$

二效换热面积：

$$F = \frac{Q}{k\Delta t}$$

这里 $Q = 952 \times 565.5 + (5654 \times 0.93 - 2180 \times 1 - 1068 \times 1) \times (64 - 62) = 542376.44$ （kcal/h）

$$k = 850 \text{kcal/(m}^2 \cdot \text{h} \cdot \text{℃)}$$

$$F = \frac{542376.44}{850 \times (68 - 64)} = 159.5 \text{ (m}^2)$$

降膜管的规格：$\phi 50\text{mm} \times 1.5\text{mm} \times 7950\text{mm}$

管子根数：

$$n = 159.5/(0.047 \times \pi \times 7.950) = 135.9(\text{根}) \quad （\text{取136根}）$$

周边润湿量（上）：$G' = 2406/(0.047 \times \pi \times 136) = 119.8 [\text{kg/(m} \cdot \text{h)}]$

周边润湿量不足可分四程：

第一程周边润湿量（上）：$G_1' = 2406/(0.047 \times \pi \times 34) = 479.5 [\text{kg/(m} \cdot \text{h)}]$

第二程周边润湿量（上）：$G_2' = 2168/(0.047 \times \pi \times 34) = 432 [\text{kg/(m} \cdot \text{h)}]$

第三程周边润湿量（上）：$G_3' = 1930/(0.047 \times \pi \times 34) = 384.6 [\text{kg/(m} \cdot \text{h)}]$

第四程周边润湿量（上）：$G_4' = 1692/(0.047 \times \pi \times 34) = 337.2 [\text{kg/(m} \cdot \text{h)}]$

蒸发强度：$U = W/F = 2406/159.5 = 15.1 [\text{kg/(m}^2 \cdot \text{h)}]$

三效换热面积：

$$F = \frac{Q}{k\Delta t}$$

这里 $Q=1068\times571.8-(5654\times0.93-2180\times1)\times(71-48)=539883.34$（kcal/h）

$$k=780\text{kcal}/(\text{m}^2\cdot\text{h}\cdot\text{℃})$$

$$F=\frac{539883.34}{780\times(56-48)}=86.52\ (\text{m}^2)$$

降膜管的规格：$\phi50\text{mm}\times1.5\text{mm}\times7950\text{mm}$

管子根数：

$$n=86.52/(0.047\times\pi\times7.950)=73.7（根）\quad（取74根）$$

周边润湿量（上）：$G'=3474/(0.047\times\pi\times74)=318.1\ [\text{kg}/(\text{m}\cdot\text{h})]$

蒸发强度：$U=W/F=1068/86.5=12.35\ [\text{kg}/(\text{m}^2\cdot\text{h})]$

总蒸发强度：$4200/372.26=11.28$

（5）冷凝器的计算

进入冷凝器的末效二次蒸汽量的热量：

$$Q=(1068+22.5+10.55+9.52)\times571.8=628991.44\ (\text{kcal/h})$$

按对数平均温差计算传热温差：

并流：$45\text{℃}\rightarrow45\text{℃}$，$30\text{℃}\nearrow42\text{℃}$，$\Delta t_1=45-30=15$（℃），$\Delta t_2=45-42=3$（℃）。

$$\Delta t=(15-3)/\ln(15/3)=7.46\ (\text{℃})$$

换热面积：

$$F=\frac{Q}{k\Delta t}=\frac{628991.44}{1000\times7.46}=84.32\ (\text{m}^2),\text{这里传热系数 }k=1000\text{kcal}/(\text{m}^2\cdot\text{h}\cdot\text{℃})$$

为安全考虑，实际换热面积按 1.25 倍的计算值确定冷凝器的换热面积。

则

$$F'=1.25\times84.32=105.4\ (\text{m}^2)$$

冷却水耗量：

$$W=628991.44/[1\times(42-30)]=52.4(\text{t/h})$$

（6）蒸发器未能达到生产能力分析

从上述计算可看出，总蒸发面积为 372.26m^2，每小时每蒸发 1t 水所需要的换热面积为 93.065m^2，即 $93.065\text{m}^2/(\text{t}\cdot\text{h})$，这个面积是安全的。枣汁中糖类含量高，黏度大，本例进料浓度为 18%，黏度在 50cP 左右，因出料浓度为 70%，其黏度可高达 $800\text{mPa}\cdot\text{s}$ 左右。对于进料浓度为 8%～10%，进料温度较低，出料浓度在 70%～75% 之间的枣汁，在选择降膜式蒸发器时，应该慎重考虑一次浓缩是否能够满足生产工艺要求。麦芽糖浆进料浓度在 25%～28%，出料浓度可达到 75%～78%，其浓缩比在 3 左右，每蒸发 1t 水所需要的换热面积在 80m^2 左右（不含预热面积）。而上述的枣汁浓缩比最高已经达到了 9.375，浓缩比过大，已经远远超过了降膜式蒸发器正常蒸发范围。解决蒸发浓度跨度大即浓缩比大的问题只有两种途径，一是改变生产工艺，尽量提高进料浓度；二是采用两级蒸发的方法或采用非常规蒸发器的设计方法，即大马拉小车去完成蒸发任务（即便如此可能由于周边润湿量不足还会导致结垢结焦加剧）。枣汁属于热敏性物料，采用外循环及强制循环蒸发器在实际应用中都不适合，一是温度高会导致枣汁发生褐变；二是物料在蒸发器中停留时间过长，结垢结焦加剧影响产品质量。一些蒸发器无法达到生产能力，只能在蒸发过程中进行大循环，这是不允许的，尤其是对热敏性物料一定要慎重。未达到生产能力的主要原因其实就是蒸发器换热面积不足。如果用户对料液成分含量了解不够，对料液黏度变化情况掌握不够，没有考虑沸点升高或考虑不准确，会导致计算蒸发面积偏小、冷凝器换热面积小。另外，用户没能根据蒸发器在使用过程中结垢结焦情况及时进行清洗，也会导致蒸发量急剧下降。对于枣汁浓度较高的料液，一般连续生产 8h 左右就应该停机进行清洗，而有些生产厂家却持续 2～3 天才进行清洗，致使结垢结焦严重，蒸发量逐渐下降。温度过高还会使枣汁汁液浊度升高，在蒸发过程中应将加热温度控制在 80～85℃ 之间为宜。其次浓度也不能过高，否则降膜式蒸发器难以正常蒸发。

降膜式蒸发器是枣汁生产的理想设备，物料受热温度低，在蒸发器中停留时间短。但是在实际应用中效果都不是很理想，设备的设计是主要问题所在，其次生产工艺设计及引导也存在问题。采用其他形式的蒸发器均不如降膜式蒸发器，但是降膜式蒸发器适应黏度范围有限，对浓缩比大的生产要慎重考虑。

第❹章 降膜式蒸发器的蒸汽耗量

4.1 有无热压缩蒸汽耗量的比较

热泵作为节能技术在降膜式蒸发器中已是成熟的技术并取得了良好的经济效益及社会效益。采用热压缩技术即热泵抽吸二次蒸汽在单效、双效、三效及多效降膜式蒸发器中理论上究竟能节省多少生蒸汽,现以 RNJM01-1200 型单效、RNJM02-1200 型双效、RN-JM03-3600 型三效及 RNJM04-8000 型四效蒸发器在奶粉生产中的应用为例进行理论计算比较。

4.1.1 单效降膜式蒸发器有无热泵的比较

以 RNJM01-1200 型单效降膜式蒸发器在奶粉生产中的应用为例进行理论计算比较(以下同),其结构如图 4-1 所示,主要由蒸发器、分离器、物料预热器、热泵、杀菌器、冷凝器、物料泵、真空泵及平衡缸等组成。

(1) 主要技术参数

物料介质为牛奶,水分蒸发量为1200kg/h,料液比热容按 3.8939kJ/(kg·℃)计算,进料质量分数为 11.5%,进料温度为 5℃,出料质量分数为 38%~40%,热损失按 6%计入。

蒸发器设计蒸发状态参数见表 4-1。

表 4-1 蒸发状态参数

项目	压力/(kgf/cm²)	温度/℃	比体积/(m³/kg)	汽化热/(kcal/kg)	焓/(kcal/kg)
进汽	8.076	170	0.2426	489.5	661.3
杀菌	1.2318	105	1.419	535.8	640.9
一效加热	0.6372	87	2.629	547.1	634.1
一效蒸发	0.2550	65	6.201	560.2	625.2
冷凝器	0.2550	65	6.201	560.2	625.2

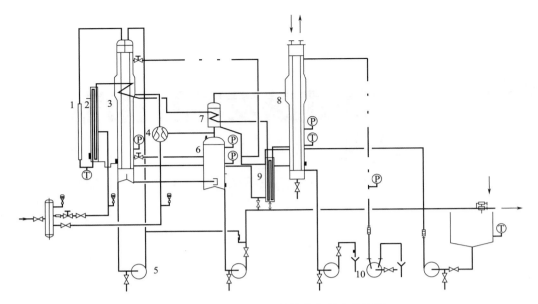

图 4-1　RNJM01-1200 型单效降膜式蒸发器

1—保持管；2—杀菌器；3—蒸发器；4—热泵；5—泵；

6—分离器；7，9—预热器；8—冷凝器；10—真空泵

进料量：
$$S = 1200 \times 40/(40 - 11.5) = 1684.2 \ (\text{kg/h}) \quad (\text{取} \ 1684\text{kg/h})$$

出料量：
$$S' = 1684 - 1200 = 484 \ (\text{kg/h})$$

（2）物料预热计算

本计算不计蒸发过程中料液比热容的微小变化（以下计算同）。

本蒸发系统的预热分三段预热加一个杀菌器(可视为预热段)。

$$Q_1 = 1684 \times 3.8939 \times (45 - 5) = 262293.1 \ (\text{kJ/h})$$
$$Q_2 = 1684 \times 3.8939 \times (55 - 25) = 196719.828 \ (\text{kJ/h})$$
$$Q_3 = 1684 \times 3.8939 \times (73 - 55) = 118031.897 \ (\text{kJ/h})$$
$$Q_4 = 1684 \times 3.8939 \times (90 - 73) = 111474.57 \ (\text{kJ/h})$$

（3）热量衡算

蒸发量为 1200kg/h，沸点为 68℃（计算略）。

用于一效加热的蒸汽耗量：

$$D = \frac{1200 \times 2345.557 - 1684 \times 3.8939 \times (90 - 68) + 118031.897 - \dfrac{49.69 \times 4.187 \times (105 - 87) \times 2290.71}{2654.977}}{2290.71}$$

$$\times 1.06 = 1288.82 \ (\text{kg/h})$$

采用热压缩技术抽吸二次蒸汽作为蒸发器的一部分加热热源。

喷射系数计算：

膨胀比 $\beta = 8.076/0.255 = 31.67$，压缩比 $\sigma = 0.6372/0.255 = 2.499$，利用差值方法求

取，按表 2-4 进行差值计算，即当 $\sigma=2.499$、$\beta=31.67$ 时，有

$$\mu_1=0.68+\frac{0.58-0.68}{2.6-2.4}\times(2.499-2.4)=0.6305$$

$$\mu_2=0.72+\frac{0.65-0.72}{2.6-2.4}\times(2.499-2.4)=0.685$$

$$\mu=0.6305+\frac{0.685-0.6305}{30-20}\times(31.67-30)=0.6396 \quad (取\ \mu=0.64)$$

$$G_0+\mu G_0=D$$
$$G_0=D/(1+\mu)$$

式中　G_0——饱和生蒸汽量，kg/h；

　　　D——一效蒸发器加热蒸汽总量，这里 $D=1288.82$kg/h；

　　　μ——喷射系数，这里 $\mu=0.64$。则

$$G_0=1288.82/(1+0.64)=785.87 \ (kg/h)$$

蒸发所需蒸汽总量：

$$G_0'=785.87+49.69=835.56 \ (kg/h)$$

经济指标：

$$V=835.56/1200=0.696$$

如果不设有热泵，蒸汽耗量即为一效加热蒸汽的耗量 1276.69kg/h。

蒸发所需蒸汽总量：

$$G_0''=1276.69+49.68=1326.37 \ (kg/h)$$

经济指标：

$$V=1326.37/1200=1.105$$

有热泵节省蒸汽量：

$$G_0'''=1326.37-835.56=490.81 \ (kg/h)$$

4.1.2　双效降膜式蒸发器有无热泵的比较

（1）主要技术参数

物料介质为牛奶，水分蒸发量为 1200kg/h，料液比热容按 3.89394kJ/(kg·℃) 计算，进料质量分数为 11.5%，进料温度为 5℃，出料质量分数为 38%～40%，热损失按 6% 计入。

蒸发器设计蒸发状态参数见表 4-2。

表 4-2　蒸发状态参数

项目	压力/(kgf/cm²)	温度/℃	比体积/(m³/kg)	汽化热/(kcal/kg)	焓/(kcal/kg)
进汽	8.076	170	0.2426	489.5	661.3
杀菌	1.2318	105	1.419	535.8	640.9
一效加热	0.6372	87	2.629	547.1	634.1
一效蒸发	0.3463	72	4.655	556.1	628.1
二效蒸发	0.13216	51	11.50	568.4	619.4
冷凝器	0.13216	51	11.50	568.4	619.4

进料量：

$$S = 1200 \times 40/(40-11.5) = 1684.2 \; (\text{kg/h}) \qquad (\text{取 } 1684\text{kg/h})$$

出料量：

$$S' = 1684 - 1200 = 484 \; (\text{kg/h})$$

(2) 物料预热计算

以 RNJM02-1200 型双效降膜式蒸发器在奶粉中的生产应用为例进行理论计算比较（以下同）其结构如图 4-2 所示，主要由一、二效蒸发器及分离器、物料预热器、热泵、杀菌器、冷凝器、物料泵、真空泵、平衡缸等组成。

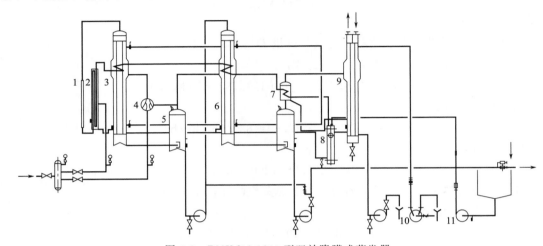

图 4-2　RNJM02-1200 型双效降膜式蒸发器

1—保持管；2—杀菌器；3——效蒸发器；4—热泵；5—分离器；6—二效蒸发器；
7，8—预热器；9—冷凝器；10—真空泵；11—物料泵

本计算不计蒸发过程中料液比热容的微小变化（以下计算同）。

本蒸发系统的预热分四段预热加一个杀菌器（可视为预热）。

$$Q_1 = 1684 \times 3.8939 \times (20-5) = 98359.914 \; (\text{kJ/h})$$

$$Q_2 = 1684 \times 3.8939 \times (45-20) = 163933.19 \; (\text{kJ/h})$$

$$Q_3 = 1684 \times 3.8939 \times (60-45) = 98359.914 \; (\text{kJ/h})$$

$$Q_4 = 1684 \times 3.8939 \times (75-60) = 98359.914 \; (\text{kJ/h})$$

$$Q_5 = 1684 \times 3.8939 \times (90-75) = 98359.914 \; (\text{kJ/h})$$

(3) 热量衡算

蒸发量分配：一效 851kg/h；二效 349kg/h（由热平衡多次试算而得）。

沸点温度：一效沸点 74℃；二效沸点 54℃（计算略）。

用于一效加热的蒸汽耗量：

$$D = \frac{851 \times 2328.39 - 1684 \times 3.8939 \times (90-74) + 98359.914 - \dfrac{43.8 \times 4.187 \times (105-87) \times 2290.71}{2654.977}}{2290.71}$$

$$\times 1.06 = 912.55 \; (\text{kg/h})$$

采用热压缩技术抽吸一效二次蒸汽作为一效蒸发器的一部分加热热源。

喷射系数计算：膨胀比 $\beta = 8.076/0.3463 = 23.32$，压缩比 $\sigma = 0.6372/0.3463 = 1.84$，

利用差值的方法求取，按表 2-4 进行差值计算，即当 $\sigma=1.84$、$\beta=23.32$ 时，有

$$\mu_1=1.11+\frac{0.87-1.11}{2.0-1.8}\times(1.84-1.8)=1.062$$

$$\mu_2=1.23+\frac{0.98-1.23}{2.0-1.8}\times(1.84-1.8)=1.18$$

$$\mu=1.062+\frac{1.18-1.062}{30-20}\times(23.32-20)=1.101$$

$$G_0+\mu G_0=D$$

$$G_0=D/(1+\mu)$$

式中 G_0——饱和生蒸汽量，kg/h；

$\qquad$ D——一效蒸发器加热蒸汽总量，这里 $D=912.55$kg/h；

$\qquad$ μ——喷射系数，这里 $\mu=1.101$。则

$$G_0=912.55/(1+1.101)=434.34\ (\text{kg/h})$$

用于一效加热的一效二次蒸汽量：

$$912.55-434.34=478.21\ (\text{kg/h})$$

用于二效加热的一效二次蒸汽量及热量分别为

$$851-478.21=372.79\ (\text{kg/h})$$

$$372.79\times2328.39=868000.51\ (\text{kJ/h})$$

蒸发器所需热量：

$$Q=\left[349\times568.4-(1684\times0.93-851\times1)\times(74-54)+23491.74\right.$$

$$\left.-\frac{956.35\times(87-72)\times556.1}{628.1}\right]\times4.187\times1.06$$

$$=864832\ (\text{kJ/h})$$

蒸发所需蒸汽总量：

$$G'_0=434.34+43.8=478.14\ (\text{kg/h})$$

经济指标：

$$V=478.14/1200=0.398$$

如果不设有热泵，蒸汽耗量即为一效加热蒸汽的耗量 663.66kg/h。

蒸发所需蒸汽总量：

$$G''_0=663.66+43.8=707.46\ (\text{kg/h})$$

经济指标：

$$V=707.46/1200=0.58$$

有热泵节省蒸汽量：

$$G'''_0=707.46-478.14=229.32\ (\text{kg/h})$$

4.1.3 三效降膜式蒸发器有无热泵的比较

（1）主要技术参数

物料介质为牛奶，水分蒸发量为 3600kg/h，料液比热容按 3.8939kJ/(kg·℃) 计算，进料质量分数为 11.5%，进料温度为 5℃，出料质量分数为 38%～40%，热损失按 6% 计入。

蒸发器设计蒸发状态参数见表 4-3。

表 4-3 蒸发状态参数

项目	压力/(kgf/cm²)	温度/℃	比体积/(m³/kg)	汽化热/(kcal/kg)	焓/(kcal/kg)
进汽	8.076	170	0.2426	489.5	661.3
杀菌	1.2318	105	1.419	535.8	640.9
一效加热	0.6372	87	2.629	547.1	634.1
一效蒸发	0.3463	72	4.655	556.1	628.1
二效蒸发	0.17653	57	8.757	565.0	622.0
三效蒸发	0.09771	45	15.28	571.8	616.8
冷凝器	0.09771	45	15.28	571.8	616.8

进料量：
$$S=3600\times40/(40-11.5)=5052.63\ (kg/h)\qquad(取\ 5053kg/h)$$

出料量：
$$S'=5053-3600=1453\ (kg/h)$$

(2) 物料预热计算

以 RNJM03-3600 型三效降膜式蒸发器在奶粉中的生产应用为例进行理论计算比较（以下同），其结构如图 4-3 所示，主要由一、二、三效蒸发器及分离器、物料预热器、热泵、杀菌器、保持管、冷凝器、物料泵、真空泵、平衡缸等组成。

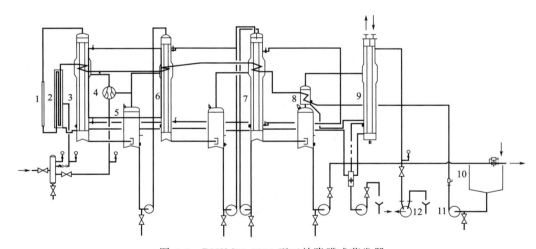

图 4-3   RNJM03-3600 型三效降膜式蒸发器

1—保持管；2—杀菌器；3—一效蒸发器；4—热泵；5—分离器；6—二效蒸发器；7—三效蒸发器；
8—预热器；9—冷凝器；10—平衡缸；11—物料泵；12—真空泵

本计算不计蒸发过程中料液比热容的微小变化（以下计算同）。

本蒸发系统的预热分四段预热加一个杀菌器(可视为预热)。

$$Q_1=5053\times3.8939\times(40-5)=688655.685\ (kJ/h)$$
$$Q_2=5053\times3.8939\times(52-40)=236110.52\ (kJ/h)$$
$$Q_3=5053\times3.8939\times(65-52)=255786.397\ (kJ/h)$$
$$Q_4=5053\times3.8939\times(79-65)=275462.274\ (kJ/h)$$
$$Q_5=5053\times3.8939\times(90-79)=216434.644\ (kJ/h)$$

（3）热量衡算

蒸发量分配：一效 1990kg/h；二效 828kg/h；三效 782kg/h（由热平衡多次试算而得）。

各效占总蒸发量质量分数：一效 55.33%；二效 22.97%；三效 21.7%。

沸点温度：一效沸点 74℃；二效沸点 59℃；三效 48℃（计算略）。

一效的热量衡算式：

$$D_1 R_1 = W_1 r_1 + Sc(t_1 - t_0) + Q_1 - q_1 + q'_1$$

用于一效加热的蒸汽耗量：

$$D = \frac{\begin{array}{c}1990 \times 2328.39 - 5053 \times 3.8939 \times (90-74) + 275462.274 \\ - \dfrac{96.48 \times 4.187 \times (105-87) \times 2290.71}{2654.977}\end{array}}{2290.71}$$

$$\times 1.06 = 2122.98 \ (\text{kg/h}) \quad (\text{取 } 2123\text{kg/h})$$

采用热压缩技术抽吸一效二次蒸汽作为一效蒸发器的一部分加热热源。

$$G_0 + \mu G_0 = D$$

$$G_0 = D/(1+\mu)$$

式中，G_0 为饱和生蒸汽量，kg/h；D 为一效蒸发器加热蒸汽总量，这里 $D = 2123$kg/h；μ 为喷射系数，这里 $\mu = 1.101$。则

$$G_0 = 2123/(1+1.101) = 1010.47 \ (\text{kg/h})$$

用于一效加热的一效二次蒸汽量为

$$2123 - 1010.47 = 1112.53 \ (\text{kg/h})$$

用于二效加热的一效二次蒸汽量及热量分别为

$$1990 - 1112.53 = 877.47 \ (\text{kg/h})$$

$$877.47 \times 2328.39 = 2043092.373 \ (\text{kJ/h})$$

二效的热量衡算式：

$$D_2 R_2 = W_2 r_2 + (Sc - W_1 c_p)(t_2 - t_1) + Q_2 - q_2 + q'_2$$

二效蒸发所需热量：

$$Q = \left[828 \times 565 - (5053 \times 0.93 - 1990 \times 1) \times (74-59) + 61090.613 \right.$$
$$\left. - \frac{2219.48 \times (87-72) \times 556.1}{628.1} \right] \times 4.187 \times 1.06 = 2036234.9 \ (\text{kJ/h})$$

$$2036234.9/2043092.373 = 0.996$$

用于三效加热的热量：

$$828 \times 2365.655 = 1958762.34 \ (\text{kJ/h})$$

三效的热量衡算式：

$$D_3 R_3 = W_3 r_3 + (Sc - W_1 c_p - W_2 c_p)(t_3 - t_2) + Q_3 - q_3 + q'_3$$

三效蒸发所需热量：

$$Q = \left[782 \times 571.8 - (5053 \times 0.93 - 1990 \times 1 - 828 \times 1) \times (59-48) + 56391.335 \right.$$
$$\left. - \frac{3096.95 \times (72-57) \times 565}{622} \right] \times 4.187 \times 1.06 = 1955690.798 \ (\text{kJ/h})$$

$$1955690.798/1958762.34 = 0.998$$

不再试算。

蒸发所需蒸汽总量：

$$G'_0 = 1010.47 + 96.48 = 1106.95 \text{（kg/h）}$$

经济指标：

$$V = 1106.95/3600 = 0.307$$

如果不设有热泵，蒸汽耗量即为一效加热蒸汽的耗量 1349.4kg/h。

蒸发所需蒸汽总量：

$$G''_0 = 1349.4 + 96.48 = 1445.88 \text{（kg/h）}$$

经济指标：

$$V = 1445.88/3600 = 0.402$$

有热泵节省蒸汽量：

$$G'''_0 = 1349.4 - 1106.95 = 242.45 \text{（kg/h）}$$

4.1.4　四效降膜式蒸发器有无热泵的比较

（1）主要技术参数

物料介质为牛奶，水分蒸发量为 8000kg/h，料液比热容按 3.8939kJ/(kg·℃) 计算，进料质量分数为 11.5%，进料温度为 5℃，出料质量分数为 38%～40%，热损失按 6% 计入。

蒸发器设计蒸发状态参数见表 4-4。

表 4-4　蒸发状态参数

项目	压力/(kgf/cm²)	温度/℃	比体积/(m³/kg)	汽化热/(kcal/kg)	焓/(kcal/kg)
进汽	8.076	170	0.2426	489.5	661.3
杀菌	1.2318	105	1.419	535.8	640.9
一效加热	0.7110	90	2.361	545.2	635.2
一效蒸发	0.4637	79	3.54	551.9	630.9
二效蒸发	0.3043	69	5.255	557.9	626.9
三效蒸发	0.17653	57	8.757	565	622
四效蒸发	0.09771	45	15.28	571.8	616.8
冷凝器	0.09771	45	15.28	571.8	616.8

进料量：

$$S = 8000 \times 40/(40 - 11.5) = 11228.07 \text{（kg/h）}\quad\text{（取 11228kg/h）}$$

出料量：

$$S' = 11228 - 8000 = 3228 \text{（kg/h）}$$

（2）物料预热计算

以 RNJM04-8000 型四效降膜式蒸发器在奶粉中的生产应用为例进行理论计算比较（以下同），其结构如图 4-4 所示，主要由一、二、三、四效蒸发器、分离器、物料预热器、热泵、杀菌器、保持管、冷凝器、物料泵、真空泵、平衡缸等组成。

本计算不计蒸发过程中料液比热容的微小变化（以下计算同）。

本蒸发系统的预热分五段预热加一个杀菌器（可视为预热）。

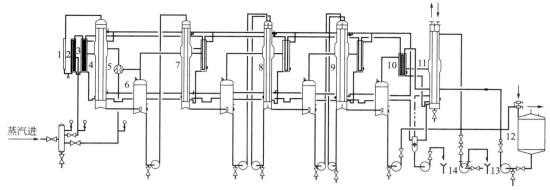

图 4-4　RNJM04-8000 型四效降膜式蒸发器

1—保持管；2—杀菌器；3，10—预热器；4——效蒸发器；5—热泵；

6—分离器；7—二效蒸发器；8—三效蒸发器；9—四效蒸发器；

11—冷凝器；12—平衡罐；13—物料泵；14—真空泵

$$Q_1 = 11228 \times 3.8939 \times (40-5) = 1530224.82 \ (\text{kJ/h})$$
$$Q_2 = 11228 \times 3.8939 \times (52-40) = 524648.51 \ (\text{kJ/h})$$
$$Q_3 = 11228 \times 3.8939 \times (64-52) = 524648.51 \ (\text{kJ/h})$$
$$Q_4 = 11228 \times 3.8939 \times (74-64) = 437207.09 \ (\text{kJ/h})$$
$$Q_5 = 11228 \times 3.8939 \times (84-74) = 437207.09 \ (\text{kJ/h})$$
$$Q_6 = 11228 \times 3.8939 \times (92-84) = 349765.67 \ (\text{kJ/h})$$

（3）热量衡算

蒸发量分配：一效 4240kg/h；二效 1361.5kg/h；三效 1245.5kg/h；四效 1153kg/h（由热平衡多次试算而得）。

各效占总蒸发量质量分数：一效 52.9%；二效 17.2%；三效 15.7%；四效 14.2%。

沸点温度：一效 81℃；二效 71℃；三效 59℃；四效 48℃（计算略）。

用于一效加热的蒸汽耗量：

$$D = \cfrac{4240 \times 2310.81 - 11228 \times 3.8939(92-81) + 437207.09 - \cfrac{155.9 \times 4.187 \times (105-90) \times 2282.75}{2659.58}}{2282.75} \times 1.06$$

$$= 4525.44 \ (\text{kg/h})$$

采用热压缩技术抽吸一效二次蒸汽作为蒸发器的一部分加热热源。

喷射系数计算：膨胀比 $\beta = 8.076/0.4637 = 17.42$，压缩比 $\sigma = 0.711/0.4637 = 1.533$，利用差值的方法求取，按表 2-4 进行差值计算，即当 $\sigma = 1.533$、$\beta = 17.42$ 时，有

$$\mu_1 = 1.98 + \frac{1.32-1.98}{1.6-1.4} \times (1.533-1.4) = 1.541$$

$$\mu_2 = 2.11 + \frac{1.45-2.11}{1.6-1.4} \times (1.533-1.4) = 1.671$$

$$\mu = 1.541 + \frac{1.671-1.541}{20-15} \times (17.42-15) = 1.604 \ (取 \ \mu = 1.6)$$

$$G_0 + \mu G_0 = D$$

$$G_0 = D/(1+\mu)$$

式中　G_0——饱和生蒸汽量，kg/h；

　　　D——一效蒸发器加热蒸汽总量，这里 $D=4525.44$kg/h；

　　　μ——喷射系数，这里 $\mu=1.6$。则

$$G_0=4525.44/(1+1.6)=1740.55 \text{（kg/h）}$$

用于一效加热的一效二次蒸汽量为

$$4525.44-1740.55=2784.89 \text{（kg/h）}$$

用于二效加热的一效二次蒸汽量及热量分别为

$$4240-2784.89=1455.11 \text{（kg/h）}$$

$$1455.11\times2310.81=3362482.74\text{kJ/h}$$

二效蒸发所需热量：

$$Q=\left[1361.5\times557.9-(11228\times0.93-4240\times1)\times(81-71)+104420.13-\frac{4681.34\times(90-79)\times551.9}{630.9}\right]\times4.187\times1.06=3359439.2 \text{（kJ/h）}$$

$$3359439.2/3362482.74=0.999$$

用于三效加热的热量：

$$1361.5\times2335.93=3180368.695 \text{（kJ/h）}$$

三效蒸发所需热量：

$$Q'=\left[1245.5\times565-(11228\times0.93-4240\times1-1361.5\times1)\times(71-59)+125304.158-\frac{6136.45\times(79-69)\times557.9}{626.9}\right]\times4.187\times1.06=3179162.611 \text{（kJ/h）}$$

$$3179162.611/3180368.695=0.999$$

用于四效加热的热量：

$$1245.5\times2365.655=2946423.3 \text{（kJ/h）}$$

四效蒸发所需热量：

$$Q''=\left[1153\times571.8-(11228\times0.93-4240\times1-1361.5\times1-1245.5\times1)\times(59-48)+125304.158-\frac{7497.95\times(69-57)\times565}{622}\right]\times4.187\times1.06=2943933.692 \text{（kJ/h）}$$

$$2943933.692/2946423.3=0.999$$

不再试算。

蒸发所需蒸汽总量：

$$G'_0=1740.55+155.9=1896.45 \text{（kg/h）}$$

经济指标：

$$V=1896.45/8000=0.237$$

如果不设有热泵，蒸汽耗量即为一效加热蒸汽的耗量 2379.4kg/h。

蒸发所需蒸汽总量：

$$G''_0=2379.4+155.9=2535.3 \text{（kg/h）}$$

经济指标：

$$V=2535.3/8000=0.316$$

有热泵节省蒸汽量：

$$G'''_0=2535.3-1896.45=638.85\ (\text{kg/h})$$

从上述计算比较可看出采用热压缩技术节能效果显著，此外采用多效降膜式蒸发器节能效果更加显著。因此，应根据处理量大小，浓缩后料液浓度的高低（即浓缩比的大小，浓缩比是指浓缩后料液浓度与浓缩前料液浓度之比），最重要的是节能多少及物料特性综合考虑并确定出究竟采用几效进行蒸发。从上述计算可看出，由于采用了蒸汽杀菌，也使蒸汽耗量增加。

4.1.5　四效降膜式蒸发器热压缩不同效二次蒸汽的比较

（1）主要技术参数

物料介质为牛奶，水分蒸发量为 10000kg/h，料液比热容按 0.93kcal/（kg·℃）计算，进料质量分数为 11.5%，进料温度为 5℃，出料质量分数为 40%～45%，热损失按 6% 计入。物料利用蒸发器壳程蒸汽及末效二次蒸汽进行预热，经过五级预热使物料温度预热至 82℃，杀菌采用蒸汽直接式杀菌方法，杀菌温度为 92℃，使用蒸汽压力为 0.123MPa，杀菌后经过闪蒸脱臭将加入蒸汽去除，然后进入蒸发器蒸发，料液进入蒸发器温度为 82℃。

蒸发器设计蒸发状态参数见表 4-5。

表 4-5　蒸发状态参数

项目	压力/(kgf/cm²)	温度/℃	比体积/(m³/kg)	汽化热/(kcal/kg)	焓/(kcal/kg)
进汽	7.146	165	0.2725	493.5	660.0
杀菌	—	92	2.2	543.9	635.9
一效加热	0.6372	87	2.629	547.1	634.1
一效蒸发	0.3913	75	4.133	554.3	629.3
二效蒸发	0.2330	63	6.749	561.4	624.4
三效蒸发	0.14574	53	10.49	567.3	620.3
四效蒸发	0.09771	45	15.28	571.8	616.8
冷凝器	0.09771	45	15.28	571.8	616.8

进料量：

$$S=10000\times45/(45-11.5)=11688.3\ (\text{kg/h})\quad(\text{取 }11688\text{kg/h})$$

出料量：

$$S'=11688-10000=1688\ (\text{kg/h})$$

（2）物料预热计算

蒸发器结构如图 4-5 所示，主要由一、二、三、四效蒸发器，分离器，物料预热器，热泵，杀菌器，闪蒸器，保持管，冷凝器，物料泵，真空泵，平衡缸等组成。

本计算不计蒸发过程中料液比热容的微小变化（以下计算同）。

本蒸发系统的预热分五段预热加一个直接式杀菌系统。

$$Q_1=11688\times0.93\times(40-5)=380444.4\ (\text{kcal/h})$$
$$Q_2=11688\times0.93\times(48-40)=86958.72\ (\text{kcal/h})$$
$$Q_3=11688\times0.93\times(58-48)=108698.4\ (\text{kcal/h})$$
$$Q_4=11688\times0.93\times(67-58)=97828.56\ (\text{kcal/h})$$
$$Q_5=11688\times0.93\times(82-67)=163047.6\ (\text{kcal/h})$$

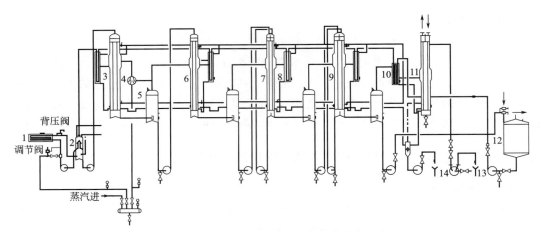

图 4-5 RNJM04-10000 型四效降膜式蒸发器

1—保持管；2—闪蒸器；3——效蒸发器；4—热泵；5—分离器；6—二效蒸发器；

7—三效蒸发器；8，10—预热器；9—四效蒸发器；11—冷凝器；

12—平衡罐；13—物料泵；14—真空泵

$$Q_6 = 11688 \times 0.93 \times (92-82) = 108698.4 \text{ (kcal/h)}$$

料液经过直接式杀菌所消耗的蒸汽量的计算：物料由 82℃ 经过杀菌后温度 92℃，蒸汽加热温度为 105℃。

$$G_0 = \frac{c(t_2 - t_1)S}{i - ct_2}$$

式中　G_0——蒸汽耗量，kg/h；

t_1，t_2——料液加热前后温度，这里 $t_1 = 82℃$，$t_2 = 92℃$；

S——处理量，这里 $S = 11688\text{kg/h}$；

i——蒸汽热焓，这里 $i = 2683.448\text{kJ/kg}$；

c——比热容，这里 $c = 3.8939\text{kJ/(kg·℃)}$。

则蒸汽耗量为

$$G_0 = \frac{3.8939 \times (92-82) \times 11688}{2683.448 - 3.8939 \times 92} = 195.73 \text{ (kg/h)}$$

将经过直接杀菌后的料液中的蒸汽增加量通过闪急蒸发器将其去除，按等量计算，闪蒸后的二次蒸汽直接被系统真空泵抽除不再作为蒸发器加热热源考虑（以下同）。

(3) 热量衡算

热泵抽吸一效二次蒸汽作为一效的一部分加热热源，如图 4-5 所示。

蒸发量分配：一效 5063kg/h；二效 1743kg/h；三效 1641kg/h；四效 1553kg/h（由热平衡多次试算而得）。

各效占总蒸发量质量分数：一效 50.63%；二效 17.43%；三效 16.41%；四效 15.53%。

沸点温度：一效 77℃；二效 65℃；三效 55℃；四效 48℃（计算略）。

用于一效加热的蒸汽耗量：

$$D = \frac{5063 \times 554.3 - 11688 \times 0.93 \times (82-77) + 163047.6}{547.1} \times 1.06 = 5648 \text{ (kg/h)}$$

采用热压缩技术抽吸一效二次蒸汽作为蒸发器的一部分加热热源。

喷射系数计算：膨胀比 $\beta = 7.146/0.3913 = 18.26$，压缩比 $\sigma = 0.6372/0.3913 = 1.628$，

利用差值的方法求取，按表 2-4 进行差值计算，即当 $\sigma=1.628$、$\beta=18.26$ 时，有

$$\mu_1=1.32+\frac{1-1.32}{1.8-1.6}\times(1.628-1.6)=1.275$$

$$\mu_2=1.45+\frac{1.11-1.45}{1.8-1.6}\times(1.628-1.6)=1.402$$

$$\mu=1.275+\frac{1.402-1.275}{20-15}\times(18.26-15)=1.3578\ (\text{取}\ \mu=1.35)$$

$$G_0+\mu G_0=D$$
$$G_0=D/(1+\mu)$$

式中，G_0 为饱和生蒸汽量，kg/h；D 为一效蒸发器加热蒸汽总量，这里 $D=5648$kg/h；μ 为喷射系数，为安全考虑这里 $\mu=1.35$。则

$$G_0=5648/(1+1.35)=2403.4\ (\text{kg/h})$$

用于一效加热的一效二次蒸汽量为

$$5648-2403.4=3244.6\ (\text{kg/h})$$

用于二效加热的一效二次蒸汽量及热量分别为

$$5063-3244.6=1818.4\ (\text{kg/h})$$

$$1818.4\times554.3=1007939.12\ (\text{kcal/h})$$

二效蒸发所需热量：

$$Q=\left[1743\times561.4-(11688\times0.93-5063\times1)\times(77-65)+97828.56\right.$$
$$\left.-\frac{5648\times(87-75)\times554.3}{629.3}\right]\times1.06=1003786.32\ (\text{kcal/h})$$

$$1003786.32/1007939.12=0.995$$

用于三效加热的热量：

$$1743\times561.4=978520.2\ (\text{kcal/h})$$

三效蒸发所需热量：

$$Q=\left[1641\times567.3-(11688\times0.93-5063\times1-1743\times1)\times(65-55)+108698.4\right.$$
$$\left.-\frac{7466.4\times(75-63)\times561.4}{624.4}\right]\times1.06=973549.1\ (\text{kcal/h})$$

$$973549.1/978520.2=0.995$$

用于四效加热的热量：

$$1641\times567.3=930939.3\ (\text{kcal/h})$$

四效蒸发所需热量：

$$Q=\left[1553\times571.8-(11688\times0.93-5063\times1-1743\times1-1641\times1)\times(55-48)\right.$$
$$\left.+86958.72-\frac{9209.4\times(63-53)\times567.3}{620.3}\right]\times1.06=926205.72\ (\text{kcal/h})$$

$$926205.72/930939.3=0.995$$

不再试算。

蒸发所需蒸汽总量：

$$G'_0=2403.4+195.73=2599.13\ (\text{kg/h})$$

经济指标：
$$V = 2599.13/10000 = 0.2599$$

（4）热泵抽吸二效二次蒸汽作为一效的一部分加热热源

上述一些参数不变，如图 4-6 所示。

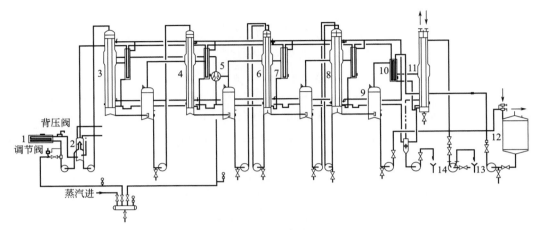

图 4-6   RNJM04-10000 型四效降膜式蒸发器

1—保持管；2—闪蒸器；3——效蒸发器；4—二效蒸发器；5—热泵；6—三效蒸发器；7，10—预热器；
8—四效蒸发器；9—分离器；11—冷凝器；12—平衡罐；13—物料泵；14—真空泵

蒸发量分配：一效 3376kg/h；二效 3202kg/h；三效 1763kg/h；四效 1659kg/h（由热平衡多次试算而得）。

各效占总蒸发量质量分数：一效 33.76%；二效 32.02%；三效 17.63%；四效 16.59%。

沸点温度：一效沸点 81℃；二效沸点 71℃；三效沸点 59℃；四效沸点 48℃（计算略）。

用于一效加热的蒸汽耗量：
$$D = \frac{3376 \times 554.3 - 11688 \times 0.93 \times (82-77) + 163047.6}{547.1} \times 1.06 = 3836.26 \ (\text{kg/h})$$

采用热压缩技术抽吸二效二次蒸汽作为蒸发器的一部分加热热源。

喷射系数计算：膨胀比 $\beta = 7.146/0.2330 = 30.66$，压缩比 $\sigma = 0.6372/0.2330 = 2.73$，利用差值的方法求取，按表 2-4 进行差值计算，即当 $\sigma = 2.73$、$\beta = 30.66$ 时，有

$$\mu_1 = 0.58 + \frac{0.5-0.58}{2.8-2.6} \times (2.73-2.6) = 0.528$$

$$\mu_2 = 0.65 + \frac{0.57-0.65}{2.8-2.6} \times (2.73-2.6) = 0.598$$

$$\mu = 0.528 + \frac{0.598-0.528}{40-30} \times (30.66-30) = 0.533$$

$$G_0 + \mu G_0 = D$$
$$G_0 = D/(1+\mu)$$

式中 G_0——饱和生蒸汽量，kg/h；

$\quad\quad D$——二效蒸发器加热蒸汽总量，这里 $D = 3836.26$kg/h；

$\quad\quad \mu$——喷射系数，这里 $\mu = 0.533$。则

$$G_0 = 3836.26/(1+0.533) = 2502.45 \ (\text{kg/h})$$

用于二效加热的热量：

$$3376 \times 554.3 = 1871316.8 \ (\text{kcal/h})$$

二效蒸发所需热量：

$$Q = \left[3202 \times 561.4 - (11688 \times 0.93 - 3376 \times 1) \times (77 - 65) + 97828.56 \right.$$
$$\left. - \frac{3836.26 \times (87 - 75) \times 554.3}{629.3} \right] \times 1.06 = 1870854 \ (\text{kcal/h})$$
$$1870854 / 1871316.8 = 0.999$$

用于一效加热的二效二次蒸汽量：

$$3836.26 - 2502.45 = 1333.81 \ (\text{kg/h})$$

用于三效加热的二效二次蒸汽量：

$$3202 - 1333.81 = 1868.19 \ (\text{kg/h})$$

用于三效加热的热量：

$$1868.19 \times 561.4 = 1048801.87 \ (\text{kcal/h})$$

三效蒸发所需热量：

$$Q = \left[1763 \times 567.3 - (11688 \times 0.93 - 3376 \times 1 - 3202 \times 1) \times (65 - 55) + 108698.4 \right.$$
$$\left. - \frac{7212.26 \times (75 - 63) \times 561.4}{624.4} \right] \times 1.06 = 1047402 \ (\text{kcal/h})$$
$$1047402 / 1048801.87 = 0.998$$

用于四效加热的热量：

$$1763 \times 567.3 = 1000149.9 \ (\text{kcal/h})$$

四效蒸发所需热量：

$$Q = \left[1659 \times 571.8 - (11688 \times 0.93 - 3376 \times 1 - 3202 \times 1 - 1763 \times 1) \times (55 - 48) \right.$$
$$\left. + 86958.72 - \frac{9080.45 \times (63 - 53) \times 567.3}{620.3} \right] \times 1.06 = 990916.73 \ (\text{kcal/h})$$
$$990916.73 / 1000149.9 = 0.99$$

可视为热平衡，不再试算。

蒸发所需蒸汽总量：

$$G'_0 = 2502.45 + 195.73 = 2698.18 \ (\text{kg/h})$$

经济指标：

$$V = 2698.18 / 10000 = 0.2698$$

按上述给定的蒸发参数计算可看出，热泵抽吸一效及二效二次蒸汽分别用于一效的一部分加热热源，后者生蒸汽耗量比前者增加 99kg/h 左右，其蒸发面积显然也要大于前者。从蒸发量分配看，二效与一效差距不是很大。如果想要热泵抽吸二效二次蒸汽作为一效的一部分加热热源，能比抽吸一效二次蒸汽作为一效加热热源节省蒸汽，则要求提高使用蒸汽压力和二效蒸发温度。二效二次蒸汽作为一效的一部分加热热源的优点是二效换热面积变大，蒸发量变大，一、二效加热温度较高，这样更有利于一、二效蒸发面积均衡分配及有效蒸发。四效采用热压缩技术抽吸二效二次蒸汽的原因之一是，当喷射系数较大时，即当 μ 值达到 1.6 左右时，一效的蒸发面积就要占总面积 60% 以上了。当参数不变时抽吸二效二次蒸汽加热一效，无疑是可以起到平衡各效换热面积的作用。当然，调整各效换热面积可以采用调整各效传热温差的办法来实现，这是常用的方法。

4.1.6　热泵使用效果及设计注意事项

热泵应用效果如何与以下几个方面有关：与热泵设计有关；与蒸发系统热量衡算即蒸发器换热面积的计算确定有关；与制造安装及操作参数控制有关。热泵的设计及计算是比较成熟的技术，热泵喷嘴孔径、热泵的喷射系数及热泵喷嘴端面至扩散管端面距离的确定是关键，其次是结构尺寸的确定。热泵的喷射系数根据压缩比与膨胀比查表按内插法计算求出，计算数值要准确。热泵结构设计也关系到热泵噪声的大小。热泵是否能起到节能作用与蒸发系统的热量衡算即换热面积的确定有关。目前国内的蒸发器大多数是超能力设计，即换热面积的确定偏保守，如果按生产工艺要求进行生产很可能热泵的进汽压力低于设计值，这样也就会降低热泵的工作效率。其次如果蒸发系统热量衡算不正确如各效换热面积分配不合理，冷凝器换热面积计算不足，冷却水量不足或水温过高，对热敏性物料来说又有蒸发温度控制要求，热泵的进汽压力低，不能达到设计值，其抽吸二次蒸汽量会降低。热泵在制造过程中最重要的一点是要保证其气密性，制造完毕后进行不低于 0.2MPa 的水压试验，保持 15min 不得泄漏。其次是安装，热泵一般按二次蒸汽流向（旋转方向）安装或安装在二次蒸汽走向的最高点，安装过程中各连接处不得泄漏。热泵的使用效果还与操作控制有关，热泵在进汽前要检查蒸汽的质量，是否带水操作，长时间蒸汽中带水操作会降低热泵的工作效率，降低加热温度。因此，开机前要把分汽缸或管道中的水排净后方可给汽生产。此外，要满负荷生产。

热泵在降膜式蒸发器中作为节能技术应用普遍，要获得良好的节能效果，除了上述注意事项外，设备的使用维护也是关键，如泄漏、喷嘴严重磨损等要及时进行维修或更换。此外，热泵的噪声也是近几年用户关注的问题。噪声的大小也是衡量热泵性能的一项重要指标，在设计上必须给予重视。

热泵在蒸发器中，尤其是在单效、双效以及多效降膜式蒸发器中应用最为普遍。其主要作用是：抽吸二次蒸汽并提高其温度、压力作为加热热源，起到节能作用；降低了一次蒸汽的温度以利于低温加热蒸发。热泵使用效果怎样绝大多数用户还没有做过测算，因为大多数蒸发器还不是自动控制，大多数蒸发器进汽管道还没有安装蒸汽流量计；即使安装了蒸汽流量计，还与流量计本身的质量、蒸汽的质量及参数的控制有关，所以究竟能节能多少，用户还无从得知。因此，有的用户对热泵的节能效果也会产生怀疑。但是，从上述理论计算中可以看出在蒸发器中设置热泵是可以节能的，在不同行业广泛、长期的应用中都证明了这一点。

4.2　不同加料方法的蒸汽耗量

进入蒸发器的料液的温度有三种：①低于沸点温度进料；②高于沸点温度进料；③等于沸点温度进料。低于沸点温度的料液在降膜式蒸发器中都要经过预热器将料液预热至沸点或沸点以上的温度方可进入蒸发器中进行蒸发，在多效降膜式蒸发器中，加料方式也不尽相同，有并流加料法、逆流加料法及混流加料法，其中以并流加料法最为常见。采用什么样的加料方法及第几效出料是由物料的特性决定的。用于并流加料法末效出料的料液有很多，如牛奶、果汁、茶浸提液、胶原蛋白、葡萄糖浆等。混流与逆流加料法通常是采用蒸发温度较高的效出料,适合于料液随着蒸发温度降低,浓度增高而黏度变大的产品的蒸发,尤其适合含糖量较高的物料,如用于蜜汁用的蔗糖水溶液、味精生产中的谷氨酸二次母液、果糖、麦芽糖浆、葡萄糖浆等的生产。而牛奶等热敏性物料不宜采用此加料方法。仅以TNJM03-6200型三效降膜式蒸发器在木糖蒸发中的应用为例对不同加料方法进行比较阐述。

(1) 主要技术参数

物料介质:木糖水溶液

生产能力:6200kg/h

进料质量分数:12%

进料温度:68℃

出料质量分数:35%

料液比热容:按2.931kJ/(kg·℃)计算

使用蒸汽压力:0.75~0.8MPa

热损失:按6%计入

装机容量:45kW

(2) 设备流程

同种物料条件下三种不同加料方法及出料方法的设备流程如图4-7~图4-9所示。蒸发器设计蒸发状态参数见表4-6。

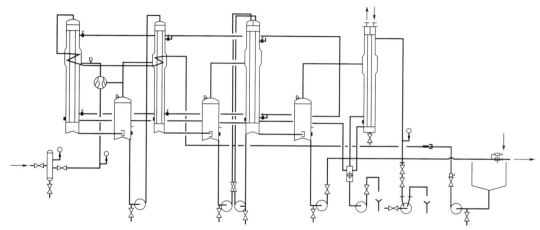

图4-7 TNJM03-6200型三效降膜式蒸发器

(并流加料、末效出料)

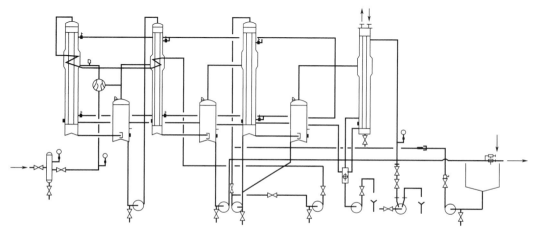

图4-8 TNJM03-6200型三效降膜式蒸发器

(混流加料、二效出料)

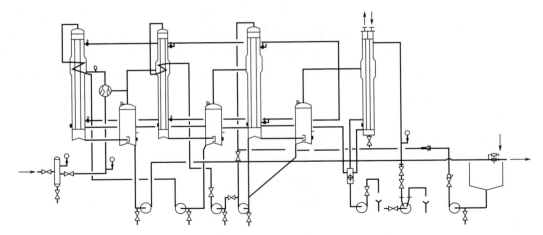

图 4-9　TNJM03-6200 型三效降膜式蒸发器
（逆流加料、一效出料）

表 4-6　蒸发状态参数

项目	压力/MPa	温度/℃	比体积 /(m³/kg)	汽化热 /(kJ/kg)	焓/(kJ/kg)
进汽	0.7883	169	0.2725	2052.886	2767.61
一效加热	0.08949	96	1.915	2267.261	2669.631
二效加热	0.05028	81	3.282	2305.781	2644.928
三效加热	0.02666	66	5.947	2343.045	2619.387
三效蒸发	0.013216	51	11.5	2379.89	2593.428
冷凝器	0.013216	51	11.5	2379.9	2593.428

4.2.1　并流加料、末效出料的蒸汽耗量

(1) 预热级的热量计算

不计冷凝水的热量，忽略物料比热容在蒸发过程中的微小变化（以下同）。

各效温差损失（计算略）：一效 83℃；二效 68℃；三效 54℃。

蒸发量分配：一效 3540kg/h；二效 1460.5kg/h；三效 1199.5kg/h。

各效占总蒸发量质量分数：一效 57.1%；二效 23.56%；三效 19.34%。

进料量：

$$S = (6200 \times 35)/(35-12) = 9434.78 \ (kg/h) \quad (取\ 9435kg/h)$$

第一级预热级的热量［这里料液比热容取 2.931kJ/（kg·℃）］：

$$Q_1' = 9435 \times 2.931 \times (76-68) = 221231.88 \ (kJ/h)$$

第二级预热级的热量［这里料液比热容取 2.931kJ/（kg·℃）］：

$$Q_2' = 9435 \times 2.931 \times (92-76) = 442463.76 \ (kJ/h)$$

(2) 热量衡算（多次试算结果）

一效加热用的蒸汽量：

$$D_1 = [W_1 r_1 - Sc(t_0 - t_1) + Q_1' + q]/R_1$$

二效的热量衡算式：

$$R_2 D_2 = W_2 r_2 - (Sc - W_1 c_p)(t_1 - t_2) + Q_2' + q$$

三效的热量衡算式：

$$R_3 D_3 = W_3 r_3 - (Sc - W_1 c_p - W_2 c_p)(t_2 - t_3) + Q_3' + q$$

式中，D_1、D_2、D_3 为蒸汽耗量，kg/h；W_1、W_2、W_3 为水分蒸发量，kg/h；S 为进料量，这里 $S = 9435$kg/h；c 为物料比热容，这里 $c = 2.931$kJ/（kg·℃）；t_0、t_1、t_2、t_3 为料液沸点温度，$t_0 = 92$℃；R_1 为加热蒸汽潜热，这里 $R_1 = 2267.261$kJ/kg；r_1、r_2、r_3 为二次蒸汽汽化潜热，$r_1 = 2305.781$kJ/kg；q 为热量损失，5%～6%，这里按总热量的6%计算。

则一效蒸汽耗量：

$$D_1 = [3540 \times 2305.781 - 9435 \times 2.931 \times (92 - 83) + 442463.76] \times 1.06/2267.261$$
$$= 3906.65\ (\mathrm{kg/h})$$

生蒸汽耗量（这里喷射系数取 $\mu = 1$）：

$$G_0 = 3906.65/(1+1) = 1953.325\ (\mathrm{kg/h})$$

用于一效加热的一效二次蒸汽量：

$$3906.65 - 1953.325 = 1953.325\ (\mathrm{kg/h})$$

用于二效加热的一效二次蒸汽量及热量：

$$3540 - 1953.325 = 1586.675\ (\mathrm{kg/h})$$
$$1586.675 \times 2305.781 = 3658525.068\ (\mathrm{kJ/h})$$

二效加热蒸发实际所需要的热量：

$$Q_2 = [1460.5 \times 2343.045 - (9435 \times 2.931 - 3540 \times 4.187)(83 - 68) + 221231.88] \times 1.06$$
$$= 3657815.17\ (\mathrm{kJ/h})$$

$$3657815.17/3658525.068 = 0.999$$

不再试算。

用于三效加热的热量：

$$1460.5 \times 2343.045 = 3422017.223\ (\mathrm{kJ/h})$$

三效加热蒸发实际所需要的热量（$Q_3' = 0$）：

$$Q_3 = [1199.5 \times 2768.108 - (9435 \times 2.931 - 3540 \times 4.187 - 1460.5 \times 4.187)(68 - 54)]$$
$$\times 1.06 = 3419887.609\ (\mathrm{kJ/h})$$

$$3419887.609/3422017.223 = 0.999$$

实际蒸发所需要的热量与用于蒸发的热量之比不低于99%，可视为热平衡，因此不再试算。

由于混流与逆流加料、出料与并流发生了改变，其热量衡算过程与并流衡算过程也不相同。

4.2.2　混流加料、二效出料的蒸汽耗量

（1）预热级的热量计算

料液蒸发时沸点温度：一效83℃；二效68℃；三效54℃。

蒸发量分配：一效 3620kg/h；二效 1360kg/h；三效 1220kg/h。

各效占总蒸发量质量分数：一效 58.4％；一效 21.94％；三效 19.66％。

第一级预热级的热量计算〔这里料液比热容取 2.931kJ/(kg·℃)〕：

$$Q_1' = 8215 \times 2.931 \times (70-54) = 385250.64 \ (kJ/h)$$

第二级预热级的热量计算〔这里料液比热容取 2.931kJ/(kg·℃)〕：

$$Q_2' = 8215 \times 2.931 \times (92-70) = 529719.63 \ (kJ/h)$$

(2) 热量衡算（多次试算结果）

用于第一效加热用的蒸汽量：

$$D = \frac{[3620 \times 2305.781 - (9435 \times 2.931 - 1360 \times 4.187) \times (92-83) + 529719.63] \times 1.06}{2267.261}$$

$$=4057.65 \ (kg/h)$$

生蒸汽耗量（这里喷射系数 $\mu=1$）：

$$G_0 = 4057.65/(1+1) = 2028.825 \ (kg/h)$$

用于一效加热的一效二次蒸汽量：

$$4057.65 - 2028.825 = 2028.825 \ (kg/h)$$

用于二效加热的一效二次蒸汽量及热量：

$$3620 - 2028.825 = 1591.175 \ (kg/h)$$

$$1591.175 \times 2305.781 = 3668901.083 \ (kJ/h)$$

二效加热蒸发实际所需要的热量：

$$Q_2 = [1360 \times 2343.045 - (9435 \times 2.931 - 1220 \times 4.187 - 3620 \times 4.187) \times (83-68)$$
$$+ 385250.64] \times 1.06 = 3668615.761 \ (kJ/h)$$

$$3668615.761/3668901.083 = 0.999$$

用于三效加热的热量：

$$1360 \times 2343.045 = 3186541.2 \ (kJ/h)$$

三效加热蒸发实际所需要的热量：

$$Q_3 = [1220 \times 2768.108 - 9435 \times 2.931 \times (68-54)] \times 1.06$$
$$= 3169332.128 \ (kJ/h)$$

$$3169332.128/3186541.2 = 0.99$$

实际蒸发所需要的热量与用于蒸发的热量之比不低于 99％；可视为热平衡，因此不再试算。

4.2.3　逆流加料、一效出料的蒸汽耗量

(1) 预热级的热量计算

料液蒸发时沸点温度：一效 83℃；二效 68℃；三效 54℃。

蒸发量分配：一效 3542kg/h；二效 1403kg/h；三效 1255kg/h。

各效占总蒸发量质量分数：一效 57.22％；二效 22.6％；三效 20.18％。

第一级预热级的热量〔这里料液比热容取 2.931kJ/(kg·℃)〕：

$$Q_1' = 8180 \times 2.931 \times (70-54) = 383609.28 \ (kJ/h)$$

第二级预热级的热量〔这里料液比热容取 2.931kJ/(kg·℃)〕：

$$Q_2' = 6777 \times 2.931 \times (92-68) = 476721.288 \ (kJ/h)$$

(2) 热量衡算 （多次试算结果）

用于第一效加热用的蒸汽量：

$$D=[3542\times2305.781-(9435\times2.931-1403\times4.187-1255\times4.187)\times(92-83)$$
$$+476721.288]\times1.06/2267.261=3971.65\ (kg/h)$$

生蒸汽耗量（这里喷射系数 $\mu=1$）：
$$G_0=3971.65/(1+1)=1985.825\ (kg/h)$$

用于一效加热的一效二次蒸汽量：
$$3971.65-1985.825=1985.825\ (kg/h)$$

用于二效加热的一效二次蒸汽量及热量：
$$3542-1985.825=1556.175\ (kg/h)$$
$$1558.9\times2305.781=3588198.748\ (kJ/h)$$

二效加热蒸发实际所需要的热量：
$$Q_2=[1403\times2343.045-(9435\times2.931-1255\times4.187)\times(68-54)+383609.28]$$
$$\times1.06=3558749.888\ (kJ/h)$$
$$3558749.888/3588198.748=0.991$$

用于三效加热的热量：
$$1403\times2343.045=3287292.135\ (kJ/h)$$

三效加热蒸发实际所需要的热量：
$$Q_3=[1255\times2768.108-9435\times2.931\times(68-54)]\times1.06=3272028.935\ (kJ/h)$$
$$3272028.935/3287292.135=0.995$$

不再试算。

从上述不同进料及出料方式可以看出，三种不同加料方法的蒸汽耗量分别是：并流加料法1953.325kg/h；混流加料法2028.825kg/h；逆流加料法1985.825kg/h。蒸汽耗量后两种较高。经济指标（单耗 kg/kg，即每蒸发1kg水分所消耗蒸汽的量）分别为：并流0.3157；混流0.32；逆流0.32。

对热敏性物料，一般不采用后两种方法进料及出料，如对牛奶来说随着浓度的增高，蒸发温度升高，很容易产生结垢结焦，甚至引起热变性。而对于其他一些料液如味精生产中的谷氨酸二次母液、玉米浸泡液、葡萄糖浆等却可以采用后两种进料及出料方式。这是由这些料液特性决定的：随着蒸发温度的降低其黏度增大，甚至还有可能产生少量结晶现象，这样就可采用后两种加料方式进料。

4.2.4 低于沸点温度并流加料的蒸汽耗量

绝大多数的料液是在比较低的温度下进入蒸发器蒸发的。其进料也有上述三种进料方法，后两种不常采用，因此不再赘述，需要说明的是并流加料末效出料也是最为常见的一种加料方式，仍以上述主要参数为例进行计算并作阐述。进料温度为20℃，前效壳程冷凝水进入次效壳程所释放的热量计入热量衡算，其设备流程如图4-10所示。

（1）预热级的热量计算

共分四个预热级，将20℃料液预热至沸点以上的温度。

料液蒸发时沸点温度：一效83℃；二效68℃；三效54℃。

蒸发量分配：一效3454kg/h；二效1422kg/h；三效1324kg/h。

各效占总蒸发量质量分数：一效55.7%；二效22.9%；三效21.4%。

第一至第四级预热级的热量计算[这里料液比热容取2.931kJ/(kg·℃)]：

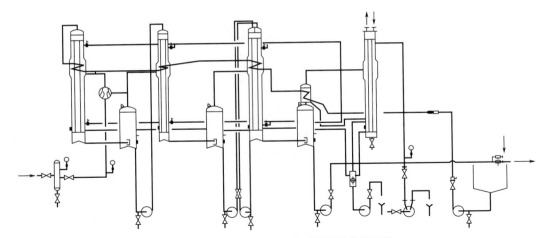

图 4-10 TNJM03-6200 型三效降膜式蒸发器
(并流加料、末效出料)

$$Q'_1 = 9435 \times 2.931 \times (47-20) = 746657.595 \ (\text{kJ/h})$$
$$Q'_2 = 9435 \times 2.931 \times (61-47) = 387155.79 \ (\text{kJ/h})$$
$$Q'_3 = 9435 \times 2.931 \times (76-61) = 414809.775 \ (\text{kJ/h})$$
$$Q'_4 = 9435 \times 2.931 \times (92-76) = 442463.76 \ (\text{kJ/h})$$

(2) 热量衡算（多次试算结果）

用于第一效加热用的蒸汽量（冷凝水的热量计入热平衡计算中）：

$$D = [3454 \times 2305.781 - 9435 \times 2.931 \times (92-83) + 442463.76] \times 1.06/2267.261$$
$$= 3813.95 \ (\text{kg/h})$$

生蒸汽耗量计算（这里喷射系数 $\mu=1$）：

$$G_0 = 3813.95/(1+1) = 1906.975 \ (\text{kg/h})$$

用于一效加热的一效二次蒸汽量：

$$3813.95 - 1906.975 = 1906.975 \ (\text{kg/h})$$

用于二效加热的一效二次蒸汽量及热量：

$$3454 - 1906.975 = 1547.025 \ (\text{kg/h})$$
$$1547.025 \times 2305.781 = 3567100.852 \ (\text{kJ/h})$$

二效加热蒸发实际所需要的热量：

$$Q_2 = [1422 \times 2343.045 - (9435 \times 2.931 - 3454 \times 4.187) \times (83-68) + 414809.775$$
$$- 3813.95 \times 4.187 \times (96-81) \times 2305.781/2644.928] \times 1.06$$
$$= 3540312.892 \ (\text{kJ/h})$$

$$3540312.892/3567100.852 = 0.992$$

用于三效加热的热量：

$$1422 \times 2343.045 = 3331809.99 \ (\text{kJ/h})$$

三效加热蒸发实际所需要的热量：

$$Q_3 = [1324 \times 2379.89 - (9435 \times 2.931 - 3454 \times 4.187 - 1422 \times 4.187) \times (68-54)$$
$$+ 387155.79 - 5360.975 \times 4.187 \times (81-66) \times 2343.045/2619.387] \times 1.06$$
$$= 3323757.939 \ (\text{kJ/h})$$

$$3323757.939/3331809.99＝0.998$$

不再试算。

蒸汽耗量：

$$G_0＝1906.975\text{kg/h}$$

经济指标：

$$V＝1906.975/6200＝0.308$$

从上述热量衡算可以看出，这种进料方法随着蒸发温度的降低，各效蒸发量是逐渐降低的。由于低温进料，料液经过逐级预热升温至沸点温度以上才进入蒸发器开始蒸发，其蒸汽耗量要比上述并流加料法、混流加料法及完全的逆流加料法的蒸汽耗量所差无几（上述三种忽略冷凝水的热量）。本例最大的优点是利用了末效二次蒸汽对料液进行了预热，预热后的蒸汽再进入冷凝器中，这也大大减低了冷凝器的冷凝负荷，起到节能降耗的作用。从上述计算可以看出，虽然进料温度比较低，但蒸汽耗量增加并不明显，这主要是末级预热温差比较大所带来的效果。降膜式蒸发器加料及出料方法不尽相同，其蒸汽耗量也有明显差别，具体采取什么样的加料及出料方法，应根据料液的特性及工艺要求作出判断及选择。能用一般生产工艺完成蒸发任务就没有必要采取比较复杂的加料方法，这样才能使设备设计更趋于合理化，并满足不同料液的生产需要。

第5章

外循环蒸发器的设计

外循环蒸发器主要用于耐热温度较高、黏度较大、易结垢结焦物料的蒸发上。应用领域包括食品行业如骨头汤蒸发，化工行业如有机溶剂的回收，制药行业如刺五加、皂苷等水溶液的蒸发浓缩。随着其应用领域的扩展，近年来有一些蒸发器在使用过程中仍存在一定问题，如跑料、生产能力不足等。其中生产能力不足最为常见，其原因主要是设计者对设计参数不十分清楚、物料特性了解掌握得不够透彻，蒸发器换热面积的计算偏小，结构设计不尽合理。其中蒸发器换热面积计算偏小是蒸发器未能达到生产能力的最主要原因。外循环蒸发器料液在蒸发器中的换热特点决定了传热系数最高也不超过 1200kcal/(m^2 · h · ℃)。

5.1 单效外循环蒸发器的工艺设计计算

以单效外循环蒸发器用于刺五加药液蒸发的应用为例进行阐述。

(1) 主要技术参数

生产能力：1000kg/h
进料质量分数：8%
进料温度：30℃
进料黏度：10cP（10mPa · s）
蒸发温度：65℃
出料质量分数：30%

进料密度：按 1006kg/m^3 计
蒸汽压力：0.3MPa
冷却水进水温度：30℃
出水温度：按 42℃ 计
物料 pH 值：6

流程如图 5-1 所示，蒸发状态参数如表 5-1 所示。

单效外循环蒸发器蒸发状态参数见表 5-1。

表 5-1 蒸发状态参数

项目	压力（绝压）/MPa	温度/℃	比体积/(m^3/kg)	汽化热/(kJ/kg)	焓/(kJ/kg)
工作蒸汽	0.3011	133	0.6148	2165.516	2724.481
一效加热	0.20245	120	0.8917	2202.781	2714.851
一效蒸发	0.0255	65	6.201	2345.557	2617.712
冷凝器	0.0255	65	6.201	2345.557	2617.712

（2）结构特点

本蒸发器凡与物料接触部位均采用 S30408，2B 板加工制造；加热管采用规格为 $\phi19mm\times1.5mm\times1500mm$ 卫生级无缝不锈钢管制造；加热室及分离器全部采用 50mm 厚的岩棉进行保温绝热处理；采用间壁列管式冷凝器冷凝末效二次蒸汽，采用水环真空泵抽真空保持系统的真空度，其流程如图 5-1 所示。

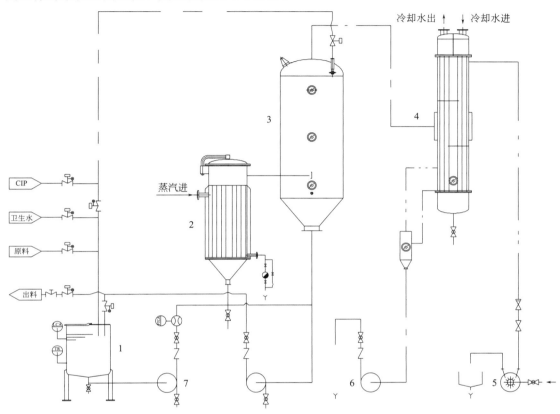

图 5-1　WXZ01-1000 型单效外循环蒸发器
1—平衡缸；2—蒸发器；3—分离器；4—冷凝器；5—真空泵；6—冷凝水泵；7—进料泵

（3）设计蒸发器应掌握料液的基本参数

① 物料特性　设计蒸发器首先要了解并掌握物料的物理及化学特性，具体是指物料的组分，物料的黏度、比热容、密度以及常温下物料的沸点升高情况。重点要了解并掌握物料的组成，物料黏度随着浓度及温度的变化情况。有条件的要对陌生料液做蒸发实验，通过实验能够获得很多有用的数据，如在蒸发过程中不同浓度物料在不同条件下的沸点温度是多少；加热温度对物料品质的影响；物料组分是否有挥发性气体产生，挥发的程度怎样；黏度数值的变化情况；随着生产时间的延长结垢、结焦的程度等。为了防止有些物料在蒸发过程中结垢结焦比较严重，要注意清洗及时到位，蒸发器的结构设计不能留有死角，如蒸发器器底应该采用锥形封头。而不宜采用椭圆封头。椭圆封头最容易造成浓缩料液的沉积，滞留时间久了就会影响产品品质。

② 进料参数是设计的依据　了解并掌握物料特性后，进料参数则是设计蒸发器的依据，用户必须提供的参数为：a. 生产能力，即水分蒸发量；或者是提供物料处理量，如本

例水分蒸发量为 1000kg/h。水分蒸发量是指蒸发器在蒸发本物料过程中从料液中要蒸发掉的水分量，而不是以水代料从水中蒸发掉的水分量，有的生产制造厂家在验收设备时也曾提出要以水为介质来检验设备的生产能力，这是错误的，有合同特别约定除外。b. 进、出料浓度即进、出料质量百分数一般是给定的，也有的给出的是一个比较小的浓度范围值，计算蒸发器时要以最大进料量进行计算，这样计算比较安全。c. 进料温度。进料温度是由生产工艺给出，这是进行热量衡算的依据，不能自己随便设定。d. 黏度。用户最好能提供不同温度及不同浓度下料液的黏度数值，以便确定选择蒸发器时参考。e. 使用蒸汽压力。使用蒸汽压力是指蒸发器在正常工作时蒸发器加热壳程的压力。使用蒸汽压力一般是由设计制造方提出，用户根据蒸汽压力及蒸汽耗量确定并选择其蒸汽源的大小。蒸发器在工作中其进蒸汽压力不得低于经过减压后的正常工作压力值。过去由于蒸汽压力的问题用户与设备生产厂家争执时有发生，其实这类重要技术参数必须一并写入合同，作为合同技术附件进行约束。f. 冷却水的温度。冷凝器的进水温度是设计冷凝器的重要参数，是决定蒸发器使用效果的一个关键因素，用户必须给出当地冷却水温的年平均值及最高值，设计冷凝器应按当地最高温度值计算冷凝器的换热面积。

(4) 设计计算过程

① 物料衡算

物料处理量：$S = 1000 \times 30/(30-8) = 1363.64$（kg/h）　　（取 1364kg/h）

出料量：$1364 - 1000 = 364$（kg/h）

② 热量衡算

加热蒸汽耗量计算：

$$D = [Wr + Sc(t-T) + q']/R$$

式中　D——蒸汽耗量，kg/h；

　　　W——水分蒸发量，kg/h，$W = 1000$kg/h；

　　　S——进料量，kg/h，$S = 1364$kg/h；

　　　c——物料比热容，kJ/(kg·℃)，这里按 $c = 1.887$kJ/(kg·℃)；

　　　T——进料温度，℃，$T = 30$℃；

　　　t——料液沸点温度，℃；

　　　R——加热蒸汽潜热，kJ/kg，$R = 2202.781$kJ/kg；

　　　r——二次蒸汽汽化热，kJ/kg，$r = 2345.557$kJ/kg；

　　　q'——热量损失，这里按总热量的 6% 计算。

③ 料液蒸发时温度差损失计算：

因蒸汽压下降而引起的沸点升高按下式计算：

$$\Delta a = 0.38 e^{0.05+0.045B}$$

式中　Δa——常压下溶液的沸点升高，℃；

　　　B——为料液固形物的百分含量，%；这里 $B = 30\%$。

$$\Delta a = 0.38 e^{0.05+0.045B} = 0.38 e^{0.05+0.045 \times 30} = 1.54 \text{（℃）}$$

溶液的沸点升高还与压强有关，上式是在常压下的沸点升高，而在其它压力下的沸点升高可按下式进行计算：

$$\Delta' = 0.627 f$$

式中　f——校正系数。

$$f = 0.0038(T^2/r)$$

式中 T——某压强下水的沸点，K；

r——某压强下水的蒸发潜热，kcal/kg。

$$f = 0.0038 \times (T^2/r) = 0.0038 \times (338^2/560.2) = 0.775$$

$$\Delta' = 0.627f = 1.54 \times 0.775 = 1.194 \ (\text{℃})$$

由静压强引起的沸点升高用 Δ'' 表示。

先求液层中部的平均压强（这里液层高度 h 按 0.65 计算）：

$$p_m = p' + \rho_m gh/2 = 25.5 \times 10^3 + \frac{1006 \times 9.81 \times 0.65}{2} = 28.7(\text{kPa})$$

查附录做内插计算，28.7kPa 压强下对应饱和蒸汽温度为 67.66℃，故由静压强引起的沸点升高为

$$\Delta'' = 67.66 - 65 = 2.66 \ (\text{℃})$$

管道压力损失引起的温度差损失按 1.5℃ 计算，$\Delta''' = 1.5$℃。

$$\Delta = \Delta' + \Delta'' + \Delta''' = 1.194 + 2.66 + 1.5 = 5.35(\text{℃}) \quad （取 5℃）$$

则 $t_n = T_n + \Delta = 65 + 5 = 70 \ (\text{℃})$

则

$$D = [1000 \times 2345.557 + 1364 \times 1.887 \times (70 - 30)] \times 1.06/2202.781 = 1178 \ (\text{kg/h})$$

④ 换热面积计算

换热面积按下式计算：

$$F = [Wr + Sc(t - T)]/[k(T' - t)]$$

式中 k——传热系数，kJ/(m^2·h·℃)；$k = 4187$kJ/(m^2·h·℃)；

T'——加热温度，℃；$T' = 120$℃。

$$F = [1000 \times 2345.557 + 1364 \times 1.887 \times (70 - 30)]/[4187 \times (120 - 70)] = 11.7 \ (\text{m}^2)$$

为安全起见，实际蒸发器的换热面积按理论计算值的 1.25 倍选取，即实际换热面积为：$F' = 1.25 \times 11.7 = 14.6 \ (\text{m}^2)$，取 15m^2。这是在 0.2MPa 工作压力下的加热面积，如果压力发生改变蒸发量也会随之发生改变，不可能在低于设计压力的情况下也能达到生产能力，除非换热面积余量足够大，也就是说进汽压力越低换热面积越大，考虑料液在蒸发过程中结垢或结焦等因素的影响，一般蒸汽压力控制不超过设计压力值，换热面积要有设计余量。传热系数的计算选取是关键，影响传热的因素很多，在蒸发器设计过程中传热系数的计算十分烦琐，有些系数又很难准确确定，计算的结果往往又与实际应用相差甚远，传热系数一般是在实际中反复应用获得或测定。材料、温度、物料等一经发生改变，传热系数都会随之发生变化。因此，这就需要设计者在实践中不断地积累经验。

（5）分离器结构尺寸确定

分离器直径按下式计算：

$$d = \sqrt{\frac{W \times V_0}{\frac{\pi}{4} \times \omega_0 \times 3600}}$$

式中 d——分离器直径，m；

W——二次蒸汽量（水分蒸发量）；这里 $W = 1000$kg/h；

V_0——蒸汽比体积，这里 $V_0 = 6.201$m^3/kg；

ω_0——自由截面的二次蒸汽流速，m/s；这里 $\omega_0 = \sqrt[3]{4.26 V_0}$。

$$\omega_0 = \sqrt[3]{4.26 \times 6.201} = 2.978 (\text{m/s})$$

$$d = \sqrt{\dfrac{1000 \times 6.201}{\dfrac{\pi}{4} \times 2.987 \times 3600}} = 0.857(\text{m}) \quad (\text{取}900\text{mm})$$

分离器的有效高度（不含锥体部分）按下式计算：

$$h = \dfrac{WV_0}{\dfrac{\pi}{4}d^2 V_s \times 3600}$$

式中 V_s——允许的蒸发体积强度，$\text{m}^3/(\text{m}^3 \cdot \text{s})$；$V_s = 1.1 \sim 1.5 \text{m}^3/(\text{m}^3 \cdot \text{s})$。

$$h = \dfrac{1000 \times 6.201}{\dfrac{\pi}{4} \times 0.9^2 \times 1.1 \times 3600} = 2.46(\text{m})$$

分离器入口直径确定：分离器入口二次蒸汽流速按 75m/s 计算。

$$1000 \times 6.201 \div 3600 = \dfrac{D^2}{4} \times \pi \times 50$$

$$D = 0.209\text{m}$$

分离器二次蒸汽出口直径：分离器出口二次蒸汽流速按 36m/s 计算。

$$1000 \times 6.201 \div 3600 = \dfrac{D^2}{4} \times \pi \times 36$$

$$D = 0.247\text{m}$$

(6) 冷凝器换热面积

进入冷凝器的末效二次蒸汽量的热量：

$$Q = 1000 \times 560.2 = 560200 \text{（kcal/h）}$$

按对数平均温差计算传热温差：

并流：65℃ → 65℃，30℃ ↗ 42℃，$\Delta t_1 = 65 - 30 = 35$（℃），$\Delta t_2 = 65 - 42 = 23$（℃）。则

$$\Delta t = (35-23)/\ln(35/23) = 28.58 \text{（℃）}$$

换热面积：

$$F = \dfrac{Q}{k\Delta t} = \dfrac{560200}{1000 \times 28.58} = 19.6 \text{（m}^2\text{）}$$

从计算可看出二次蒸汽温度越高，冷凝器换热面积就越小。为了安全起见，在计算基础上乘以安全系数 2.5。

实际换热面积：

$$F' = 2.5 \times 19.6 = 49 \text{（m}^2\text{）}$$

冷却水耗量：

$$W = 560200/(42-30) = 46.68(\text{t/h})$$

5.2 双效外循环蒸发器的工艺设计计算

以双效外循环蒸发器用于皂苷水溶液的生产应用为例来阐述。

（1）主要技术参数

生产能力为 2000kg/h，进料质量分数为 3%，经过浓缩后浓度为 55%～60%，进料温度为 20℃，采用间壁列管式冷凝器冷凝末效二次蒸汽，采用水环真空泵抽真空保持系统的真空度。冷却水进入温度为 30℃，排出温度为 42℃，皂苷的比热容按 0.93kcal/(kg·℃)计算，使用蒸汽压力 0.2MPa，不计在蒸发过程中比热容的微小变化，采用并流加料法进料，末效出料。

皂苷是苷类的一种，是能形成水溶液或胶体溶液并能形成肥皂状泡沫的植物糖苷的统称。皂苷是由皂苷元和糖、糖醛酸或其他有机酸组成的。

双效外循环蒸发器蒸发状态参数见表 5-2。

表 5-2 蒸发状态参数（按非等压强降原则分配各效有效温度差）

项目	压力/MPa	温度/℃	比体积/(m³/kg)	汽化热/(kcal/kg)	焓/(kcal/kg)
工作蒸汽	0.20246	120	0.8917	526.1	646.0
一效加热	0.20246	120	0.8917	526.1	646.0
一效蒸发	0.04829	80	3.408	551.3	631.3
二效蒸发	0.02031	60	7.678	563.2	623.2
冷凝器（壳程）	0.01939	59	8.02	563.8	622.8

（2）结构特点

本蒸发器凡与物料接触部位均采用 316L 材质加工制造；加热管采用规格为 φ38mm×1.5mm×1300mm 卫生级无缝不锈钢管制造；加热室及分离器全部采用 50mm 厚的岩棉进行保温绝热处理；采用间壁列管式冷凝器冷凝末效二次蒸汽，采用水环真空泵抽真空保持系统的真空度。其流程如图 5-2 所示。

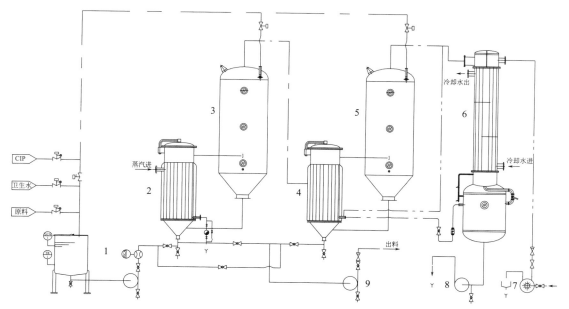

图 5-2 WXZF02-2000 型双效外循环蒸发器

1—平衡缸；2——效蒸发器；3——效分离器；4—二效蒸发器；5—二效分离器；
6—冷凝器；7—真空泵；8—冷凝水泵；9—物料泵

（3） 物料衡算

假设一效蒸发量为 1010kg/h，二效蒸发量为 990kg/h。

进料量：

$$S = \frac{WB_2}{B_2 - B_0} = \frac{2000 \times 60\%}{60\% - 3\%} = 2105 \text{（kg/h）}$$

第一效出料浓度：

$$SB_0 = (S - W)B_1$$

$$B_1 = \frac{SB_0}{S - W_1} = \frac{2105 \times 3\%}{2105 - 1010} = 5.77\%$$

（4） 沸点升高计算

本计算不计由于假设蒸发量与热平衡后蒸发量的出入引起沸点升高的微小变化，不计由于浓度的升高比热容的微小变化。

① 一效沸点升高

因蒸汽压下降而引起的沸点升高按下式计算：

$$\Delta a = 0.38 e^{0.05 + 0.045B}$$

式中　Δa——常压下溶液的沸点升高，℃；

　　　B——为料液固形物的百分含量，%，这里 $B = 5.77\%$。

$$\Delta a = 0.38 e^{0.05 + 0.045B} = 0.38 e^{0.05 + 0.045 \times 5.77} = 0.52 \text{（℃）}$$

溶液的沸点升高还与压强有关，上式是在常压下的沸点升高，而在其它压力下的沸点升高可按下式进行计算：

$$\Delta' = \Delta a f$$

式中　f——校正系数。

　　其值为：
$$f = 0.0038(T^2/r)$$

式中　T——某压强下水的沸点，K；

　　　r——某压强下水的蒸发潜热，kcal/kg。

$$f = 0.0038 \times (T^2/r) = 0.0038 \times (353^2/551.3) = 0.86$$

$$\Delta' = \Delta a f = 0.52 \times 0.86 = 0.45 \text{（℃）}$$

由静压强引起的沸点升高用 Δ''

先求液层中部的平均压强（这里液层高度按 0.65 计算）：

$$p_m = p' + p_m gh/2 = 48.29 \times 10^3 + \frac{1006 \times 9.81 \times 0.65}{2} = 51497.38 \approx 51.497 \text{（kPa）}$$

查附录做内插计算，51.497kPa 压强下对应饱和蒸汽温度为 81℃，故由静压强引起的沸点温度损失为：

$$\Delta'' = 81 - 80 = 1 \text{（℃）}$$

管道压力损失引起的温度差损失按 1℃ 计。

$$\Delta''' = 1℃$$

$$\Delta = \Delta' + \Delta'' + \Delta''' = 0.45 + 1 + 1 = 2.45 \text{（℃）} \quad \text{（取 3℃）}$$

则 $t_n = T_n + \Delta = 80 + 3 = 83 \text{（℃）}$

即沸点温度损失为 3℃，沸点温度为 83℃。

② 二效沸点升高

因蒸汽压下降而引起的沸点升高按下式计算：

$$\Delta a = 0.38 e^{0.05+0.045B} = 0.38 e^{0.05+0.045\times60} = 5.94 \text{（℃）}$$

$$\Delta' = \Delta a f$$

$$f = 0.0038 \times (T^2/r) = 0.0038 \times (333^2/563.2) = 0.748 \text{（℃）}$$

$$\Delta' = \Delta a f = 5.94 \times 0.748 = 4.44 \text{（℃）}$$

由静压强引起的沸点升高用 Δ'' 表示。

先求液层中部的平均压强（这里液层高度按 650mm 计算）：

$$p_m = p' + p_m g h/2 = 20.31 \times 10^3 + \frac{1100 \times 9.81 \times 0.65}{2} = 23817.075 \text{Pa} = 23.82 \text{(kPa)}$$

查附录做内插计算，23.82kPa 压强下对应的饱和蒸汽温度为 63℃，故由静压强引起的沸点温度损失为

$$\Delta'' = 63 - 60 = 3 \text{（℃）}$$

管道等温度损失按 1℃ 选取，即 $\Delta''' = 1℃$，则沸点温度为

$$\Delta = \Delta' + \Delta'' + \Delta''' = 4.44 + 3 + 1 = 8.44 \text{（℃）} \quad \text{（取8℃）}$$

则 $t_n = T_n + \Delta = 60 + 8 = 68 \text{（℃）}$

（5）热量衡算

经过热量衡算实际蒸发量分配：一效 1028kg/h；二效 972kg/h（由热平衡多次试算而得）。

各效占总蒸发量质量百分数：一效 51.4%；二效 48.6%。

沸点温度：一效沸点 83℃；二效沸点 68℃。

热量衡算（多次试算结果）：

用于第一效加热用的蒸汽量按下式计算：

$$D = [Wr - Sc(T-t) + Q_2 - Q_L + q]/R$$

式中　D——蒸汽耗量，kg/h；

　　　W——水分蒸发量，kg/h；

　　　S——进料量，kg/h；

　　　c——物料比热容，kcal/(kg·℃)，$c = 0.93$ [kcal/(kg·℃)]；

　　　T——进料温度，℃，$T = 20℃$；

　　　t——料液沸点温度，℃；这里按 65℃ 计算；

　　　R——加热蒸汽潜热，kcal/kg；$R = 526.1$kcal/kg；

　　　r——二次蒸汽汽化潜热，kcal/kg，$r = 551.3$ kcal/kg；

　　　q——热量损失，5%～6%，这里按总热量的 6% 计算；

　　Q_L——前效壳程（或杀菌器壳程）冷凝水进入后效壳程冷凝水放出的热量，kcal/h；这里 $Q_L = 0$kcal/h；

　　Q_2——料液利用壳程蒸汽预热热量，这里 $Q_2 = 0$kcal/h。

用于一效加热的蒸汽耗量按下式计算：

$$D_1 R_1 = W_1 r_1 + Sc(t_1 - t_0) + Q_1 - q_1 + q_1'$$

$$D = \frac{1028 \times 551.3 + 2105 \times 0.93 \times (83-20)}{526.1} \times 1.06 = 1390.4 \ (\text{kg/h})$$

用于二效加热的一效二次蒸汽量及热量分别为

$$D' = 1028 \text{kg/h}$$

$$Q' = 1028 \times 551.3 = 566736.4 \ (\text{kcal/h})$$

二效热量衡算式：

$$D_2 R_2 = W_2 r_2 + (Sc - W_1 C_p)(t_2 - t_1) + Q_2 - q_2 + q_2'$$

二效蒸发所需热量：

$$Q = [972 \times 563.2 - (2105 \times 0.93 - 1028 \times 1) \times (83-68)] \times 1.06$$
$$= 565494.8 \ (\text{kcal/h})$$

$$565494.8/566736.4 = 0.998$$

不再试算。

(6) 换热面积计算

一效换热面积：

$$F = \frac{Q}{k \Delta t}$$

这里 $Q = 1028 \times 551.3 + 2105 \times 0.93 \times (83-20) = 690068.35 \ (\text{kcal/h})$

$$k = 1000 \text{kcal/(m}^2 \cdot \text{h} \cdot ℃)$$

$$F = \frac{Q}{k \Delta t} = \frac{690068.35}{1000 \times (120-83)} = 18.65 \ (\text{m}^2)$$

换热管的规格：$\phi 38\text{mm} \times 1.5\text{mm} \times 1300\text{mm}$（以下同）

管子根数：

$$n_1 = 18.65/(0.035 \times \pi \times 1.3) = 130.5（根）\quad （取131根）$$

蒸发强度：$U_1 = W_1/F_1 = 1028/18.65 = 55.12 \ [\text{kg/(m}^2 \cdot \text{h})]$

二效换热面积：

$$F = \frac{Q}{k \Delta t}$$

这里 $Q = 972 \times 563.2 - (2105 \times 0.93 - 1028 \times 1) \times (83-68) = 533485.65 \ (\text{kcal/h})$

$$k = 900 \text{kcal/(m}^2 \cdot \text{h} \cdot ℃)$$

$$F = \frac{Q}{k \Delta t} = \frac{533485.65}{900 \times (80-68)} = 49.4 \ (\text{m}^2)$$

管子根数：

$$n_2 = 49.4/(0.035 \times \pi \times 1.3) = 345.8（根）\quad （取346根）$$

蒸发强度：$U_2 = W_2/F_2 = 974/49.4 = 19.68 \ [\text{kg/(m}^2 \cdot \text{h})]$

总蒸发强度：$U = W/F = 2000/68.05 = 29.39 \ [\text{kg/(m}^2 \cdot \text{h})]$

经济指标：$V = 1390.4/2000 = 0.695$

(7) 各效分离器结构尺寸确定

① 一效分离器结构尺寸的确定

一效分离器直径按下式计算：

$$d = \sqrt{\dfrac{WV_0}{\dfrac{\pi}{4}\omega_0 \times 3600}}$$

式中　d——分离器直径，m；

　　　W——二次蒸汽量（水分蒸发量），这里 $W = 1026\text{kg/h}$；

　　　V_0——蒸汽比容，这里 $V_0 = 3.408\text{m}^3/\text{kg}$；

　　　ω_0——自由截面的二次蒸汽流速，m/s，$\omega_0 = \sqrt[3]{4.26 \times V_0}$。

$$\omega_0 = \sqrt[3]{4.26 \times 3.408} = 2.44(\text{m/s})$$

$$d = \sqrt{\dfrac{1028 \times 3.408}{\dfrac{\pi}{4} \times 2.44 \times 3600}} = 0.713(\text{m})\quad(\text{取}700\text{mm})$$

分离器的有效高度（不含锥体部分）按下式计算：

$$h = \dfrac{WV_0}{\dfrac{\pi}{4}d^2 V_s \times 3600}\text{m}$$

式中　V_s——允许的蒸发体积强度，$\text{m}^3/(\text{m}^3 \cdot \text{s})$；这里 $V_s = 1.1 \sim 1.5 \text{m}^3/(\text{m}^3 \cdot \text{s})$。

$$h = \dfrac{1028 \times 3.408}{\dfrac{\pi}{4} \times 0.7^2 \times 1.1 \times 3600} = 2.3(\text{m})$$

一效分离器入口直径确定（分离器入口二次蒸汽流速按50m/s计算）：

$$1028 \times 3.408/3600 = \dfrac{d^2}{4} \times \pi \times 45$$

$$d = 0.166\text{m}$$

分离器二次蒸汽出口直径分离器出口二次蒸汽流速按36m/s计算：

$$1028 \times 3.408/3600 = \dfrac{d^2}{4} \times \pi \times 36$$

$$d = 0.186\text{m}$$

分离器出料口尺寸确定：

$$D = 0.25 \times \sqrt{0.035^2 \times 130} = 0.0998(\text{m})\quad(\text{取}100\text{mm})$$

② 二效分离器结构尺寸的确定

二效分离器直径按下式计算：

$$d = \sqrt{\dfrac{WV_0}{\dfrac{\pi}{4}\omega_0 \times 3600}}$$

式中　d——分离器直径，m；

　　　W——二次蒸汽量（水分蒸发量），这里 $W = 974\text{kg/h}$；

　　　V_0——蒸汽比容，这里 $V_0 = 3.408\text{m}^3/\text{kg}$；

　　　ω_0——自由截面的二次蒸汽流速，m/s，$\omega_0 = \sqrt[3]{4.26 \times V_0}$。

$$\omega_0 = \sqrt[3]{4.26 \times 7.678} = 3.198(\text{m/s})$$

$$d = \sqrt{\dfrac{972 \times 7.678}{\dfrac{\pi}{4} \times 3.198 \times 3600}} = 0.909(\text{m}) \quad （取900\text{mm}）$$

分离器的有效高度（不含锥体部分）按下式计算：

$$h = \dfrac{WV_0}{\dfrac{\pi}{4}d^2 V_s \times 3600}$$

式中 V_s——允许的蒸发体积强度，$\text{m}^3/(\text{m}^3 \cdot \text{s})$；$V_s = 1.1 \sim 1.5\text{m}^3/(\text{m}^3 \cdot \text{s})$。

$$h = \dfrac{972 \times 7.678}{\dfrac{\pi}{4} \times 0.9^2 \times 1.3 \times 3600} = 2.513(\text{m})$$

二效分离器入口直径确定（分离器入口二次蒸汽流速按85m/s计算）：

$$972 \times 7.678 \div 3600 = \dfrac{d^2}{4} \times \pi \times 85$$

$$d = 176\text{mm}$$

分离器二次蒸汽出口直径（分离器出口二次蒸汽流速按36m/s计算）：

$$972 \times 7.678 \div 3600 = \dfrac{D^2}{4} \times \pi \times 36$$

$$d = 271\text{mm}$$

分离器出料口尺寸确定：

$$d = 0.25 \times \sqrt{0.035^2 \times 190} = 0.1206 \ (\text{m}) \quad （取121\text{mm}）$$

(8) 冷凝器换热面积及换热管根数计算

进入冷凝器的末效二次蒸汽量的热量：

$$Q = (972 + 10.28) \times 563.8 = 553809.46 \ (\text{kcal/h})$$

按对数平均温差计算传热温差：

并流：59→59℃，30↗42℃。

$\Delta t_1 = 59 - 30 = 29 \ (℃)$，$\Delta t_2 = 59 - 42 = 17 \ (℃)$。则

$$\Delta t = (29 - 17)/\ln(29/17) = 22.5 \ (℃)$$

换热面积：

$$F = \dfrac{Q}{k\Delta t} = \dfrac{553809.46}{1000 \times 22.5} = 24.6 \ (\text{m}^2)$$

由于二次蒸汽温度较高，实际换热面积按2.5~3倍的计算值确定冷凝器的换热面积。

$$F' = 2.5 \times 24.6 = 61.5 \ (\text{m}^2)$$

换热管根数：

取管子规格尺寸为：$\phi25\text{mm} \times 2\text{mm} \times 4500\text{mm}$（管子外径×管子壁厚×管子长度，以下同）

$$n = 61.5/(0.023 \times \pi \times 4.5) = 189.24(根) \quad （取189根）$$

冷却水耗量：

$$W = 1.25 \times 553809.46/(42 - 30) = 57.7 \ (\text{t/h})$$

5.3 三效外循环蒸发器的工艺设计计算

外循环蒸发器用于中草药蒸发比较多见。

（1）主要技术参数

物料介质为皂苷水溶液，采用三效外循环蒸发器蒸发，生产能力为 2000kg/h，进料质量分数为 3%，经过浓缩后浓度为 55%～60%，进料温度为 20℃，采用间壁列管式冷凝器冷凝末效二次蒸汽，采用水环真空泵抽真空保持系统的真空度。冷却水进入温度为 30℃，排出温度为 42℃，皂苷的比热容按 0.93kcal/(kg·℃) 计算，使用蒸汽压力 0.2MPa，不计在蒸发过程中比热的微小变化。采用并流加料法进料，末效出料。

蒸发器计算蒸发态参数见表 5-3。

三效外循环蒸发器蒸发态参数见表 5-3。

表 5-3 蒸发态参数（按非等压强降原则分配各效有效温差）

项目	压力/MPa	温度/℃	比体积/(m³/kg)	汽化热/(kcal/kg)	焓/(kcal/kg)
工作蒸汽	0.20246	120	0.8917	526.1	646.0
一效加热	0.20246	120	0.8917	526.1	646.0
一效蒸发	0.04829	80	3.408	551.3	631.3
二效蒸发	0.02031	60	7.678	563.2	623.2
三效蒸发	0.009771	45	15.28	571.8	617.3
冷凝器（壳程）	0.009279	44	16.04	572.4	616.4

（2）结构特点

本蒸发器凡与物料接触部位均采用 316L 材质加工制造；加热管采用规格为 φ38mm×1.5mm×1300mm 卫生级无缝不锈钢管制造；加热室及分离器全部采用 50mm 厚的岩棉进行保温绝热处理；采用间壁列管式冷凝器冷凝末效二次蒸汽，采用水环真空泵抽真空保持系统的真空度。其流程如图 5-3 所示。

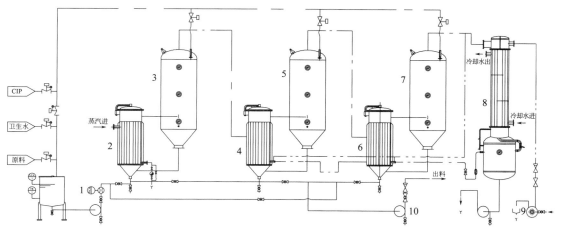

图 5-3 WXZF03-2000 型三效外循环蒸发器

1—平衡缸；2—一效蒸发器；3—分离器；4—二效蒸发器；5—分离器；6—三效蒸发器；
7—分离器；8—冷凝器；9—真空泵；10—物料泵

（3）物料衡算

假设一效蒸发量为 680kg/h，二效为 660kg/h，三效为 660kg/h。

进料量：

$$S=\frac{WB_3}{B_3-B_0}=\frac{2000\times60\%}{60\%-3\%}=2105（kg/h）$$

第一效出料浓度：

$$SB_0=(S-W)B_1$$

$$B_1=\frac{SB_0}{S-W_1}=\frac{2105\times3\%}{2105-680}=4.43\%$$

第二效出料浓度：

$$SB_0=(S-W_1-W_2)B_2$$

$$B_2=\frac{SB_0}{S-W_1-W_2}=\frac{2105\times3\%}{2105-680-660}=8.25\%$$

（4）沸点升高计算

本计算不计由于假设蒸发量与热平衡后蒸发量的出入引起沸点升高的微小变化，不计由于浓度的升高比热的微小变化。

① 一效沸点升高

因蒸汽压下降而引起的沸点升高按下式计算：

$$\Delta a=0.38e^{0.05+0.045B}$$

式中　Δa——常压下溶液的沸点升高，℃；

　　　B——为料液固形物的百分含量，%，这里 $B=4.43\%$。

$$\Delta a=0.38e^{0.05+0.045B}=0.38e^{0.05+0.045\times4.43}=0.488（℃）$$

溶液的沸点升高还与压强有关，上式是在常压下的沸点升高，而在其他压力下的沸点升高可用下式进行计算：

$$\Delta'=\Delta a f$$

式中　f——校正系数。

$$f=0.0038\times(T^2/r)$$

式中　T——某压强下水的沸点，K；

　　　r——某压强下水的蒸发潜热，kcal/kg。

$$f=0.0038\times(T^2/r)=0.0038\times(353^2/551.3)=0.86$$

$$\Delta'=\Delta a f=0.488\times0.86=0.42（℃）$$

由静压强引起的沸点升高用 Δ'' 表示。

先求液层中部的平均压强（这里换热管取 1300mm，液层高度按 650mm 计算）：

$$p_m=p'+\rho_m gh/2=48.29\times10^3+\frac{1006\times9.81\times0.65}{2}=51497.38Pa=51.497（kPa）$$

查附录做内插计算，51.497kPa 压强下对应饱和蒸汽温度为 81℃，故由静压强引起的沸点温度损失为：

$$\Delta''=81-80=1（℃）$$

管道压力损失引起的温度差损失按 1℃ 选取，$\Delta'''=1℃$。

$$\Delta=\Delta'+\Delta''+\Delta'''=0.42+1+1=2.42℃　（取3℃）$$

$$t_n = T_n + \Delta = 80 + 3 = 83 \ (℃)$$

则沸点温度损失为 3℃，沸点温度为 83℃。

② 二效沸点升高

因蒸汽压下降而引起的沸点升高按下式计算（$B = 8.25\%$）：

$$\Delta a = 0.38e^{0.05+0.045B} = 0.38e^{0.05+0.045×8.25} = 0.58 \ (℃)$$

$$\Delta' = \Delta a f$$

$$f = 0.0038 × (T^2/r) = 0.0038 × (333^2/563.2) = 0.748 \ (℃)$$

$$\Delta' = \Delta a f = 0.58 × 0.748 = 0.43 \ (℃)$$

由静压强引起的沸点升高用 Δ''。

先求液层中部的平均压强（这里液层高度按 0.65 计算）：

$$p_m = p' + \rho_m gh/2 = 20.31×10^3 + \frac{1100×9.81×0.65}{2} = 23817.075 Pa = 23.82 (kPa)$$

查附录做内插计算，23.82kPa 压强下对应饱和蒸汽温度为 63℃，故由静压强引起的沸点温度损失为

$$\Delta'' = 63 - 60 = 3 \ (℃)$$

管道等温度损失按 1℃ 选取，$\Delta''' = 1℃$。

则沸点温度为 $\Delta = \Delta' + \Delta'' + \Delta''' = 0.43 + 3 + 1 = 4.43 \ (℃)$（取 5℃）

$$t_n = T_n + \Delta = 60 + 5 = 65 \ (℃)$$

③ 三效沸点升高

因蒸汽压下降而引起的沸点升高按下式计算：

$$\Delta a = 0.38e^{0.05+0.045B} = 0.38e^{0.05+0.045×60} = 5.94 \ (℃)$$

$$\Delta' = \Delta a f$$

$$f = 0.0038 × (T^2/r) = 0.0038 × (318^2/571.8) = 0.672 \ (℃)$$

$$\Delta' = \Delta a f = 5.94 × 0.672 = 3.99 \ (℃)$$

由静压强引起的沸点升高用 Δ'' 表示。

先求液层中部的平均压强（这里液层高度按 0.65 计算）：

$$p_m = p' + \rho_m gh/2 = 9.771×10^3 + \frac{1100×9.81×0.65}{2} = 13278.075 (Pa) = 13.278 (kPa)$$

查附录做内插计算，13.278kPa 压强下对应饱和蒸汽温度为 51℃，故由静压强引起的沸点温度损失为

$$\Delta'' = 51 - 45 = 6 \ (℃)$$

管道等温度损失按 1℃ 选取，$\Delta''' = 1℃$。则沸点温度为

$$\Delta = \Delta' + \Delta'' + \Delta''' = 3.99 + 6 + 1 = 11 \ (℃)$$（取平均值6℃）

$$t_n = T_n + \Delta = 45 + 6 = 51 \ (℃)$$

(5) 热量衡算（多次试算结果）

经过热量衡算实际蒸发量分配：一效 686kg/h；二效 674kg/h；三效 640kg/h（由热平衡多次试算而得）。各效占总蒸发量质量百分数：一效 34.3%；二效 33.7%；三效 32%。

沸点温度：一效 83℃；二效 65℃；三效 51℃。

用于第一效加热用的蒸汽量按下式计算：

$$D = [Wr - Sc(T-t) + Q_2 - Q_L + q]/R$$

式中 D ——蒸汽耗量，kg/h；

$\quad\quad W$ ——水分蒸发量，kg/h；这里 $W=2000$kg/h；

$\quad\quad S$ ——进料量，kg/h；这里 $S=2105$kg/h；

$\quad\quad c$ ——物料比热容，kcal/(kg・℃)；这里 $C=0.93$ [kcal/(kg・℃)]；

$\quad\quad T$ ——进料温度，℃，这里 $T=20$℃；

$\quad\quad t$ ——料液沸点温度，℃，这里 $t=83$℃；

$\quad\quad R$ ——加热蒸汽潜热，kcal/kg；这里 $R=526.1$kcal/kg；

$\quad\quad r$ ——二次蒸汽汽化热，kcal/kg；$r=551.3$kcal/kg；

$\quad\quad q$ ——热量损失，5%～6%，这里按总热量的6%计算；

$\quad\quad Q_L$ ——前效壳程（或杀菌器壳程）冷凝水进入后效壳程冷凝水放出的热量，kcal/h；

$\quad\quad\quad$ 这里 $Q_L=0$ kcal/h；

$\quad\quad Q_2$ ——料液利用壳程蒸汽预热热量，这里 $Q_2=0$ kcal/h。

用于一效加热的蒸汽耗量按下式计算：

$$D_1 R_1 = W_1 r_1 + Sc(t_1 - t_0) + Q_1 - q_1 + q_1'$$

$$D = \frac{686 \times 551.3 + 2105 \times 0.93 \times (83-20)}{526.1} \times 1.06 = 1010.5 \ (\text{kg/h})$$

用于二效加热的一效二次蒸汽量及热量分别为

$$686\text{kg/h}$$

$$686 \times 551.3 = 378191.8 \ (\text{kcal/h})$$

二效热量衡算式：

$$D_2 R_2 = W_2 r_2 + (Sc - W_1 c_P)(t_2 - t_1) + Q_2 - q_2 + q_2'$$

二效蒸发所需热量：

$$Q = [674 \times 563.2 - (2105 \times 0.93 - 686 \times 1) \times (83-65)] \times 1.06$$
$$= 378109.53 \ (\text{kcal/h})$$

$$378109.53 \div 378191.8 = 0.9998$$

不再试算。

用于三效加热的一效二次蒸汽量及热量分别为

$$674\text{kg/h}$$

$$674 \times 563.2 = 379596.8 \ (\text{kcal/h})$$

三效热量衡算式：

$$D_3 R_3 = W_3 r_3 + (Sc - W_1 c_P)(t_3 - t_1) + Q_3 - q_3 + q_3'$$

三效蒸发所需热量：

$$Q = [640 \times 571.8 - (2105 \times 0.93 - 686 \times 1 - 674 \times 1) \times (65-51)] \times 1.06$$
$$= 379039.994 \ (\text{kcal/h})$$

$$379039.994 \div 379596.8 = 0.9985$$

不再试算。

(6) 换热面积计算

一效换热面积：

$$F = \frac{Q}{k \Delta t}$$

这里 $Q = 686 \times 551.3 + 2105 \times 0.93 \times (83-20) = 501523.75$ (kcal/h)

$$k = 1000 \text{kcal}/(\text{m}^2 \cdot \text{h} \cdot ℃)$$

$$F = \frac{Q}{k\Delta t} = \frac{501523.75}{1000 \times (120-83)} = 13.55 \text{ （m}^2\text{）}$$

换热管的规格尺寸：$\phi 38\text{mm} \times 1.5\text{mm} \times 1300\text{mm}$ （以下同）。

管子根数：

$$n = 13.55/(0.035 \times \pi \times 1.3) = 94.84 （根） \quad （取95根）$$

蒸发强度：

$$U = W/F = 686/13.55 = 50.63[\text{kg}/(\text{m}^2 \cdot \text{h})]$$

二效换热面积：

$$F = \frac{Q}{k\Delta t}$$

这里 $Q = 674 \times 563.2 - (2105 \times 0.93 - 686 \times 1) \times (83-65) = 356707.1$ (kcal/h)

$$k = 900 \text{kcal}/(\text{m}^2 \cdot \text{h} \cdot ℃)$$

$$F = \frac{Q}{k\Delta t} = \frac{356707.1}{900 \times (80-65)} = 26.4 \text{ （m}^2\text{）}$$

管子根数：

$$n = 26.4/(0.035 \times \pi \times 1.3) = 184.78 （根） \quad （取 185 根）$$

蒸发强度：

$$U = W/F = 674/26.4 = 25.53[\text{kg}/(\text{m}^2 \cdot \text{h})]$$

三效换热面积：

$$F = \frac{Q}{k\Delta t}$$

这里 $Q = 640 \times 571.8 - (2105 \times 0.93 - 686 \times 1 - 674 \times 1) \times (65-51) = 357584.9$ (kcal/h)

$$k = 850 \text{kcal}/(\text{m}^2 \cdot \text{h} \cdot ℃)$$

$$F = \frac{Q}{k\Delta t} = \frac{357584.9}{850 \times (60-51)} = 46.74 \text{ （m}^2\text{）}$$

管子根数：

$$n = 46.74/(0.035 \times \pi \times 1.3) = 327.2 （根） \quad （取 327 根）$$

蒸发强度：

$$U = W/F = 640/46.74 = 13.69[\text{kg}/(\text{m}^2 \cdot \text{h})]$$

经济指标：

$$V = 1010.5 \div 2000 = 0.51$$

总蒸发强度：

$$U = W/F = 2000/(13.55+26.4+46.74) = 23 \text{ [kg}/(\text{m}^2 \cdot \text{h})\text{]}$$

（7）各效分离器结构尺寸确定

① 一效分离器尺寸的确定

一效分离器直径按下式计算：

$$d = \sqrt{\frac{WV_0}{\frac{\pi}{4}\omega_0 \times 3600}}$$

式中　d——分离器直径，m；

　　　W——二次蒸汽量（水分蒸发量），这里 $W=686$kg/h；

　　　V_0——蒸汽比体积，这里 $V_0=3.408$m³/kg；

　　　ω_0——自由截面的二次蒸汽流速，m/s。

$$\omega_0=\sqrt[3]{4.26V_0}$$

$$\omega_0=\sqrt[3]{4.26\times3.408}=2.44(\text{m/s})$$

$$d=\sqrt{\dfrac{686\times3.408}{\dfrac{\pi}{4}\times2.44\times3600}}=0.582(\text{m})\quad(\text{取}600\text{mm})$$

分离器的有效高度（不含锥体部分）按下式计算：

$$h=\dfrac{WV_0}{\dfrac{\pi}{4}d^2V_s\times3600}$$

式中　V_s——允许的蒸发体积强度，m³/(m³·s)，$V_s=1.1\sim1.5$m³/(m³·s)。

$$h=\dfrac{686\times3.408}{\dfrac{\pi}{4}\times0.6^2\times1.1\times3600}=2.089(\text{m})$$

一效分离器入口直径（分离器入口二次蒸汽流速按 50m/s 计算）：

$$686\times3.408\div3600=\dfrac{d^2}{4}\times\pi\times50$$

$$d=128.6\text{mm}$$

分离器二次蒸汽出口直径（分离器出口二次蒸汽流速按 36m/s 计算）：

$$686\times3.408\div3600=\dfrac{d^2}{4}\times\pi\times36$$

$$d=152\text{mm}$$

分离器出料口直径：

$$d=0.35\times\sqrt{0.035^2\times95}=0.119(\text{m})\quad(\text{取}119\text{mm})$$

② 二效分离器尺寸确定

二效分离器直径按下式计算：

$$d=\sqrt{\dfrac{WV_0}{\dfrac{\pi}{4}\omega_0\times3600}}$$

式中　d——分离器直径，m；

　　　W——二次蒸汽量（水分蒸发量），这里 $W=674$kg/h；

　　　V_0——蒸汽比体积，这里 $V_0=3.408$m³/kg；

　　　ω_0——自由截面的二次蒸汽流速，m/s。

$$\omega_0=\sqrt[3]{4.26V_0}$$

$$\omega_0=\sqrt[3]{4.26\times7.678}=3.198(\text{m/s})$$

$$d=\sqrt{\dfrac{674\times7.678}{\dfrac{\pi}{4}\times3.198\times3600}}=0.757(\text{m})\quad(\text{取}750\text{mm})$$

分离器的有效高度（不含锥体部分）按下式计算：

$$h = \dfrac{WV_0}{\dfrac{\pi}{4}d^2 V_s \times 3600}$$

式中　V_s——允许的蒸发体积强度，$\mathrm{m^3/(m^3 \cdot s)}$；$V_s = 1.1 \sim 1.5\,\mathrm{m^3/(m^3 \cdot s)}$。

$$h = \dfrac{674 \times 7.678}{\dfrac{\pi}{4} \times 0.75^2 \times 1.3 \times 3600} = 2.504(\mathrm{m})$$

二效分离器入口直径确定（分离器入口二次蒸汽流速按 85m/s 计算）：

$$674 \times 7.678 \div 3600 = \dfrac{D^2}{4} \times \pi \times 50$$

$$d = 191\mathrm{mm}$$

分离器二次蒸汽出口直径（分离器出口二次蒸汽流速按 36m/s 计算）：

$$674 \times 7.678 \div 3600 = \dfrac{d^2}{4} \times \pi \times 36$$

$$d = 226\mathrm{mm}$$

分离器出料口直径确定：

$$d = 0.25 \times \sqrt{0.035^2 \times 185} = 0.119(\mathrm{m}) \quad （取119mm）$$

③ 三效分离器尺寸的确定

$$d = \sqrt{\dfrac{WV_0}{\dfrac{\pi}{4}\omega_0 \times 3600}}$$

式中　d——分离器直径，m；

W——二次蒸汽量（水分蒸发量），这里 $W = 640\mathrm{kg/h}$；

V_0——蒸汽比体积，这里 $V_0 = 3.408\,\mathrm{m^3/kg}$；

ω_0——自由截面的二次蒸汽流速，m/s。

$$\omega_0 = \sqrt[3]{4.26 V_0}$$

$$\omega_0 = \sqrt[3]{4.26 \times 15.28} = 4.023(\mathrm{m/s})$$

$$d = \sqrt{\dfrac{640 \times 15.28}{\dfrac{\pi}{4} \times 4.023 \times 3600}} = 0.927(\mathrm{m}) \quad （取950mm）$$

分离器的有效高度（不含锥体部分）按下式计算：

$$h = \dfrac{WV_0}{\dfrac{\pi}{4}d^2 V_s \times 3600}$$

式中　V_s——允许的蒸发体积强度，$\mathrm{m^3/(m^3 \cdot s)}$；$V_s = 1.1 \sim 1.5\,\mathrm{m^3/(m^3 \cdot s)}$。

$$h = \dfrac{640 \times 15.28}{\dfrac{\pi}{4} \times 0.95^2 \times 1.5 \times 3600} = 2.556(\mathrm{m})$$

三效分离器入口直径（分离器入口二次蒸汽流速按 85m/s 计算）：

$$640 \times 15.28 \div 3600 = \frac{d^2}{4} \times \pi \times 85$$

$$d = 202\text{mm}$$

分离器二次蒸汽出口直径（分离器出口二次蒸汽流速按 36m/s 计算）：

$$640 \times 15.28 \div 3600 = \frac{d^2}{4} \times \pi \times 36$$

$$d = 310\text{mm}$$

分离器出料口尺寸确定：

$$d = 0.25 \times \sqrt{0.035^2 \times 327} = 0.158(\text{m}) \quad (\text{取}158\text{mm})$$

（8）冷凝器换热面积及换热管根数计算

进入冷凝器的末效二次蒸汽量的热量：

$$Q = (640 + 6.86 + 6.74) \times 571.8 = 373728.48 \text{（kcal/h）}$$

按对数平均温差计算传热温差：

并流：44→44℃，30 ↗ 42℃，$\Delta t_1 = 44 - 30 = 14$（℃），$\Delta t_2 = 44 - 42 = 2$（℃），则

$$\Delta t = (14 - 2)/\ln(14/2) = 6.17 \text{（℃）}$$

换热面积：

$$F = \frac{Q}{k\Delta t} = \frac{373728.48}{1000 \times 6.17} = 60.57 \text{（m}^2\text{）}$$

换热管根数：

取管子规格：$\phi 25\text{mm} \times 2\text{mm} \times 4500\text{mm}$

$$n = 60.57/(0.023 \times \pi \times 4.5) = 186.4\text{（根）} \quad \text{（取186根）}$$

（9）冷却水耗量

$$W = 1.25 \times 373728.48/(42 - 30) = 38.9(\text{t/h})$$

5.4 外循环蒸发器设计的几点注意事项

外循环蒸发器由于适合温度较高、浓度较高、易结垢结焦甚至有微量晶体析出的物料的蒸发，在医药、食品及污水处理行业仍在应用。外循环蒸发器的结构也不尽相同，在应用过程中出现的问题也不少，如物料在蒸发过程中结垢结焦速度加快、循环速度有快有慢，由于物料特殊，设计及操作上还存在一定问题，起泡沫、跑料现象还时有发生，导致蒸发器操作困难，不好控制，就此，仅以外循环蒸发器在中草药上的蒸发为例加以阐述。

（1）物料与热量衡算

外循环蒸发器与降膜式蒸发器不同，外循环蒸发器是间断进料，很难连续出料（除非是高于沸点进料，大面积设计），上例的浓缩比最高为20，这么高的浓缩比是很难满足一次性进料一次性出料，必须在蒸发器内进行循环间断出料。而降膜式蒸发器是连续进料、连续出料，结构不同，进出料也不同。虽然外循环蒸发器是间断进料，间断出料，蒸发器仍遵循物料与热量守恒计算。现在很多外循环蒸发器换热面积已经严重偏离了设计计算，不过是根据一些特殊物料的性质在原来的计算上进行了修正或者放大，即便如此，在蒸发过程中仍会自动达到一种新的平衡状态。因此，物料衡算与热量衡算仍是外循环蒸发器换热

面积、结构尺寸等确定的依据，不能随心所欲，否则就是没有依据的设计。

（2）蒸发器结构尺寸的确定

① 蒸发器换热管高度的确定　目前外循环蒸发器常见的换热管长度尺寸为 1200mm、1500mm、1600mm、1800mm、2000mm 及 2500mm。换热管长度超过 3000mm 时，建议加热室采用倾斜式状态安装，并加装助推泵，使加热室里的料液能快速循环，助推泵的流量扬程要根据物料的特性进行选择并确定，否则也会因为加泵后导致雾沫增多。其次是根据换热面积的大小调节蒸汽的压力以达到料液在蒸发器中的良好循环效果。

② 二次蒸汽管及循环管直径的确定　外循环蒸发器是中央循环管蒸发器的变形，其蒸发过程完全靠内外温度的不同形成密度差来推动料液在蒸发器中的循环。外循环蒸发器循环速度快慢某种程度上也反映了蒸发器设计的效果，近年来就这个问题各个生产厂家与使用单位也都说法不一。外循环蒸发器中二次蒸汽管道及料液循环管道直径的确定也必须做到有依据，然后经过实际的应用再进行修正。

a. 二次蒸汽管道直径的确定。外循环蒸发器二次蒸汽流速的快慢直接影响到料液在蒸发器中的循环速度及效果。二次蒸汽流速一般按 45～90m/s 进行选取，有的选择蒸汽流速甚至可高达 75m/s 以上。本例选择二次蒸汽流速为 85m/h，在实际应用过程中效果仍然很好。料液循环管的截面积按蒸发器换热管总截面积的 20%～25% 进行计算比较适合，实际应用表明，料液在蒸发器中循环适中，效果也已经很好。例如一台蒸发量为 1000kg/h 的单效外循环蒸发器其换热面积为 18m²，蒸发温度为 65℃，65℃ 饱和蒸汽对应的比容为 6.201m³/kg，换热管长度为 1500mm，管子直径为 38mm，壁厚为 2mm。换热管总数量为 112 根，总截面积为 0.102m²。

二次蒸汽管道入口直径：

$$1000 \times 6.201 \div 3600 = \frac{d^2}{4}\pi \times 50$$
$$d = 0.210\text{m}$$

分离器出口直径：

$$1000 \times 6.201 \div 3600 = \frac{D^2}{4}\pi \times 36$$
$$d = 0.247\text{m}$$

料液循环管的截面积按换热管总截面积的 20% 计算，循环管的截面积为：0.102×0.20＝0.0204（m²）。

循环管的直径：

$$d_1 = \sqrt{\frac{4 \times 0.0204}{\pi}} = 0.161(\text{m})$$

b. 二次蒸汽管道与分离器的连接形式。二次蒸汽管道与分离器连接有直接接入式与蜗壳切线切入式两种，前种接法最为普遍，但效果最差；而蜗壳切线式接入效果最好，应用最为少见，主要原因就是制造相对复杂些。两种切入式的结构简图如图 5-4 所示。

为什么说直接接入式效果最差，这是因为二次蒸汽携带大部分料液进入分离器后，其流动方式不是沿着器壁成液膜状打开，而是二次蒸汽携带着料液向分离器中冲，这样除了分离效果不佳外，还会造成大量泡沫形成，对于容易起泡沫的物料来说（如一些中草药的蒸发，二次蒸汽管进入的形式至关重要）更应该值得注意。蜗壳切线进入则避免了料液在分离器中的飞溅，料液是呈切线液膜状态沿着器壁旋转并向下流动，同时与二次蒸汽实现

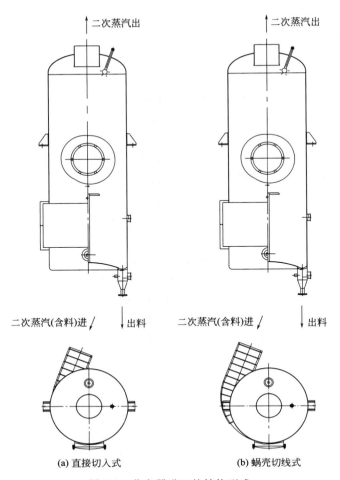

图 5-4　分离器进口的结构型式

二次蒸汽出

二次蒸汽(含料)进　↓出料　　二次蒸汽(含料)进　↓出料

(a) 直接切入式　　　　(b) 蜗壳切线式

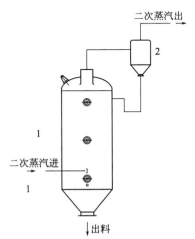

二次蒸汽出

二次蒸汽进

↓出料

图 5-5　带二次分离的分离器

1—分离器；2—二次分离器

彻底分离，这种结构可避免雾沫的发生，是比较好的进汽结构形式。此外，为防止二次蒸汽雾沫夹带，除了在分离器内设置必要的捕沫装置外，还可采用二次分离的方法，即在分离器二次蒸汽出口加装挡板式或旋流式捕沫器，如图 5-5 所示。

二次分离器的直径计算：

分离器入口气速按下式计算：

$$\Delta p = \xi(\rho v^2/2)$$

式中　Δp——压力损失，Pa；这里 Δp 按 1000Pa 计算；

v——分离器入口气速，m/s；

ξ——阻力系数，标准切线式分离器 $\xi=8$；

ρ——气体密度，kg/m³。

二次分离器直径按下式计算：

$$d = \sqrt{\frac{8V}{U}}$$

式中 V——气体流量，m^3/s。

分离器柱体有效高度： $h = 1.15D$

一效二次蒸汽量为 1026kg/h，二次蒸汽密度为 $0.293kg/m^3$。

$$\Delta p = \xi(\rho v^2/2)$$
$$1000 = 8 \times (0.293 \times v^2/2)$$
$$v = 29.21 m/s$$

则分离器直径为

$$d = \sqrt{\frac{8 \times 0.285}{29.21}} = 0.28(\text{m})$$

分离器柱体有效高度（不含锥体、封头）：

$$H = 1.15d = 1.15 \times 0.28 = 0.322(\text{m})$$

二次分离器入口速度一般在 16～20m/s 选取。

对于挡板型与切线型均可参考此公式进行估算。

（3）外循环蒸发器应用中存在的问题及解决方法

外循环蒸发器在应用中主要存在的问题是：蒸发量不足，结垢结焦严重，物料在蒸发器中循环效果差，跑料严重。蒸发量不足是外循环蒸发器在应用过程中最为普遍的问题。外循环蒸发器虽然是间断进料、间断出料，但仍然遵循物料与热量衡算，蒸发器换热面积必须通过热平衡计算求得。有很多蒸发器未达到生产能力，其中主要原因是没有进行热平衡计算，其次是没有掌握物料特性。结垢、结焦严重的原因主要是加热温度过高，换热面积过小，物料与加热温度差大，其次是因为没有按操作规程去按时进行清洗。物料在蒸发器中循环效果差，是因为加热温度不足，或换热面积过大，或换热管太长。如果加热温度不足，提高加热温度就可以提高循环量及循环速度。解决加热管过长的问题需要在循环管中加泵，泵的流量扬程选择应合适，否则也会助推泡沫的产生。跑料严重的原因有热不平衡，即每效蒸发量分配存在问题；分离器有效容积过小；二次蒸汽管道进入分离器的位置偏上；物料比较特殊，容易起泡沫。如果是因为上述原因导致跑料，相应给与解决即可。进料口的形式非常重要，采用切线蜗壳式进料的方式可以减少或避免二次蒸汽中雾沫的夹带。

蒸发器下器底的问题：外循环蒸发器的下器底有两种型式，一种为椭圆封头，一种为锥形封头。椭圆封头在生产过程中容易产生料液沉积不好清洗或清理，不宜采用这种结构。锥形封头结构没有料液沉积，应用效果较好，因此应采用锥形封头结构。外循环蒸发器出料不连续，物料在蒸发器中停留时间较长，一般只适合于耐热温度较高、浓度较大、易结垢结焦的物料，或者对加热温度没有特别要求的料液的蒸发，如骨头汤、一些中草药、废水等。热敏性物料很少采用该类蒸发器蒸发。外循环蒸发器的操作也并不复杂，但是也必须严格按照操作规程进行操作，尤其外循环蒸发器加热温度较高，传热温差较大，结垢、结焦速度会加快，一定要定期进行清洗，这样才能保证蒸发器的工作效率，提高产品的质量。需要特别说明的是无论何种蒸发器在沸点或在沸点以上进料与低温进入蒸发器是完全不同的。外循环蒸发器与降膜式蒸发器一样也常常用于有机溶剂浸提后对有机溶剂如酒精等蒸发、冷凝、冷却回收如图 5-6 所示。

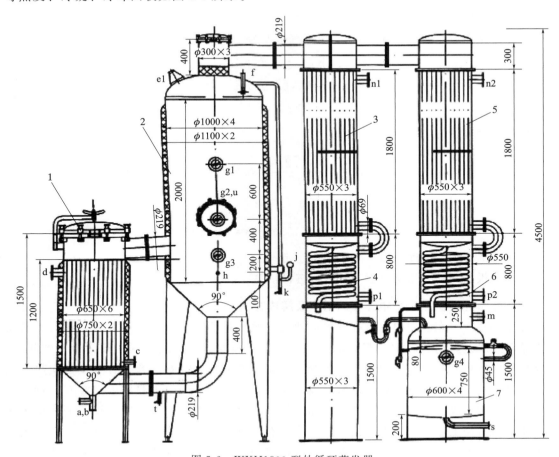

图 5-6　WXH1800 型外循环蒸发器

1—蒸发器；2—分离器；3，5—列管冷凝器；4，6—盘管冷却器；7—冷凝水罐

第6章

强制循环蒸发器的设计

6.1 单效强制循环蒸发器的工艺设计计算

强制循环蒸发器主要应用于浓度较高，黏度较大，易结垢、结焦甚至在蒸发过程中有结晶析出的物料的蒸发上，如番茄酱、谷氨酸二次母液、骨头汤、酸、碱、盐类及废水等。目前比较常用的有单效、双效及三效强制循环蒸发器。强制循环蒸发器能耗较大，效率较低，通常为 $0.4 \sim 0.8 kW/m^2$。物料在加热器中的循环速度在 $2 \sim 5m/s$ 之间，为了降低能耗，实际应用多在 $1.5 \sim 2.5m/s$ 之间进行选取，因此，强制循环泵的功率较大。这种蒸发器虽然外加泵助推料液在蒸发器中强制循环，但其传热系数一般也不超过 $1200kcal/(m^2 \cdot h \cdot ℃)$。蒸发器分为立式与卧式两种。这种蒸发器的分离器与外循环蒸发器一样，位于蒸发器的上侧部，料液从蒸发器的底部进入换热管中。该蒸发器分为单管程、双管程或多管程进料蒸发，如图 6-1 所示。双管程进料是从加热器隔板一侧进入，完成热交换后从隔板另一侧进入分离器，如图 6-1（b），即单壳程双管程。卧式强制循环蒸发器，无论从理论还是从应用效果上看，都不如立式强制循环蒸发器好。双管程双壳程强制循环蒸发器如图 6-2 所示，这种结构会导致直接接入分离器出料口的蒸发器管内料液充不满，甚至出现短路现象，还会造成大量气泡在循环泵内堆积，最好是控制并保持分离器的液位高度，以防止料液分配不均的问题。还有一种双管程单壳程的蒸发器，出料在下侧部进入分离器，类似降膜蒸发器分离器所处位置，如图 6-3 所示，这种双管程单壳程的结构不足之处在于料液达到上部再返到下部时也容易造成局部换热管内充不满料液。采用双管程进料或多管程进料的主要目的就是降低循环泵循环量及功率的消耗。

（1）主要物料参数

有一单效强制循环蒸发器其工艺流程如图 6-1（a）所示，用于鸡骨头汤生产，生产能力 2000kg/h，骨头汤进料质量分数为 8%，进料温度为 75℃，要求经过浓缩后其出料质量分数为 45%，蒸发器壳程加热温度为 110℃。使用蒸汽压力 0.2MPa。计算：蒸发器蒸汽耗量、蒸发器换热面积、循环泵的流量及扬程、冷凝器的计算、蒸发器出口及泵进出口尺寸。蒸发器蒸发状态参数如表 6-1 所示。

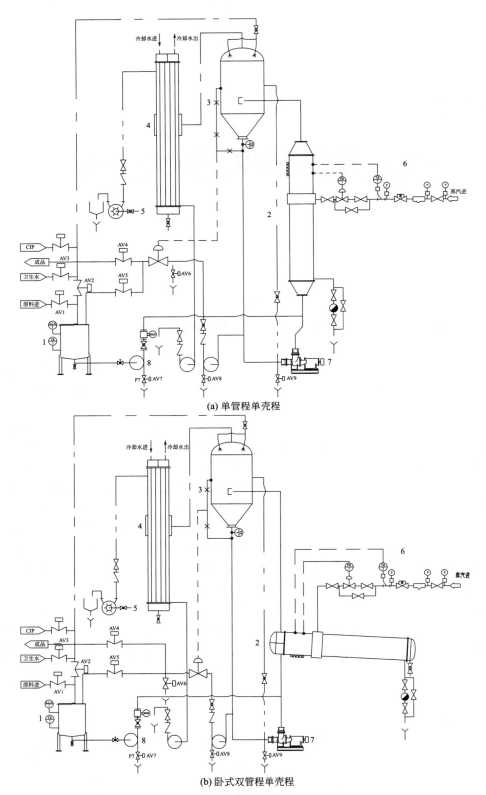

(a) 单管程单壳程

(b) 卧式双管程单壳程

图 6-1　单效单壳程强制循环蒸发器流程

1—平衡缸；2—蒸发器；3—分离器；4—冷凝器；5—真空泵；6—进汽系统；7—循环泵；8—物料泵

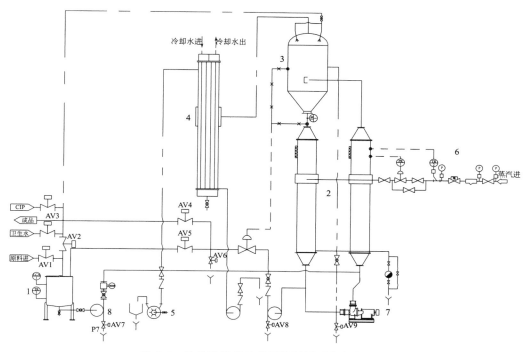

图 6-2　单效双管程双壳程强制循环蒸发器流程

1—平衡缸；2—蒸发器；3—分离器；4—冷凝器；5—真空泵；6—进汽系统；7—循环泵；8—物料泵

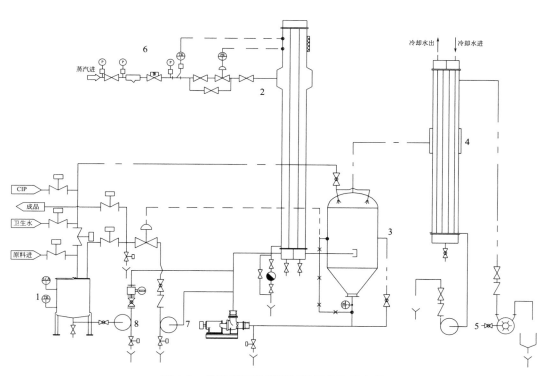

图 6-3　单壳程双管程强制循环蒸发器流程

1—平衡缸；2—蒸发器；3—分离器；4—冷凝器；5—真空泵；6—进汽系统；7—循环泵；8—物料泵

表 6-1　蒸发状态参数

项目	压力/MPa（绝压）	温度/℃	比体积/(m³/kg)	汽化热/(kcal/kg)	焓/(kcal/kg)
工作蒸汽	0.14609	110	1.210	532.6	642.8
一效加热	0.14609	110	1.210	532.6	642.8
一效蒸发	0.05894	85	2.828	548.3	633.3
冷凝器	0.05867	84	2.934	548.9	632.9

（2）物料衡算

物料处理量：$S = \dfrac{WB_1}{B_1 - B_0} = \dfrac{2000 \times 45\%}{45\% - 8\%} = 2432.4$（kg/h）　（取 2432kg/h）

出料量：$2432 - 2000 = 432$（kg/h）

（3）热量衡算

加热蒸汽耗量按式计算：

$$D = [Wr + Sc(t - T_0) + q']/R$$

式中　D——蒸汽耗量，kg/h；

W——水分蒸发量，kg/h；$W = 2000$kg/h；

S——进料量，kg/h；$S = 2432$kg/h；

c——物料比热容，kcal/(kg·℃)；这里按 $c = 0.93$kcal/(kg·℃)；

T_0——进料温度，℃；$T_0 = 75$℃；

t——料液沸点温度，℃；

R——加热蒸汽潜热，kcal/kg；$R = 532.61$kcal/kg；

r——二次蒸汽汽化潜热，kcal/kg，$r = 548.3$kcal/kg；

q'——热量损失，这里按总热量的 6% 计算。

料液蒸发时温度差损失计算：

因蒸汽压下降而引起的沸点升高按下式计算：

$$\Delta a = 0.38 e^{0.05 + 0.045B}$$

式中　Δa——常压下溶液的沸点升高，℃；

B——为料液固形物的百分含量，%，这里 $B = 45\%$。

$$\Delta a = 0.38 \times e^{0.05 + 0.045B} = 0.38 \times e^{0.05 + 0.045 \times 45} = 3.03（℃）$$

溶液的沸点升高还与压强有关，上式是在常压下的沸点升高，而在其他压力下的沸点升高可如下进行计算：

$$\Delta' = \Delta a f$$

式中　f——校正系数。

$$f = 0.0038 \times (T^2/r)$$

式中　T——某压强下水的沸点，K；

r——某压强下水的蒸发潜热，kcal/kg。

$$f = 0.0038 \times (T^2/r) = 0.0038 \times (358^2/548.3) = 0.888$$

$$\Delta' = \Delta a f = 3.03 \times 0.888 = 2.691（℃）$$

由静压强引起的沸点升高用 Δ'' 表示。

先求液层中部的平均压强（这里液层高度假设按 3m 计算）：

$$p_m = p' + \rho_m gh/2 = 58.94 \times 10^3 + \frac{1007 \times 9.81 \times 3}{2} = 73758(\text{Pa}) = 73.76(\text{kPa})$$

查附录做内插计算，73.76kPa压强下对应饱和蒸汽温度为91℃，故由静压强引起的沸点温度：

$$\Delta'' = 91 - 85 = 6 \ (℃)$$

管道压力损失引起的温度差损失按1℃，$\Delta''' = 1℃$。

$\Delta = \Delta' + \Delta'' + \Delta''' = 2.691 + 6 + 1 = 9.691℃$，取10℃，则 $t_n = T_n + \Delta = 85 + 10 = 95 \ (℃)$

则蒸汽耗量：

$$D = \frac{[Wr + Sc(t - T_0) + q']}{R} = \frac{[2000 \times 548.3 + 2432 \times 0.93 \times (95 - 75)]}{532.6} \times 1.06 = 2272.52 \ (\text{kg/h})$$

换热面积按下式计算：

$$F = \frac{[Wr + Sc(t - T_0)]}{k(T - t)}$$

式中　T——加热温度，℃，这里 $T = 110℃$；

　　　k——传热系数，$\text{kcal/(m}^2 \cdot \text{h} \cdot ℃)$，这里 $k = 1050\text{kcal/(m}^2 \cdot \text{h} \cdot ℃)$。

$$F = \frac{[Wr + Sc(t - T)]}{k(T - t)} = \frac{[2000 \times 548.3 + 2432 \times 0.93 \times (95 - 75)]}{1050 \times (110 - 95)} = 72.497 \ (\text{m}^2) \quad (取72.5\text{m}^2)$$

换热管的规格尺寸：$\phi38\text{mm} \times 1.5\text{mm} \times 6000\text{mm}$。

管子根数：

$$n = 72.5/(0.035 \times \pi \times 6) = 109.9(根) \quad (取110根)$$

蒸发强度：

$$U = W/F = 2000/72.5 = 27.59[\text{kg/(m}^2 \cdot \text{h})]$$

物料泵的计算：

循环泵流量计算：

$$\frac{0.035^2}{4} \times \pi \times 110 \times 2 = 0.212(\text{m}^3/\text{s}) = 763(\text{m}^3/\text{h})$$

（这里料液在换热管中流速按2m/s选取）

因此可选择流量为760m³/h，扬程为6m的轴流泵。

(4) 冷凝器的计算

冷凝器换热面积计算：

热量：

$$Q = 2000 \times 548.9 = 1097800\text{kcal/h}$$

按对数平均温差计算传热温差：

并流：84℃→84℃，30℃↗42℃，$\Delta t_1 = 84 - 30 = 54 \ (℃)$，$\Delta t_2 = 84 - 42 = 42 \ (℃)$。

$$\Delta t = (54 - 42)/\ln(54/42) = 47.7 \ (℃)$$

换热面积：

$$F = \frac{Q}{k\Delta t} = \frac{1097800}{1000 \times 47.7} = 23 \ (\text{m}^2)$$

这类蒸发温度高的蒸发器计算出的换热面积都比较小，为了安全考虑，冷凝器实际面积一般按2~3倍计算面积计算进行选取，这样做的结果会导致蒸发温度降低，但是蒸发确是安全的。

实际换热面积：

$$F' = 2.5 \times 23 = 57.5 \text{（m}^2\text{）}$$

冷却水耗量：

$$W = 1.25 \times 1097800/(42-30) = 171531.25 \text{（kg/h）} = 171.53 \text{（t/h）}$$

（5）蒸发器出口及泵进出口尺寸确定

蒸发器出口直径的计算：

$$2000 \times 2.828 \div 3600 = \frac{d^2}{4} \times \pi \times 20, d = 0.316\text{（m）} \quad \text{（进口蒸汽流速按18～25m/s计算）}$$

泵入口管道，即料液从分离器出来的循环管道直径一般不低于泵的入口尺寸，出口管道直径也可按2m/s流速进行计算。

$$761 \div 3600 = \frac{d^2}{4} \times \pi \times 2$$

$$d = 0.367\text{mm} \quad \text{（取350mm）}$$

料液在泵出口的流速比进口速度要快，一般按2.5m/s进行计算。

$$761 \div 3600 = \frac{d^2}{4} \times \pi \times 2.5$$

$$d = 0.328\text{m} \quad \text{（取循环管直径为320mm）}$$

6.2　双效强制循环蒸发器的工艺设计计算

（1）主要物料参数

有一双效强制循环蒸发器，工艺流程如图6-4所示，蒸发状态参数如表6-2所示，用于牛骨头汤生产，生产能力为2400kg/h，骨头汤进料质量分数为8%，进料温度为50℃，要求经过浓缩后其出料质量分数为50%，一效蒸发器壳程加热温度为110℃。计算蒸发器蒸汽耗量、换热面积、循环泵的流量扬程、冷凝器的计算等。

（2）蒸发器结构特点

本蒸发器凡与物料接触部位均采用S30408材质加工制造；加热管采用规格为ϕ38mm×1.5mm×6000mm卫生级无缝不锈钢管制造；加热室及分离器全部采用50mm厚的岩棉进行保温绝热处理；采用间壁列管式冷凝器冷凝末效二次蒸汽，采用全自动控制。采用水环真空泵抽真空保持系统的真空度，其流程如图6-4（a）所示。

（3）物料衡算

假设一效蒸发量为1231kg/h，二效蒸发量为1169kg/h。

进料量：

$$S = \frac{WB_2}{B_2 - B_0} = \frac{2400 \times 50\%}{50\% - 8\%} = 2857.14 \text{（kg/h）} \quad \text{（取2857kg/h）}$$

第一效出料浓度：

$$SB_0 = (S-W)B_1$$

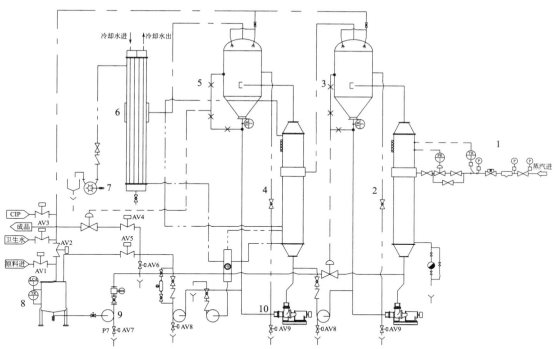

1—进蒸汽系统；2—一效蒸发器；3—一效分离器；4—二效蒸发器；5—二效分离器；
6—冷凝器；7—真空泵；8—平衡缸；9—物料泵；10—循环泵

(a) 单管程单壳程双效强制循环蒸发器

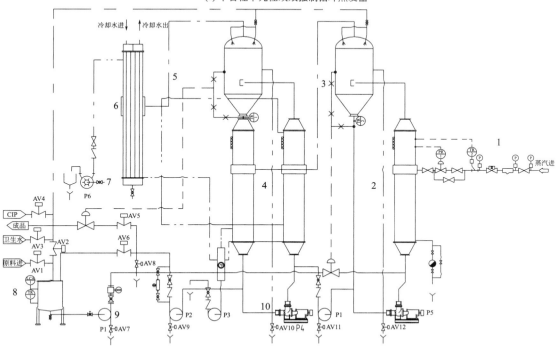

1—进蒸汽系统；2—一效蒸发器；3—一效分离器；4—二效蒸发器；5—二效分离器；
6—冷凝器；7—真空泵；8—平衡缸；9—物料泵；10—循环泵

(b) 双管程双壳程的双效强制循环蒸发器

图 6-4　aQZXH02-2400 型双效强制循环蒸发器

表 6-2　蒸发状态参数（按非等压强降原则分配各效有效温度差）

项目	压力/MPa	温度/℃	比体积/(m³/kg)	汽化潜热/(kcal/kg)	焓/(kcal/kg)
工作蒸汽	0.14609	110	1.210	532.6	642.8
一效加热	0.14609	110	1.210	532.6	642.8
一效蒸发	0.04829	80	3.408	551.3	631.3
二效蒸发	0.02031	60	7.678	563.2	623.2
冷凝器（壳程）	0.01939	59	8.02	563.8	622.8

$$B_1 = \frac{SB_0}{S-W_1} = \frac{2857 \times 8\%}{2857-1231} = 14.1\%$$

(4) 沸点升高计算

本计算不计由于假设蒸发量与热平衡后蒸发量的出入，引起沸点升高的微小变化，不计由于浓度的升高比热的微小变化。

① 一效沸点升高

因蒸汽压下降而引起的沸点升高按下式计算：

$$\Delta a = 0.38 e^{0.05+0.045B}$$

式中　Δa——常压下溶液的沸点升高，℃；

　　　B——为料液固形物的百分含量，%，这里 $B=14.1\%$。

$$\Delta a = 0.38 e^{0.05+0.045B} = 0.38 e^{0.05+0.045 \times 14.1} = 0.75\ (℃)$$

溶液的沸点升高还与压强有关，上式是在常压下的沸点升高，而在其它压力下的沸点升高可按下式进行计算：

$$\Delta' = \Delta a f$$

式中　f——校正系数。

$$f = 0.0038 \times (T^2/r)$$

式中　T——某压强下水的沸点，K；

　　　r——某压强下水的蒸发潜热，kcal/kg。

$$f = 0.0038 \times (T^2/r) = 0.0038 \times (353^2/551.3) = 0.86$$

$$\Delta' = \Delta a f = 0.75 \times 0.86 = 0.65\ (℃)$$

由静压强引起的沸点升高用 Δ''。

先求液层中部的平均压强（这里液层高度按 3m 计算）：

$$p_m = p' + \rho_m gh/2 = 48.29 \times 10^3 + \frac{1006 \times 9.81 \times 3}{2} = 63093\,(Pa) = 63.1\,(kPa)$$

查附录做内插计算，63.1kPa 压强下对应饱和蒸汽温度为 87℃，故由静压强引起的沸点温度损失：

$$\Delta'' = 87 - 80 = 7\ (℃)$$

管道压力损失引起的温度差损失按 1℃ 计，$\Delta''' = 1℃$。

$$\Delta = \Delta' + \Delta'' + \Delta''' = 0.65 + 7 + 1 = 8.65\ (℃)\quad（取 9℃）$$

则 $t_n = T_n + \Delta = 80 + 9 = 89\ (℃)$

即沸点温度损失为 9℃，沸点温度为：89℃。

② 二效沸点升高

因蒸汽压下降而引起的沸点升高按下式计算：

$$\Delta a = 0.38e^{0.05+0.045B} = 0.38e^{0.05+0.045\times50} = 3.79\ (℃)$$

$$\Delta' = \Delta a f$$

$$f = 0.0038\times(T^2/r) = 0.0038\times(333^2/563.2) = 0.748\ (℃)$$

$$\Delta' = \Delta a f = 3.79\times0.748 = 2.8\ (℃)$$

由静压强引起的沸点升高用 Δ'' 表示。

先求液层中部的平均压强（这里换热管取 6000mm，液层高度按 3000mm 计算）。

$$p_m = p' + \rho_m gh/2 = 20.31\times10^3 + \frac{1008\times9.81\times3}{2} = 35142.72(Pa) = 35.143(kPa)$$

查附录做内插计算，35.143kPa 压强下对应饱和蒸汽温度为 72.5℃，故由静压强引起的沸点温度损失：

$$\Delta'' = 72.5 - 60 = 12.5\ (℃)\quad（实际按6℃选取）$$

管道等温度损失按 1℃ 选取，$\Delta''' = 1℃$。

$$\Delta = \Delta' + \Delta'' + \Delta''' = 2.8 + 6 + 1 = 9.8\ (℃)\quad（取10℃）$$

则 $t_n = T_n + \Delta = 60 + 10 = 70℃$

（5）热量衡算（多次试算结果）

经过热量衡算实际蒸发量分配：一效 1226kg/h；二效 1174kg/h（由热平衡多次试算而得）。

各效占总蒸发量质量百分数：一效 51.08%；二效 48.92%。

沸点温度：一效 89℃；二效 70℃。

用于第一效加热用的蒸汽量按下式计算：

$$D = [Wr - Sc(T-t) + Q_2 - Q_L + q]/R$$

式中　D——蒸汽耗量，kg/h；

W——水分蒸发量，kg/h；

S——进料量，kg/h；

c——物料比热容，kcal/(kg·℃)，$c = 0.93$kcal/(kg·℃)；

T——进料温度，℃，$T = 50℃$；

t——料液沸点温度，℃，这里 $t = 89℃$；

R——加热蒸汽潜热，kcal/kg，$R = 532.6$kcal/kg；

r——二次蒸汽汽化热，kcal/kg，$r = 551.3$kcal/kg；

q——热量损失，5%~6%，这里按总热量的 6% 计算；

Q_L——前效壳程（或杀菌器壳程）冷凝水进入后效壳程冷凝水放出的热量，kcal/h，这里 $Q_L = 0$kcal/h；

Q_2——料液利用壳程蒸汽预热热量，这里 $Q_2 = 0$kcal/h。

用于一效加热的蒸汽耗量按下式计算：

$$D_1 R_1 = W_1 r_1 + Sc(t_1 - t_0) + Q_1 - q_1 + q_1'$$

$$D = \frac{1226\times551.3 + 2857\times0.93\times(89-50)}{532.6}\times1.06 = 1551.4\ (kg/h)$$

用于二效加热的一效二次蒸汽量及热量分别为

$$1226kg/h$$

$$1226\times551.3 = 675893.8\ (kcal/h)$$

二效热量衡算式：

$$D_2 R_2 = W_2 r_2 + (Sc - W_1 c_p)(t_2 - t_1) + Q_2 - q_2 + q_2'$$

二效蒸发所需热量：

$$Q = [1174 \times 563.2 - (2857 \times 0.93 - 1226 \times 1) \times (89 - 70)] \times 1.06$$
$$= 672048.1 \text{ (kcal/h)}$$
$$672048.1/675893.8 = 0.994$$

不再试算。

(6) 换热面积计算

一效换热面积：

$$F = \frac{Q}{k\Delta t}$$

这里，$Q = 1226 \times 551.3 + 2857 \times 0.93 \times (89 - 50) = 779517.19 \text{ (kcal/h)}$

$$k = 1050 \text{kcal/(m}^2 \cdot \text{h} \cdot ℃)$$

$$F = \frac{Q}{k\Delta t} = \frac{779517.19}{1050 \times (110 - 89)} = 35.35 \text{ (m}^2)$$

换热管的规格尺寸：$\phi 38\text{mm} \times 1.5\text{mm} \times 6000\text{mm}$（以下同）

管子根数：

$$n = 35.35/(0.035 \times \pi \times 6) = 53.6(根) \quad （取54根）$$

蒸发强度：

$$U = W/F = 1226/35.35 = 34.68 [\text{kg/(m}^2 \cdot \text{h})]$$

二效换热面积：

$$F = \frac{Q}{k\Delta t}$$

这里 $Q = 1174 \times 563.2 - (2857 \times 0.93 - 1226 \times 1) \times (89 - 70) = 634007.61 \text{ (kcal/h)}$

$$k = 850 \text{kcal/(m}^2 \cdot \text{h} \cdot ℃)$$

$$F = \frac{Q}{k\Delta t} = \frac{634007.61}{850 \times (80 - 70)} = 74.59 \text{ (m}^2)$$

管子根数：

$$n = 74.59/(0.035 \times \pi \times 6) = 113.1(根) \quad （取113根）$$

蒸发强度：$U = W/F = 1174/74.58 = 15.74 [\text{kg/(m}^2 \cdot \text{h})]$

总蒸发强度：$U = W/F = 2400/109.94 = 21.83 [\text{kg/(m}^2 \cdot \text{h})]$

经济指标：$V = 1551.4/2400 = 0.646$

(7) 一效强制循环泵的计算

循环泵流量计算：

$$\frac{0.035^2}{4} \times \pi \times 54 \times 2 = 0.10386(\text{m}^3/\text{s}) = 373.9(\text{m}^3/\text{h}) \quad （这里料液在换热管中流速按2m/s）$$

因此可选择流量为 $380\text{m}^3/\text{h}$，扬程为 6m 的轴流泵。

(8) 二效强制循环泵的计算

循环泵流量计算：

$$\frac{0.035^2}{4} \times \pi \times 113 \times 2 = 0.2173(\text{m}^3/\text{s}) = 782(\text{m}^3/\text{h})$$

因此可选择流量为 $780\mathrm{m}^3/\mathrm{h}$，扬程为 $6\mathrm{m}$ 的轴流泵（这里料液在换热管中流速按 $2\mathrm{m/s}$）。

若将二效分为双管程双壳程，二效循环泵流量计算：

$$\frac{0.035^2}{4}\times\pi\times57\times2=0.1096(\mathrm{m}^3/\mathrm{s})=394.56\mathrm{m}^3/\mathrm{h}$$

可选择流量为 $395\mathrm{m}^3/\mathrm{h}$，扬程为 $6\mathrm{m}$ 的轴流泵（这里料液在换热管中流速按 $2\mathrm{m/s}$）。

（9）冷凝器换热面积及换热管根数计算

进入冷凝器的末效二次蒸汽量的热量：

$$Q=(1174+11.74)\times563.8=668520.2\ (\mathrm{kcal/h})$$

按对数平均温差计算传热温差。

并流：$59℃\to59℃$，$30℃\nearrow42℃$，$\Delta t_1=59-30=29$（℃），$\Delta t_2=59-42=17$（℃）。

$$\Delta t=(29-17)/\ln(29/17)=22.5\ (℃)$$

换热面积：

$$F=\frac{Q}{k\Delta t}=\frac{668520.2}{1000\times22.5}=29.7\ (\mathrm{m}^2)$$

由于二次蒸汽温度较高，实际换热面积按 $2\sim2.5$ 倍的计算值确定冷凝器的换热面积。

则：$F'=2.5\times29.7=74.25\ (\mathrm{m}^2)$

换热管根数：

取管子规格尺寸：$\phi25\mathrm{mm}\times2\mathrm{mm}\times7500\mathrm{mm}$

$$n=74.25/(0.023\times\pi\times7.5)=137.08(根)\quad（取137根）$$

（10）冷却水耗量

$$W=2.5\times668520.2/(42-30)=139\ (\mathrm{t/h})$$

6.3 三效强制循环蒸发器工艺设计计算

番茄汁水溶液浓缩到一定程度会很黏稠，因此用于番茄酱生产的蒸发器多为强制循环蒸发器，也有采用强制循环与外循环蒸发器结合的蒸发器，如图 6-5 所示，本蒸发器特点是一效为强制循环蒸发器，二效为外循环蒸发器，分离器是叠加在一起的。

（1）主要物料参数

物料介质为番茄汁水溶液，水分蒸发量为 $24000\mathrm{kg/h}$，进料质量分数 4.5%，出料质量分数 $28\%\sim30\%$，原料进入温度 $50\sim60℃$，使用蒸汽压力 $0.2\mathrm{MPa}$，蒸发器各效蒸发状态参数见表 6-3，流程见图 6-6。

表 6-3　蒸发状态参数

项目	压力/MPa	温度/℃	比体积/(m³/kg)	汽化热/(kcal/kg)	焓/(kcal/kg)
一效加热	0.18394	117	0.9754	528.1	645.4
二效加热	0.05234	82	3.161	550.1	632.1
二效蒸发	0.0255	65	6.201	560.2	625.2
三效蒸发	0.011382	48	13.23	570.1	618.4
冷凝器	0.011382	48	13.23	570.1	618.4

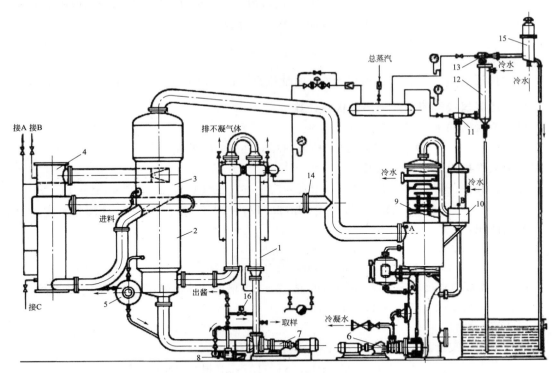

图 6-5　用于番茄酱生产的外循环与强制循环蒸发器结合的双效蒸发器

1——效蒸发器；2——效蒸发室；3—二效蒸发室；4—二效蒸发器；5—液位平衡器；6—浓浆泵；7—循环泵；
8—离心泵；9—主冷凝器；10—副冷凝器；11—一级蒸汽喷射器；12—中间冷凝器；
13—二级蒸汽喷射泵；14—隔板；15—消声器；16—电动阀

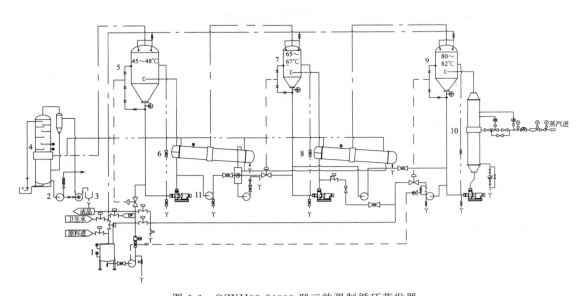

图 6-6　QZXH03-24000 型三效强制循环蒸发器

1—平衡缸；2—水泵；3—真空泵；4—冷凝器；5—三效分离器；6—三效蒸发器；
7—二效分离器；8—二效蒸发器；9——效分离器；10——效蒸发器；11—循环泵

考虑本蒸发系统番茄汁水溶液随着蒸发进行，浓度增高、温度降低、出料黏度增高，因此采用三效强制循环蒸发器，逆流加料，一效出料其工艺流程如图 6-6 所示。

（2）物料衡算

物料处理量：$S = 24000 \times 29 / (29 - 4.5) = 28408.2$（kg/h）

出料量：$28408.2 - 24000 = 4408.2$（kg/h）

进料管道直径：

$$28408.2 \div 1030 \div 3600 = \frac{d^2}{4} \times \pi \times 1.2$$

$$d = 0.090 \text{m}$$

（3）热量衡算

蒸发温度：一效 82℃；二效 65℃；三效 48℃（不考沸点升高）。

蒸发量分配：一效 8914kg/h；二效 7675kg/h；三效 7411kg/h。

各效占总蒸发量质量百分数：一效 37.14%；二效 31.98%；三效 30.88%。

用于一效的蒸耗量：

$$D_1 R_1 = W_1 r_1 + (Sc - W_2 c_P - W_3 c_P)(t_2 - t_1) + Q_1 - q_1 + q_1'$$

$$Q_1 = 0, \quad q_1 = 0$$

$$D_1 = [8914 \times 550.1 + (28408.2 \times 0.93 - 7675 \times 1 - 7411 \times 1) \times (82 - 65)]$$
$$\times 1.06 / 528.1 = 10229.2 \text{（kg/h）}$$

用于二效加热的热量：

$$8914 \times 550.1 = 4903591.4 \text{（kcal/h）}$$

二效蒸发所需热量：

$$D_2 R_2 = W_2 r_2 + (Sc - W_3 c_P)(t_2 - t_1) + Q_2 - q_2 + q_2'$$

$$Q_2 = 0, \quad q_2 = 0$$

实际所需热量：$Q = [7675 \times 560.2 + (28408.2 \times 0.93 - 7411 \times 1) \times (65 - 48)] \times 1.06 = 4900042.541$（kcal/h）

$$4900042.541 \div 4903591.4 = 0.999$$

用于三效加热的热量：

$$7675 \times 560.2 = 4299535 \text{（kcal/h）}$$

$$D_3 R_3 = W_3 r_3 + Sc(t_3 - t_0) + Q_3 - q_3 + q_3'$$

$$Q_3 = 0$$

实际所需热量：$Q = \left[7411 \times 570.1 - 28408.2 \times 0.93 \times (50 - 48) - \dfrac{8914 \times (82 - 65) \times 560.2}{625.2} \right] \times 1.06 = 4278572.084$（kcal/h）

$$4278572.084 \div 4299535 = 0.995$$

（4）各效换热面积计算

① 一效换热面积

$$F = \frac{Q}{k \Delta t}$$

这里 $Q = 8914 \times 550.1 + (28408.2 \times 0.93 - 7675 \times 1 - 7411 \times 1) \times (82 - 65) = 5096263.042$（kcal/h）。

$$k = 1148 \text{kcal/(m}^2 \cdot \text{h} \cdot \text{℃)}$$

$$F = \frac{5096263.042}{1148 \times (117 - 82)} = 126.8 \text{（m}^2\text{）}$$

管的规格：$\phi 32\text{mm} \times 1.5\text{mm} \times 6000\text{mm}$

管子根数：

$$n = 126.8/(0.029 \times \pi \times 6) = 232.1\text{（根）} \quad \text{（取232根）}$$

相当管子截面积：

$$214 \times \frac{0.029^2}{4} \times \pi = \frac{d^2}{4} \times \pi$$

$$d = 0.424\text{m}$$

蒸发强度：$U = W/F = 8914/126.8 = 70.3 [\text{kg/(m}^2 \cdot \text{h)}]$

② 二效换热面积

$$F = \frac{Q}{k \Delta t}$$

这里 $Q = 7675 \times 560.2 + (28408.2 \times 0.93 - 7411 \times 1) \times (65 - 48) = 4622681.642$（kcal/h）。

$$k = 800 \text{kcal/(m}^2 \cdot \text{h} \cdot \text{℃)}$$

$$F = \frac{4622681.642}{800 \times (82 - 65)} = 339.9 \text{（m}^2\text{）}$$

管的规格：$\phi 25\text{mm} \times 1.5\text{mm} \times 6000\text{mm}$

管子根数：

$$n = 339.9/(0.021 \times \pi \times 6) = 859.1 \text{（根）} \quad \text{（取 859 根）}$$

蒸发强度：

$$U = 7675/339.9 = 22.58 [\text{kg/(m}^2 \cdot \text{h)}]$$

相当管子截面积：

$$859 \times \frac{0.021^2}{4} \times \pi = \frac{d^2}{4} \times \pi$$

$$d = 0.615\text{m}$$

③ 三效换热面积

$$F = \frac{Q}{k \Delta t}$$

这里 $Q = 7411 \times 570.1 - 28408.2 \times 0.93 \times (50 - 48) = 4172171.85$（kcal/h）

$$k = 700 \text{kcal/(m}^2 \cdot \text{h} \cdot \text{℃)}$$

$$F = \frac{4172171.85}{700 \times (65 - 48)} = 350.6 \text{（m}^2\text{）}$$

管的规格：$\phi 25\text{mm} \times 1.5\text{mm} \times 6000\text{mm}$

管子根数：

$$n = 350.6/(0.021 \times \pi \times 6) = 886.2\text{（根）} \quad \text{（取886根）}$$

相当管子截面积：

$$886 \times \frac{0.021^2}{4} \times \pi = \frac{d^2}{4} \times \pi$$

$$d = 0.625\text{m}$$

三效进料口直径计算：

$$28408.2 \div 1030 \div 3600 = \frac{d^2}{4} \times \pi \times 1.2$$

$$d = 90\text{mm}$$

蒸发强度：$U = W/F = 7411/350.6 = 21.14 \ [\text{kg}/(\text{m}^2 \cdot \text{h})]$

总蒸发强度：$U = 24000/817.3 = 29.4 \ [\text{kg}/(\text{m}^2 \cdot \text{h})]$

经济指标：$V = 10229.2/24000 = 0.43$

(5) 分离器计算

一效分离器直径计算：

$$d = \sqrt{\frac{8914 \times 3.161}{\frac{\pi}{4} \times 2.397 \times 3600}} = 2.0395(\text{m}) \quad (\text{取} 2.1\text{m})$$

$$\omega_0 = \sqrt[3]{4.26 \times 3.161} = 2.379(\text{m/s})$$

有效高度：

$$h = \frac{4 \times 8914 \times 3.161}{2^2 \times 1.1 \times \pi \times 3600} = 2.266(\text{m})$$

二效分离器直径计算：

$$d = \sqrt{\frac{7675 \times 6.201}{\frac{\pi}{4} \times 2.978 \times 3600}} = 2.378(\text{m}) \quad (\text{取} 2.4\text{m})$$

$$\omega_0 = \sqrt[3]{4.26 \times 6.201} = 2.978(\text{m/s})$$

有效高度：

$$h = \frac{4 \times 7675 \times 6.201}{2.3^2 \times 1.2 \times \pi \times 3600} = 2.65(\text{m})$$

三效分离器计算：

$$d = \sqrt{\frac{7411 \times 13.23}{\frac{\pi}{4} \times 3.834 \times 3600}} = 3.008(\text{m}) \quad (\text{取} 3\text{m}, \text{实际取} 2800\text{mm})$$

$$\omega_0 = \sqrt[3]{4.26 \times 13.23} = 3.834(\text{m/s})$$

有效高度：

$$h = 4 \times 7411 \times 13.23/(3^2 \times 1.4 \times \pi \times 3600) = 2.75(\text{m})$$

(6) 冷凝器计算

冷凝器采用低位喷淋式冷凝器如图 6-7 所示。

冷却水量计算（这里冷却水进水温度按 30℃ 计算）：

$$W = W'/X = 7411/20.2 = 366.88(\text{m}^3/\text{h}) \quad (\text{查图} 2\text{-}31, X = 20.2\text{kg/h})$$

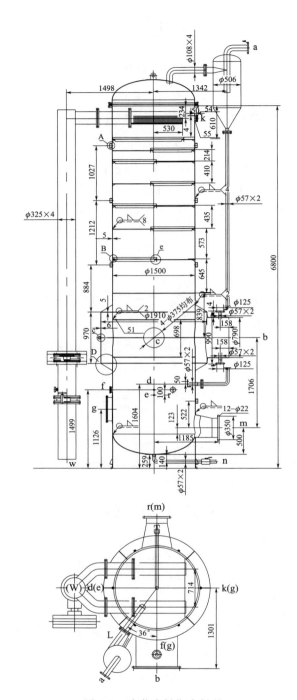

图 6-7　喷淋式低位冷凝器

按此计算出冷却水量偏低。

实际冷却水量：$W_1 = 1.25 \times 366.88 = 458.6$（$m^3/h$）

冷凝器直径计算：

$$W_V = W'V_s = 7411 \times 13.23 = 98047.53(m^3/h)$$

$$d = \sqrt{\dfrac{W_V}{\dfrac{\pi}{4} V}} \quad (\text{蒸汽在冷凝器截面上升气速，15～20m/s})$$

$$d = \sqrt{\dfrac{98047.53}{\dfrac{\pi}{4} \times 15 \times 3600}} = 1.52(\text{m}) \quad (\text{这里取 } V=15\text{m/s，取直径为1.5m})$$

多孔淋水板设计：

当 $d>500$mm 时，淋水板可用 7～9 块，本计算采用 7 块。

$$L_{n+1} = (0.6～0.7)L_n$$
$$L_0 = 1.5 + (0.15～0.3) = 1.65(\text{m})$$
$$L_1 = 0.6 \times 1.65 = 0.99(\text{m})$$
$$L_2 = 0.6 \times 0.99 = 0.594(\text{m})$$
$$L_3 = 0.6 \times 0.594 = 0.356(\text{m})$$
$$L_4 = 0.6 \times 0.356 = 0.214(\text{m})$$
$$L_5 = 0.6 \times 0.214 = 0.150(\text{m}) \quad (\text{取200mm})$$
$$L_6 = 0.7 \times 150 = 0.105(\text{m}) \quad (\text{按105mm取间距过窄，本例按200mm选取})$$

最末不低于 150mm。

$$L = 4.2\text{m} \quad (\text{有效高度，空间高度约 1.7m})$$

蒸汽进口直径：

$$d_1 = (0.4～0.65)d = 750(\text{mm}) \quad (\text{这里取0.5D})$$

二次蒸汽进口采用进汽室的方式，在器体开四孔，四孔直径为：

$$\dfrac{750^2}{4} \times \pi = 4 \times \dfrac{d^2}{4} \times \pi$$

$$d = 375\text{mm}$$

冷却水进口直径：

$$458.6 \div 3600 = d^2/4 \times \pi \times 1.5 (\text{这里水流速为1.5m/s})$$

$$d = 0.329\text{m}(\text{取直径为325mm，壁厚为3mm})$$

喷淋管直径：

$$\dfrac{325^2}{4} \times \pi = 2 \times \dfrac{d^2}{4} \times \pi$$

$$d = 230\text{mm}$$

冷却水出口直径：

$$d_4 = \sqrt{458.6}/53.2 = 0.403(\text{m})$$

第 1 块（最上）淋水板宽度：

$$0.9 \times 1500 = 1350(\text{mm})$$

淋水孔冷却水流速：

$$V = N\varphi\sqrt{2gh}$$

式中　V——冷却水流速，m/s；

　　　N——淋水孔的阻力系数，$N=0.95～0.98$；

　　　φ——水流收缩系数，$\varphi=0.80～0.82$；

h——淋水板堰高，m；一般在 50～70m 之间选取。

$$V = N\varphi\sqrt{2gh} = 0.95 \times 0.8 \times \sqrt{2 \times 9.8 \times 0.06} = 0.824(\text{m/s})$$

第 1 块淋水板小孔孔径：

$$458.6 \div 3600 = \frac{d^2}{4} \times \pi \times 0.824 \times 5814$$

$$d = 0.00582\text{m} \quad （取6mm）$$

其他淋水板小孔孔径：

$$229.3 \div 3600 = \frac{d^2}{4} \times \pi \times 0.824 \times 3188$$

$$d = 0.00556\text{m} \quad （取5.6mm）$$

进水喷淋管小孔数量确定：

喷淋管采用两个直径为 236mm，壁厚为 3mm 管子，这里 $d = 230$mm。喷淋管上小孔孔径为 8mm。

$$\frac{d^2}{4} \times \pi = \frac{0.008^2}{4} \times \pi n$$

$$n = 826.56 \quad （取826个）$$

一效加热蒸汽进口：

$$10229.2 \times 0.9754 \div 3600 = \frac{d^2}{4} \times \pi \times 50$$

$$d = 0.266\text{m}$$

一效冷凝水出口：

$$8914 \div 1000 \div 3600 = \frac{d^2}{4} \times \pi \times 1.1 \quad （冷凝水流速按1.1m/h计算）$$

$$d = 0.0535 \quad （取57mm \times 2mm 管）$$

一效分离器进出口尺寸：

进口尺寸：

$$8914 \times 3.161 \div 3600 = \frac{d^2}{4} \times \pi \times 50（进口蒸汽流速按50m/s计算）$$

$$d = 447\text{mm} \quad （取450mm）$$

出口尺寸：

$$8914 \times 3.161 \div 3600 = \frac{d'^2}{4} \times \pi \times 36 \quad （出口蒸汽流速按36m/s计算）$$

$$d' = 526\text{mm}$$

循环管直径：

$$\frac{d^2}{4} \times \pi = \frac{0.029^2}{4} \times \pi \times 267 \times 0.6$$

$$d = 0.367\text{m} \quad （取循环管直径为450mm）$$

二效分离器进出口尺寸：

进口尺寸：

$$7675 \times 6.201 \div 3600 = \frac{d^2}{4} \times \pi \times 58 \quad （进口蒸汽流速按58m/s计算）$$

$$d = 0.539\text{mm} \quad （取500mm）$$

出口尺寸：

$$7675 \times 6.201 \div 3600 = \frac{d'^2}{4} \times \pi \times 36 \quad （出口蒸汽流速按36m/s计算）$$

$$d' = 0.684\text{m}$$

循环管直径：

$$\frac{d^2}{4} \times \pi = \frac{0.021^2}{4} \times \pi \times 859 \times 0.6$$

$$d = 0.477\text{m} \quad （取450mm）$$

二效蒸汽进口环形面积计算：

$$\frac{480^2}{4} \times \pi = \frac{a^2}{4}\pi - \frac{1110^2}{4} \times \pi \quad （480mm 为二效加热蒸汽入口尺寸）$$

$$a = 1209\text{mm}$$

二效出水管口径：

$$8914 \div 1000 \div 3600 = \frac{d^2}{4} \times \pi \times 1.1 \quad （出口了冷凝水流速按1.1m/s计算）$$

$$d = 0.0535\text{m}$$

三效分离器进出口尺寸：

进口尺寸：

$$7411 \times 13.23 \div 3600 = \frac{d^2}{4} \times \pi \times 102 \quad （进口蒸汽流速按102m/s计算）$$

$$d = 583\text{mm} \quad （取580mm）$$

出口尺寸：

$$7411 \times 13.23 \div 3600 = \frac{d'^2}{4} \times \pi \times 56 \quad （出口蒸汽流速按56m/s计算）$$

$$d' = 0.787\text{m} \quad （取790mm）$$

循环管直径：

$$\frac{d^2}{4} \times \pi = \frac{0.021^2}{4} \times \pi \times 886 \times 0.6$$

$$d = 0.484\text{m} \quad （取450mm）$$

物料泵的计算：

一效循环泵：

$$\frac{0.029^2}{4} \times \pi \times 232 \times 2 = 0.306326(\text{m}^3/\text{s}) = 1102.77(\text{m}^3/\text{h})$$

（这里料液在换热管中流速按2m/s计算，以下同）

二效循环泵：

$$\frac{0.021^2}{4} \times \pi \times 859 \times 2 = 0.594758(\text{m}^3/\text{s}) = 2141.1(\text{m}^3/\text{h}) \quad （分程：1070.55\text{m}^3/\text{h}）$$

三效循环泵：

$$\frac{0.021^2}{4} \times \pi \times 886 \times 2 = 0.61344(\text{m}^3/\text{s}) = 2208.38(\text{m}^3/\text{h}) \quad （分程：1104.2\text{m}^3/\text{h}）$$

一效效体直径：

$$d_1 = 40 \times (1.1 \times \sqrt{232} - 1) + 80 = 710 \text{（mm）} \quad \text{（圆整为标准直径750mm）}$$

二效效体直径：

$$d_2 = 32 \times (1.1 \times \sqrt{859} - 1) + 64 = 1064 \text{（mm）} \quad \text{（圆整为标准直径1100mm）}$$

三效效体直径：

$$d_3 = 32 \times (1.1 \times \sqrt{886} - 1) + 64 = 1080 \text{（mm）} \quad \text{（圆整为标准直径1100mm）}$$

(7) 真空泵的计算选择

泵的抽除气体的组成，真空泵吸气量为

$$G = G_1 + G_2 + G_3 + G_4$$

G_1 值的确定。G_1 是真空系统的渗漏空气量。它可根据真空系统中设备和管道的容积 V_1 按图 2-33 查出空气最大渗漏量 G_a，取 $G_1 = 2G_a$，本例中 $V_1 = 93\text{m}^3$，末效分离器绝对压力为 0.011382MPa，查图 2-33 得 $G_a = 16\text{kg/h}$，则：$G_1 = 2G_a = 2 \times 16 = 32$（kg/h）。

G_2 值的确定。G_2 是蒸发过程中料液释放的不凝性气体量，一般 G_2 很小，可以忽略。即 $G_2 = 0$。

G_3 值的确定。G_3 是直接式冷凝器冷却水释放溶解空气量。如果蒸汽冷凝采用的是间接式表面冷凝器时，$G_3 = 0$。本例采用的是直接式冷凝器故 $G_3 = 20.2\text{kg/h}$。

G_4 值的确定。G_4 是为未冷凝的水蒸汽量，取决于冷凝效果，冷凝效果差这部分气体所占比例就大，正常情况下，采用经验值，$G_4 = (0.2 \sim 1)\% G_p$。G_p 为每小时进入冷凝器的蒸汽量，本例进入冷凝器蒸汽量为9264kg/h，则：$G_4 = (0.2 \sim 1)\% G_p = 0.2\% \times (9264 + 335.22) = 19.2$（kg/h）。

则

$$G = G_1 + G_2 + G_3 + G_4 = 32 + 0 + 20.2 + 19.2 = 71.4 \text{（kg/h）}$$

真空泵吸气为混合气体（由水蒸汽和不凝性气体组成），在标准状况下，密度按下式计算：

$$\rho = (p_0 M)/8.315T$$

式中　ρ——在标准状况下混合气体密度，kg/m^3；

　　　p_0——在标准状况下的大气压，kPa；

　　　M——摩尔质量，kg/mol；

　　　T——热力学温度，K。

摩尔质量 M 按摩尔质量分数计算，即

$$Y_1 = 19.2/18 = 1.067, \quad Y_2 = 52.2/28.95 = 1.803$$

则

$$M_1 = 18 \times (1.067/2.87) = 6.692 \text{（kg/mol）} \quad M_2 = 28.95 \times (1.803/2.87) = 18.19 \text{（kg/mol）}$$

$$M = M_1 + M_2 = 6.692 + 18.19 = 24.88 \text{（kg/mol）}$$

$$\rho = (p_0 \times M)/(8.315T) = (101.3 \times 24.88)/(8.315 \times 273) = 1.11 \text{（kg/m}^3\text{）}$$

真空泵吸气量计算。真空泵吸气量应换算成真空泵吸入状态的体积，其体积按下式计算：

$$V = (G/\rho) \times [(273 + t)p_0/273p]$$

式中　V——真空泵每小时吸气量，m^3/h；

　　　p——真空泵吸入压力，MPa；

　　　t——真空泵吸入状态温度，℃，取冷凝状态温度。

则

$$V = (G/\rho) \times [(273+t)p_0/(273P)] = (72.1/1.11) \times [(273+48) \\ \times 0.1013/(273 \times 0.011382)] = 679(\text{m}^3/\text{h})$$

实际真空泵吸气量为

$$V' = 679 \times (1.25 \sim 1.5) = 679 \times 1.4 = 950.6(\text{m}^3/\text{h}) \quad (\text{吸气量8m}^3/\text{min，两台})$$

可依据此计算值查相关产品样本选择确定出真空泵实际型号。

不凝气管道口径确定：

$$679 \div 3600 = 2 \times \frac{d^2}{4} \times \pi \times 55$$

$$d = 47\text{mm} \quad (\text{取} \phi 57\text{mm} \times 2\text{mm 管子})$$

三效进水口（蒸发器冷凝水出口流速按 1.1m/h 计算，以下同）：

$$8914 \div 1000 \div 3600 = \frac{d^2}{4} \times \pi \times 1.1$$

$$d = 53.5\text{mm} \quad (\text{取} 57\text{mm} \times 2\text{mm 管})$$

三效出水口：

$$16589 \div 1000 \div 3600 = \frac{d^2}{4} \times \pi \times 1.1$$

$$d = 73\text{mm} \quad (\text{取} 89\text{mm} \times 4\text{mm 管})$$

番茄酱比较黏，大多采用强制循环蒸发器进行蒸发，蒸发量小的也有采用外循环蒸发器与强制循环蒸发器组合在一起的混合型蒸发器进行蒸发。

(8) 流程的选择

本蒸发系统也可以采用图 6-8 所示的工艺流程。这种流程为双管程双壳程，其缺点是料液进入分离器与二次蒸汽分离后，进入蒸发器其中一管程，容易导致料液在换热管中充

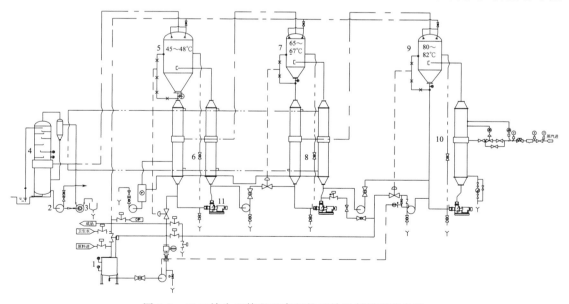

图 6-8　二三效为双管程双壳程的三效强制循环蒸发器

1—平衡缸；2—水泵；3—真空泵；4—冷凝器；5—三效分离器；6—三效蒸发器；
7—二效分离器；8—二效蒸发器；9—一效分离器；10—一效蒸发器；11—循环泵

不满，还会产生大量气泡进入循环泵内，这样就需要控制分离器中的液位
高度。当然也可以采用串联折返式的结构，采用此结构时料液在换热管中
是充满的。还有一种结构就是采用单壳程双管程，其分离器不在上侧，而
是在下侧与降膜式蒸发器的分离器所处的位置相同，料液进出的方式没有
变化。有一种分离器如图 6-9 所示，料液进入分离器后是从两个伞形帽下主
管道径向的方孔打出（每个伞形帽下进料主管道径向开两个方孔），实现料
液与二次蒸汽分离，美国用于玉米浸泡液蒸发的单壳程双管程蒸发器（非
强制循环型蒸发器）采用的就是这种结构。

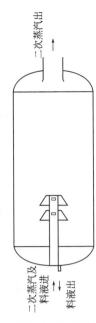

图 6-9　下置式
分离器结构

(9) 番茄酱蒸发器泵的选择

番茄酱的黏度较大，一般经过蒸发器蒸发以后的浓度都在 30％左右，
其黏度都在 600cP 以上。特别要说明的是，用于番茄酱的泵与普通泵不同，
它属于浓浆泵类，它的叶轮很特殊，为开式诱导锥型叶轮，其结构如
图 6-10 所示。根据最终浓缩情况决定出料泵的型式，采用螺杆泵出料居多，
本例末效往二效，二效往一效及一效出料均采用螺杆泵。

(10) 蒸汽阀门的确定选择

本例一效加热蒸汽（一次蒸汽）耗量为 9672kg/h，蒸汽的比容为
$0.9754 \mathrm{m}^3/\mathrm{kg}$，按此计算，进蒸汽的管道直径为：

$$10229.2 \times 0.9754 \div 3600 = \frac{d^2}{4} \times \pi \times 45$$

$d = 280.1 \mathrm{mm}$，可按公称通经 DN300 选择。

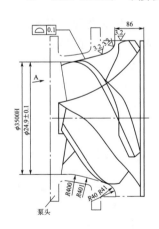
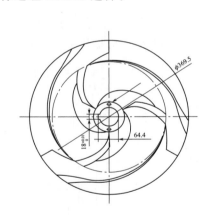
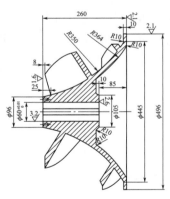

图 6-10　用于番茄酱输送泵诱导型叶轮结构

像这样大的管径，也可以采用多个小阀门并进的进汽方法供汽，如果是自动控制，可
采取控制其中一个管道的蒸汽的方法来实现控制蒸发器壳程的进蒸汽压力，如本例如果采
用通经 100mm 的调节阀，需要截止阀的数量为：$N = \dfrac{d^2}{d_1^2} = \dfrac{280^2}{100^2} = 7.84$，取 8 个 DN100 的
截止阀即可，即可采取调节并控制其中一个（或两个）管道的蒸汽压力来控制蒸发器的壳
程温度，其余截止阀可按全开进蒸汽，然后手动调定。这么大的蒸汽阀门在蒸发器开始进
蒸汽时应该缓慢打开蒸汽总阀。

6.4 意大利曼奇尼用于番茄酱生产的三效强制循环蒸发器的特点

意大利曼奇尼用于番茄酱生产的三效强制循环蒸发器（蒸发量 30t/h）如图 1-5 所示，它的主要特点是：

（a）一效蒸发器的换热面积最小（一效传热温差最大），一效蒸发器是坐在分离器上的。（b）每蒸发 1t 水其换热面积为 23m² 左右，不超过 30m²，一效面积最小，其余两效面积相等并最大。（c）一效下管板很厚，料液是呈现喇叭口状，如图 6-11 所示，这样做能够使料液以伞面状态迅速打开，使二次蒸汽与料液做快速彻底分离，有闪蒸的功效。（d）采用逆流蒸发，这样选择工艺流程主要是为降低出料黏度而考虑。

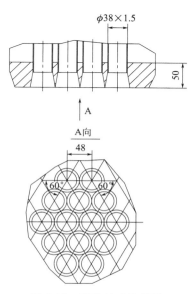

图 6-11 喇叭口式的管板

第7章 混合式蒸发器和刮板式蒸发器的设计

混合式蒸发器是指在蒸发器中有两种不同形式的蒸发器的组合。这种蒸发器主要是根据物料在蒸发过程中黏度变化较大的特性,在蒸发器中采用两种不同型式的蒸发器进行蒸发。混合式蒸发器多以降膜与强制循环式蒸发器组合在一起的型式出现。例如,某些料液如谷氨酸二次母液、氯化铵等,在蒸发前浓度较低,黏度较小,料液流动性较好,但随着蒸发的进行浓度越来越高,黏度越来越大,甚至还伴有结晶的发生。根据此特性,在浓度不高、黏度不大的阶段能采用降膜式蒸发器则采用降膜式蒸发器,降膜式蒸发器的生产效率最高,而当料液蒸发到了浓度及黏度高的阶段就可以采用强制循环蒸发器进行蒸发。

刮板式蒸发器属于薄膜式蒸发器。其主要用于料液黏度很大,需要加热温度很高的物料的蒸发。这种情况下,采用其他型式的蒸发器很难完成蒸发,就要考虑采用刮板式蒸发器。如大豆磷脂、栲焦及蜂蜜等的蒸发就是采用刮板式蒸发器进行蒸发。

7.1 混合式三效蒸发器的工艺设计计算

谷氨酸二次母液的主要成分是谷氨酸钠,其主要特点是料液蒸发时雾沫较多,到了一定浓度及温度时就开始结晶。用于谷氨酸二次母液浓缩的蒸发器有两种,一种为降膜与强制循环蒸发器结合在一起的混合式蒸发器,另一种为纯多效降膜式蒸发器。在最初,因为结晶的原因,很多用户还不敢尝试采用完全的降膜式蒸发器蒸发,而是采用比较保守的混合式蒸发器蒸发。需要特别说明的是,能用降膜式蒸发器蒸发的料液就不建议采用其他形式的蒸发器,因为降膜式蒸发器蒸发速率最快、蒸发温度低、功率消耗低、节能、可实现连续进料连续出料。混合式蒸发器作为一种蒸发形式在实际应用中也比较常见,当料液在蒸发开始浓度较低黏度较小,完全可以采用降膜式蒸发器蒸发;当蒸发过程中随着浓度的增高、温度的降低,有很多物料伴随结晶析出,有的物料结垢结焦又比较严重,在实际应用过程中常常会用到混合式蒸发器。

(1) 主要物料参数

本例物料介质为谷氨酸二次母液水溶液,生产能力:10000kg/h,pH 值:3,进料黏度:10cP,进料质量分数:12%～14%,进料温度:20℃,出料质量分数:30%,一效加热温度：85～87℃，最高蒸发温度：72℃，使用蒸汽压力：0.7MPa。蒸发器如图 7-1 所示，蒸发器状态参数如表 7-1 所示。

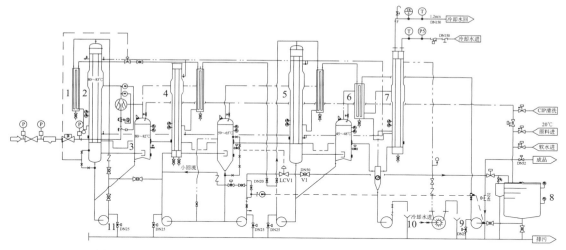

图 7-1　HZFQ03-10000 型用于谷氨酸二次母液浓缩的混合式三效蒸发器

1—物料预热器；2—一效蒸发器；3—分离器；4—二效蒸发器；5—三效蒸发器；6—预热器；
7—冷凝器；8—平衡缸；9—物料泵；10—真空泵；11—物料泵

表 7-1　蒸发器状态参数

项目	压力/(kgf/cm²)	温度/℃	比体积/(m³/kg)	汽化热/(kcal/kg)	焓/(kcal/kg)
工作蒸汽	7.146	165	0.2725	493.5	660.0
一效加热	0.8004	93	2.124	543.3	636.3
一效蒸发	0.4829	80	3.408	551.3	631.3
二效蒸发	0.19390	59	8.020	563.8	622.8
三效蒸发	0.09771	45	15.28	571.8	616.8
冷凝器	0.09771	45	15.28	571.8	616.8

（2）结构特点

本例采用混合式三效蒸发器即一三效为降膜式蒸发器，二效为强制循环蒸发器。用于谷氨酸二次母液的蒸发，凡是与物料接触部位均采用 316L 不锈钢制造。为降低黏度防止结晶出现，本工艺流程采用混流加料，二效出料。采用热压缩技术，即采用热泵抽吸一部分一效二次蒸汽，提高其温度压力作为一效加热热源。由于进料温度为 20℃，进料温度较低，本例采用四组列管式换热器对进料逐级进行预热，将物料预热至沸点或沸点以上的温度。如图 7-1 所示。采用全自动控制，即在 PLC 触摸屏上进行参数设定调整及控制。

（3）物料衡算

计算蒸发量：10200kg/h。

蒸发量分配：假设一效蒸发量 5157kg/h；二效蒸发量 2520kg/h；三效蒸发量：2523kg/h。

进料量：

$$S_0 = \frac{WB_2}{B_2 - B_0} = \frac{10200 \times 30\%}{30\% - 12\%} = 17000（\text{kg/h}）$$

出料量：

$$S' = 17000 - 10200 = 6800 \text{（kg/h）}$$

第一效出料浓度：

$$S_3 B_3 = (S_0 - W_3 - W_2) B_1$$

$$B_1 = \frac{S_3 B_3}{S_0 - W_3 - W_2} = \frac{14477 \times 14.1\%}{17000 - 2523 - 5157} = 21.9\%$$

第三效出料浓度：

$$S_0 B_0 = (S_0 - W_3) B_3$$

$$B_3 = \frac{S_0 B_0}{S_0 - W_3} = \frac{17000 \times 12\%}{17000 - 2523} = 14.1\%$$

（4）预热级计算

本蒸发系统采用四个列管预热器将进料温度由 20℃ 预热至为 87℃。本计算不计蒸发过程中料液比热的微小变化，以下计算同。

预热进料管道直径计算：

$$17000 \div 1030 \div 3600 = \frac{d^2}{4} \times \pi \times 1.2$$

$$d = 0.06976 \text{m}$$

如果按盘管制造，这样的管道直径过大，预热效果也不佳，因此采用小管径的列管预热器将料液温度预热至所需要的沸点温度。

① 第一级预热面积

由 20℃ 预热至为 40℃ 所需热量：

$$Q = 17000 \times 0.93 \times (40 - 20) = 316200 \text{（kcal/h）}$$

预热面积：

按对数平均温差计算传热温差。

并流：45℃→45℃，20℃↗40℃，$\Delta t_1 = 45 - 20 = 25$（℃），$\Delta t_2 = 45 - 40 = 5$（℃）。

$$\Delta t = (25 - 5)/\ln(25/5) = 12.4 \text{（℃）}\quad\text{（取 12℃）}$$

换热面积：

$$F = \frac{Q}{k \Delta t} = \frac{316200}{1000 \times 12} = 26.35 \text{（m}^2\text{）}$$

预热器分程计算：

物料在预热器中的流速按 0.5m/s 计算（以下同）。

$$17000 \div 1030 \div 3600 = n \times \frac{0.021^2}{4} \times \pi \times 0.5 \quad\text{（}n\text{ 为管子数量，以下同）}$$

$$n = 26.49 \quad\text{（取 26）}$$

管子规格尺寸：$\phi 25\text{mm} \times 1.5\text{mm} \times 2500\text{mm}$

管程数按下式计算：

$$F = n \phi \pi L N$$

式中　F——换热面积，m^2；

　　　n——换热管子根数，根；

　　　ϕ——换热管内径，m；

　　　L——管子长度，m；

N——管程数。

$$26.35 = 26 \times 0.021 \times \pi \times 2.5N \quad (N \text{ 为程数，以下同})$$
$$N = 6，即分 6 程$$

② 第二级预热面积

由 40℃ 预热至为 55℃ 所需热量：

$$Q = 17000 \times 0.93 \times (55-40) = 237150 \text{（kcal/h）}$$

预热面积：

按对数平均温差计算传热温差。

并流：59℃→59℃，47℃↗55℃，$\Delta t_1 = 59 - 47 = 12$（℃），$\Delta t_2 = 59 - 55 = 4$（℃）

$$\Delta t = (12-4)/\ln(12/4) = 7.28 \text{（℃）} \quad \text{（取7℃）}$$

换热面积：

$$F = \frac{Q}{k\Delta t} = \frac{237150}{1000 \times 7} = 33.9 \text{（m}^2\text{）}$$

预热器分程计算：

$$17000 \div 1030 \div 3600 = n \times \frac{0.021^2}{4} \times \pi \times 0.5$$

$$n = 26.49 \quad \text{（取26）}$$

管子规格尺寸：$\phi 25\text{mm} \times 1.5\text{mm} \times 3500\text{mm}$

$N = 5.6$，即分 6 程 $\qquad 33.9 = 26 \times 0.021 \times \pi \times 3.5N$

③ 第三级预热面积

由 55℃ 预热至为 73℃ 所需热量：

$$Q = 14776 \times 0.93 \times (73-55) = 247350.24 \text{（kcal/h）}$$

预热面积：

按对数平均温差计算传热温差。

并流：80℃→80℃，55℃↗73℃，$\Delta t_1 = 80 - 55 = 25$（℃），$\Delta t_2 = 80 - 73 = 7$（℃）。

$\Delta t = (25-7)/\ln(25/7) = 14.14$（℃）　（取 14℃）

换热面积：

$$F = \frac{Q}{k\Delta t} = \frac{247350.24}{1000 \times 14} = 17.67 \text{（m}^2\text{）}$$

预热器分程计算：

$$14776 \div 1035 \div 3600 = n \times \frac{0.021^2}{4} \times \pi \times 0.5$$

$$n = 22.9 \quad \text{（取23）}$$

管子规格尺寸：$\phi 25\text{mm} \times 1.5\text{mm} \times 3000\text{mm}$

$$17.67 = 23 \times 0.021 \times \pi \times 3N$$

$$N = 3.88(\text{程}) \quad \text{（取4程）}$$

④ 第四级预热面积

由 73℃ 预热至为 87℃ 所需热量

$$Q = 14776 \times 0.93 \times (87-73) = 192383.52 \text{（kcal/h）}$$

预热面积：

按对数平均温差计算传热温差。

并流：93℃→93℃，73℃↗87℃，$\Delta t_1 = 93 - 73 = 20$（℃），$\Delta t_2 = 93 - 87 = 6$（℃）。

$$\Delta t = (20-6)/\ln(20/6) = 11.6（℃）　（取12℃）$$

换热面积：

$$F = \frac{Q}{k\Delta t} = \frac{192383.52}{1000 \times 12} = 16.03（m^2）$$

预热器分程计算：

$$14776 \div 1035 \div 3600 = n \times \frac{0.021^2}{4} \times \pi \times 0.5$$

$$n = 22.9　（取23）$$

管子规格尺寸：$\phi 25mm \times 1.5mm \times 3000mm$

$$16.03 = 23 \times 0.021 \times \pi \times 3N$$

$$N = 3.52（程）　（取4程）$$

(5) 沸点升高计算

本计算不计由于假设蒸发量与热平衡后蒸发量的出入引起沸点升高的微小变化，不计由于浓度的升高比热的微小变化。

① 一效沸点升高

因蒸汽压下降而引起的沸点升高按下式计算：

$$\Delta a = 0.38e^{0.05+0.045B} = 0.38e^{0.05+0.045 \times 21.9} = 1.07（℃）$$

$$\Delta' = \Delta a f$$

$$f = 0.0038 \times (T^2/r) = 0.0038 \times (353^2/551.3) = 0.86（℃）$$

$$\Delta' = \Delta a f = 1.7 \times 0.86 = 1.462（℃）$$

降膜式蒸发器中的静压强可忽略不计，管道等温度损失按 1～1.5℃ 选取，这里取 1℃，则沸点升高为 2.462℃，取 2℃。沸点温度为：82℃。

② 二效沸点升高

因蒸汽压下降而引起的沸点升高按下式计算：

$$\Delta a = 0.38e^{0.05+0.045B} = 0.38e^{0.05+0.045 \times 30} = 1.54（℃）$$

$$\Delta' = \Delta a f$$

$$f = 0.0038 \times (T^2/r) = 0.0038 \times (332^2/563.8) = 0.74（℃）$$

$$\Delta' = \Delta a f = 1.54 \times 0.74 = 1.1396（℃）$$

由静压强引起的沸点升高用 Δ'' 表示。

先求液层中部的平均压强（这里液层高度按 3m 计算）：

$$p_m = p' + \rho_m g h/2 = 19.39 \times 10^3 + \frac{1006 \times 9.81 \times 3}{2} = 34193(Pa) = 34.193(kPa)$$

查附录做内插计算，34.19kPa 压强下对应的饱和蒸汽温度为 72℃，故由静压强引起的沸点温度损失为

$$\Delta'' = 72 - 59 = 13（℃）$$

计算温度损失与实际不符，这里取 3℃。

管道压力损失引起的温度差损失按 1℃ 选取，$\Delta''' = 1℃$。

$$\Delta = \Delta' + \Delta'' + \Delta''' = 1.1396 + 3 + 1 = 5.1396（℃）　（取5℃）$$

则 $t_n = T_n + \Delta = 59 + 5 = 64（℃）$

即沸点温度损失为 5℃，沸点温度为 64℃。

③ 三效沸点升高

因蒸汽压下降而引起的沸点升高按下式计算：

$$\Delta a = 0.38 e^{0.05+0.045B} = 0.38 e^{0.05+0.045\times12} = 0.686 （℃）$$

$$\Delta' = \Delta a f$$

$$f = 0.0038 \times (T^2/r) = 0.0038 \times (318^2/571.8) = 0.672 （℃）$$

$$\Delta' = \Delta a f = 0.686 \times 0.672 = 0.46 （℃）$$

$$\Delta = \Delta' + \Delta'' + \Delta''' = 0.46 + 0 + 1.5 = 1.96 （℃） （取2℃）$$

则 $t_n = T_n + \Delta = 45 + 2 = 47 （℃）$

即沸点温度损失为 2℃，取 3℃。沸点温度为 47℃。

(6) 热量衡算

蒸发量分配：一效 5683kg/h；二效 2293kg/h；三效 2224kg/h（由热平衡多次试算而得）。

各效占总蒸发量质量百分数：一效 55.72%；二效：22.48%；三效：21.8%。

沸点温度：一效沸点 82℃；二效沸点 64℃；三效沸点 47℃。

一效的热量衡算式：

$$D_1 R_1 = W_1 r_1 + Sc(t_1 - t_0) + Q_1 - q_1 + q_1'$$

用于一效加热的蒸汽耗量

$$D = \frac{5683 \times 551.3 - 14776 \times 0.93 \times (87-82) + 192383.52}{543.3} \times 1.06 = 6353.977 （kg/h） （取6354kg/h）$$

采用热压缩技术抽吸一效二次蒸汽作为一效蒸发器的一部分加热热源。

喷射系数计算：

膨胀比：

$$\beta = p_0/p_1 = 7.146/0.4829 = 14.8$$

压缩比：

$$\sigma = p_4/p_1 = 0.8004/0.4829 = 1.66$$

利用差值的方法求取，按表 2-4 进行差值计算：

即当：$\sigma = 1.66$，$\beta = 14.8$ 时，

$$\mu_1 = 1.12 + \frac{0.81-1.12}{1.8-1.6} \times (1.66-1.6) = 1.027$$

$$\mu_2 = 1.32 + \frac{1.00-1.32}{1.8-1.6} \times (1.66-1.6) = 1.224$$

$$\mu = 1.027 + \frac{1.224-1.027}{15-10} \times (14.8-10) = 1.216 （为了安全,取 \mu=1）$$

$$G_0 + \mu G_0 = D$$

$$G_0 = D/(1+\mu)$$

式中　G_0——饱和生蒸汽量，kg/h；

　　　D——一效蒸发器加热蒸汽总量，kg/h；

　　　μ——喷射系数，这里 $\mu=1$。

则　　　　　　$G_0 = 6354/(1+1) = 3177 （kg/h）$

用于一效加热的一效二次蒸汽量为

$$6354 - 3177 = 3177 （kg/h）$$

用于二效加热的一效二次蒸汽量及热量分别为

$$5683-3177=2506 \text{ (kg/h)}$$

$$2506 \times 551.3 = 1381557.8 \text{ (kcal/h)}$$

二效的热量衡算式：

$$D_2 R_2 = W_2 r_2 + (Sc - W_1 c_P)(t_2 - t_1) + Q_2 - q_2 + q_2'$$

二效蒸发所需热量：

$$
\begin{aligned}
Q &= [2293 \times 563.8 - (17000 \times 0.93 - 2224 \times 1 - 5683 \times 1) \times (82-64) \\
&\quad + 247350.24 - 6354 \times (96-80) \times 551.3/631.3] \times 1.06 \\
&= 1378655.296 \text{ (kcal/h)}
\end{aligned}
$$

$$1378655.296 \div 1381557.8 = 0.998$$

用于三效加热的热量：

$$2293 \times 563.8 = 1292793.4 \text{ (kcal/h)}$$

三效的热量衡算式：

$$D_3 R_3 = W_3 r_3 + (Sc - W_1 c_P - W_2 c_P)(t_3 - t_2) + Q_3 - q_3 + q_3'$$

三蒸发所需热量：

$$
\begin{aligned}
Q &= [2224 \times 571.8 + 17000 \times 0.93 \times (47-55) + 237150 - 8809.95 \times (80-59) \times 563.8/622.8] \\
&\quad \times 1.06 = 1286754.466 \text{ (kcal/h)}
\end{aligned}
$$

$$1286754.466 \div 1292793.4 = 0.999$$

不再试算。

(7) 各效换热面积计算

一效换热面积：

$$F = \frac{Q}{k \Delta t}$$

这里 $Q = 5683 \times 551.3 - 14776 \times 0.93 \times (87-82) = 3064329.5 \text{ (kcal/h)}$

$$k = 1050 \text{kcal/(m}^2 \cdot \text{h} \cdot ℃)$$

$$F = \frac{3064329.5}{1050 \times (93-82)} = 265.3 \text{ (m}^2)$$

取管子外径为 50mm，壁厚为 1.5mm，管子长度 9000mm 的不锈钢管。

管子根数：

$$n = 265.3/(0.047 \times \pi \times 9) = 199.74 \quad （取201根）$$

周边润湿量（上）：

$$G' = 14776/(0.047 \times \pi \times 200) = 500.6 [\text{kg/(m} \cdot \text{h)}]$$

蒸发强度：$U = W/F = 5683/265 = 21.45 [\text{kg/(m}^2 \cdot \text{h)}]$

二效换热面积：

$$F = \frac{Q}{k \Delta t}$$

这里 $Q = 2293 \times 563.8 - (17000 \times 0.93 - 2224 \times 1 - 5683 \times 1) \times (82-64) = 1150539.4$ (kcal/h)。

$$k = 850 \text{kcal/(m}^2 \cdot \text{h} \cdot ℃)$$

$$F = \frac{1168550.8}{850 \times (80-64)} = 84.6 \text{ (m}^2)$$

本效为强制循环蒸发器。

取管子外径为38mm，壁厚为1.5mm，管子长度6000mm的不锈钢管。

管子根数：
$$n = 84.6/(0.035 \times \pi \times 6) = 128.3 \quad (取128根)$$

蒸发强度：
$$U = W/F = 2293/84.6 = 27.1[\mathrm{kg/(m^2 \cdot h)}]$$

三效换热面积：
$$F = \frac{Q}{k \Delta t}$$

这里 $Q = 2224 \times 571.8 + 17000 \times 0.93 \times (47-55) = 1145203.2$ （kcal/h）
$$k = 500 \mathrm{kcal/(m^2 \cdot h \cdot ℃)}$$
$$F = \frac{1145203.2}{500 \times (59-47)} = 190.86 \ (\mathrm{m^2})$$

取直径50mm，壁厚为1.5mm，管子长度9000mm的不锈钢管。

管子根数：
$$n = 190.86/(0.047 \times \pi \times 9) = 143.7 \quad (取144根)$$

周边润湿量（上）：
$$G' = 17000/(0.047 \times \pi \times 144) = 799.9[\mathrm{kg/(m \cdot h)}]$$

蒸发强度：
$$U = W/F = 2224/190.86 = 11.65[\mathrm{kg/(m^2 \cdot h)}]$$

总蒸发强度：
$$U = W/F = 10200/540.76 = 18.86[\mathrm{kg/(m^2 \cdot h)}]$$

经济指标：
$$V = 3177/10200 = 0.311$$

实际在管板上排管子时，还应该在此基础上将降膜管总面积增加至每蒸发1t水在60m² 以上，这样才是安全的。

二效强制循环泵的计算：

循环泵流量计算：
$$\frac{0.035^2}{4} \times \pi \times 64 \times 2 = 0.123(\mathrm{m^3/s}) = 442.8(\mathrm{m^3/h})$$

这里，料液在换热管中流速按2m/s选取。因此可选择流量为450m³/h，扬程为6m的轴流泵。

(8) 热泵结构尺寸计算

热泵结构尺寸见图7-2。

喷嘴喉部直径计算：
$$d_0 = 1.6 \sqrt{\frac{G_0}{p_0}}$$

式中　d_0——喷嘴喉部直径，mm；

　　　p_0——饱和生蒸汽压力，这里 $p_0 = 0.7146$ MPa。

则
$$d_0 = 1.6 \times \sqrt{\frac{3177}{7.146}} = 33.7 \ (\mathrm{mm}) \quad (取34mm)$$

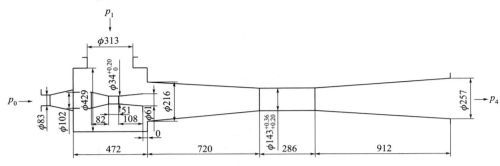

图 7-2　热泵结构尺寸（单位：mm）

喷嘴出口直径：

喷嘴出口压力按与工作压力相等考虑，对饱和蒸汽 $\beta < 500$ 时，$d_1 = 0.61 \times (2.52)^{\log\beta} d_0$。

则

$$d_1 = 0.61 \times (2.52)^{\log 14.8} \times 34 = 61.2 \text{（mm）} \quad \text{（取 61mm）}$$

扩散管喉部直径：

扩散管喉部直径按下式计算比较合适：

$$d_3 = 1.6 \sqrt{\frac{0.622(G_1 + G_3 + G_4) + G_0 + G_2}{p_4}}$$

式中　d_3——扩散管喉部直径，mm；

　　　G_1——被抽混合物中空气量，kg/h，这里 $G_1 = 1$kg/h；

　　　G_2——被抽混合物中水蒸气量，kg/h，$G_0 + G_2 = 6512.8$kg/h；

　　　G_3——从泵外漏入的空气量，kg/h，这里 $G_3 = 1$kg/h；

　　　G_4——混合式冷凝器冷却水析出的空气量，kg/h，这里 $G_4 = 0$kg/h。

则

$$d_3 = 1.6 \times \sqrt{\frac{0.622 \times (1 + 1 + 0) + 6354}{0.8004}} = 142.5 \text{（mm）} \quad \text{（取 143mm）}$$

校核最大的反压力：

$$p_{fm} \approx (d_0/d_3)^2 \times (1 + \mu) p_0$$

校核的结果必须使最大反压力 $p_{fm} = p_4$，若 p_{fm} 小于 p_4，则可适当曾大 d_0 值。

则

$$p_{fm} \approx (d_0/d_3)^2 \times (1 + \mu) p_0 = (34/143)^2 \times (1 + 1) \times 7.146 = 0.807 (\text{kgf/cm}^2)$$

$p_{fm} \approx p_4 = 0.8004$kgf/cm^2，因此可行。

热泵其他有关尺寸按表 2-5 计算。

$$d_5 = (3 - 4) \times d_0 = 3 \times 34 = 102 \text{（mm）}$$
$$L_0 = (0.5 - 2.0) \times d_0 = 1.5 \times 34 = 51 \text{（mm）}$$
$$d_2 = 1.5 \quad d_3 = 1.5 \times 143 = 214.5 \text{（mm）} \quad \text{（取 215mm）}$$
$$L_3 = (2 \sim 4) \quad d_3 = 3 \times 143 = 286 \text{（mm）}$$
$$d_4 = 1.8 d_3 = 1.8 \times 143 = 257.4 \text{（mm）} \quad \text{（取 257mm）}$$
$$L_1 = (d_5 - d_0)/K_4 = (102 - 34)/(1/1.2) = 81.6 \text{（mm）} \quad \text{（取 82mm）}$$
$$L_2 = (d_1 - d_0)/K_1 = (61 - 34)/(1/4) = 108 \text{（mm）}$$

$$L_4 = (d_2 - d_3)/K_2 = (215 - 143)/(1/10) = 720 \text{ (mm)}$$
$$L_5 = (d_4 - d_3)/K_3 = (257 - 143)/(1/8) = 912 \text{ (mm)}$$

二次蒸汽入口直径计算：

$$d_6 = 4.6(G_0/p_1)^{0.48}$$

$$d_6 = 4.6 \times (3177/0.4829)^{0.48} = 312.9 \text{ (mm)} \quad （取313mm）$$

混合式直径 d_7 一般为扩散管喉部直径的 $2.3 \sim 5$ 倍选取，即

$$d_7 = (2.3 \sim 5)d_3$$

则：

$$d_7 = (2.3 \sim 5)d_3 = 3 \times 143 = 429 \text{ (mm)}$$

混合式长度一般按 d_7 的 $1 \sim 1.15$ 倍选取，即：

$$L_7 = (1 \sim 1.15)d_7 = 1.1 \times 429 = 471.9 \quad （取472mm）$$

$$I_C = \frac{0.37 + \mu}{4.4\alpha}d_1$$

式中　I_C——喷射流长度，mm；

　　　α——实践常数，对弹性介质，α 在 $0.01 \sim 0.09$ 之间选取。

μ 值较大时取较高值。本例 $\mu = 1 > 0.5$。

则

$$I_C = \frac{0.37 + 1}{4.4 \times 0.08} \times 61 = 237.4 \text{ (mm)}$$

在 I_C 处扩散管的直径计算：

$$D_C = d_3 + 0.1(L_4 - I_C)$$

则

$$D_C = 143 + 0.1 \times (720 - 237.4) = 191.26 \text{ (mm)}$$

自由喷射流在距离喷嘴出口截面积 I_C 距离处 d_c 计算：

当喷射系数 $\mu > 0.5$ 时，

$$d_c = 1.55d_1(1 + \mu)$$

则

$$d_c = 1.55d_1(1 + \mu) = 1.55 \times 61 \times (1 + 1) = 189.1 \text{ (mm)}$$

如果 $D_C > d_c$，则 $A = 0$。本例 $D_C = 191.26\text{mm} > d_c = 189.1\text{mm}$，所以，$A = 0$。喷嘴出口与扩散管入口在同一断面上。

如果 $D_C < d_c$，则 $A > 0$ 喷嘴离开扩散管距离为 A 值。这里 $D_C = d_3 + 0.1[L_4 - (I_C - A)] \geqslant d_c$，得 A 值。一般 A 值在 $0 \sim 36$ 范围内变化。

热泵生蒸汽进汽口直径：

$$3177 \times 0.2725 \div 3600 = \frac{d^2}{4} \times \pi \times 45 \quad （这里蒸汽流速取45m/s）$$

$$d = 0.0825\text{m} \quad （取83mm）$$

这类喷嘴直径比较大的热泵为了降低噪声也可以采用多喷嘴的型式。

(9) 冷凝器的计算

冷凝器换热面积计算：

不计二次蒸汽在蒸汽管道的压力损失。

热量：
$$Q = (2224 + 63.54 + 25.06 + 22.93) \times 571.8 - 316200 = 1019256 \text{（kcal/h）}$$

按对数平均温差计算传热温差。

并流：$45 \to 45℃$，$30 \nearrow 42℃$，$\Delta t_1 = 45 - 30 = 15℃$，$\Delta t_2 = 45 - 42 = 3℃$。
$$\Delta t = (15 - 3)/\ln(15/3) = 7.46 \text{（℃）}$$

换热面积：
$$F = \frac{Q}{k \Delta t} = \frac{1019256}{1000 \times 7.46} = 136.6 \text{（m}^2\text{）}$$

实际换热面积：
$$F' = 1.25 \times 136.6 = 170.76 \text{（m}^2\text{）}$$

冷凝器分程计算：

取管子外径为 25mm，壁厚为 1.5mm，管子长度 7000mm 的不锈钢管。

管子根数：
$$n = 170.75/(0.021 \times \pi \times 7) = 369.9 \quad \text{（取 370 根）}$$
$$106000 \div 1000 \div 3600 = \frac{0.021^2}{4} \times \pi \times 370 V$$

$V = 0.229 \text{m/s} < 0.5 \text{m/s}$，所以，可以分双管程进水

冷却水耗量：
$$W = 1.25 \times 1019256/(42 - 30) = 106 \text{（t/h）}$$

　　这种混合式蒸发器不宜采用手动控制，尤其是二效分离器内需要保持一定料位，但不能存料过多，过多如果操作不当就会造成跑料，因此应采用自动控制，控制各效分离器内的料位，尤其是二效分离器内的料位。当然本例二效完全可以采用单管程的强制循环蒸发器，单管程循环泵的流量也不大。当使用蒸汽压力为 0.6MPa 时（带热压缩技术），实际应用每蒸发 1t 水所需要的换热面接近 80m² （不含预热）可满足本生产能力的需要。

7.2　刮板式蒸发器的工艺设计计算

　　刮板式蒸发器分为立式与卧式两种，本书只介绍立式刮板蒸发器。刮板式蒸发器主要由蒸发器器体、分离器（除了刮板式蒸发器自身的蒸发室外，一般在蒸发器外部还要单独设置分离器，以防止雾沫夹带）、物料泵、冷凝器、真空泵等组成。刮板式蒸发器外壳内带有蒸汽夹套，夹套可以是腔体也可以是半圆螺旋管缠绕并焊接于换热筒体外部的结构，根据压力决定。其内装有可旋转的框式刮板叶片，一般是 4～6 组沿着内筒周向均布安装，刮板叶片多为聚四氟乙烯，有的将刮板做成沟槽活动离心式结构，上部装有减速电机、捕沫器、布料器，刮板式蒸发器器体安装如图 7-3 所示。捕沫器一般做成涡伞式结构，也有锥形孔板式结构，固定于旋转轴上如图 7-4 （a） 所示。在捕沫器下方安装布料器如图 7-4 （b）所示，布料器的外圆筒上焊接与轴线呈一定夹角（一般在 20°～40°之间）的斜筋，斜筋的宽度在 10～20mm 之间。料液沿着切线进入，把料液喷到旋转的筋板沟槽上，然后在筋板及离心力的作用下料液呈螺旋线曲线形式被甩至蒸发器内筒表面；在刮板共同作用下布膜，与筒体外加热介质不断地进行热与质的交换。分布器外圆与内筒体的间隙在 10～15mm 之间，因此，这种分布器又称为螺旋布料器。还有一种布料器如图 7-5 所示，图 7-5 （a） 为板

式离心布料器，料液进入旋转的布料器内在离心力作用下将其甩至蒸发器内筒体表面，在刮板共同作用下形成液膜，并与蒸发器壳程加热介质进行热与质交换。其外圆与内筒间隙为 10～15mm。图 7-5（b）为盘式离心布料器，布料是靠分配盘端部的径向小孔布料，即料液进入盘内，在离心力作用下通过径向小孔将料液甩至内筒表面，在刮板的共同作用下进行布膜，并与蒸发器壳程加热介质进行热与质交换。其外圆与内筒间隙也在 10～15mm 之间。刮板有固定式和活动式两种，前者与壳体内壁的间隙为 0.5～1.5mm，后者与器壁的间隙随转子的转数而变，一般在 0.8～2.5mm 之间，旋转刮板的转速一般在 100～500m/min 之间，多在 160m/min 左右。

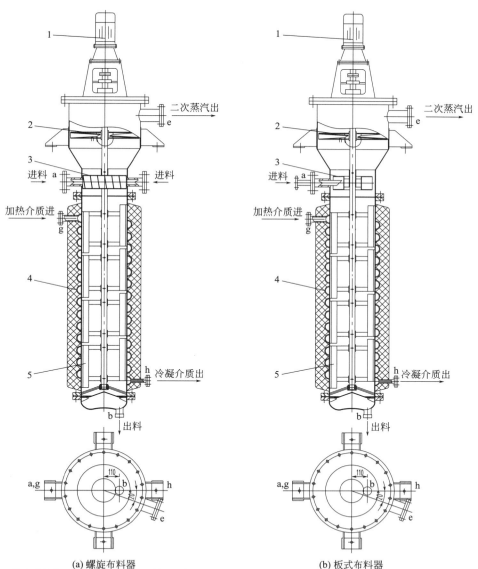

(a) 螺旋布料器
1—蒸发器筒体；2—刮板系统；3—料液分布器；
4—分离室；5—搅拌电机

(b) 板式布料器
1—蒸发器筒体；2—刮板系统；3—料液分布器；
4—分离室；5—搅拌电机

图 7-3　刮板式蒸发器器体

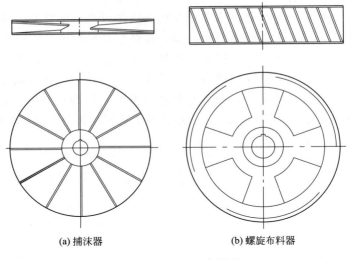

(a) 捕沫器　　　　　　　　　(b) 螺旋布料器

图 7-4　捕沫器及布料器

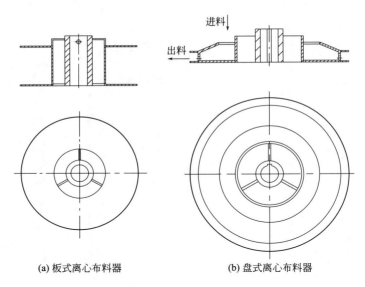

(a) 板式离心布料器　　　　　　(b) 盘式离心布料器

图 7-5　刮板式蒸发器的离心式布料器

　　工作原理：料液由蒸发器的上部沿切线方向加入到布料器外圆的斜筋板沟槽上，在离心力的作用下将料液甩至蒸发器内筒表面（也有加至与刮板同轴的甩料盘上的）。由于重力、离心力和旋转刮板作用下，溶液在蒸发器内壁形成下旋的液膜并在此过程中与蒸发器壳程加热介质进行热与质交换，料液因此被蒸发浓缩，蒸发后的完成液在蒸发器底部排出。

　　刮板式蒸发器是一种特殊的降膜式蒸发器，这种蒸发器是一种利用外加动力成膜的单程蒸发器，其突出特点是对物料的适应性很强，且物料在蒸发器内停留时间也不长，故可适应高黏度（如油类、栲胶、蜂蜜等）易结晶、结垢的物料的蒸发浓缩，适应黏度都在1000cP 以上，传热系数在 860～1290kcal/(m^2·h·℃) 之间，为了满足生产工艺需要，加

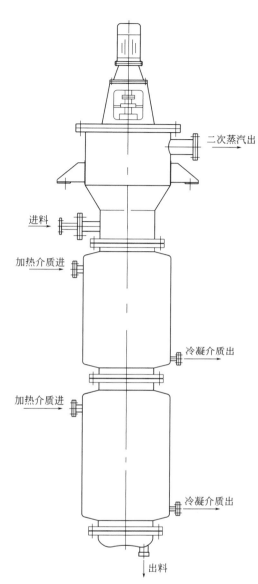

图 7-6 刮板式蒸发器分段加热结构

热室一般采用分段加热的方法（图 7-6）。单从蒸发强度看最高可达 200kg/(m² · h)，蒸发效率并不低，但其结构复杂，轴端需要加装机械密封，加热室圆筒体内表面必须经过精加工，圆度偏差在 0.05～0.2mm 之间，保证刮板与加热面之间的最小间隙在 (1.5±0.3) mm 左右，加工精度要求较高。由于是光靠一个大单筒式换热，所以体积庞大，动力消耗在每平方传热面约需要 1.5～3kW 之间，较高。对安装要求也较高。因此应用受到了限制，不过仍有少量比较特殊的高黏度、耐高温的料液（一般在 10000cP 以下，有的甚至更高，加热温度有的甚至可高达几百摄氏度）仍在应用此种蒸发器。有时也与其他蒸发器串联使用。

主要物料参数

有一刮板式蒸发器用于蜂蜜蒸发，生产能力为 100kg/h，进料蜂蜜含量为 76%，经过蒸发后出料浓度要求为 84%，进料温度为 65℃，蒸汽加热温度为 110℃，使用蒸汽压力 0.2MPa，蒸发状态参数见表 7-2。试计算刮板蒸发器换热面积，刮板蒸发器内筒体直径，刮板电机功率。刮板蒸发器结构如图 7-6 所示。

进料量：

$$S = \frac{WB_2}{B_2 - B_0} = \frac{100 \times 84\%}{84\% - 76\%} = 1050 \ (\text{kg/h})$$

出料量 $S' = 1050 - 100 = 950 \ (\text{kg/h})$

沸点升高：

因蒸汽压下降而引起的沸点升高：

$$\Delta a = 0.38 e^{0.05 + 0.045 B} = 0.38 e^{0.05 + 0.045 \times 84}$$
$$= 17.5 \ (℃)$$

$$\Delta = \Delta a f$$

$$f = 0.0038 \times (T^2 / r) = 0.0038 \times (318^2 / 571.8) = 0.672 \ (℃)$$

$$\Delta = \Delta a f = 17.5 \times 0.672 = 11.76 \ (℃)$$

表 7-2　蒸发状态参数

项目	压力/(kgf/cm²)	温度/℃	比体积/(m³/kg)	汽化热/(kcal/kg)	焓/(kcal/kg)
工作蒸汽	1.4609	110	1.210	532.6	642.3
蒸发器壳程加热	1.4609	110	1.210	532.6	642.3
蒸发	0.09771	45	15.28	571.8	616.8
冷凝器	0.09771	45	15.28	571.8	616.8

刮板式蒸发器中的静压强可忽略不计，管道等温度损失按 $1 \sim 1.5℃$ 选取，这里取 $1℃$，则沸点升高为 $12.76℃$，取 $13℃$。沸点温度为：$58℃$。

蒸汽耗量：

$$D = \frac{100 \times 571.8 - 1050 \times 0.93 \times (65 - 58)}{532.6} \times 1.06 = 100.2 \ (\text{kg/h}) \quad (\text{取} 100\text{kg/h})$$

换热面积：

$$F = \frac{Q}{k \Delta t}$$

这里，$Q = 100 \times 571.8 - 1050 \times 0.93 \times (65 - 58) = 50344.5$（kcal/h），传热系数 $k = 1000\text{kcal}/(\text{m}^2 \cdot \text{h} \cdot ℃)$。

$$F = \frac{50344.5}{1000 \times (110 - 58)} = 0.97 \ (\text{m}^2)$$

实际换热面积 $F' = 1\text{m}^2$。

选择外径为 426mm，壁厚为 6mm，材料为 S 30408。

内筒有效高度：

$$L = 1/(0.414\pi) = 0.769(\text{m}) \quad (\text{取有效高度为}800\text{mm})$$

旋转叶片转速按 160r/min，共两组 4 叶片互为垂直固定在旋转轴上。

旋转刮板电机功率可按下式进行估算：

$$p_0 = N_p N^3 D^5 \rho$$

式中　p_0——搅拌功率，W；

　　　N_p——搅拌功率准数，$1 \sim 4.7$，这里按 4 计算；

　　　N——搅拌转数，这里 $N = 160$r/min；

　　　D——刮板直径，$D = 0.414$m；

　　　ρ——流体密度，kg/m^3，这里 $\rho = 1423$kg/m^3。

$$p_0 = N_p N^3 D^5 \rho = 4 \times 2.67^3 \times 0.414^5 \times 1423 = 1318(\text{W})$$

实际功率按 1.5kW 选取。

第 **8** 章

MVR蒸发器及其他蒸发器的设计

8.1 用于有结晶析出蒸发器的结构特点

结晶过程是一个复杂的传热、传质过程。在溶液和晶体并存的悬浮液中，溶液中的溶质分子向晶体转移（结晶），同时晶体的分子也在向溶液扩散（溶解）。在未饱和溶液中溶解速度大于结晶速度，从宏观上看这个过程就是溶解；在过饱和溶液中结晶速度大于溶解速度，从宏观上看这个过程就是结晶。所以，结晶的前提是溶液必须有一定的过饱和度。工业废水成分复杂，由于杂质的存在对结晶物晶核的形成及结晶速度都可能会产生不同的影响，也可能会使结晶速度减慢或加快，还可能造成结晶效果不佳，只能在生产中不断地总结经验，找出影响因素。

（1）结晶器的选择

工业结晶的方法主要有冷却法、蒸发法、真空冷却法、盐析法及反应结晶法。结晶器的类型繁多，有许多型式的结晶器专用于某一种结晶方法；但更有许多重要型式的结晶器，如图 8-1 OSIO、DTB、DP 结晶器等等，通用于各种不同的结晶方法。本章只介绍蒸发结晶法。蒸发结晶法是去除一部分溶剂的结晶方法，它使溶液在加压、常压或减压下加热蒸发而浓缩，以达到过饱和状态。此法主要适用于溶解度随温度的降低而变化不大的物系或具有逆溶解度的物系，为了节省热能常由多个蒸发结晶器组成多效蒸发，使操作压力逐效降低，以便重复利用热能。此处主要介绍奥斯陆结晶器与蒸发器结合的应用，奥斯陆结晶器的主要特点是，过饱和度产生的区域与晶体生长区分别设置在结晶器的两处，如图 8-1（a）所示，晶体在循环母液中流化悬浮，为晶体生长提供了一个良好的条件。物系的溶解度与温度之间的关系是选择结晶器首先要考虑的重要因素。结晶的溶质不外乎两大类：第一是温度降低时溶质的溶解度下降幅度大，第二类是温度降低时溶质的溶解度下降幅度很小或者具有一个逆溶解度。对于第二类溶质，通常须用蒸发结晶器，虽然对某些具体物质可用盐析式结晶器；对于第一类溶质，则可选用冷却结晶器或真空式结晶器。

近些年来随着国家对节能减排的大力推进，在污水处理行业中用于有结晶析出的料液的蒸发比较多见。污水的成分复杂，料液对设备腐蚀严重，在蒸发过程中又常常伴有结晶

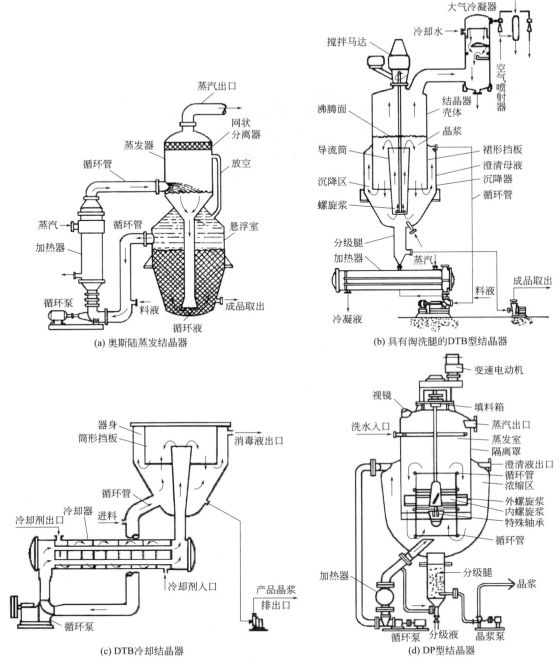

图 8-1　四种结晶器结构示意图

析出，应用最为典型的就是奥斯陆蒸发结晶器。这种结晶器是料液与饱和溶液一起循环，在加热器中加热后，用循环泵送至蒸发室内蒸发；过饱和溶液从下降管送至结晶器内的悬浆区结晶，晶浆由泵抽出输送至结晶罐进一步冷却；然后再进入到离心分离机，将晶体与母液分离，分离后的母液再回到蒸发器内蒸发。主要用于氯化钠、碳酸氢钠、二水碳酸钠、硫酸铵、硫酸二氨等，也可用于硫酸钙、硫酸钠、亚硫酸钠等易结晶的盐类，这种结晶器在污水处理蒸发器上应用广泛。在蒸发过程中随着料液浓度的增高、温度的降低将有一部分料液会结晶析出，如含盐类的污水蒸发浓缩等。在蒸发过程中料液达到过饱和开始结晶，晶浆由泵抽出输送至结晶罐内进一步冷却结晶，然后进入分离机中分离。DTB真空结晶器图8-1（b）为溶液从导流管底部送入，与悬浮液均匀混合，上升至表面蒸发而产生过饱和，使晶粒在结晶区中成长，轴流泵具有大流量保证有足够的循环量，使蒸发时温度降低仅0.2～0.5℃，细晶加热溶解后，重新返回结晶器。DTB真空结晶器的优点：有大量的晶体和过饱和溶液接触，过饱和度消失快，器壁结盐少，晶体停留时间长，生产能力大，为强制循环真空结晶器的3～8倍；设备费、操作费用低，能连续、稳定地生产。其缺点：需另设分级腿，搅拌器需要机械密封，以保证真空条件。用途：主要用于氯化钾、硫酸铵生产。

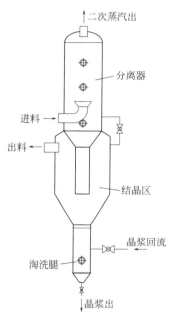

图8-2 奥斯陆结晶器的结构

（2）结晶器的结构型式

结晶器的结构型式如图8-2所示。这是标准的结晶器，即奥斯陆结晶器。因为结构简单适应范围广，所以这种结晶器应用最为普遍，它是与分离器叠加在一起，上部为分离器，下部为结晶器。还有两种被简化了的结晶器，又被称为结晶分离器，如图8-3所示。MVR蒸发器近几年在污水处理等非食品类行业上有所应用，这是将二次蒸汽全部回收再利用的蒸发器，即二次蒸汽经过蒸汽压缩机压缩成过热蒸汽，然后再转化为温度较高的饱和蒸汽，作为加热热源。这是与TVR蒸发器不同之处，TVR蒸发器是利用一次蒸汽通过热压泵高速射流抽吸一部分二次蒸汽，再压缩提高其蒸汽的温度压力作为加热热源的蒸发器。从经济指标上看，TVR蒸发器节能效果虽然不如MVR蒸发器，但是，采用双效、三效及多效蒸发，节能效果也是非常明显，而且各项生产参数稳定，特别是降膜式蒸发器在各个领域内经过近半个世纪的广泛的、高效的应用，也是MVR蒸发器及其他形式蒸发器所不能替代的。

废水成分复杂，对设备腐蚀严重，结垢严重，经常伴有结晶析出；含盐类的废水沸点升高又特别大；再加上设备结构上的特殊性，决定该类蒸发器换热面积很大，每蒸发1t水所需要的换热面积一般都在95～125m²之间，有的甚至更大。MVR蒸发器经济指标（蒸汽量/水量）一般在0.2～0.3之间，电耗（电耗/1t水）在70～100kW之间。蒸发器在应用过程中还存在许多问题，主要是生产能力不足、蒸发参数不稳定、出料浓度不稳定、生产的连续性不好、结垢结焦严重、蒸发效果不佳等。

分离器的计算与普通蒸发器计算没有区别，结晶器的直径按分离器直径的1.1倍计算选取，有效高度按分离器有效高度（L）的0.8～0.9倍计算选取。淘洗腿的主要作用是集盐、分级、洗涤、回溶可溶性杂质、冷却等，有结晶析出就要设置淘洗腿，它的结构如图8-2所示。淘洗腿内部结构根据需要也不尽相同，但是，淘洗腿底部要做成可拆卸的锥形结构，底部不宜做成椭圆封头，以防盐沉积难于清理。淘洗腿的直径在0.3～0.45m之间选取，有效高度按0.9倍结晶器有效高度估算，一般不低于600mm。为了获得一个更好的集盐冷却的稳定效果，有用户的将淘洗腿已经加长到了1.5～2m之间，但是一定要注意是否会造成晶块集聚，从而导致出浆困难或无法出浆。在淘洗腿中比较容易产生块状结晶体，大都是因为晶浆在淘洗腿中滞留时间过长，解决的方法是控制好出料浓度及出料温度，控

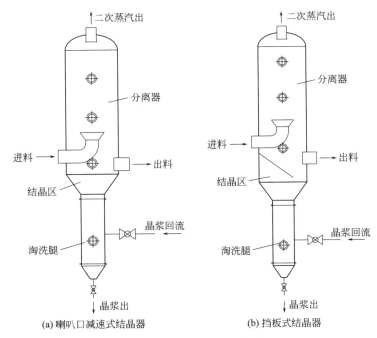

(a) 喇叭口减速式结晶器　　　(b) 挡板式结晶器

图 8-3　简化后的结晶器结构

制好出料速度，其次是在淘洗腿处加装加热夹套给淘洗腿加热使其保持在一定温度范围内或在淘洗腿底侧部加装倒立的推进式搅拌装置用以进行不定时的搅拌以防结块产生。

（3）分离器

① 分离器料液进口的问题

结晶蒸发器的分离器料液进口不是切线进口而是采用如图 8-1 或图 8-2 的弯管口朝上的结构，这样做主要是为防止晶粒的生长及细粒化，防止因进料而影响结晶的生成。除此之外凡是在蒸发过程中没有结晶析出的，能采用蜗壳切线或切线进料的，不采用这种进料方式，原因只有一个，那就是蜗壳切线或切线进料能够使料液中二次蒸汽彻底分离。

② 分离器的捕沫器的问题

废水的成分复杂，有的在蒸发过程中极易产生泡沫，泡沫又极易产生雾沫夹带。因此，用于废水蒸发器的分离器中，靠近二次蒸汽出口处常常设置涡扇挡板式除雾器或丝网除雾器。

③ 二次分离的问题

在 MVR 结晶蒸发器中由于某些料液特殊，二次蒸汽容易产生雾沫夹带，不但在分离器内设置除雾器，很多时候还需对二次蒸汽中夹带的雾沫做进一步分离，从分离器出来的二次蒸汽不直接进入蒸汽压缩机而是进入洗气塔或者二次分离器，进行二次分离后再进入蒸汽压缩机，这样也是对压缩机起到一定保护作用。洗气塔的结构如图 8-4 所示。

④ 分离器的有效高度问题

由于废水蒸发大多伴有结晶生成，因此进入分离器的二次蒸汽（含料）管道一般是从分离器中部进入，如图 8-2 所示，而不是切线进入分离器，还要考虑雾沫夹带问题。所以，分离器有效高度要比计算的高。由于二次蒸汽（含料液）管道结构上的特殊性，一般有效高度按分离器直径的 2.5 倍进行选取。

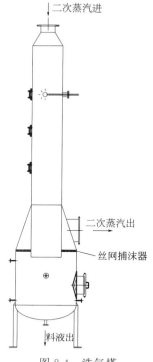

↓二次蒸汽进

二次蒸汽出

丝网捕沫器

↓料液出

图 8-4　洗气塔

（4）蒸汽压缩机

蒸汽压缩机分为两种形式，一种为离心蒸汽压缩机，一种为罗茨蒸汽压缩机。离心蒸汽压缩机与罗茨蒸汽压缩机对于出口正压负压均适应，如图 8-5 所示。离心蒸汽压缩机与罗茨蒸汽压缩机的喷淋水的作用是将过热蒸汽变成饱和蒸汽，二者对水温要求不同。离心蒸汽压缩机对喷淋水水温要求一般不低于 65℃，水压不低于 0.3MPa，过滤精度不高于 5μm。离心蒸汽压缩机的喷淋水，在将过热蒸汽变为饱和蒸汽的同时，本身汽化为饱和蒸汽，与被压缩的二次蒸汽一并进入蒸发器壳程加热。每一台蒸汽压缩机都有喷淋水量的要求，蒸发参数不同喷淋水量及能够汽化的冷却水量也不同，参数一定，汽化量也确定。罗茨蒸汽压缩机要求冷却水温一般不高于 30℃，罗茨蒸汽压缩机喷淋冷却水，只是有一少部分在将过热蒸汽转化为饱和蒸汽过程中，汽化成饱和蒸汽，并与饱和蒸汽一并进入蒸发器壳程去加热，这部分冷却水量一般占总冷却水量的 10％～15％。无论何种蒸汽压缩机其喷淋水泵必须具备足够压力保证喷进蒸汽压缩机的水能够充分雾化，达到良好喷淋效果。喷淋水量要合适，进水要有流量计计量，过大的喷淋水量对雾化效果反而不利。喷淋水泵要有一定扬程来保证喷淋水的压力值，实际应用的喷淋水泵分为离心泵与定量泵两种。

蒸汽压缩机冷凝水的排除问题：

蒸汽压缩机在生产工作中，管道会产生冷凝水，并积聚在蒸汽压缩机出水管道的最低处。冷凝水的存在会导致换热效果下降，应采用管道引出，接到冷凝水罐及时将冷凝水排除掉。单级压缩的离心蒸汽压缩工作原理及水蒸气在 Mollier 焓/熵图的状态变化如图 8-6 所示，离心蒸汽压缩机轴功率估算图线如图 8-7 所示。离心压缩机的轴功率可按下式计算。

离心压缩机轴功率的估算：单级离心压缩机需要的动力为

$$N = m_L \Delta h_S / \eta_S$$

式中　N——压缩机功率，kW；

m_L——被吸入的蒸汽量，kg/s；

Δh_S——单位等熵压缩功，kJ/kg；$\Delta h_S = k z_1 R T_1 [(p_2/p_1)^{(k-1)/k} - 1]/(k-1)$；

η_S——压缩机的等熵效率（内效率）；$\eta_S \approx \Delta h_S / \Delta h_p = (h_2^* - h_1)/(h_2 - h_1) \approx 0.8$；

Δh_p——单位多变（有效）压缩功，kJ/kg；$\Delta h_p = m z_1 R T_1 [(p_2/p_1)^{(m-1)/m} - 1]/(m-1)$；

k——比热容比，$k = c_p/c_v$；

R——气体常数，$R = 848$kg·m²/(kmol·K)；

z_1——进口压缩因子；

h_1——压缩机进口焓值，kJ/kg；

h_2^*——压缩机出口焓值（过热蒸汽的焓值），kJ/kg；

T_1——进口温度，K；

p_1——进口压力，MPa；

p_2——出口压力，MPa；

m——多变指数，$m = 1/[1 - \lg(T_2/T_1)/\lg(p_2/p_1)]$。

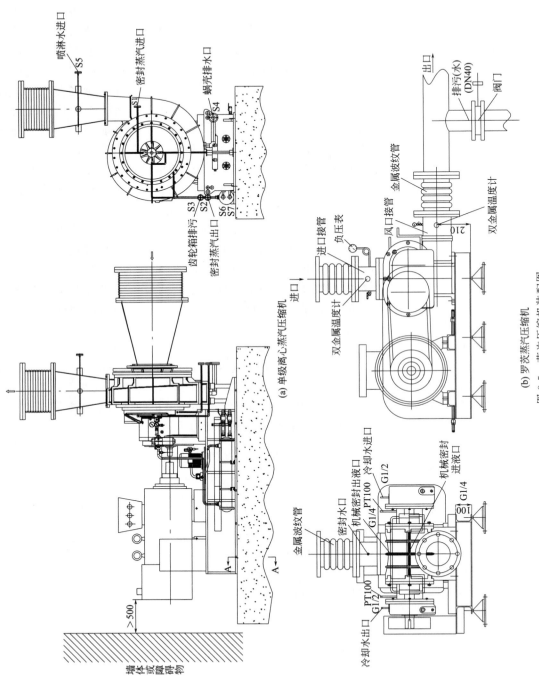

(a) 单级离心蒸汽压缩机

(b) 罗茨蒸汽压缩机

图 8-5 蒸汽压缩机装配图

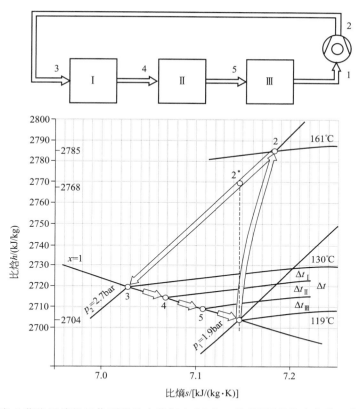

图 8-6 离心蒸汽压缩机工作原理及水蒸气在 Mollier 焓/熵图的状态变化（单级压缩）

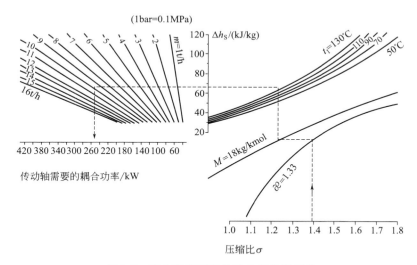

图 8-7 离心蒸汽压缩机轴功率估算图线

$$N_{总} = m_L \Delta h_S / \eta_S \eta_m = m_L \Delta h_p / (\eta_{pol} \eta_m)$$

式中　η_m——机械效率，一般按 0.95 选取；

　　　η_{pol}——多变效率。

（5）设备的保温问题

MVR 蒸发器除了冷凝器、泵、蒸汽压缩机等，全部要进行保温绝热处理，因防止热量损失而影响蒸发量。保温材料多为岩棉。

8.2　带有结晶器的单效强制循环 MVR 蒸发器的工艺设计计算

废水进入蒸发器必须具备可蒸发的条件，即废水中不允许有大量的钙镁离子，超过一定含量（一般为 50mg/kg）时必须做软化处理。否则长时间生产，蒸发器换热管内表面一旦形成垢层就很难清洗掉，其后果是严重影响蒸发器的生产能力，甚至无法生产。特别影响蒸发的因素，如一些悬浮物等，也必须经过预处理将其去除，或转化为另一种不影响的状态，方可进入到蒸发器内蒸发。当废水中含有过多易挥发性有机溶剂时，应在工艺上首先做特殊处理（如采用加热闪蒸的方法等）。有机溶剂过多会影响传热和蒸发的正常进行。

(1) 主要物料参数

有一单效强制循环蒸发器（带结晶槽）用于含盐污水蒸发，生产能力为 1000kg/h，进料质量分数为 10%，进料温度为 20℃，出料质量分数为 50%（约含盐 25%），壳程加热温度 105℃，使用蒸汽压力 0.2MPa，蒸发器生产状态参数见表 8-1，工艺流程图如图 8-8。蒸发温度按 93℃计算。

表 8-1　蒸发状态参数

项目	压力/MPa	温度/℃	比体积/(m³/kg)	汽化热/(kcal/kg)	焓/(kcal/kg)
工作蒸汽	0.12318	105	1.419	535.8	640.9
蒸发器加热	0.12318	105	1.419	535.8	640.9
蒸发	0.08004	93	2.124	543.3	636.3

(2) 结构特点

本蒸发器为 MVR 蒸发器，即二次蒸汽通过蒸汽压缩机全部压缩、回收利用，提高温压并作为加热热源。根据物料在蒸发过程中有结晶析出的特点，因此采用单效强制循环蒸发器，采用带有结晶槽的分离器。为了使物料达到或接近蒸发的沸点温度，本例采用三级预热，即第一级预热利用壳程冷凝水对进料进行初级预热；经过第一级预热后的物料再利用蒸发器壳程蒸汽（或者蒸汽直接预热物料）对物料进行第二次预热；然后进入第三级预热器预热，本级采用生蒸汽直接进行预热，预热后料液温度为 94℃，然后进入蒸发器内进行蒸发。凡是与物料接触部位均采用 316L 不锈钢制造，设备除了泵阀等全部进行保温处理，采用全自动控制，其工艺流程如图 8-8 所示。工作过程：接通所有泵机械密封冷却水，进料；设定液位高度，并观察分离器的液位高度至所需要的高度；启动强制循环泵循环，启动进料泵及出料泵进行大循环；抽真空，至真空度为 0.07MPa 时，开始进蒸汽加热；当物料温度达到沸点温度，打开蒸汽压缩机进出口平衡阀，启动蒸汽压缩机开始进蒸汽加热，同时启动蒸汽压缩机喷淋泵，控制出料温度；当料浓度达到设计浓度时开始出浆料，物料泵将晶浆打入到晶浆罐，控制出浆速度；晶浆罐开启搅拌，开启冷却（根据出盐情况确定），晶浆进入分离机进行分离；分离后的二次母液由泵送至蒸发器内或原料槽中，一个工作循环过程结束。蒸发器生产状态参数可在 PLC 触摸屏上进行设定，实现人机界面操作。

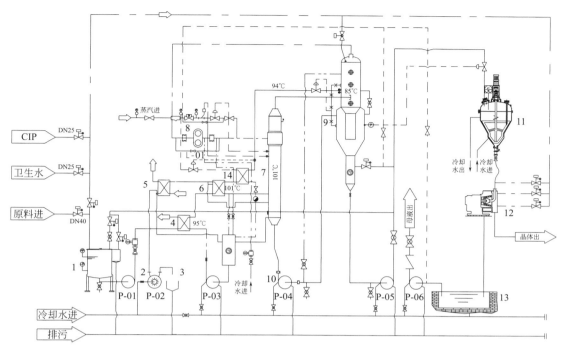

图 8-8　MVR01-1000 型单效强制循环蒸发器

1—平衡罐；2—物料泵；3—真空泵；4——级预热；5—冷凝器；6—二级预热；7—蒸发器；
8—蒸气压缩机；9—结晶分离器；10—循环泵；11—结晶罐；
12—分离机；13—母液罐；14—三级预热

（3）物料衡算

进料量按下式计算：

$$SB_0 = (S-W)B_1$$

式中　S——原料液的流量，kg/h；

　　　W——单位时间内蒸发的水分量，即蒸发量，kg/h，这里计算蒸发量为 $W = 1000$ kg/h；

　　　B_0——原料液的质量分数，%，$B_0 = 10\%$；

　　　B_1——完成液的质量分数，%，$B_1 = 50\%$。

$$S = 1000 \times 50 / (50-10) = 1250 \text{（kg/h）}$$

出料量 $S' = 1250 - 1000 = 250 \text{（kg/h）}$

（4）热量衡算

物料预热计算：

物料进入蒸发器前为常温，按 20℃ 计算，本例采用两个预热级使物料温度升至 75℃。

$$Q = Gc(t_n - t_{n-1})$$

式中　Q——物料预热所需热量，kcal/h；

　　　G——料液质量流量，$G = 1250$ kg/h；

　　　c——料液比热容，这里按 $c = 0.89$ kcal/(kg·℃) 计算；

t_n，t_{n-1}——物料预热前后的温度，℃。

$$Q_1 = 1250 \times 0.89 \times (50-20) = 33375 \text{（kcal/h）}$$

$$Q_2 = 1250 \times 0.89 \times (75-50) = 27812.5 \ (\text{kcal/h})$$
$$Q_3 = 1250 \times 0.89 \times (94-75) = 21137.5 \ (\text{kcal/h})$$

(5) 预热面积计算

① 第一级预热面积计算

第一级是采用蒸发器壳程冷凝水对物料进行预热，采用板式换热器进行预热，按逆流计算传热温差，这里冷凝水温度按 98℃ 计算。

逆流：98℃ → 60℃，50℃ ↖ 20℃，$\Delta t_1 = 98-50 = 48$（℃），$\Delta t_2 = 60-20 = 40$（℃）。

$$\Delta t = \frac{48-40}{\ln \dfrac{48}{40}} = 43.9 \ (\text{℃})$$

折流时的对数平均温度差：

$$\Delta t_m = \varphi_{\Delta t} \Delta t$$

其中 $\varphi_{\Delta t} = f(P, R)$，$P = \dfrac{t_2 - t_1}{T_1 - t_1} = \dfrac{52-20}{98-20} = 0.41$，$R = \dfrac{T_1 - T_2}{t_2 - t_1} = \dfrac{98-60}{52-20} = 1.19$。

查图 2-15（a）得 $\varphi_{\Delta t} = 0.89$，故：$\Delta t_m = 0.89 \times 43.9 = 39.071$（℃）

取传热温差 39℃，这里 $k = 800 \text{kcal/(m}^2 \cdot \text{h} \cdot \text{℃)}$。

$$F = \frac{Q}{k \Delta t_m} = \frac{33375}{800 \times 39} = 1.07 \ (\text{m}^2)$$

实际换热面积：

$$F_1 = 1.25 \times 1.07 \text{m}^2 = 1.34 \ (\text{m}^2) \quad (\text{取} 1.5 \text{m}^2)$$

利用冷凝水预热的热量：

$$Q_3 = (1143 + 39.45) \times 1 \times (98-60) = 44933.1 \ (\text{kcal/h}) > Q_1$$
$$= 1250 \times 0.89 \times (50-20) = 33375 \ (\text{kcal/h})$$

$$(\text{生蒸汽冷凝水为 } 39.45 \text{kg/h})$$

所以，冷凝水足够用。

② 第二级预热面积计算

第二级预热是利用蒸发器壳程蒸汽进行预热，按并流计算传热温差。

并流：105℃ → 105℃，50℃ ↗ 75℃，$\Delta t_1 = 105-50 = 55$（℃），$\Delta t_2 = 105-75 = 30$（℃）。

$$\Delta t = \frac{55-30}{\ln \dfrac{55}{30}} = 41.2 \ (\text{℃})$$

这里 $k = 1000 \text{kcal/(m}^2 \cdot \text{h} \cdot \text{℃)}$。

$$F = \frac{Q}{k \Delta t} = \frac{27812.5}{1000 \times 41.2} = 0.675 \ (\text{m}^2)$$

实际换热面积：

$$F_1 = 1.25 \times 0.675 = 0.84375 \ (\text{m}^2) \quad (\text{取} 1 \text{ m}^2)$$

③ 第三级预热面积计算

第三级预热是利用生蒸汽进行预热，按并流计算传热温差。

并流：105℃ → 105℃，75℃ ↗ 94℃，$\Delta t_1 = 105-75 = 30$（℃），$\Delta t_2 = 105-94 = 11$（℃）。

$$\Delta t = \frac{30-11}{\ln\dfrac{30}{11}} = 18.9\ (\text{℃})$$

这里 $k = 1289\text{kcal}/(\text{m}^2 \cdot \text{h} \cdot \text{℃})$。

$$F = \frac{Q}{k\Delta t} = \frac{21137.5}{1289 \times 18.9} = 0.87\ (\text{m}^2)$$

实际换热面积：

$$F_1 = 1.25 \times 0.87 = 1.0875\ (\text{m}^2)\quad (\text{取}1.5\text{m}^2)$$

沸点温度：这里真空状态下沸点升高按 7℃ 计算，沸点温度为 100℃。

（6）蒸发器换热面积计算

用于一效加热的蒸汽耗量按下式计算：

$$DR = Wr + Sc(t_1 - t_0) + Q_2 + q'$$

式中　D——为用于一效的加热蒸汽量，kg/h；

　　　R——蒸汽潜热，kcal/kg；

　　　W——二次蒸汽量，1000kg/h；

　　　r——二次蒸汽潜热，543.3kcal/kg；

　　　Q_2——预热热量，这里 $Q_2 = 27812.5$kcal/h；

　　　q'——热损失，kcal/h，这里热损失按 6% 计入。

加热的蒸汽耗量：

$$D = \frac{1000 \times 543.3 + 1250 \times 0.89 \times (100-94) + 27812.5}{535.8} \times 1.06 = 1143\ (\text{kg/h})$$

蒸发器换热面积：

$$F = \frac{1000 \times 543.3 + 1250 \times 0.89 \times (100-94)}{1000 \times (105-100)} = 109.995\ (\text{m}^2)\quad (\text{取}110\text{m}^2)$$

从计算可看出，由于传热温差比较小，因此传热面积比较大，对于 MVR 蒸发器来说每蒸发一吨水一般不低于 95m²。

（7）蒸汽压缩机的选择

选择 MVR 蒸发器应注意事项为：①了解并掌握物料的特性，主要掌握料液在蒸发过程中随着生产时间的延长，其结垢结焦情况，是否伴有结晶析出。②掌握料液在蒸发过程中不同浓度下的沸点升高数值，沸点升高是作为设计及选择蒸汽压缩机的依据。

等于或小于 1000kg/h 的 MVR 蒸发器所选用的压缩机一般为罗茨蒸汽压缩机，压缩机温升的范围一般在 10~16℃ 之间，最高不超过 20℃，本例温升为 12℃，所以压缩机完全能够满足设计参数。从本例计算出的加热蒸汽耗量可看出，实际壳程加热所需要的饱和蒸汽量为 1143kg/h，大于了蒸发量 1000kg/h，把冷却水汽化的量加进去，也不过是 1016kg/h（这里冷却水量按 153kg/h 计算），这样无法保证蒸发的顺利进行。所以就不能按蒸发量 1000kg/h 去选择蒸汽压缩机，必须把热损耗、额外蒸汽引出量考虑进去，否则无法满足蒸发量设计要求。高于沸点进料，有可能弥补掉由于加热蒸汽与二次蒸汽的潜热不同引起的偏差，这还必须是在进蒸汽系统热损耗忽略不计的情况下，才会满足蒸发量 1000kg/h 的设计要求，即蒸发量 1000kg/h 全压缩，其蒸发量接近 1000kg/h。此外，随着蒸发的进行，料液浓度越来越高，料液的沸点温度也随之升高，从热平衡角度上看，压缩机也要求在蒸发过程中必须补充一部分生蒸汽，才会使蒸发顺利进行，否则加热温度会越来越低。蒸汽压缩机还必须留有一定的调节余量，余量一般在1~2℃之间。即便如此随着生产时间的延长，蒸发器结垢结焦等因素的影响，蒸发器的效率也会逐渐降低，压缩机效率也会下降。因此，在使用过程中额外补充一部分生蒸汽均属正常现象，特别要说明的是，压缩机留有余量，其轴功率也就会随之变大，价格也发生了改变。在微正压操作情况下，可以利用壳程蒸汽对进料预热，这样可以平衡掉生产过程中，可能有少量二次蒸汽被带到冷凝器中的偏差，如果壳程为负压不宜采用壳程蒸汽预热。从上述计算可看出双效、多效蒸发器采用蒸汽压缩机将末效二次蒸汽全部压缩，加热第一效已经没有任何意义。

(8) 离心机的选择

离心分离机分为卧式离心机、立式三足式离心机两种。前者为连续式后者为间断式。选择离心机的量应按蒸发器的出料量进行选择，采用哪种型式的离心机由工艺设计决定，离心机与物料接触的材料由物料特性决定。本例出料量为250kg/h，实际离心机的处理量按1.25倍的出料量进行选择，即离心机处理量为312.5kg/h，选择卧式连续离心分离机，与物料接触部位全部采用2205优质双向不锈钢材质。

(9) 冷凝器的计算

按对数平均温差计算传热温差。

并流：105℃ → 105℃，30℃ ↗ 42℃，$\Delta t_1 = 105 - 30 = 75$（℃），$\Delta t_2 = 105 - 42 = 63$（℃）。

$$\Delta t = (75 - 63)/\ln(75/63) = 68.8 \text{（℃）}$$

进入冷凝器的二次蒸汽量按总蒸发量的20%进行估算，总蒸发量为1000kg/h，进入冷凝器中的二次蒸汽为：

$$1000 \times 20\% = 200 \text{（kg/h）}。$$

进入冷凝器中的热量：

$Q = 200 \times 535.8 = 107160$（kcal/h），这里 $k = 1000$kcal/(m² · h · ℃)。

换热面积：

$$F = \frac{Q}{k\Delta t} = \frac{107160}{1000 \times 68.8} = 1.56 \text{（m}^2\text{）}$$

实际换热面积：

$$F_1 = 1.25 \times 1.56\text{m}^2 = 1.95 \text{（m}^2\text{）}$$

冷却水耗量：

$$W = 1.25 \times 107160/(42 - 30) = 11162.5 \text{（kg/h）} \quad \text{（取11.2t/h）}$$

MVR蒸发器壳程加热蒸汽压力一种为正压，一种为负压。正压操作，壳程加热温度多在105~110℃之间，一般不超过120℃，微正压操作，比较常见；负压操作，壳程加热温度多在75~96℃之间。所以，要设置冷凝器，进入冷凝器的二次蒸汽量按蒸发量的10%~20%进行估算即可满足生产需要，本例冷凝器的换热面积为1.95m²。MVR蒸发器冷凝器的换热面积都很小，有的不设冷凝器而是把真空泵直接接入蒸发器的壳程也能满足生产需要，但不建议这样做，因为在生产过程中有很多不可预测因素出现，一旦有剩余蒸汽溢出就只能由真空泵排出。

废水成分比较复杂，对设备腐蚀严重，有时料液中有几种不同的物料混在一起，又多伴有结晶析出，有的物料沸点升高又很大，在确定蒸发器时必须根据物料特性对蒸发器结构形式做出确定及选型。很多物料进料温度都较低，必须考虑对物料进行预热，使进料预温度达到或接近沸点温度方可进入蒸发器进行蒸发，采用强制循环蒸发器其循环泵的流量一般按照 1.6～3.5m/s 进行计算。

对强制循环蒸发器可按每蒸发 1t 水需要 0.1t 生蒸汽，确定生蒸汽管道直径。

进蒸汽量：$D=1×0.1t/h=0.1t/h=100（kg/h）$

$$100×1.419÷3600=\frac{d^2}{4}×\pi×45$$

$$d=0.033m$$

MVR 蒸发器开始启动采用生蒸汽进行加热时，有的管道过细，导致启动时间过长；有的蒸汽发生器配的过小，启动预热时间过长；有的启动时间在 5 小时左右，要缩短预热时间就必须增大蒸汽发生器的产汽量。根据热平衡计算出实际进蒸汽的管道直径，如果实际管道直径很大，可以采用多个蒸汽管道进汽，然后控制并调节其中一个蒸汽管道上的调节阀。此外，应当严格按照操作规程进行操作，每个生产班次结束必须进行清洗，清洗按照水洗、碱洗、水洗、酸洗，然后再进行水清洗的顺序进行。很多时候蒸发器生产效率下降，都是因为没有按时清洗、清洗不彻底所致。其次，料液不具备蒸发的条件必须在进入蒸发器前做预处理。

（10）MVR 蒸发器自动控制问题

MVR 蒸发器采用自动控制，主要控制出料浓度、出浆速度、喷淋水量、预热温度以及系统真空度等。控制出料浓度一般是采取调节进料量及进蒸汽温度（调节生蒸汽的压力），对蒸汽压缩机的调节实际上没有意义。

8.3 单效降膜式 MVR 蒸发器的工艺设计计算

（1）主要物料参数

有一单效降膜 MVR 蒸发器，用于氨基葡萄糖滤液的蒸发，生产能力为 9000kg/h，进料质量分数为 10%，进料温度为 40～45℃，出料质量分数为 20%，壳程加热温度为 75℃，使用蒸汽压力 0.2MPa，蒸发器生产状态参数见表 8-2。试求各级预热面积、蒸汽耗量、蒸发器换热面积、冷凝器换热面积及冷却水耗量，压缩机的选择，真空泵的计算。

表 8-2 蒸发器蒸汽状态参数

项目	压力/MPa	温度/℃	比体积/(m³/kg)	汽化热/(kcal/kg)	焓/(kcal/kg)
工作蒸汽	0.03913	75	4.133	554.3	629.3
蒸发器加热	0.03913	75	4.133	554.3	639.3
蒸发	0.02550	65	6.201	560.2	625.2
冷凝器	0.02550	65	6.201	560.2	625.2

（2）结构特点

本蒸发器为单效降膜式 MVR 蒸发器，即二次蒸汽利用蒸汽压缩机全部压缩回收利用，提高其温压作为加热热源，根据物料蒸发参数确定采用单效五程进料蒸发，为了使物料达到或接近蒸发时的沸点温度，本例采用两级板式换热器，将进料温度由 45℃ 预热至沸点以上的温度即 78℃。第一级是利用蒸发器壳程中的冷凝水对物料进行预热，第二级采用一次蒸汽对物料预热，然后进入蒸发器进行蒸发。与物料接触部位采用 316L 不锈钢制造，蒸汽压缩机叶轮为 TC_4 材质，轴为 12Cr2Ni4A 合金结构钢，蜗壳为 316L 不锈钢制造。设备除了泵阀等除外全部进行保温处理，采用全自动控制，其工艺流程如图 8-9 所示。

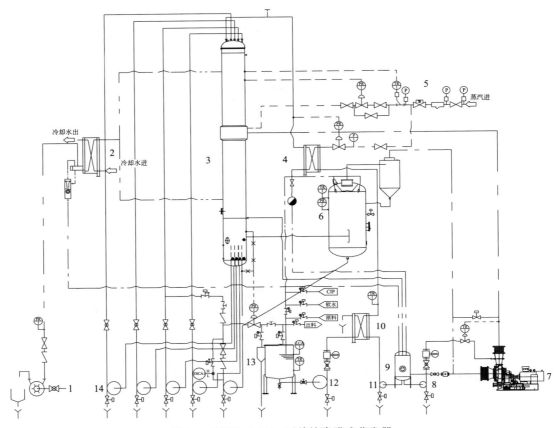

图 8-9 MVR01-9000 型单效降膜式蒸发器

1—真空泵；2—冷凝器；3—蒸发器；4—第二级预热器；5—进蒸汽系统；6—分离器；7—蒸气压缩机；
8—喷淋泵；9—冷凝水罐；10—第一级预热器；11—进水泵；12—进料泵；13—平衡缸；14—物料泵

(3) 物料衡算

进料量按下式计算：

$$SB_0 = (S-W)B_1$$

式中　S——原料液的流量，kg/h；

W——单位时间内蒸发的水分量，即蒸发量，kg/h，这里计算蒸发量为 $W=9000$kg/h；

B_0——原料液的质量分数，%，$B_0=10\%$；

B_1——完成液的质量分数，%，$B_1=20\%$。

$$S = 9000 \times 20/(20-10) = 18000 \text{（kg/h）}$$

出料量 $S' = 18000 - 9000 = 9000$（kg/h）

(4) 热量衡算

物料预热计算：

物料进入蒸发器前按45℃计算，本例采用两个预热级使物料温度升至78℃。

物料预热按下式计算：

$$Q = Gc(t_n - t_{n-1})$$

式中　Q——物料预热所需热量，kcal/h；

　　　G——料液质量流量，$G = 18000$kg/h；

　　　c——料液比热容，这里按$c = 0.89$kcal/(kg·℃)计算；

t_n，t_{n-1}——物料预热前后的温度，℃。

$$Q_1 = 18000 \times 0.89 \times (50 - 45) = 80100 \ (\text{kcal/h})$$
$$Q_2 = 18000 \times 0.89 \times (78 - 50) = 448560 \ (\text{kcal/h})$$

(5) 预热面积计算

① 第一级预热面积计算

第一级是采用蒸发器壳程冷凝水对物料进行预热，采用板式换热器进行预热，按逆流计算传热温差，这里冷凝水温度按75℃计算。

逆流：75℃→58℃，50℃↖45℃，$\Delta t_1 = 75 - 50 = 25$（℃），$\Delta t_2 = 58 - 45 = 13$（℃）。

$$\Delta t = \frac{25 - 13}{\ln \frac{25}{13}} = 18.35 \ (\text{℃})$$

折流时的对数平均温度差：

$$\Delta t_m = \varphi_{\Delta t} \Delta t$$

其中 $\varphi_{\Delta t} = f(P, R)$，$P = \dfrac{t_2 - t_1}{T_1 - t_1} = \dfrac{50 - 45}{75 - 45} = 0.17$，$R = \dfrac{T_1 - T_2}{t_2 - t_1} = \dfrac{75 - 58}{50 - 45} = 3.4$。

查图2-15（a）得$\varphi_{\Delta t} = 0.97$，故：$\Delta t_m = 0.97 \times 18.35 = 17.7995$（℃）

取传热温差18℃，这里$k = 800$kcal/(m²·h·℃)。

$$F = \frac{Q}{k \Delta t_m} = \frac{80100}{800 \times 18} = 5.5625 \ (\text{m}^2) \qquad (\text{取} \ 5.6\text{m}^2)$$

实际换热面积：

$$F_1 = 1.25 \times 5.6 = 7 \ (\text{m}^2)$$

利用冷凝水预热的热量：

$$Q_3 = (8312.2 + 837.2) \times 1 \times (75 - 58) = 155539.8 \ (\text{kcal/h})$$
$$Q_1 = 18000 \times 0.89 \times (50 - 45) = 80100 \ (\text{kcal/h})$$

$Q_3 > Q_1$，所以，冷凝水足够用。

本例能够气化成饱和蒸汽的喷淋水量按275kg/h计算，按1000kg/h选择蒸气压缩机喷淋水泵，要从冷凝水总量中扣除蒸汽压缩机用水量，即9312.2 - 1000 = 8312.2（kg/h）。

② 第二级预热面积计算

第二级预热是利用一次蒸汽进行预热，按并流计算传热温差。

并流：105℃→105℃，50℃↗78℃，$\Delta t_1 = 105 - 50 = 55$（℃），$\Delta t_2 = 105 - 78 = 27$（℃）。

$$\Delta t = \frac{55 - 27}{\ln \frac{55}{27}} = 39.35 \ (\text{℃})$$

取传热温差 39.35℃，这里 $k = 1289$ kcal/(m^2·h·℃)

$$F = \frac{Q}{k\Delta t} = \frac{448560}{1289 \times 39.35} = 8.84 \text{（m}^2\text{）}$$

实际换热面积：$F_1 = 1.25 \times 8.84 = 11.05$（m^2）　　（取 11m^2）

③ 沸点温度计算

因蒸汽压下降而引起的沸点升高按下式计算：

$$\Delta a = 0.38e^{0.05 + 0.045B}$$

式中　Δa——常压下溶液的沸点升高，℃；

　　　B——为料液固形物的百分含量，%，这里 $B = 20\%$。

$$\Delta a = 0.38e^{0.05 + 0.045B} = 0.38e^{0.05 + 0.045 \times 20} = 0.98 \text{（℃）}$$

溶液的沸点升高还与压强有关，上式是在常压下的沸点升高，而在其它压力下的沸点升高可按下式进行计算：

$$\Delta' = \Delta a f$$

式中　f——校正系数。

$$f = 0.0038(T^2/r)$$

式中　T——某压强下水的沸点，K；

　　　r——某压强下水的蒸发潜热，kcal/kg。

$$f = 0.0038(T^2/r) = 0.0038 \times (338^2/560.2) = 0.77$$

$$\Delta' = \Delta a f = 0.98 \times 0.77 = 0.75 \text{（℃）}$$

降膜式蒸发器由静压强引起的沸点升高忽略不计，即 $\Delta'' = 0$，管道压力损失引起的温度差损失按 1.5℃ 计算，即 $\Delta'' = 1.5$℃。

$\Delta = \Delta' + \Delta'' + \Delta''' = 0.75 + 0 + 1.5 = 2.25$（℃），则 $t_n = T_n + \Delta = 65 + 2.25 = 67.25$（℃）

(6) 蒸发器换热面积计算

用于一效加热的蒸汽耗量按下式计算：

$$DR = Wr + Sc(t_1 - t_0) + Q_2 + q'$$

式中　D——为用于一效的加热蒸汽量，kg/h；

　　　R——蒸汽潜热，kcal/kg；

　　　W——二次蒸汽量，9000kg/h；

　　　r——二次蒸汽潜热，560.2kcal/kg；

　　　Q_2——预热热量，这里 $Q_2 = 0$kcal/h；

　　　q'——热损失，kcal/h，这里热损失按 6% 计入。

加热的蒸汽耗量：

$$D = \frac{9000 \times 560.2 - 18000 \times 0.89 \times (78 - 67.25)}{554.3} \times 1.06 = 9312.2 \text{（kg/h）}$$

蒸发器换热面积：

$$F = \frac{9000 \times 560.2 - 18000 \times 0.89 \times (78 - 67.25)}{570 \times (75 - 67.25)} = 1102 \text{（m}^2\text{）}$$

降膜管的规格为 ϕ38mm × 1.5mm × 12000mm，材质为 316L。

管子根数：

$$n = 1102/(0.035 \times \pi \times 12) = 835.6（根）　　（取836根）$$

周边润湿量（上）：$G'=18000/(0.035\times\pi\times836)=195.9$ [kg/(m·h)]

周边润湿量不足可分五程：

第一程周边润湿量（上）：$G'_1=18000/(0.035\times\pi\times225)=727.9$ [kg/(m·h)]

第二程周边润湿量（上）：$G'_2=15578/(0.035\times\pi\times177)=800.8$ [kg/(m·h)]

第三程周边润湿量（上）：$G'_3=13672/(0.035\times\pi\times178)=698.9$ [kg/(m·h)]

第四程周边润湿量（上）：$G'_4=11756/(0.035\times\pi\times159)=672.8$ [kg/(m·h)]

第五程周边润湿量（上）：$G'_5=10044/(0.035\times\pi\times97)=942.2$ [kg/(m·h)]

蒸发强度：$U=W/F=9000/1102=8.17$ [kg/(m·h)]

（7）冷凝器的计算

按对数平均温差计算传热温差。

并流：75℃→75℃，30℃↗42℃，$\Delta t_1=75-30=45$（℃），$\Delta t_2=75-42=33$（℃）。

$$\Delta t=(45-33)/\ln(45/33)=38.69（℃）$$

进入冷凝器的二次蒸汽量按总蒸发量的10%进行估算，总蒸发量为9000kg/h，则进入冷凝器中的二次蒸汽量：

$$9000\times10\%=900（kg/h）$$

进入冷凝器中的热量：

$$Q=900\times554.3=498870kcal/h，这里 k=1000kcal/(m^2·h·℃)$$

换热面积：

$$F=\frac{Q}{k\Delta t}=\frac{498870}{1000\times38.69}=12.89（m^2）$$

实际换热面积：$F_1=1.25\times12.89=16.11$（m²）

冷却水耗量：

$$W=1.25\times498870/(42-30)=51.97(t/h)$$

（8）蒸汽压缩机的选择

本物料要求加热温度75℃，不得过高，过高会影响产品质量，蒸发温度为65℃，二次蒸汽经过压缩机压缩温升为10℃，如果不计加热系统的热损耗，本例实际蒸汽耗量为8785.1kg/h，完全能够满足蒸发量的需要。实际上加热系统尽管是做绝热保温处理也还是有热损耗的，实际蒸发器所需要的蒸汽耗量为9312.2 kg/h，本例采用的是离心蒸汽压缩机，其喷淋水是将过热蒸汽变成饱和蒸汽的同时，冷却水汽化成饱和蒸汽，与加热蒸汽一并进入蒸发器参与加热，也就是说，离心蒸汽压缩机出口的饱和蒸汽量要大于入口的二次蒸汽量。从蒸汽耗量看要满足生产能力为9000kg/h，蒸汽消耗量需要9312.2 kg/h才能满足，实际饱和蒸汽量为9275 kg/h（本例能够气化成饱和蒸汽的喷淋水量按275kg/h计算），比需要的蒸汽量少了37.2kg/h，蒸汽量还是不足，况且被汽化的冷却水还是个理论估算值，此外在蒸发过程中料液沸点升高也要求必须补充一部分生蒸汽，才能达到一个良好的平衡状态。所以，在生产过程中应采取额外补充一部分生蒸汽的方法。选择蒸汽压缩机时还应留有一定的调节余量，不利用壳程加热蒸汽预热，最主要的是要高于沸点进料。蒸汽耗量应作为选择蒸汽压缩机的重要依据。

对降膜式蒸发器可按每蒸发1t水需要0.03～0.05t生蒸汽确定生蒸汽管道直径。如本例进蒸汽管道直径：

进蒸汽量：$D = 9000 \times 0.03 = 270$（kg/h）

$$270 \times 4.133 \div 3600 = \frac{d^2}{4} \times \pi \times 45$$

$$d = 0.094\text{m}$$

(9) 真空泵的计算选择

泵的抽除气体的组成，真空泵吸气量为：

$$G = G_1 + G_2 + G_3 + G_4$$

G_1 值的确定。G_1 是真空系统的渗漏的空气量。它可根据真空系统中设备和管道的容积 V_1 按图 2-33 查出空气最大渗漏量 G_a，取 $G_1 = 2G_a$，本例 $V_1 = 68\text{m}^3$，蒸发器绝对压力为 0.03913MPa，查图 2-33 得 $G_a = 17\text{kg/h}$，则：$G_1 = 2G_a = 2 \times 17 = 34$（kg/h）。

G_2 值的确定。G_2 是蒸发过程中料液释放的不凝性气体量，一般 G_2 很小，可以忽略。即 $G_2 = 0$。

G_3 值的确定。G_3 是直接式冷凝器冷却水释放溶解空气量，如果蒸汽冷凝采用的是间接式表面冷凝器时，$G_3 = 0$。本例采用的是间接式冷凝器故 $G_3 = 0$。

G_4 值的确定。G_4 是为未冷凝的水蒸汽量，取决于冷凝效果，冷凝效果差这部分气体所占比例就大。正常情况下，采用经验值，$G_4 = (0.2 \sim 1)\% G_p$。G_p 为每小时进入冷凝器的蒸汽量，本例进入冷凝器蒸汽量为 900kg/h，则：$G_4 = (0.2 \sim 1)\% G_p = 1\% \times (900 + 93.12) = 9.93\text{kg/h}$。

则

$$G = G_1 + G_2 + G_3 + G_4 = 34 + 0 + 0 + 9.93 = 43.93 \text{（kg/h）}$$

真空泵吸气为混合气体（由水蒸汽和不凝性气体组成），在标准状况下，密度按下式计算：

$$\rho = (p_0 \times M)/8.315T$$

式中　ρ——在标准状况下混合气体密度，kg/m³；

　　　p_0——在标准状况下的大气压，kPa；

　　　M——摩尔质量，kg/mol；

　　　T——热力学温度，K。

摩尔质量 M 按摩尔质量分率计算，即：

$$Y_1 = 9.93/18 = 0.552, \quad Y_2 = 34/28.95 = 1.174$$

则

$$M_1 = 18 \times (0.552/1.726) = 5.76\text{(kg/mol)} \qquad M_2 = 28.95 \times (1.174/1.726) = 19.69\text{(kg/mol)}$$

$$M = M_1 + M_2 = 5.76 + 19.69 = 25.45\text{(kg/mol)}$$

$$\rho = (p_0 M)/(8.315T) = (101.3 \times 25.45)/(8.315 \times 273) = 1.136\text{(kg/m}^3)$$

真空泵吸气量计算。真空泵吸气量应换算成真空泵吸入状态的体积，其体积按下式计算：

$$V = (G/\rho) \times [(273 + t)p_0/273p]$$

式中　V——真空泵每小时吸气量，m³/h；

　　　p——真空泵吸入压力，MPa；

　　　t——真空泵吸入状态温度，℃，取冷凝状态温度。

则

$$V = (G/\rho) \times [(273+t)P_0/(273p)] = (43.93/1.136)$$
$$\times [(273+75) \times 0.1013/(273 \times 0.03913)] = 127.6 \ (\mathrm{m^3/h})$$

实际真空泵吸气量为：$V' = 127.6 \times (1.25 \sim 1.5) = 127.6 \times 1.5 = 191.4 \ (\mathrm{m^3/h})$

（10）清洗

要定期进行清洗，严格按照说明书上进行，清洗要彻底，不得将未清洗掉的垢层带到下个班次，否则会影响产品质量。

8.4 双效 MVR 蒸发器的工艺设计计算

（1）主要物料参数

物料介质为含氯化铵的废水，蒸发器生产能力：5000kg/h，pH 值：5，进料黏度：10cP，进料总质量分数：15%，原料温度：30℃，出料总质量分数：45%，一效加热温度：107℃，蒸发温度：85℃，二效加热温度 107℃，蒸发温度 87℃，使用蒸汽压力 0.2MPa，原料液及蒸发后状态参数如表 8-3、表 8-4 所示，蒸发器状态参数如表 8-5 所示。试计算：各预热级预热面积；蒸汽耗量；各效换热面积；强制循环泵流量及扬程；冷凝器换热面积；冷却水耗量，分离机的处理量。

表 8-3 原料液状态参数

名称	计量单位	指标值
氯化铵溶液	%	15（氯化铵质量百分数）
外观	—	无色透明溶液
Cu	%	0.000052
pH	—	4.0~4.5
Ca	%	0.00382
Ma	%	0.000011
SS	%	0.00044
COD	mg/L	≤200

表 8-4 MVR 蒸发器出料状态参数

名称	计量单位	指标值
TDS	mg/L	≤100
pH	—	4.0~4.5
COD	mg/L	≤100
NH_3，N_2	μL/L	≤200

表 8-5 蒸发状态参数

项目	压力/(kgf/cm²)	温度/℃	比体积/(m³/kg)	汽化热/(kcal/kg)	焓/(kcal/kg)
工作蒸汽	1.3198	107	1.331	534.5	641.7
一效加热	1.3198	107	1.331	534.5	641.7
一效蒸发	0.5894	85	2.828	548.3	633.3
二效加热	1.3198	107	1.331	534.5	641.7
二效蒸发	0.5894	85	2.828	548.3	633.3

（2）结构特点

本蒸发器为 MVR 蒸发器，是一台蒸汽压缩机同时抽吸两效二次蒸汽并将其压缩提高其温压去同时作为两效加热热源，一效为降膜式蒸发器，二效为强制循环蒸发器。根据原料液温度为 30℃，温度较低，需要逐级预热将原料液的温度提到到沸点或以上的温度，即本蒸发系统是利用蒸发器壳程冷凝水、壳程蒸汽及一次蒸汽对原料进行预热，预热至一效沸点以上的温度，先进入降膜式蒸发器蒸发，经过降膜式蒸发器蒸发完的料液再进入到强制循环蒸发器中进行蒸发。考虑到料液在蒸发过程中雾沫比较多，二次蒸汽会产生大量雾沫夹带，所以，在工艺流程上设置洗气塔，二次蒸汽先进入洗气塔经过二次分离后二次蒸汽才进入到压缩机中被压缩，与物料接触部位全部采用 TA_2 材质制造，蒸汽压缩机叶轮采用 TC_4 材质制造，蜗壳采用 316L。除了泵阀等全部进行保温处理。采用全自动控制，其工艺流程如图 8-10 所示。

（3）物料衡算

进料量按下式计算：

$$S_0 B_0 = (S - W_1) B_1$$

式中　S_0——原料液的质量流量，kg/h；

　　　W_1——单位时间内蒸发的水分量，即蒸发量，这里计算蒸发量为 $W_1 = 5000$kg/h；

　　　B_0——原料液的质量分数，%，$B_0 = 15\%$；

　　　B_1——完成液的质量分数，%，$B_1 = 45\%$。

$$S_0 = 5000 \times 45/(45-15) = 7500 \text{kg/h}$$

出料量：　　　　　　$S' = 7500 - 5000 = 2500$kg/h

蒸发量分配：

压缩机将二蒸发器产生的二次蒸汽全部回收压缩同时供给两套蒸发器，由于一套为降膜式蒸发器，一套为含奥斯陆结晶的强制循环蒸发器，二蒸发器串联使用。考虑降膜式蒸发器生产效率较高。在蒸发量分配上也有所倾斜。

降膜式蒸发器：2800kg/h，强制循环蒸发器：2200kg/h。

降膜式蒸发器出料浓度：

$$S_0 B_0 = (S - W_1) B_1$$

$$B_1 = \frac{S_0 B_0}{S_0 - W_1} = \frac{7500 \times 15\%}{7500 - 2800} = 23.94\%$$

（4）热量衡算

物料进入蒸发器前按 30℃ 计算，本例采用三个预热级使物料温度升至 80℃，第一段采用蒸发器壳程冷凝水预热，第二段采用壳程蒸汽对物料进行预热，第三段采用一次蒸汽对物料进行预热。

$$Q = Gc(t_n - t_{n-1})$$

式中　Q——物料预热所需热量，kcal/h；

　　　G——料液质量流量，$G = 7500$kg/h；

　　　c——料液比热容，这里按 $c = 0.89$kcal/(kg·℃) 计算；

t_n，t_{n-1}——物料预热前后的温度，℃。

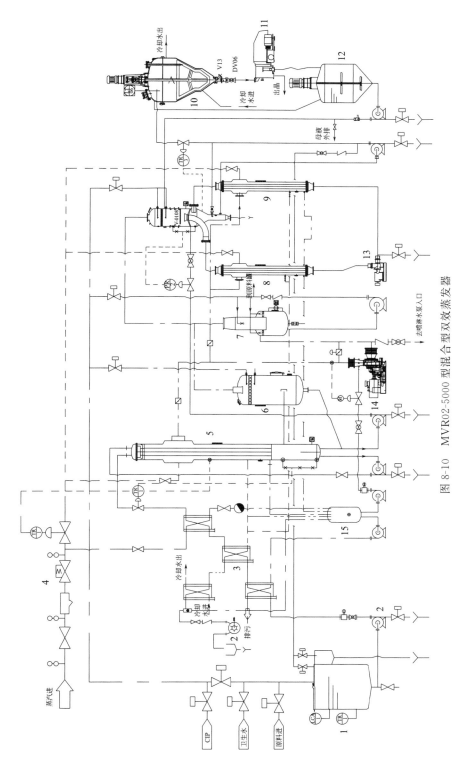

图 8-10　MVR02-5000 型混合型双效蒸发器

1—平衡缸；2—真空泵；3—换热器；4—进蒸汽系统；5—一效降膜式蒸发器；6—分离器；7—洗汽塔；8—一效蒸发器；9—二效蒸发器；
10—稠厚器；11—离心分离机；12—母液罐；13—强制循环泵；14—压缩机；15—冷凝水罐

$$Q_1 = 7500 \times 0.89 \times (50-30) = 133500 \ (\text{kcal/h})$$
$$Q_2 = 7500 \times 0.89 \times (70-50) = 133500 \ (\text{kcal/h})$$
$$Q_3 = 7500 \times 0.89 \times (94-70) = 160200 \ (\text{kcal/h})$$

（5）预热面积计算

① 第一级预热面积计算

第一级是采用蒸发器壳程冷凝水对物料进行预热采用板式换热器进行预热，按逆流计算传热温差，这里冷凝水温度按 95℃ 计算。

逆流：95℃→60℃，50℃↖30℃，$\Delta t_1 = 95-50 = 45$（℃），$\Delta t_2 = 60-30 = 30$（℃）。

$$\Delta t = \frac{45-30}{\ln \frac{45}{30}} = 36.99 \ (\text{℃})$$

折流时的对数平均温度差：

$$\Delta t_m = \varphi_{\Delta t} \Delta t$$

其中，$\varphi_{\Delta t} = f(P, R)$，$P = \dfrac{t_2-t_1}{T_1-t_1} = \dfrac{50-30}{95-30} = 0.3$，$R = \dfrac{T_1-T_2}{t_2-t_1} = \dfrac{95-60}{50-30} = 1.75$。

查图 2-15（a）得 $\varphi_{\Delta t} = 0.93$，故：$\Delta t_m = 0.93 \times 36.99 = 34.4$（℃）。

取传热温差 34℃，这里 $k = 800 \text{kcal/(m}^2 \cdot \text{h} \cdot \text{℃)}$

$$F = \frac{Q}{k\Delta t_m} = \frac{133500}{800 \times 34} = 4.9 \ (\text{m}^2)$$

实际换热面积：$F_1 = 1.25 \times 4.9 = 6.125$（m^2）

利用冷凝水预热的热量：

这里冷凝水量按 5855.67kg/h 计算。

$$Q_3 = 4855.67 \times 1 \times (95-60) = 169948.45 \ (\text{kcal/h})$$
$$Q_1 = 7500 \times 0.89 \times (50-30) = 133500 \ (\text{kcal/h})$$

$Q_3 > Q_1$，所以，冷凝水足够用。

本例能够气化成饱和蒸汽的喷淋水量按 153kg/h 计算，按 1000kg/h 选择喷淋水泵。

② 第二级预热面积计算

第二级预热是利用蒸发器壳程蒸汽进行预热，按并流计算传热温差。

并流：107℃→107℃，50℃↗70℃，$\Delta t_1 = 107-50 = 57$（℃），$\Delta t_2 = 107-70 = 37$（℃）。

$$\Delta t = \frac{57-37}{\ln \frac{57}{37}} = 46.28 \ (\text{℃})$$

取传热温差 46.28℃，这里 $k = 1000 \text{kcal/(m}^2 \cdot \text{h} \cdot \text{℃)}$

$$F = \frac{Q}{k\Delta t} = \frac{133500}{1000 \times 46.28} = 2.88 \ (\text{m}^2)$$

实际换热面积：

$$F_1 = 1.25 \times 2.88 = 3.6 \ (\text{m}^2)$$

③ 第三级预热面积计算

第三级预热是利用一次蒸汽进行预热，按并流计算传热温差。

并流：$110℃ \rightarrow 110℃$，$70℃ \nearrow 94℃$，$\Delta t_1 = 110 - 70 = 40$（℃），$\Delta t_2 = 110 - 94 = 16$（℃）。

$$\Delta t = \frac{40 - 16}{\ln \dfrac{40}{16}} = 26.2 （℃）$$

取传热温差 26.2℃，这里 $k = 1289 \text{kcal}/(\text{m}^2 \cdot \text{h} \cdot ℃)$

$$F = \frac{Q}{k\Delta t} = \frac{160200}{1289 \times 26.2} = 4.74 （\text{m}^2）$$

实际换热面积：

$$F_1 = 1.25 \times 4.74 = 5.925 （\text{m}^2） \quad （取 6\text{m}^2）$$

（6）沸点温度计算

① 一效降膜式蒸发器沸点升高计算

料液蒸发时温度差损失计算：

氯化铵饱和水溶液常压下的沸点为 115.6℃。本例二效氯化铵饱和溶液常压下沸点温度按 15.6℃ 估算。

因蒸汽压下降而引起的沸点升高按下式计算：

$$\Delta a = 0.38 e^{0.05 + 0.045B}$$

式中　Δa——常压下溶液的沸点升高，℃；

　　　B——为料液固形物的百分含量，%，这里 $B = 23.94$%。

$$\Delta a = 1.17℃$$

溶液的沸点升高还与压强有关，上式是在常压下的沸点升高，而在其它压力下的沸点升高可按下式进行计算：

$$\Delta' = \Delta a f$$

式中　f——校正系数。

$$f = 0.0038 \times (T^2/r)$$

式中　T——某压强下水的沸点，K；

　　　r——某压强下水的蒸发潜热，kcal/kg。

$$f = 0.0038 \times (T^2/r) = 0.0038 \times (358^2/548.3) = 0.89$$

$$\Delta' = \Delta a f = 1.17 \times 0.89 = 1.0413 （℃）$$

降膜式蒸发器由静压强引起的沸点升高忽略不计，即 $\Delta'' = 0$。

管道压力损失引起的温度差损失按 1.5℃ 计算，即 $\Delta''' = 1.5℃$。

$$\Delta = \Delta' + \Delta'' + \Delta''' = 1.0413 + 0 + 1.5 = 2.5413 （℃） \quad （取 3℃）$$

则

$$t_n = T_n + \Delta = 85 + 3 = 88 （℃）$$

② 二效强制循环蒸发器沸点升高计算

因蒸汽压下降而引起的沸点升高按下式计算：

$$\Delta a = 0.38 e^{0.05 + 0.045B} = 0.38 e^{0.05 + 0.045 \times 45} = 3 （℃）$$

$$\Delta' = \Delta a f$$

$$f = 0.0038 \times (T^2/r) = 0.0038 \times (358^2/548.3) = 0.89$$

$$\Delta' = \Delta a f = 15.6 \times 0.89 = 13.884 （℃） \quad （这里取 13℃）$$

由静压强引起的沸点升高用 Δ'' 表示。

先求液层中部的平均压强（这里液层高度按 3m 计算）：

$$p_m = p' + p_m gh/2 = 58.94 \times 10^3 + \frac{1006 \times 9.81 \times 3}{2} = 73743.29(Pa) = 73.74329(kPa) \quad (\text{取} 73.74kPa)$$

查附录做内插计算，73.7kPa 压强下对应饱和蒸汽温度为 90.5℃，故由静压强引起的沸点温度损失：

$$\Delta'' = 90.5 - 85 = 5.5 \ (\text{℃})$$

这里取 5℃。

管道压力损失引起的温度差损失按 0℃ 计算。

$$\Delta''' = 0\text{℃}$$

$\Delta = \Delta' + \Delta'' + \Delta''' = 13 + 5 + 0 = 18 \ (\text{℃})$，则 $t_n = T_n + \Delta = 85 + 18 = 103 \ (\text{℃})$

则沸点温度损失为 18℃，沸点温度为 103℃。

所以沸点温度：一效 100℃，二效 103℃。

(7) 蒸发器换热面积计算

用于一效加热的蒸汽耗量计算：

$$DR = Wr + SC(t_1 - t_0) + Q_2 + q'$$

式中　D——为用于一效的加热蒸汽量，kg/h；

　　　R——蒸汽潜热，kcal/kg；

　　　W——二次蒸汽量，2800kg/h；

　　　r——二次蒸汽潜热，545.2kcal/kg；

　　　Q_2——预热热量，这里 $Q_2 = 66750$kcal/h；

　　　q'——热损失，kcal/h，这里热损失按 6% 计入。

加热蒸汽耗量：

蒸发量分配：一效 2800kg/h，二效 2200kg/h。

第一效蒸汽耗量：

$$D = \frac{2800 \times 548.3 + 7500 \times 0.89 \times (100 - 94) + 66750}{534.5} \times 1.06 = 3256.43 \ (\text{kg/h})$$

蒸发器换热面积：

$$F = \frac{2800 \times 548.3 + 7500 \times 0.89 \times (100 - 94)}{1050 \times (107 - 100)} = 214.33 \ (\text{m}^2) \quad (\text{取} 214.33\text{m}^2)$$

取管子外径为 50mm，壁厚为 1.5mm，管子长度为 8000mm 的不锈钢管。

管子根数：$n = 214.33/(0.047 \times \pi \times 8) = 181.5$　（取 182 根）

周边润湿量（上）：$G' = 7500/(0.047 \times \pi \times 182) = 279.23 \ [\text{kg/(m·h)}]$

周边润湿量不足，需要分程分为双管程进料。

第一程周边润湿量（上）：$G'' = 7500/(0.047 \times \pi \times 91) = 558.46 \ [\text{kg/(m·h)}]$

第二程周边润湿量（上）：$G''' = 6100/(0.047 \times \pi \times 91) = 454.2 \ [\text{kg/(m·h)}]$

蒸发强度：$U = W/F = 2800/214.33 = 13.064 \ [\text{kg/(m}^2\text{·h)}]$

用于二效加热的蒸汽耗量按下式计算：

$$DR = Wr + SC(t_1 - t_0) + Q_2 + q'$$

式中　D——为用于一效的加热蒸汽量，kg/h；

  R——蒸汽潜热，kcal/kg；

  W——二次蒸汽量，2200kg/h；

  r——二次蒸汽潜热，548.3kcal/kg；

  Q_2——预热热量，这里 $Q_2=80100$kcal/h；

  q'——热损失，kcal/h。这里热损失按6%计入。

第二效蒸汽耗量：

$$D=\frac{2200\times548.3+4700\times0.89\times(103-94)+66750}{534.5}\times1.06=2599.24\ (\text{kg/h})$$

二效蒸发器换热面积：

$$F=\frac{2200\times548.3+4700\times0.89\times(103-94)}{1000\times(107-103)}=310.98\ (\text{m}^2)\qquad（取 310.98\text{m}^2）$$

取管子外径为38mm，壁厚为1.5mm，长度为6000mm的不锈钢管。

管子根数：

$$n=310.98/(0.035\times\pi\times6)=471.6\quad（取472根）$$

蒸发强度：

$$U=W/F=2200/310.98=7.07[\text{kg/(m}^2\cdot\text{h)}]$$

总蒸发强度：

$$U=W/F=5000/525.23=9.52[\text{kg/(m}^2\cdot\text{h)}]$$

(8) 强制循环泵的流量扬程

循环泵流量计算：

分为双管程双壳程

$$\frac{0.035^2}{4}\times\pi\times236\times1.6=0.363(\text{m}^3/\text{s})=1307(\text{m}^3/\text{h})\quad（料液在换热管中流速按1.6\text{m/s}计算）$$

因此可选择流量为1300m³/h，扬程为6m的轴流泵。

(9) 冷凝器的计算

按对数平均温差计算传热温差：

并流：85℃→85℃，30℃↗42℃，$\Delta t_1=85-30=55$（℃），$\Delta t_2=85-42=43$（℃）。

$$\Delta t=(55-43)/\ln(55/43)=48.75\ (\text{℃})$$

进入冷凝器的二次蒸汽量按总蒸发量的10%计算，总蒸发量为5000kg/h，进入冷凝器中的二次蒸汽量为：$5000\times10\%=500$kg/h。

进入冷凝器中的热量为：$Q=500\times548.3=274150$（kcal/h），这里 $k=1000$kcal/(m²·h·℃)

换热面积：

$$F=\frac{Q}{k\Delta t}=\frac{274150}{1000\times48.75}=5.62\ (\text{m}^2)$$

实际换热面积：

$$F_1=1.25\times5.62=7.025\ (\text{m}^2)$$

冷却水耗量：

$$W=1.25\times274150/(42-30)=28.56(\text{t/h})$$

(10) 蒸汽压缩机的选择

本例蒸汽压缩机温升为22℃，基本上是压缩机的最大温升值，107℃二次蒸汽量为

5855.67kg/h。才能保证蒸发量为5000kg/h。本例蒸汽压缩机排出口量为5153kg/h，二次蒸汽被压缩回去作为加热热源，其热量分配分为三部分，一部分维持蒸发，一部分预热，还有一部分就是蒸发过程中的热损失。应将计算出的热量及用途一并交给压缩机厂进行压缩机型号选择参考。

(11) 进蒸汽总管道直径的确定

对降膜式蒸发器可按每蒸发1t水需要0.03～0.05t生蒸汽确定生蒸汽管道直径，强制循环蒸发器可按每蒸发1t水需要0.1t生蒸汽确定生蒸汽管道直径。

进蒸汽量：$D = 2.8 \times 0.05 + 2.2 \times 0.1 = 360$（kg/h）

总蒸汽管道直径：

$$360 \times 1.331 \div 3600 = \frac{d^2}{4} \times \pi \times 45$$

$$d = 0.061\text{m}$$

降膜进蒸汽管道直径：

$$140 \times 1.331 \div 3600 = \frac{d^2}{4} \times \pi \times 45$$

$$d = 0.038\text{m}$$

强制循环蒸发器进蒸汽管道直径：

$$220 \times 1.331 \div 3600 = 2 \times \frac{d^2}{4} \times \pi \times 45$$

$$d = 0.034\text{m}$$

8.5 有结晶析出的三效蒸发器的工艺设计计算

(1) 主要物料参数

物料介质为含盐废水，蒸发器生产能力：4000kg/h，pH值：5，进料黏度：10cP，进料质量分数：8%～10%，进料温度：20℃，出料质量分数：50%（含盐约18%），一效加热温度：107℃，最高蒸发温度：87℃，使用蒸汽压力：0.2MPa，蒸发器状态参数如表8-6所示。

表8-6 蒸发状态参数

项目	压力/(kgf/cm²)	温度/℃	比体积/(m³/kg)	汽化热/(kcal/kg)	焓/(kcal/kg)
工作蒸汽	1.3198	107	1.331	534.5	641.7
一效加热	1.3198	107	1.331	534.5	641.7
一效蒸发	0.5894	85	2.828	548.3	633.3
二效蒸发	0.2550	65	6.201	560.2	625.2
三效效蒸发	0.09771	45	15.28	571.8	616.8
冷凝器	0.09771	45	15.28	571.8	616.8

本例采用混合型三效蒸发器，即一效为降膜式蒸发器，二、三效为强制循环蒸发器。采用并流加料，末效出料。由于进料温度为20℃，进料温度较低，本例采用四组列管式换热器作为预热器对进料逐级进行预热，将物料预热至88℃，由于在蒸发过程中有氯化钾结晶析出，末效采用带有奥斯陆结晶器的强制循环蒸发器，如图8-11所示。凡是与物料接触部位均采用TA₂材料制造。

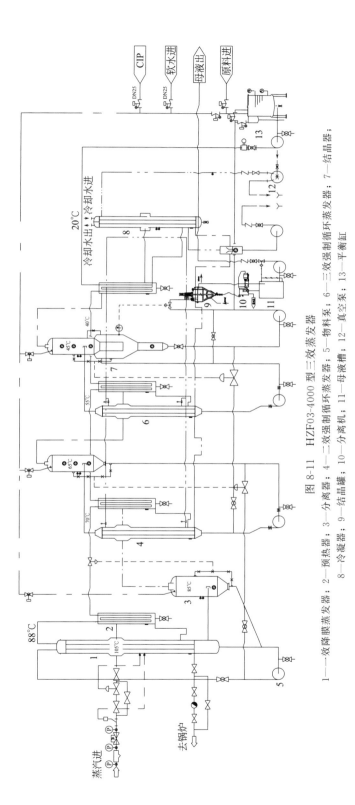

图 8-11 HZF03-4000 型三效蒸发器

1—一效降膜蒸发器；2—预热器；3—分离器；4—二效强制循环蒸发器；5—物料泵；6—三效强制循环蒸发器；7—结晶器；
8—冷凝器；9—结晶罐；10—分离机；11—母液槽；12—真空泵；13—平衡缸

采用全自动控制，即在 PLC 触摸屏上进行参数设定调整及控制。

（2）物料衡算

计算蒸发量：4000kg/h

蒸发量分配：

假设一效蒸发量 2040kg/h；二效蒸发量 988kg/h；三效蒸发量 972kg/h。

进料量：

$$S_0 = \frac{WB_3}{B_3 - B_0} = \frac{4000 \times 50\%}{50\% - 12\%} = 5263.2 \ (\text{kg/h})$$

出料量：

$$S' = 5263.2 - 4000 = 1263.2 \ (\text{kg/h})$$

第一效出料浓度：

$$S_0 B_0 = (S - W_1) B_1$$

$$B_1 = \frac{S_0 \times B_0}{S_0 - W_1} = \frac{5263.2 \times 12\%}{5263.2 - 2040} = 19.6\%$$

第二效出料浓度：

$$S_0 B_0 = (S - W_1 - W_2) B_2$$

$$B_2 = \frac{S_0 B_0}{S_0 - W_1 - W_2} = \frac{5263.2 \times 12\%}{5263.2 - 2040 - 988} = 28.3\%$$

（3）预热级计算

本计算不计蒸发过程中料液比热的微小变化，以下计算同。

本蒸发系统的预热采用四个预热级，将进料温度由 20℃ 预热至为 88℃。

① 第一级预热面积

由 20℃ 预热至为 40℃ 所需热量：

$$Q = 5263.2 \times 0.93 \times (40 - 20) = 97895.52 \ (\text{kcal/h})$$

预热面积：

按对数平均温差计算传热温差。

并流：45℃→45℃，20℃↗40℃，$\Delta t_1 = 45 - 20 = 25$ （℃），$\Delta t_2 = 45 - 40 = 5$ （℃）。

$$\Delta t = (25 - 5)/\ln(25/5) = 12.43 \ (\text{℃}) \quad （取 12℃）$$

换热面积：

$$F = \frac{Q}{k \Delta t} = \frac{97895.52}{1000 \times 12} = 8.2 \ (\text{m}^2)，这里 k = 1000 \text{kcal/(m}^2 \cdot \text{h} \cdot \text{℃)} \quad （以下同）$$

预热器分程计算：

物料在预热器中的流速按 0.5m/s 计算（以下同）

$$5263.2 \div 1032 \div 3600 = n \times \frac{0.021^2}{4} \times \pi \times 0.5 \quad （n 为管子数量，以下同）$$

$$n = 8.18 \quad （取 8）$$

管子规格尺寸：$\phi 25\text{mm} \times 1.5\text{mm} \times 2.5\text{mm}$。则

$$8.2 = 8 \times 0.021 \times \pi \times 2.5N \quad （N 为程数，以下同）$$

$$N = 6.2 (\text{程}) \quad （取 6 程）$$

② 第二级预热面积

由 40℃ 预热至为 55℃ 所需热量：

$$Q = 5263.2 \times 0.93 \times (55-40) = 73421.64 \ (\text{kcal/h})$$

预热面积：

按对数平均温差计算传热温差。

并流：65℃→65℃，40℃↗55℃，$\Delta t_1 = 65-40 = 25$（℃），$\Delta t_2 = 65-55 = 10$（℃）。

$$\Delta t = (25-10)/\ln(25/10) = 16.37 \ (\text{℃}) \quad (\text{取}16\text{℃})$$

换热面积：

$$F = \frac{Q}{k \Delta t} = \frac{73421.64}{1000 \times 16} = 4.59 \ (\text{m}^2)$$

预热器分程计算：

$$5263.2 \div 1032 \div 3600 = n \times \frac{0.021^2}{4} \times \pi \times 0.5$$

$$n = 8.18 \ (\text{取} 8)$$

管子规格尺寸：$\phi 25\text{mm} \times 1.5\text{mm} \times 2.5\text{mm}$。则

$$4.59 = 8 \times 0.021 \times \pi \times 2.5N$$

$$N = 3.48(\text{程}) \quad (\text{取}4\text{程})$$

③ 第三级预热面积

由 55℃ 预热至为 70℃ 所需热量：

$$Q = 5263.2 \times 0.93 \times (70-55) = 73421.64 \ (\text{kcal/h})$$

预热面积：

按对数平均温差计算传热温差。

并流：85℃→85℃，55℃↗70℃，$\Delta t_1 = 85-55 = 30$（℃），$\Delta t_2 = 85-70 = 15$（℃）。

$$\Delta t = (30-15)/\ln(30/15) = 21.64 \ (\text{℃})$$

换热面积：

$$F = \frac{Q}{k \Delta t} = \frac{73421.64}{1000 \times 21.64} = 3.39 \ (\text{m}^2)$$

预热器分程计算：

$$5263.2 \div 1032 \div 3600 = n \times \frac{0.021^2}{4} \times \pi \times 0.5$$

$$n = 8.18(\text{取}8)$$

管子规格尺寸：$\phi 25\text{mm} \times 1.5\text{mm} \times 1.5\text{mm}$。则

$$3.39 = 8 \times 0.021 \times \pi \times 1.5N$$

$$N = 4.28(\text{程}) \quad (\text{取}4\text{程})$$

④ 第四级预热面积

由 70℃ 预热至为 88℃ 所需热量：

$$Q = 5263.2 \times 0.93 \times (88-70) = 88105.97 \ (\text{kcal/h})$$

预热面积：

按对数平均温差计算传热温差。

并流：107℃→107℃，70℃↗88℃，$\Delta t_1 = 107-70 = 37$（℃），$\Delta t_2 = 107-88 = 19$（℃）。

$$\Delta t = (37-19)/\ln(37/19) = 27 \ (\text{℃})$$

换热面积：

$$F = \frac{Q}{k \Delta t} = \frac{88105.97}{1000 \times 27} = 3.26 \ (\text{m}^2)$$

$$5263.2 \div 1032 \div 3600 = n \times \frac{0.021^2}{4} \times \pi \times 0.5$$

$$n = 8.18 \quad (\text{取}8)$$

管子规格尺寸：$\phi 25\text{mm} \times 1.5\text{mm} \times 1.5\text{mm}$。则

$$3.26 = 8 \times 0.021 \times \pi \times 1.5N$$

$$N = 4.12(\text{程}) \quad (\text{取}4\text{程})$$

(4) 沸点升高计算

本计算不计由于假设蒸发量与热平衡后蒸发量的出入引起沸点升高的微小变化，不计由于浓度的升高比热的微小变化。

① 一效沸点升高

因蒸汽压下降而引起的沸点升高按下式计算：

$$\Delta a = 0.38 e^{0.05+0.045B} = 0.38 e^{0.05+0.045 \times 19.6} = 0.97 \ (\text{℃})$$

$$\Delta' = \Delta a f$$

$$f = 0.0038(T^2/r) = 0.0038 \times (358^2/548.3) = 0.89 \ (\text{℃})$$

$$\Delta' = \Delta a f = 0.97 \times 0.89 = 0.86 \ (\text{℃})$$

降膜式蒸发器中的静压强可忽略不计，管道等温度损失按 $1 \sim 1.5\text{℃}$ 选取，这里取 1.5℃，则沸点升高为 2.36℃，取 2℃。沸点温度为 87℃。

② 二效沸点升高

因蒸汽压下降而引起的沸点升高按下式计算：

$$\Delta a = 0.38 e^{0.05+0.045B} = 0.38 e^{0.05+0.045 \times 28.3} = 1.43 \ (\text{℃})$$

$$\Delta' = \Delta a f$$

$$f = 0.0038 \times (T^2/r) = 0.0038 \times (338^2/560.2) = 0.77 \ (\text{℃})$$

$$\Delta' = \Delta a f = 1.42 \times 0.77 = 1.1 \ (\text{℃})$$

由静压强引起的沸点升高用 Δ'' 表示。

先求液层中部的平均压强（这里液层高度按 3m 计算）：

$$p_m = p' + \rho_m g h/2 = 25.5 \times 10^3 + \frac{1006 \times 9.81 \times 3}{2} = 40303.3(\text{Pa}) = 40.3(\text{kPa})$$

查附录做内插计算，40.3kPa 压强下对应饱和蒸汽温度为 76℃，故由静压强引起的沸点温度损失：

$$\Delta'' = 76 - 65 = 11 \ (\text{℃})$$

计算温度损失与实际不符，这里取 3℃。

管道压力损失引起的温度差损失按 1℃。

$$\Delta''' = 1\text{℃}$$

$$\Delta = \Delta' + \Delta'' + \Delta''' = 1.1 + 3 + 1 = 5.1 \ (\text{℃}) \quad (\text{取}5\text{℃})，则 \ t_n = T_n + \Delta = 65 + 5 = 70 \ (\text{℃})$$

则沸点温度损失为 5℃，沸点温度为 70℃。

③ 三效沸点升高

因蒸汽压下降而引起的沸点升高：

$$\Delta a = 0.38e^{0.05+0.045B} = 0.38e^{0.05+0.045\times50} = 3.79（℃）$$

$$\Delta' = \Delta a f$$

$$f = 0.0038\times(T^2/r) = 0.0038\times(318^2/571.8) = 0.672（℃）$$

$$\Delta' = \Delta a f = 3.79\times0.672 = 2.55（℃）$$

由静压强引起的沸点升高用 Δ'' 表示。

先求液层中部的平均压强（这里液层高度按 3m 计算）：

$$p_m = p' + \rho_m gh/2 = 9.771\times10^3 + \frac{1008\times9.81\times3}{2} = 24603.72(Pa) = 24.6037(kPa)$$

查附录做内插计算，24.6037kPa 压强下对应饱和蒸汽温度为 64℃，故由静压强引起的沸点温度损失为：

$$\Delta'' = 64 - 45 = 19（℃）$$

计算温度损失与实际不符，这里取 8℃

管道压力损失引起的温度差损失按 1℃，$\Delta''' = 1℃$。

$$\Delta = \Delta' + \Delta'' + \Delta''' = 2.55 + 8 + 1 = 11.55（℃）（取12℃）则 t_n = T_n + \Delta = 45 + 12 = 57（℃）$$

则沸点温度损失为 12℃。沸点温度为 57℃。

(5) 热量衡算

蒸发量分配：一效 1480kg/h；二效 1330kg/h；三效 1190kg/h（由热平衡多次试算而得）。

各效占总蒸发量质量百分数：一效 37%；二效 33.25%；三效 29.75%。

沸点温度：一效沸点 87℃；二效沸点 70℃；三效沸点 57℃。

一效的热量衡算式：

$$D_1 R_1 = W_1 r_1 + Sc(t_1 - t_0) + Q_1 - q_1 + q_1'$$

用于一效加热的蒸汽耗量：

$$D = \frac{1480\times548.3 - 5263.2\times0.93\times(88-87) + 88105.97}{534.5}\times1.06 = 1774.33（kg/h）$$

用于二效加热的一效二次蒸汽量及热量分别为：

$$1480kg/h$$

$$1480\times548.3 = 811484（kcal/h）$$

二效的热量衡算式：

$$D_2 R_2 = W_2 r_2 + (Sc - W_1 c_P)(t_2 - t_1) + Q_2 - q_2 + q_2'$$

二效蒸发所需热量：

$$Q = [1330\times560.2 - (5263.2\times0.93 - 1480\times1)\times(87-70) + 73421.64]\times1.06$$
$$= 806062.63（kcal/h）$$

$$806062.63\div811484 = 0.993$$

用于三效加热的热量：

$$1330\times560.2 = 745066（kcal/h）$$

三效的热量衡算式：

$$D_3 R_3 = W_3 r_3 + (Sc - W_1 c_P - W_2 c_P)(t_3 - t_2) + Q_3 - q_3 + q_3'$$

三蒸发所需热量：

$$Q = \left[1190 \times 571.8 - (5263.2 \times 0.93 - 1480 \times 1 - 1330 \times 1) \times (70 - 57) + \right.$$
$$\left. 73421.64 - \frac{1480 \times (85 - 65) \times 560.2}{625.2} \right] \times 1.06$$
$$= 742253.3 \ (\text{kcal/h})$$

$$742253.3 \div 745066 = 0.996$$

不再试算。

（6）各效换热面积计算

① 一效换热面积

$$F = \frac{Q}{k \Delta t}$$

这里 $Q = 1480 \times 548.3 - 5263.2 \times 0.93 \times (88 - 87) = 806589.224 \ (\text{kcal/h})$

$$k = 1050 \text{kcal/(m}^2 \cdot \text{h} \cdot \text{℃})$$

$$F = \frac{806589.224}{1050 \times (107 - 87)} = 38.4 \ (\text{m}^2)$$

取直径 50mm，壁厚为 1.5mm，管子长度 8000mm 的不锈钢管。

管子根数：

$$n = 38.4 / (0.047 \times \pi \times 8) = 32.5 \quad （取 33 根）$$

周边润湿量（上）：

$$G' = 5263.2 / (0.047 \times \pi \times 33) = 1080.7 [\text{kg/(m} \cdot \text{h})]$$

蒸发强度：

$$U = W/F = 1480 / 38.4 = 38.54 [\text{kg/(m}^2 \cdot \text{h})]$$

② 二效换热面积

$$F = \frac{Q}{k \Delta t}$$

这里 $Q = 1330 \times 560.2 - (5263.2 \times 0.93 - 1480 \times 1) \times (87 - 70) = 687014.81 \ (\text{kcal/h})$

$$k = 900 \text{kcal/(m}^2 \cdot \text{h} \cdot \text{℃})$$

$$F = \frac{687014.81}{900 \times (85 - 70)} = 50.89 \ (\text{m}^2)$$

本效为强制循环蒸发器。

取直径 38mm，壁厚为 1.5mm，管子长度 6000mm 的不锈钢管。

管子根数：

$$n = 50.89 / (0.035 \times \pi \times 6) = 77.2 \quad （取 77 根）$$

蒸发强度：

$$U = W/F = 1330 / 50.89 = 26.13 [\text{kg/(m}^2 \cdot \text{h})]$$

③ 三效换热面积

$$F = \frac{Q}{k \Delta t}$$

这里 $Q = 1190 \times 571.8 - (5263.2 \times 0.93 - 1480 \times 1 - 1330 \times 1) \times (70 - 57) = 653339.9 \ (\text{kcal/h})$

$$k = 680 \text{kcal/(m}^2 \cdot \text{h} \cdot \text{℃})$$

$$F = \frac{653339.9}{680 \times (65-57)} = 120 \ (\text{m}^2)$$

取管子外径为38mm，壁厚为1.5mm，管子长度6000mm的不锈钢管。

管子根数：

$$n = 120/(0.035 \times \pi \times 6) = 181.98 \quad (\text{取}182\text{根})$$

蒸发强度：

$$U = W/F = 1190/120 = 9.92[\text{kg}/(\text{m}^2 \cdot \text{h})]$$

总蒸发强度：

$$U = W/F = 4000/209.29 = 19.11[\text{kg}/(\text{m}^2 \cdot \text{h})]$$

经济指标：

$$V = 1774.33/4000 = 0.444$$

因为废水的成分复杂，一效的温差比较大，所以传热面积比较小；但是，一效加热温度最高，从周边润湿量看，实际换热面积应按计算面积的1.25倍进行选取，这样一效换热面积为：$1.25 \times 38.4\text{m}^2 = 48 \ (\text{m}^2)$，降膜管根数为41根，周边润湿量为868.8kg/(m·h)，这个周边润湿量也是安全的，二、三效也要随之按计算面积的1.25倍进行选取，这样二、三效面积分别为：63.575m^2，150m^2。一效管子增加后蒸发温度要降低，但总体是安全的。增加管子之后总面积为261.575 m^2，每蒸发1t水需要的换热面积为68.8m^2，这是安全的。需要特别说明的是这种使用一次蒸汽作为加热热源的多效蒸发器，必须是等于或高于沸点进料，否则很难连续进料连续出料，即很难达到生产能力。只有废水这样的多组分溶液，传热温差较大的情况下才这样修正计算，其他单一物料只是在计算基础上稍微做修正即能满足生产工艺要求。从上述计算可看出，用于废水蒸发的多效蒸发器各效传热温差不宜选择过大，否则计算出的换热面积过小，风险加大。因此，各效传热温差的分配应尽量控制在15℃以内，设计时一效加热温度不宜过高，这样生产过程中提高加热温度的可能性就大。

④ 强制循环泵流量及扬程

二效强制循环泵的流量计算：

$$\frac{0.035^2}{4} \times \pi \times 96 \times 2 = 0.184632\text{m}^3/\text{s} = 664.68\text{m}^3/\text{h}$$

这里换热管子面积按63.575m^2计算，管子根数为96根，料液在换热管中流速按2m/s计算。因此可选择流量为650m^3/h，扬程为6m的轴流泵。

三效强制循环泵的流量计算：

$$\frac{0.035^2}{4} \times \pi \times 159 \times 2\text{m}^3/\text{s} = 0.305797\text{m}^3/\text{s} = 1100.87\text{m}^3/\text{h}$$

这里换热管子面积按150m^2计算，管子根数为159根，料液在换热管中流速按2m/s计算。因此可选择流量为1100m^3/h，扬程为6m的轴流泵。

（7）冷凝器的计算

冷凝器换热面积计算（不计二次蒸汽在蒸汽管道的压力损失）。

进入冷凝器的热量：

$$Q = (1190 + 14.8 + 13.3) \times 571.8 - 97895.52 = 598614.06 \ (\text{kcal/h})$$

按对数平均温差计算传热温差。

并流：45℃→45℃，30℃↗42℃，$\Delta t_1 = 45 - 30 = 15 \ (℃)$，$\Delta t_2 = 45 - 42 = 3 \ (℃)$。

$$\Delta t = (15-3)/\ln(15/3) = 7.46 \ (℃)$$

这里 $k=1000\mathrm{kcal}/(\mathrm{m}^2 \cdot \mathrm{h} \cdot ℃)$

换热面积：

$$F=\frac{Q}{k\,\Delta t}=\frac{598614.06}{1000\times 7.46}=80.2（\mathrm{m}^2）$$

实际换热面积：

$$F'=1.25\times 80.2=100.3（\mathrm{m}^2）$$

（污水成分复杂影响冷凝器使用效果，所以在此为安全考虑）

冷却水耗量：

$$W=1.25\times 598614.06/(42-30)=62355.6（\mathrm{kg/h}）=62(\mathrm{t/h})$$

(8) 离心机的选择

本例选择卧式连续离心分离机，按三效蒸发器出料量 1263.2kg/h 选择离心机的处理量。

从近些年来蒸发器在污水处理行业的应用来看，由于污水的成分复杂，且对设备腐蚀严重，应用过程中还存在一定问题。这些问题主要来自两方面，一是工艺上的问题，二是蒸发器设计上也存在一定问题。对 MVR 蒸发器来说建议进入蒸发器前的原料液必须经过预热，只有将料液温度预热至沸点或沸点以上的温度才有可能满足蒸发量，实际在生产过程中额外补充一部分生蒸汽，均属正常现象。对加热介质为一次蒸汽的蒸发器，其每小时每蒸发 1t 水所需要的蒸发换热面积（不含预热面积）一般在 $65\mathrm{m}^2$ 左右；MVR 蒸发器每小时每蒸发 1t 水需要的蒸发换热面积在 $95\sim 125\mathrm{m}^2$ 之间。对于有结晶析出的控制问题，要从以下几个方面考虑，一是奥斯陆结晶器必须结构合理，有利于晶粒生长；二是控制出料浓度及蒸发温度；三是要根据结晶器内的温度情况控制好出晶浆的速度。最容易出现问题的就是出浆泵，晶浆容易在泵内结晶从而导致泵无法正常工作，因此，泵要选择双密封的化工流程泵（也可以考虑采用螺杆泵）。应控制好出浆浓度及温度，保持出浆的连续性及稳定性，有很多晶浆在淘洗腿中结晶滞留都是由出浆连续性不好所致，结晶器保温效果也很重要。解决泵腔晶浆结晶的问题一般是在进入泵入口管道制作成一段夹套型式的管道，在夹套中通入蒸汽或热水进行加热，以防进入泵中晶浆结晶，注意，要控制好加热温度。

真空泵是否设置的问题：

真空泵是排除蒸发系统不凝性气体，降低料液的沸点，促使料液在低温真空下蒸发。MVR 蒸发器有别于其他型式的真空蒸发器，因为是压缩机抽吸二次蒸汽经过压缩后再去加热，系统的真空度并没有也不需要像采用饱和蒸汽作为加热介质的蒸发器真空度那么高，也没有那么稳定。如果蒸汽压缩机排出口是正压情况下，系统能够满足蒸发需要，真空泵可以省略不用。但是系统必须做压力实验，保持系统气密性，不得漏气。蒸发器尤其是多效蒸发器设计计算比较烦琐，如热平衡计算，需要不断地试算最后才能达到热平衡。为了节省计算时间，可将本书相关计算公式及数值输入 Excel 表格，进行计算（在手算熟练的情况下）。

需要注意的是，板式蒸发器不宜用于有结晶析出蒸发上，容易发生堵塞问题。

8.6 采用其他加热介质蒸发器的工艺设计计算

蒸发器除了采用饱和蒸汽作为加热介质外也采用其他介质如二次蒸汽、热水、过热蒸汽、导热油、废热空气等作为加热介质。回收利用从其他工段产生的二次蒸汽作为蒸发器的加热热源最为普遍，也是能源的回收再利用。通常利用引风机将二次蒸汽输送至蒸发器壳程中，作为加热介质。如果二次蒸汽混入空气，就会降低其传热效果，因此，在采用二次蒸汽作为加热热源时应详细了解并掌握二次蒸汽的状态参数。

应注意，当采用这些加热介质时，饱和蒸汽的传热系数很高，而采用其他加热介质的传热系数却很小，差别很大。蒸发器的热平衡计算会发生改变。

通常情况下采用饱和蒸气作为加热介质而不使用过热蒸汽。这是因为从设备上来说，过热蒸汽对设备材料要求高，但使用过热蒸汽所需要的换热面积大，因为加热主要用的是蒸汽的冷凝潜热，就需要很大一部分换热面积用来将过热蒸汽冷却为饱和蒸汽，这部分面积就浪费了，换热器就要做大。根据实际经验，如果过热度每增加2℃，则换热器需要增加1%的换热面积。一般不推荐使用过热度超过10℃的过热蒸汽，主要是因为可能换热面积不成比例以及经济性差，而且设备容易结垢。在蒸发工艺中需要将过热的生蒸汽转化为饱和蒸汽，饱和蒸汽在输送过程中由于潜热变成凝结水加上蒸汽，汽液两相容易引起管道振动。

蒸发工艺中，将过热蒸汽通过减温器变成饱和蒸汽使用，好处有：①饱和蒸汽传热系数高，饱和蒸汽直接冷凝过程中，传热系数比过热蒸汽通过"过热-传热-降温-饱和-冷凝"的传热系数高出很多。②饱和蒸汽温度低，对设备的运转也有很多好处，饱和蒸汽传热系数高，节约蒸汽，对于降低蒸汽消耗很有利。一般食品、制药及化工生产用换热器的加热介质都是饱和蒸汽。过热蒸汽有其本身的应用领域，如用在发电机组的透平，通过喷嘴至电机，推动电机转动。但是过热蒸汽很少用于工业制程的热量传递过程，这是因为过热蒸汽在冷凝释放蒸发焓之前必须先冷却到饱和温度，很显然，与饱和蒸汽的蒸发焓相比，过热蒸汽冷却到饱和温度释放的热量很小，从而会降低工艺制程设备的性能。虽然减温看似可以节约蒸汽，实际上并不能。一般减温采用冷凝水降温，如果1t的过热蒸汽需要0.5t的冷凝水，变成1.5t的饱和蒸汽用于换热器加热，其放出的热和1t的过热蒸汽相当或者小于，所以，并不能降温。利用蒸汽加热时更需要的是它的潜热，采用过热蒸汽的蒸发器不稳定、温度要求高、条件苛刻，会给生产带来更大的资金消耗，所以加热时应用饱和蒸汽。过热蒸汽通入到水中，自然就可以产生饱和蒸汽。过热蒸汽较饱和蒸汽，热量相差无几，就是相差过热的显热。过热蒸汽直接作为换热器加热介质，蒸汽来不及转化为冷凝水就排出了，换热器得不到最大的热量，而饱和蒸汽易于将潜热传递给换热介质，这就是过热蒸汽不如饱和蒸汽好用的地方。但在输送过程中，用过热蒸汽更节能，如果用饱和蒸汽输送，在输送过程中就会有很多蒸汽变成了冷凝水，因此，一般是将过热蒸汽转换成饱和蒸汽再进行加热使用。

8.6.1　采用热水作为加热介质的蒸发器的工艺设计计算

近年来，针对有的小蒸发器，如实验室中的小蒸发器，研究人员提出采用热水作为蒸发器的加热介质。热水作为蒸发器的加热介质，蒸发器换热面应如何计算，其应用效果又怎么样，能与饱和蒸汽作为加热介质的蒸发器的使用效果一样吗？其实是不一样的，通过蒸汽的潜热及热水的焓值就可说明这一点。下面以ZNJM01-300型单效降膜式蒸发器为例来说明。

（1）主要物料参数

加热介质：热水　　　　　　　　进料质量分数：10%

热水加热温度：85℃　　　　　　进料温度：20℃

物料介质：枣汁水溶液　　　　　出料质量分数：50%

生产能力：300kg/h

蒸发器状态参数见表 8-7。

表 8-7　蒸发状态参数

项目	压力/MPa	温度/℃	比体积/(m³/kg)	汽化热/(kcal/kg)	焓/(kcal/kg)
进水	0.0057	85	2.828	—	85.02
蒸发器加热	0.12318	85	2.828	—	85.02
蒸发	0.02550	65	6.201	560.2	625.2
冷凝器（壳）	0.02550	65	6.201	560.2	625.2

（2）物料衡算

进料量计算：

$$SB_0 = (S-W)B_1$$

式中　S——原料液的流量，kg/h；

　　　W——单位时间内蒸发的水分量，即蒸发量，kg/h，这里计算蒸发量为 $W=310$kg/h；

　　　B_0——原料液的质量百分数，%，$B_0=10\%$；

　　　B_1——完成液的质量百分数，%，$B_1=50\%$。

$$S=310×50/(50-10)=387.5\ (kg/h)$$

出料量：　　　$S'=387.5-310=77.5\ (kg/h)$

（3）物料预热级的热量计算

本蒸发器共分为三个预热级。第一级采用壳程冷凝水预热，第二级采用一效二次蒸汽预热，第三极采用蒸发器壳程中热水预热。其流程如图 8-12 所示。

降膜式蒸发器都是高于或等于或接近于沸点温度进料，进料温度低就要逐级进行预热，本例进料温度为 20℃，共分为三个预热级。

物料预热按下式计算：

$$Q=Gc(t_n-t_{n-1})$$

式中　Q——物料预热所需热量，kcal/h；

　　　G——料液质量流量，$G=387.5$kg/h；

　　　c——料液比热容，这里 $c=0.93$kcal/(kg·℃)；

t_n，t_{n-1}——物料预热前后的温度，℃。

第一级物料预热的热量：$Q_1=387.5×0.93×(40-20)=7207.5\ (kcal/h)$

第二级物料预热的热量：$Q_2=387.5×0.93×(55-40)=5405.625\ (kcal/h)$

第三级物料预热的热量：$Q_3=387.5×0.93×(72-55)=6126.375\ (kcal/h)$

（4）加热水的消耗量 D

加热水的耗量按下式计算：

$$DI+Sh_0=Wi+(S-W)h_1+DI_1+Q'+q'$$

$$D=[Wi+(S-W)h_1-Sh_0+Q'+q']/(I-I_1)$$

式中　D——加热水的消耗量，kg/h；

　　　I——加热水的焓，kcal/kg；

　　　h_0——原料液的焓，kcal/kg；

　　　i——二次蒸汽的焓，kcal/kg；

　　　h_1——完成液的焓，kcal/kg；

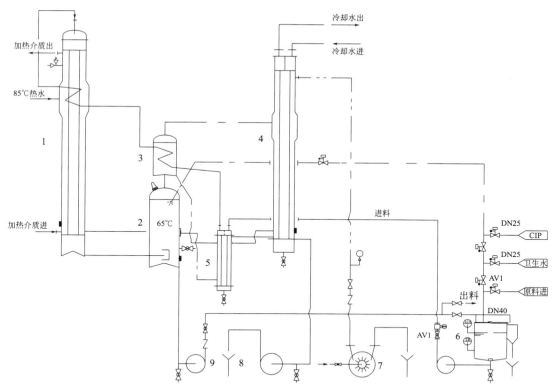

图 8-12 ZNJM01-300 型用热水作为加热介质的单效降膜式蒸发器
1—降膜式蒸发器；2—分离器；3—物料预热器；4—冷凝器；5—物料预热器；
6—缓冲缸；7—真空泵；8—冷凝水泵；9—物料泵

I_1——冷凝水的焓，kcal/kg；

Q'——预热热量，kcal/h；

q'——热损失，kcal/h。

这里沸点温度按3℃计算，溶液稀释热可以忽略时，料液的焓可由比热容算出：

$$h_0 = c(t_0 - 0) = ct_0$$
$$h_1 = c_1(t_1 - 0) = c_1t_1$$

式中 c——料液的比热容，kcal/(kg·℃)；

t_0——进料温度，℃；

t_1——料液沸点温度，℃。

因此，原料液的焓：$h_0 = 0.93 \times (20 - 0) = 18.6$（kcal/kg）

完成液的焓：$h_1 = 0.93 \times (68 - 0) = 63.24$（kcal/kg）

二次蒸汽的焓：$i = 625.2$kcal/kg

设定冷凝水在75℃下排出。

$$I_1 = 74.99\text{kcal/kg}$$

加热水耗量：

$$D = [Wi + (S-W)h_1 - Sh_0 + Q' + q']/(I - I_1) = [310 \times 625.2 + (387.5 - 310)$$
$$\times 63.24 - 387.5 \times 18.6 + 6126.375] \times 1.06/(85.02 - 75) = 20907.175\ (\text{kg/h})$$

热量：

$$Q = [Wi + (S-W)h_0 - Sh_0 + Q' + q'] = [310 \times 625.2 + (387.5 - 310) \times 63.24$$
$$- 387.5 \times 18.6 + 6126.375] \times 1.06 = 209489.89 \text{ (kcal/h)}$$

（5）蒸发器的换热面积计算

采用热水作为加热介质与采用饱和蒸汽作为加热介质不同。后者蒸发器加热侧是饱和蒸汽的冷凝，变成同温度的水，管程料液沸腾，因此传热温差处处相等，不随管长的变化而变化。而前者加热水温却发生了改变，传热温差并不是处处相等。故此，在计算蒸发器换热面积时，应按并流对数温差求取传热温差。

传热温差：

并流：85℃ ↘75℃，68℃ → 68℃。$\Delta t_1 = 85 - 68 = 17$（℃），$\Delta t_2 = 75 - 68 = 7$（℃）。

$$\Delta t = \frac{17 - 7}{\ln \dfrac{17}{7}} = 11.27 \text{ (℃)}$$

取传热温差 11.27℃，这里 $k = 350/(\text{m}^2 \cdot \text{h} \cdot \text{℃})$

换热面积：

$$Q = 310 \times 625.2 + (387.5 - 310) \times 63.24 - 387.5 \times 18.6 = 191505.6 \text{ (kcal/h)}$$

$$F = \frac{Q}{k\Delta t} = \frac{191505.6}{350 \times 11.27} = 48.55 \text{ (m}^2\text{)}$$

从上述计算可知，采用热水作为加热热源，由于热水的焓值远远小于了蒸汽的焓值，所以所需要的热水量也就很大，其传热系数也远远小于了采用饱和蒸汽作为加热介质的传热系数。因此，同等蒸发量，采用热水作为加热热源的蒸发器换热面积也要比采用饱和蒸汽作为加热介质的蒸发器大。从应用效果上看，采用蒸汽作为加热介质的效果也较好。但是，对于小蒸发量的实验室类的蒸发器，也是可以考虑采用热水加热的，因为可以采用电加热器加热热水来满足加热的需要，且压力比蒸汽压力要低；也可以利用来自其他工段的废水进行余热回收利用，能替代小燃煤锅炉，从而达到节能减排降低污染的目的。

（6）采用热水作为加热介质应注意事项

采用热水作为加热介质的蒸发器不如采用饱和蒸汽作为加热介质的蒸发器应用效果好，且前者用水量大，因此，生产能力也就受到了限制。大蒸发量的蒸发器不能采用热水作为加热介质的加热方式，除非有相当大的废水及稳定的温度才可以考虑。

蒸发器热量衡算公式是在以饱和蒸汽作为加热介质，物料为水溶液的情况下推导出的。当加热介质发生了变化，其计算公式也发生了一些改变。但不管怎么样改变，都必须遵守热量守恒定律。因此，在计算这种蒸发器要注意，首先必须要掌握加热介质的特性，尤其是其潜热、焓值的情况；其次要注意传热温差、传热系数在计算中的变化。这些都掌握了，蒸发器设计计算才会顺利，计算才安全可靠。

8.6.2 采用导热油作为加热介质的蒸发器的工艺设计计算

（1）主要物料参数

以刮板薄膜式蒸发器为例。

加热介质：导热油　　　　　　　　　　　排出温度：220℃

导热油加热温度：260℃　　　　　　　　物料介质：硫化碱溶液

生产能力：1000kg/h 进料温度：20℃

进料质量分数：23% 出料质量分数：40%

蒸发状态参数见表8-8。

（2）物料衡算

表8-8 蒸发状态参数

项目	压力/MPa	温度/℃	比体积/(m³/kg)	汽化热/(kcal/kg)	焓/(kcal/kg)
导热油	—	260	—	—	70
蒸发器壳程盘管加热，导热油	—	260	—	—	70
蒸发	0.03913	75	4.133	554.3	629.3

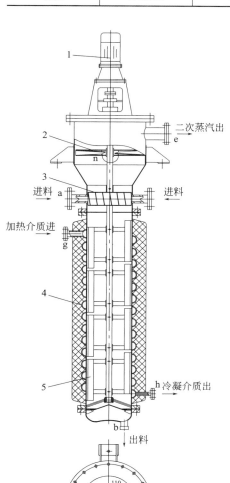

图 8-13 刮板式蒸发器器体
1—减速电机；2—除雾器；3—布料器；
4—盘管；5—刮板

结构特点：本蒸发器为刮板薄膜式蒸发器（见图8-13）。采用四叶式刮板结构，壳程加热介质为导热油，导热油温度为260℃，通导热油加热的夹层采用半管螺旋缠绕的方式，将半圆管焊接固定在传热筒的外壁上。

进料量计算：

$$SB_0 = (S-W)B_1$$

式中 S——原料液的流量，kg/h；

W——单位时间内蒸发的水分量，即蒸发量，kg/h，这里计算蒸发量为 $W=1000$kg/h；

B_0——原料液的质量百分数，%，$B_0=23$%；

B_1——完成液的质量百分数，%，$B_1=40$%。

$S = 1000 \times 40 /（40-23）= 2352.9$（kg/h）

出料量 $S' = 2352.9 - 1000 = 1352.9$（kg/h）

（3）热量衡算

加热水的耗量按下式计算：

$$DI + Sh_0 = Wi + (S-W)h_1 + DI_1 + Q' + q'$$
$$D = [Wi + (S-W)h_1 - Sh_0 + Q' + q']/(I-I_1)$$

式中 D——加热水的消耗量，kg/h；

I——加热导热油的焓，kcal/kg；

h_0——原料液的焓，kcal/kg；

i——二次蒸汽的焓，kcal/kg；

h_1——完成液的焓，kcal/kg；

I_1——冷凝导热油的焓，kcal/kg；

Q'——预热热量，kcal/h；

q'——热损失，kcal/h。

这里常温下40%硫化碱沸点温度按118℃估算，在真空下料液的沸点温度，$\Delta = \Delta a f$。

$f = 0.0162 \times (T^2/r) = 0.0162 \times (348^2/2320.85)$
$= 0.85$（℃）

$$\Delta' = \Delta af = 18 \times 0.85 = 15.3 \ (℃)$$

管道压力损失按 1℃考虑，沸点升高为 16.3℃。沸点温度为 91.3℃。

溶液稀释热可以忽略时，料液的焓可由比热容算出：

$$h_0 = c(t_0 - 0) = ct_0$$
$$h_1 = c_1(t_1 - 0) = c_1 t_1$$

式中　c——料液的比热容，kcal/(kg·℃)；

　　　t_0——进料温度，℃；

　　　t_1——料液沸点温度，℃。

因此，原料液的焓：$h_0 = 0.77 \times (20 - 0) = 15.4$kcal/kg。

完成液的焓：$h_1 = 0.77 \times (91.3 - 0) = 70.3$kcal/kg。

二次蒸汽的焓：$i = 629.3$kcal/kg。

设定导热油在 220℃下排出。

$$I_1 = 58.1 \text{kcal/kg}$$

加热导热油耗量：

$$D = [Wi + (S-W)h_1 - Sh_0 + Q' + q']/(I - I_1) = [1000 \times 629.3 + (2352.5 - 1000)$$
$$\times 70.3 - 2352.5 \times 15.4 + 0] \times 1.06/(70 - 58.1) = 61297.6 \ (\text{kg/h})$$

热量：

$$Q = [Wi + (S-W)h_1 - Sh_0 + Q' + q'] = [1000 \times 629.3 + (2352.5 - 1000)$$
$$\times 70.3 - 2352.5 \times 15.4 + 0] \times 1.06 = 729441.385 \ (\text{kcal/h})$$

换热面积计算：采用导热油作为加热介质与采用饱和蒸汽作为加热介质不同。后者蒸发器传热温差处处相等，不随管长的变化而变化。而前者加热介质导热油却发生了改变，传热温差并不是处处相等，也发生了变化。故此，在计算蒸发器换热面积时，应按并流对数温差求取传热温差。

传热温差：

并流：260℃↘220℃，91.3℃→91.3℃，$\Delta t_1 = 260 - 91.3 = 168.7$（℃），$\Delta t_2 = 220 - 91.3 = 128.7$（℃）。

$$\Delta t = \frac{168.7 - 128.7}{\ln \dfrac{168.7}{128.7}} = 147.8 \ (℃)，取 147.8℃，这里 k = 300 \text{kcal/(m}^2 \cdot \text{h} \cdot ℃)$$

换热面积：

$$Q = 1000 \times 629.3 + (2352.5 - 1000) \times 57.75 = 707406.875 \ (\text{kcal/h})$$

$$F = \frac{Q}{k \Delta t} = \frac{707406.875}{300 \times 147.8} = 15.95 \ (\text{m}^2)$$

从上述计算可知，采用导热油作为加热热源，其耗量较大。导热油的物理特性见表 8-9，由于导热油的焓值远远小于了蒸汽的焓值，所以，所需要导热油量也就很大；由于其传热系数也远远小于了采用饱和蒸汽作为加热介质的传热系数，因此，同等蒸发量的蒸发器，其换热面积要大。从应用效果上看，采用导热油也不如采用饱和蒸汽作为加热介质的蒸发器效果好。因其加热温度高而压力却很低，对于某些特殊物料需要采用很高的加热温度才能蒸发，所以采用此种加热介质的蒸发器仍在应用。

表 8-9 **THERMINOL55 导热油物理特性**

温度/℃	密度 /(kg/m³)	比热 /(kcal/kg·℃)	热焓 /(kJ/kg)	蒸发热 /(kJ/kg)	热传导度 /[kcal/(m²·h·℃)]	黏度/cP	蒸气压 /(kgf/cm²)
29	905	0.414	—19.4	418.3	0.1153	1900	
—26	903	0.416	—14.6	416.3	0.1151	1405	
—18	897	0.423	0.0	410.5	0.1143	612	
—7	890	0.433	19.9	402.7	0.1131	236	
4	882	0.442	40.3	395.1	0.1120	105.4	
16	875	0.453	61.0	387.5	0.1110	53.1	
27	867	0.461	82.3	380.1	0.1098	29.6	
38	860	0.471	103.9	372.8	0.1087	17.87	
49	852	0.480	126.0	365.6	0.1076	11.57	
60	845	0.490	148.6	358.5	0.1065	7.93	
71	837	0.499	171.6	351.5	0.1054	5.71	
82	830	0.509	195.0	344.6	0.1043	4.27	0.00012
93	822	0.518	218.9	337.8	0.1032	3.31	0.00023
104	815	0.528	243.2	331.1	0.1021	2.64	0.00042
116	807	0.537	267.9	324.5	0.1009	2.16	0.00073
127	800	0.546	293.1	317.9	0.0998	1.797	0.0012
138	792	0.556	318.7	311.5	0.0987	1.524	0.0020
149	784	0.565	344.7	305.1	0.0976	1.311	0.0033
160	777	0.574	371.2	298.8	0.0965	1.142	0.0051
171	769	0.584	398.1	292.6	0.0954	1.005	0.0079
182	761	0.593	425.5	286.5	0.0942	0.892	0.0118
193	753	0.602	453.3	280.3	0.0931	0.798	0.0175
204	745	0.612	481.5	274.3	0.0920	0.718	0.0253
216	737	0.621	510.2	268.3	0.0909	0.650	0.0362
227	729	0.630	539.2	262.3	0.0897	0.590	0.0509
238	721	0.640	568.8	256.3	0.0886	0.538	0.0706
249	712	0.649	598.7	250.3	0.0875	0.492	0.0965
260	704	0.658	629.1	244.3	0.0863	0.451	0.130
271	695	0.668	660.0	238.3	0.0852	0.414	0.174
282	686	0.677	691.2	232.3	0.0841	0.381	0.230
288	682	0.682	707.0	229.3	0.0835	0.366	0.263
293	677	0.686	722.9	226.3	0.0829	0.351	0.300
304	668	0.696	755.0	220.1	0.0818	0.324	0.388
316	659	0.705	787.6	214.0	0.0807	0.298	0.497

（4）采用导热油作为加热介质应注意事项

采用导热油作为加热介质可以获得很高的加热温度，但其缺点是黏度大，而且黏度随着时间的增长而增大；由于黏度大，所以传热系数小，与饱和水蒸气加热相比传热效果差，且温度也不易调节。

THERMINOL55导热油热传导效率高，黏度低，低温时容易启动。耐高温，热安定性，不宜裂解。补充量少，使用寿命长，不含氯联苯及腐蚀性物质，所以，对管路及设备不产生腐蚀。

蒸发器设计中的问题及国外蒸发器工艺流程

9.1 蒸发器进料的形式及特点

　　蒸发器的进料管道绝大多数是从外部进入蒸发器，但也有少数是从蒸发器内部进料，即从蒸发器底部下器体进料如图 9-1 所示。外部进料有热量损失。内部进料没有热量损失，但是，必须参与热平衡计算，而外部不用。内部进料对于降膜式蒸发器来说布料没有外部好，而且分布器结构复杂，甚至会出现死角。对于循环式蒸发器来说，图 9-1（b）泵的流量扬程选择不合适，还会带来局部一些换热管内料液不足甚至出现断料，进而引发结垢结焦发生。

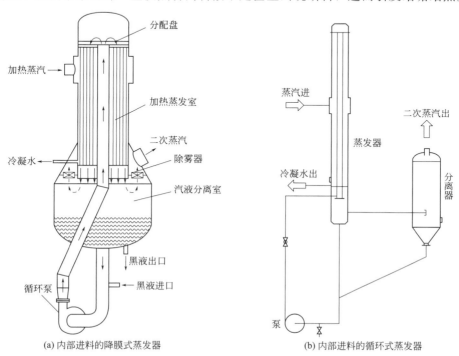

图 9-1　内部进料的结构型式

9.2 汽蚀对出料的影响

（1）汽蚀产生的原因

料液在蒸发器中的蒸发是真空减压的状态下进行的。蒸发器在工作中经常会遇到泵出料困难的问题，汽蚀是离心泵的特有现象。其产生原因并不是单一的。第一种原因是当叶片吸入口附近液体的静压力等于或低于输送温度下的液体的饱和蒸汽压时，将在该处部分液体中水分汽化产生气泡，含气泡的液体进入叶轮高压区后，气泡就急剧凝结或破裂，因气泡的消失产生局部真空，此时周围的液体以极高的速度流向原气泡占据的空间，产生极大的局部冲击压力。其危害是使泵的性能下降，产生振动和噪声，从而损坏叶轮。第二种原因是料液在蒸发过程中，二次蒸汽及不凝性气体来不及释放而混入高速流动的料液中（此时多为小气泡），在泵附近释放并产生大量气泡并堆积，甚至致使出料管道形成中空断料，进而导致出料困难或无法出料，分离器料位上涨。第三种原因是设备漏气所致。即设备有漏点，外界空气进入设备内形成大量气泡，也会导致出料泵无法正常出料（或出水），分离器内料位（或壳程水位）上涨。第四种原因是蒸发器的安装高度不足或过低，受大气压约束也可能造成汽蚀量增大，进而导致泵出料困难。蒸发器安装高度越高出料也就越容易。当地的大气压条件即海拔高度也是设计蒸发器的一个重要参数。我国各地区大气压条件不尽相同，高海拔地区对蒸发器参数，如料液沸点、物料泵、水泵及真空泵都有影响，因此，在设计蒸发器时必须以当地的大气压条件为依据。

（2）解决方法

除了离心泵本身特点而引起的汽蚀外，二次蒸汽、不凝性气体、空气也都会引起汽蚀的发生，即在泵的入口处形成大量气泡，导致泵出料困难，蒸发器内料位上升，甚至无法出料。解决汽蚀的方法：一是首先选择具有一定抗汽蚀余量能力的泵。在蒸发器中所选择的泵多为双密封水冷却的离心泵等，这种泵在真空状态下出料或出水都非常顺利。二是在泵的入口与分离器之间连接一导管，即平衡管，在真空作用下，堆积在泵入口附近管道中大量气泡就会被抽入到分离器内，如图9-2所示，即可减少或消除泵入口处的气泡，可使泵迅速恢复正常出料。这种方法在蒸发器中解决出料困难问题，操作简单效果佳。

由于安装高度不足或过低而引起汽蚀量增大，泵出料困难，也要在出料泵的入口与分离器接一个汽水分离器或接一个平衡罐解决泵出料困难的问题。

（3）蒸发器设计注意事项

常用的蒸发器有外循环、强制循环及降膜式蒸发器等。尤其强制循环型蒸发器料液在管道中流速快，一般都在2m/s左右，更容易在循环管道或出料管道中、泵的入口处形成大量气泡堆积进而造成泵出料困难。这种类型蒸发器，出料泵入口一般都要加装平衡管，将二次蒸汽及不凝性气体及时引入到分离器中，即可保证料液的顺利排出。在降膜式蒸发器中这种现象不多见，因此也无需加装平衡管。只是在冷凝水排出时也会产生二次蒸汽及不凝性气体，需要加装一平衡装置，即汽水分离器，将汽水分离器中产生的二次蒸汽及不凝性气体引入到冷凝器的壳程中如图9-3所示（不凝性气体引出管），汽水分离器很小，不需要很大，也不需要一个冷凝水罐就能够完成排水任务。

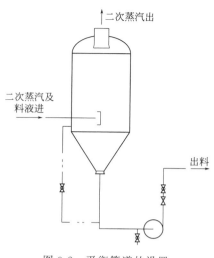

图 9-2　平衡管道的设置

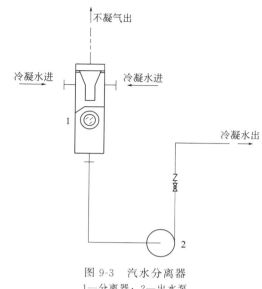

图 9-3　汽水分离器
1—分离器；2—出水泵

汽水分离器的直径按下式计算：

$$D = \sqrt{\frac{4W}{\pi V}}$$

式中　D——平衡管直径，m；

$\quad\quad W$——冷凝水量，m^3/s；

$\quad\quad V$——冷凝水在平衡管中流速，m/s，一般流速范围在 $0.05 \sim 0.08 m/s$ 之间。

平衡管有效高度 $H = (1.5 \sim 2)D$。

（4）其他注意事项

料液在蒸发器中产生汽蚀现象比较多见。首先，蒸发器所选用的泵必须具有足够的抗汽蚀余量能力的泵。其次，要了解并掌握汽蚀产生的原因，当出料困难、分离器中料位上升、蒸发器壳程存水，就要考虑到蒸发器是否出现泄漏，泵的机械密封是否出现故障等。再次，要检查并排除管道直径是否过细，然后根据汽蚀产生的原因采取相应的解决方法即可使蒸发器迅速恢复正常生产。凡是由于外界因素引起的汽蚀，就要设法将气泡引出，即可保证泵能够顺利出料，恢复正常生产。

9.3　蒸发器连续进料连续出料的条件

蒸发器不能连续进料连续出料，即间断进料间断出料，最为常见的是外循环蒸发器，这主要是由蒸发器本身的特点决定的。其次与进料温度较低，传热温差较大，浓缩比较大等有关，最终也会导致不能连续进料连续出料。同等蒸发量的同一种类型的蒸发器采用单效、双效与采用多效蒸发，其效果也不相同，即单效不容易连续进料连续出料，非借助循环不可，这种不连续的生产在外循环蒸发操作中最为普遍。

（1）预热的影响

进料温度。进入蒸发器前的料液温度一般都较低，低温进料蒸发与等于或高于沸点温度进料蒸发效果完全不同，无论哪种型式的蒸发器都如此。进料温度是蒸发器设计的一个重要参数，在生产工艺上能提高进入蒸发器的料液温度尽量做到高温进料而不是低温进料（特殊物料除外）。物料没有达到沸点温度进料，蒸发器换热面积就有一块面积是预热段，即便如此，效果也不好还容易造成结垢结焦加速，很难做到连续进料连续出料，这是在降膜式蒸发器的应用早就被证实了的。降膜式蒸发器低温进料都是经过逐级预热到沸点或沸点以上的温度后才开始进入蒸发器中蒸发的。

（2）传热温差不能过大

要连续进料连续出料，传热温差不能选择过大。降膜式蒸发器之所以能够连续进料连续出料，是因为它的传热温差都比较小，一般在 8～15℃ 之间，最高也不超过 18℃。降膜式蒸发器是在负压低温状态下蒸发的，其加热温度大多不超过 100℃，其传热温差是所有蒸发器里最小的，其换热面积也是所有蒸发器中同等蒸发量较大的。料液在降膜式蒸发器中的运动、蒸发状态也与其他蒸发器完全不同。

（3）浓缩比不能大

蒸发器要连续进料连续出料，浓缩比不能大，无论何种蒸发器采用单效蒸发与多效蒸发其效果截然不同，多效容易提高固含量，单效就很难。单效降膜式蒸发器在液态奶生产中就能连续进料连续出料，因为其浓缩比很小，液态奶经过浓缩提高的干物质含量有限，它的浓缩比在 1.173 左右。而单效降膜式蒸发器如果出料浓度要求较高，超出了连续进料连续出料的浓缩比范围，也仍然不能够连续进料连续出料。单效外循环蒸发器的浓缩比一般都在 7.5 左右，所以很难连续生产。降膜式蒸发器是所有蒸发器中最优秀的蒸发器，其特点之一就是能够连续进料连续出料。而降膜式蒸发器，尤其是应用最为普遍的三效降膜式蒸发器也有浓度要求，其浓缩比范围一般在 2.67～3.91 之间，例如枣汁的浓缩一般是要求从 8%～10% 左右，浓缩至 75%，在实际应用中都没有达到生产能力；也就是说要达到生产工艺要求的浓度必须借助于回流，间断出料，实际上还是没能达到设计的蒸发量。当浓缩比过大，即浓缩比为 7.5 时，降膜式蒸发器已经远远超出了其浓缩比的范围。茶浸提后的浓度在 3% 左右，要生产茶粉如果不考虑膜浓缩，要从茶浸提液固含量为 3% 浓缩到 30%，其浓缩比为 10，想一次连续完成蒸发并达到所需要的固含量是十分困难的，一般是采用两段三效降膜式蒸发器蒸发的方法来完成的。对这类大跨度的浓度要求，应该在工艺上选择分成两段蒸发的工艺更安全，或者采取小温差大蒸发面积的方法进行蒸发，而实际都违反了蒸发器浓缩比的范围，这主要与用户有关，与设计单位的引导有关。

（4）合理分程

对降膜式蒸发器或强制循环蒸发器来说，根据计算可进行分程，分程能够增大周边润湿量或流速，有效合理的分程可以使蒸发达到一个最佳的状态，使蒸发快速进行。本书中介绍的氨基葡萄糖过滤液 MVR 单效降膜式蒸发器共分 5 管程，其蒸发效果是好的，可连续进料连续出料。

（5）沸点升高的影响

有些物料在蒸发过程中沸点升高很大，换热面积受沸点升高影响也非常大，沸点升高 1℃ 甚至可导致蒸发面积翻倍增大。因此，无论何种蒸发器在热平衡计算时必须考虑料液的沸点升高，否则就会导致蒸发量严重不足。

（6）蒸发器型式的确定选型

在选择蒸发器时，首先要了解并掌握物料特性及其蒸发参数，并根据物料特性及蒸发参数，尤其是黏度参数来判断、选择确定何种蒸发器，对陌生物料、非单一成分的物料必要时还要借助做实验的方法进行分析，然后做出选择。只有选择合适的蒸发器才能达到一个最佳的稳定的使用效果。蒸发器能不能连续进料连续出料，是由物料特性和蒸发器本身的特点决定的。单效蒸发器要达到连续进料连续出料，出料浓度不能高，超过其浓缩比范围就不能够连续生产，也不可能达到同等蒸发量的多效蒸发器的使用效果。目前常用的蒸发器有外循环、强制循环、降膜混合型蒸发器及刮板式蒸发器。应根据不同物料做出选择，浓度高、黏度大、易结垢结晶的就要考虑选择强制循环蒸发器或外循环蒸发器，浓度不高、黏度不大、需要低温蒸发的热敏性物料首选是降膜式蒸发器。采用单效蒸发要达到连续进料连续出料，其浓缩比安全范围在 1.13～3.8 之间，首选是降膜式蒸发器，其次是强制循环蒸发器。

9.4　蒸发器设计几个常见问题

随着我国经济的快速发展，蒸发器的应用领域正在不断地扩大。常用的蒸发器有管式降膜蒸发器、板式蒸发器、外循环蒸发器、强制循环蒸发器、刮板式蒸发器等。其中降膜式蒸发器是最具代表的蒸发器，在乳品、食品、饮料、化工等行业都有广泛的应用。蒸发器属于非标设备，即使同一产品，同一物料及生产参数，同一生产能力的蒸发器，不同厂家生产制造也不尽相同：如蒸发器进蒸汽管道的位置，抽真空管道吸入口位置，还有分离器的二次蒸汽管道的长短等千差万别。究竟哪种更为合理，就此加以阐述。

（1）进蒸汽管道位置确定

蒸发器进蒸汽管道的位置一般是在蒸发器壳程偏上位置，即蒸发器器体的上部。蒸汽进入壳程经过热交换后变成冷凝水，蒸汽进入壳程直接推动冷凝水自上而下运动，尽量做到使加热蒸汽不受冷凝水的干扰，这是最佳的理想状态，从而使换热效果达到最佳。而实际上蒸汽在进入蒸发器壳程时其实是充满的，因为热量总是要从高温向低温传递，蒸发器壳程中蒸汽变成同温度的水，只是发生了相变，而温度可视为并没有发生改变。整个换热过程不是我们想象那样，总是蒸汽经过换热要有冷凝水沿着管外壁向下流动，无论是在壳程上部还是在下部，几乎是同时进行的。对于单效而言尽量将加热蒸汽口开在蒸发器器体偏上。对于一个多效蒸发而言，大都是利用二次蒸汽作为次效的加热热源，如果次效加热蒸汽进口都在蒸发器上部，势必导致二次蒸汽管道过长。因为二次蒸汽在管道运动过程中也会凝结成水，尤其对大蒸发量的多效降膜式蒸发器而言，降膜管都很长，这样二次蒸汽管道势必很长，从而降低蒸发效果。丹麦多效蒸发器的二次蒸汽管道并不长，在多效蒸发器中二次蒸汽管道尽量不要做得过长。

（2）卧式蒸发器与立式蒸发器的比较

有些强制循环蒸发器采用卧式结构，也包括冷凝器。卧式蒸发器蒸汽在进入蒸发器壳程中与管内流体进行热交换要变成冷凝水，上层换热管表面冷凝水要向下流动，流到下层管子表面，有水有蒸汽就不如纯蒸汽换热效果好，所以能用立式结构不采用卧式结构，也包括冷凝器。

（3）冷凝器抽真空管道的位置

一般认为冷凝器抽真空的位置越偏下，抽真空效果就越好，也不容易将二次蒸汽抽出，这种观点不正确。二次蒸汽进入冷凝器壳程，在真空作用下是瞬间充满的，二次蒸汽与管内冷却水进行热交换变成冷凝水的同时放出不凝性气体。不凝性气体大多数是空气，其余为 0.2%～1% 未冷凝掉的二次蒸汽，还有少量其他不凝性气体。因此，真空泵吸气管道的吸气口一般是设置在冷凝器上部，这样设置不会将蒸汽抽出，也不会影响抽真空效果。如果蒸汽被抽出，只能证明冷凝器换热面积小，或冷却水量不足也或水温度升高，这是在实际应用中早经证明的事实。

（4）冷凝水罐的问题

蒸发器在生产过程中，壳程中冷凝水在没有额外引出的情况下，一般冷凝水是依次从前效壳程进入到次效壳程中，最终从冷凝器壳程或者与冷凝器壳程中冷凝水汇集到冷凝水罐中，再由泵集中排除。冷凝水罐的作用是起到缓冲暂存，防止泵抽空或产生汽蚀而设置。这个冷凝水罐通常做得都比较大，为了防止抽空，还要设置压力变送器与泵连锁来控制液位高度。这样的罐子在蒸发器中，尤其是外循环蒸发器中最为普遍。其实，没必要这样设计，完全可以用很小的汽水分离器取而代之，没有集水罐采用直接排水也没有问题。如果没有额外引出水作为他用，也没有必要设置压力变送器来控制液位的高度。需要说明的是冷凝水泵出口必须加装单向阀与球阀以便进行调节控制出料速度。

（5）二次蒸汽进入冷凝器是走壳程还是走管程

二次蒸汽进入冷凝器要走壳程而不是管程，二次蒸汽走管程相当于把二次蒸汽流动方向固定了，失去了蒸汽的自由流动，传热效果下降。二次蒸汽走管程在外循环蒸发器中比较多见，如果不是为了某种特殊需要，二次蒸汽应该走壳程而不是走管程。

（6）蒸发器器体进汽室的角度问题

蒸发器器体进汽室的角度有两种，一种与水平成 30°，一种为 60°，采用 30° 角度居多，如图 9-4 所示。因为 30° 更能起到膨胀节的作用。采用 30° 角应注意支座的位置，即上下都应该设置支座。

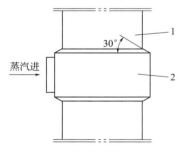

图 9-4　30°蒸发器器体进汽室
1—蒸发器器体；2—进汽室

（7）间壁列管式冷凝器的问题

采用间壁列管式冷凝器时，列管不宜选择大管径，应选择小管径列管。原因是，小管径列管换热效果好。采用直径为 25mm 的比较多见，管程流速在 0.5～1.2m/s，低于 0.5m/s 要进行分程。

（8）设备系统气密性的问题

蒸发器出现不正常现象，如出料困难、不蒸发或者蒸发速度慢（其他正常）均与蒸发器的气密性有关。解决问题第一步，必须首先保证蒸发系统的气密性，即系统抽真空时是否能够保持，其真空度衰减在允许的时间范围内。这个没有问题了，再去逐一排除其他问题，找出问题所在，而不是盲目地去判断某个部位设计或制造出了问题，这样只会把简单问题复杂化，不利于问题的迅速解决，在 MVR 蒸发器上尤其应该注意。

蒸发器在设计过程中保留并沿用了很多过去的一些习惯做法，有些方法是好的，有些方法应加以摒弃，有些观念及理论随着设计及实际应用的扩展，需要不断地更新完善，这样才能优化蒸发器的设计。

9.5 几种国外蒸发器的工艺流程及其特点

图 9-5 为国内引进 GEA 产品，用于牛奶蒸发的带热压缩技术的三效降膜式蒸发器。其特点采用热压缩技术，采用一个列管预热器，采用蒸汽直接喷射式杀菌并闪蒸，将料液温度提高到沸点或沸点以上的温度后，进入闪蒸器进行闪蒸，将加入的蒸汽冷凝水去除，然后再进入降膜式蒸发器蒸发。这样设计的好处是灭菌温度均匀效果好，结垢结焦速度减慢，清洗间隔时间延长。热压缩的特点是利用一次蒸汽通过三个热泵抽吸二效二次蒸汽，分别作为二效及一效的加热热源（主要是为可切换成单效或双效考虑）。

图 9-6 为带热压缩的三效板式升降膜蒸发器，其特点为蒸发器板面宽度为 340mm，高度为 3400mm。与普通的板式蒸发器不同，带热压缩的三效板式升降膜蒸发器板面中间开有沟槽，料液进入蒸发器是先进入沟槽上升到板式蒸发器的顶部，然后料液往下布膜进入蒸发器腔体开始加热蒸发。该蒸发器流程为国内引进日本产品，用于鸡骨头汤的生产上，并流加料，末效出料，采用全自动控制。

图 9-7 为五效混合式蒸发器，为国内引进 GEA 产品，用于污水处理，蒸发量为 120t/h。其结构特点为一、二、三、五效为降膜式蒸发器，四效采用强制循环蒸发器；采用热压缩技术，采用列管式预热器对进料预热；冷凝器采用六程卧式间壁式冷凝器。

图 9-8 为用于玉米浸泡液的三效蒸发器，国内引进美国产品。其主要特点也是采用热压缩技术，一、三效采用内部进料，蒸发器上管板上不设料液分布器，料液从中间被输送到蒸发器顶部后即呈喷射状态进入换热管中，并与管外加热介质进行热与质交换，完成蒸发。二效为双管程单壳程蒸发器，相当于强制循环蒸发器，不过进料速度并不高。分离器采用闪蒸帽式结构，采用高位蒸汽喷射泵抽真空维持系统的真空度。

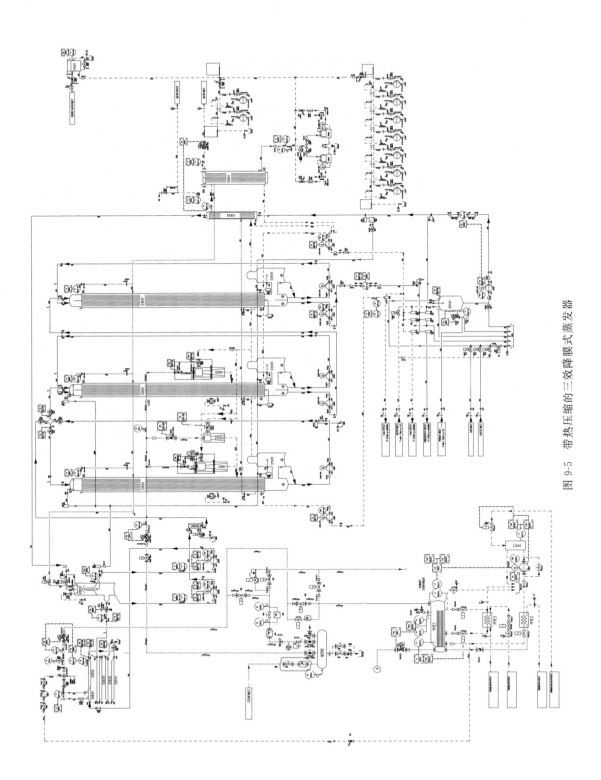

图 9-5　带热压缩的三效降膜式蒸发器

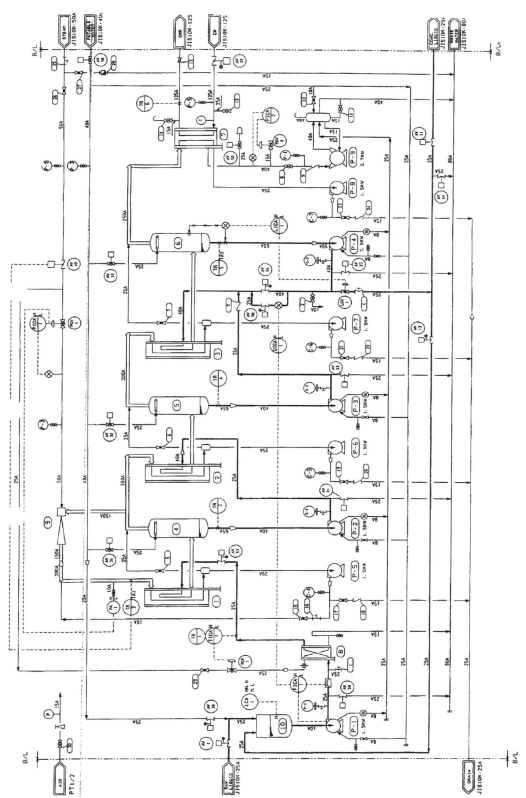

图 9-6 带热压缩的三效板式升降膜蒸发器

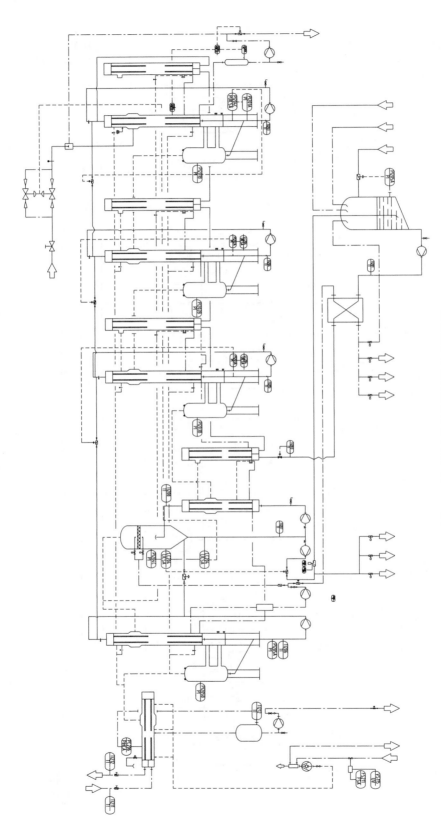

图 9-7 用于污水处理的五效混合式蒸发器

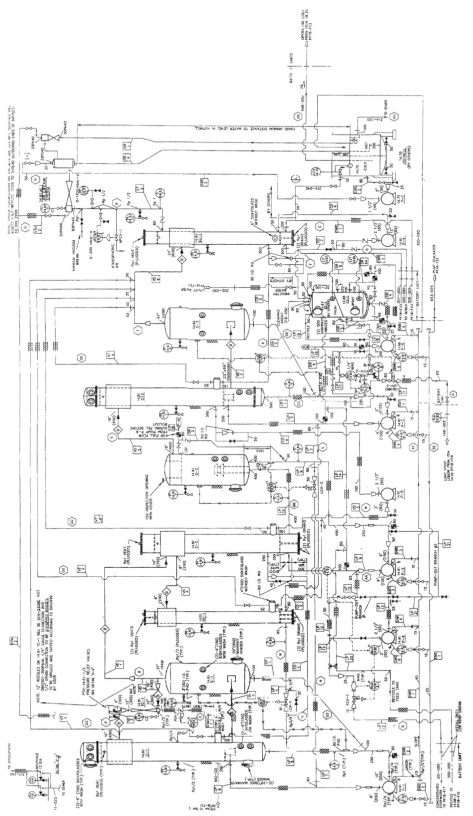

图 9-8　用于玉米浸泡液的三效蒸发器

第❿章 蒸发器的自动控制及安装调试

10.1 蒸发器的自动控制

随着蒸发器应用领域的不断扩大，蒸发器的生产能力已从每小时十几千克到几十吨，甚至上百吨。为了获得更加稳定的产品质量，降低生产成本，自动控制近年来在工业生产中得到了广泛的应用。由于自动控制在蒸发器上的成功应用，不但操作简单，蒸发参数也更加趋于稳定，尤其是出料浓度上下波动的误差很小，一般浓度误差可控制在 $1\%\sim3\%$ 之间，清洗间隔时间也大大延长。

蒸发器的自动控制主要是对蒸汽压力（包括温度）、进料量、出料密度及系统真空度的控制。其控制过程是根据蒸发器蒸发过程编写执行元件的动作过程，然后在 PLC 上通过参数的设定对执行元件发出指令信号并完成控制的全过程。

10.1.1 蒸发器自动控制程序的编写过程

蒸发器自动控制过程与其他控制一样，控制过程的编写或称工艺过程描述是关键。要完成完整的自动控制过程必须将蒸发器的详细工作过程或工作原理描述清楚，此外，还要把蒸发器在工作过程中可能随机发生的情况一并描述清楚。以 CNJM03-8000 型三效降膜式蒸发器在茶的浸泡液中的应用为例进行阐述。

主要技术参数：物料介质为茶的浸泡液，生产能力为 8000kg/h，进料温度为 25℃，进料质量分数为 $3\%\sim4\%$，出料质量分数为 25%，出料浓度参数上下偏差控制在 3% 以内，冷却水进水温度为 30℃，冷却水排出温度为 42℃。其控制过程如图 10-1 所示。

料液在蒸发器中的走向：料液→一级预热→二级预热→三级预热→一效蒸发→二效蒸发→三效蒸发→出料。

蒸汽在蒸发器中的走向：蒸汽→一效壳程，一效二次蒸汽→二效壳程，二效二次蒸汽→三效壳程，三效二次蒸汽→一级预热→冷凝器壳程。

冷凝水在蒸发器中的走向：一效壳程冷凝水→二效壳程冷凝水→三效壳程冷凝水→排水。

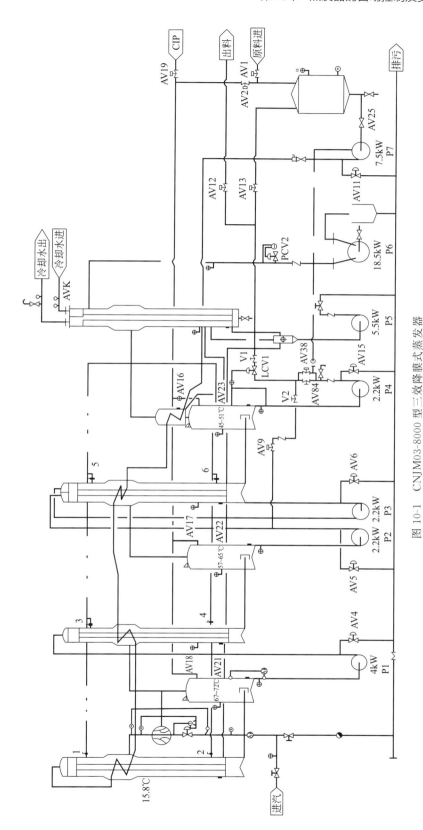

图 10-1　CNJM03-8000 型三效降膜式蒸发器

1——效上不凝气接口节流孔板；2——效下不凝气接口节流孔板；3——二效上不凝气接口节流孔板；4——二效下不凝气
接口节流孔板；5——三效上不凝气接口节流孔板；6——三效下不凝气接口节流孔板

蒸发器开车及工作过程(手动操作):启动进料泵(P7),启动出料泵(P1),启动出料泵(P2),启动出料泵(P3),启动出料泵(P4),启动冷却水泵,启动真空泵(P6),当末效分离器的真空度接近 0.07MPa 时启动蒸汽阀门。料液在蒸发器中进行循环,当各蒸发参数达到稳定的状态,出料浓度达到要求值时,即可连续进料连续出料。出料浓度未达到要求值,调节进汽压力,开启小回流或大回流,生产结束用水将最后料液置换出并送回至蒸发器前段原料罐内,检测水中料液的浓度,低于要求值,将其排放掉,然后进入清洗阶段。水清洗 10min,碱(2%的 NaOH)清洗 40min,然后酸(2%HNO₃)清洗 20min,再水清洗 10min。停机顺序:先关掉进汽阀门,关掉真空泵,关掉冷却水泵,打开系统破真空阀,依次从进料泵开始关掉所有泵,关掉电源。蒸发器的自动控制过程编写按上述进行。

蒸发器实际生产工艺参数如表 10-1 所示。

表 10-1 蒸发器实际生产工艺参数

项目	压力/MPa	温度/℃
蒸汽	0.75~0.8	167~170
一效加热	0.058~0.064	85~87
二效加热	0.02~0.035	67~72
三效加热	0.017~0.026	57~65
三效蒸发	0.009771~0.0132	45~51

本例蒸发器自动控制步骤的编写过程如图 10-2 所示。

10.1.2 控制阀的选择

目前用于降膜式蒸发器自动控制的阀门主要有气动球阀、气动隔膜阀、气动蝶阀、气动组合型换向阀、气动调节阀及气动角座阀等。

气动与电动控制阀门的区别在于气动控制比较精准,对过程变化反应迅速,能迅速修正过程偏差,电动控制次之。因此,在自动控制上采用气动控制阀比较多见。

(1)压力变送器

压力变送器用于测量液体、气体或蒸汽的液位、密度与压力,然后将其转变成 4~20mA DC 电流信号输出。压力变送器在蒸发器中可用于蒸汽压力的调节,与压力传感器不同的是,其压力值直接显示(图 10-3),其测量范围选择以及安装参考差压变送器。

压力变送器分为普通型压力变送器及卫生型压力变送器两种。卫生型压力变速器主要用于储罐、奶仓等对卫生要求较高的设备上。

(2)差压变送器

在蒸发器中普遍采用的是隔膜密封式差压变送器。差压变送器在蒸发器中的主要作用是对分离器中料液压力的变化通过 PLC 对出料进行控制,即通过 PLC 控制调节阀的开启或关闭,并可在 PLC 触摸屏上设置料位的高度参数,满足不同生产工况的需要。

密封隔膜是用于防止管道中介质直接进入差压变送器里的压力传感器组件中,它与变送器之间是靠注满流体的毛细管连接起来的。隔膜密封式差压变送器用于测量液体、气体和蒸汽的流量、液位、密度和压力,然后输出与测得的差压相对应的 4~20mA 电信号,如图 10-4 所示。

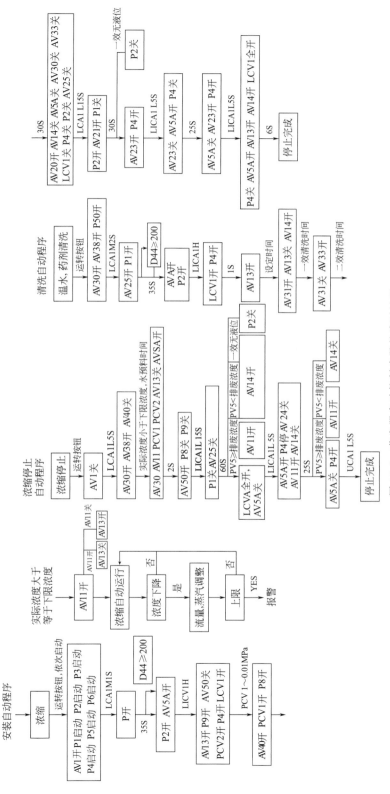

图 10-2　蒸发器自动控制步骤的编写过程

(a) 普通型压力变送器

(b) 卫生型压力变送器

图 10-3 某公司生产的压力变送器

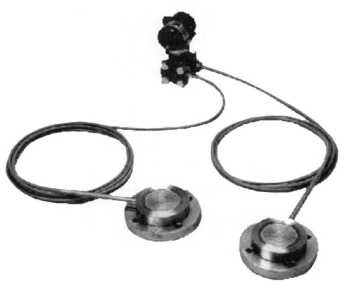

图 10-4 隔膜密封式差压变送器

测量范围：以重庆横河川仪有限公司生产的 EJA113W、EJA433W、EJA118W、EJA118N 和 EJA118Y 型隔膜密封式差压变送器为例。EJA113W、EJA433W 为卫生型隔膜式差压变送器，其测量范围如表 10-2 所示，主要用于食品、饮料、制药及医疗保健用品的生产上，如牛奶、果蔬汁、维 C 及胶原蛋白的蒸发生产中大都采用的是这种差压变送器。EJA118W、EJA118N 和 EJA118Y 为普通型隔膜式差压变送器。隔膜式差压变速器可与手操器互相通信，通过它们进行设定、监控等，主要用于蒸发器分离器，测量分离器内的压力，通过 PLC 调节出料阀门开启的大小或在 PLC 触摸屏上设定压力参数，并根据压力参数对调节阀发出指令来调节出料量，亦即根据出料密度的大小决定调节阀是否开启与关闭。

表 10-2　卫生型隔膜式差压变送器的测量范围

膜盒	量程	范围
M	2.5～100kPa(250～1000mmH$_2$O)	−100～100kPa(−10000～10000mmH$_2$O)
H	25～500kPa(0.25～5kgf/cm^2)	−500～500kPa(−5～5kgf/cm^2)

　　某三效降膜式蒸发器用于某食品料液的蒸发，末效蒸发温度为 45℃，对应的压力为 97.71kPa（绝压），分离器内液位极限高度设为 500mm，上、下膜盒安装距离为 800mm，出料密度为 1100kg/m^3，其压力检测范围为 89.89～−91.53kPa。根据此压力值可选卫生型差压变送器 EJA113W-DMSC4N-BB03-90DB（图 10-5），检测分离器内料液压力值及其变化，通过 PLC 触摸屏设定液位高度，与质量流量计通过程序共同控制调节阀的开启与关闭。

　　EJA113W、EJA118W 差压变送器外形连接尺寸分别如图 10-5 和图 10-6 所示。

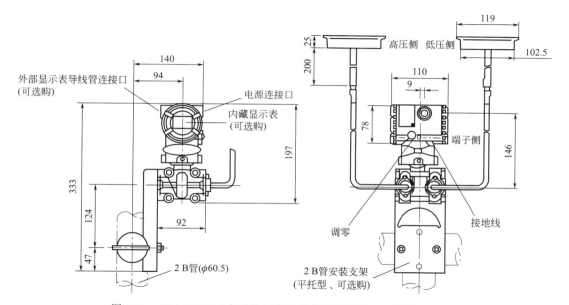

图 10-5　EJA113W 卫生型差压变送器外形连接尺寸（单位：mm）

安装注意事项：

　　① 安装前应详细了解并掌握差压变送器的工作原理及注意事项，在安装差压变送器时应严格按照安装手册进行。

　　② 检查并确认高、低压端连接是否正确。

　　③ 膜盒膜片表面不得有划痕，不得将毛细管折弯过大，不得拆卸毛细管。

(3) 调节阀

　　调节阀在蒸发器中主要用于对蒸汽压力的调节或对出料的控制（图 10-7），如斯派莎克二通、三通控制阀用于电动或气动执行器，为蒸汽、水、油和其他工业流体的控制提供了广泛的选择，可用于过程温度、压力、流量、液位压差及湿度控制，如图 10-8 所示。在蒸发器中通过差压变送器的高、低压端压差来测定分离器内压力的变化（或在 PLC 触摸屏上设定液位的高度）及经过对密度的检测通过 PLC 对调节阀的出料进行调节。

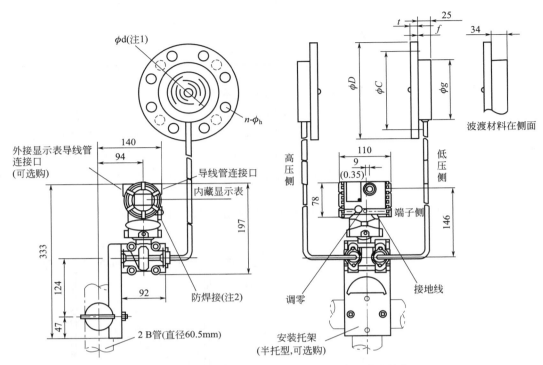

图 10-6 EJA118W 普通型差压变送器外形连接尺寸（单位：mm）
垫圈接触面内径；仅适用于 ATEX IECEX 和 TIIS 防爆型

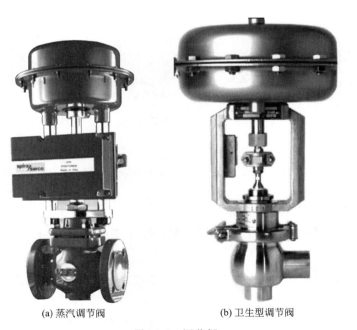

(a) 蒸汽调节阀   (b) 卫生型调节阀

图 10-7 调节阀

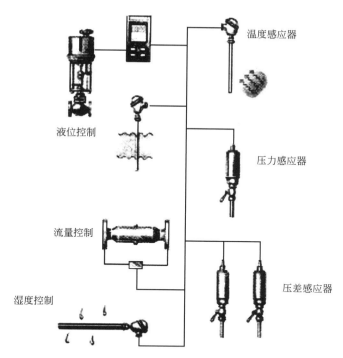

温度感应器

压力感应器

液位控制

流量控制

压差感应器

湿度控制

图 10-8　用于过程温度、压力、流量、液位压差及湿度控制的调节阀

① 调节阀的典型应用及气动系统典型组成　调节阀的典型应用如图 10-9 所示；气动系统典型组成如图 10-10 所示。

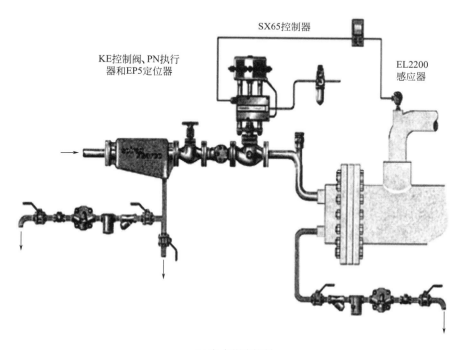

(a) 电-气温度控制

图 10-9

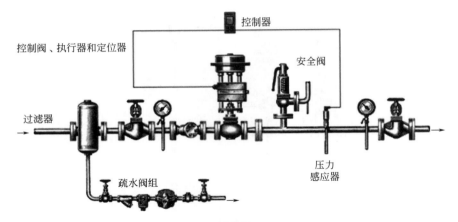

(b) 压力控制

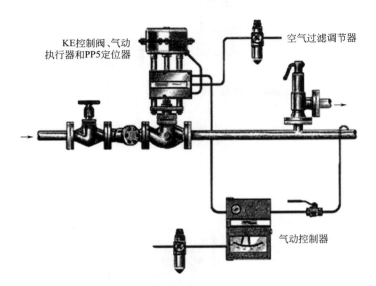

(c) 纯气动压力控制

图 10-9　调节阀典型应用实例

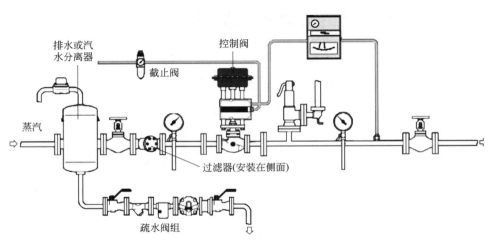

图 10-10　气动系统典型组成

② 气动控制的优点及调节阀的控制过程

气动控制的优点：

a. 只要有压缩空气源就可以使用气动控制，几乎适用于所有的工业应用。

b. 强有力的推动力。对高压应用相当理想。

c. 最新的膜片制造技术和定位器技术的应用。可进行闭环控制，可靠性高，滞迟性小。

d. 高的控制精度。对过程变化反应迅速，能迅速修正过程偏差。

e. 通常比电控便宜。对大用户来说比较经济。

f. 信号的扰动（如轻微的不稳定或电磁干扰）很容易被大容量的气动执行器吸收，对控制信号的扰动具有抵抗能力。

g. 几乎能跟所有的控制阀配套使用，选择简单。

h. 一个执行器可方便地转换成"气开式"或"气关式"，简化选择。

i. 执行器和控制阀结构结实、简单。长的使用寿命、低的维修工作，特别适用于工业应用。

j. 无需电力供应力。对危险、潮湿、腐蚀的环境相当适合。

k. 执行器的弹簧回复功能。出现故障时操作安全。

调节阀在设备上的控制过程如图 10-11 所示。

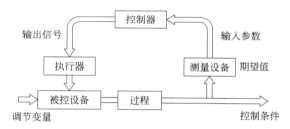

图 10-11　调节阀在设备上的控制过程

10.1.3　密度或浓度检测

在蒸发器的自动控制中，都要设置浓度的检测。一种为质量流量计。测量原理基于科氏力原理进行测量。可对流体质量、流体密度及流体温度进行测量。密度测量范围为 $0 \sim 5000 \mathrm{kg/m^3}$；温度测量范围在 $-40 \sim 140 ℃$ 之间。可在 PLC 触摸屏上设定密度值，根据设定的密度值控制进料量的大小。也可以直接显示流体的浓度，即质量分数。其输出电流为 $4 \sim 20 \mathrm{mA}$。另一种为糖度仪，它也是用来测量料液的质量分数的，可在 PLC 触摸屏上设定密度值，也可以直接显示流体的浓度，即质量分数，作用与上述相同。其输出电流为 $4 \sim 20 \mathrm{mA}$。在蔗糖、麦芽糖、葡萄糖上用的折光仪就属于这种类型。不过，在测量除蔗糖以外的料液浓度（麦芽糖与葡萄糖一般不进行换算）时测量的数值要进行换算。

10.2　蒸发器的安装调试

蒸发器应用广泛，其安装调试大同小异，其中降膜式蒸发器的安装要求相对较高，因而本书以降膜式蒸发器的安装调试为例来阐述。

降膜式蒸发器在奶粉生产中作为主要的设备之一，它的工作运行状态如何，直接关系到设备的使用性能及产品的质量。随着乳品厂规模的扩大，近年来蒸发量小到几吨大到几十吨的双效、三效乃至四效降膜式蒸发器，在奶粉及其他行业上都得到了成功应用。蒸发器的安装调试也是决定能否良好生产的关键。

以RNJM03-2600型三效降膜式蒸发器（手动操作控制生产）在奶粉生产中的应用为例，阐述降膜式蒸发器安装调试过程及注意事项。

主要技术参数如下。

物料介质：牛奶 　　　　　　　　　　出料温度：45～55℃

生产能力：2600kg/h 　　　　　　　冷凝器真空度：0.085～0.09MPa

进料质量分数：11.5％～12.5％ 　　冷却水耗量：18t/h（冷却水进水温度30℃）

进料温度：5℃ 　　　　　　　　　　装机容量：18.5kW

出料质量分数：38％～40％

各效蒸汽状态参数见表10-3。

表 10-3　各效蒸汽状态参数

项目	壳程压力/MPa（绝压）	壳程加热温度/℃	蒸发温度/℃
工作蒸汽	0.7146	—	—
一效	0.6578	85	70
二效	0.03118	70	57
三效	0.01732	57	45
杀菌	0.1208	105	—
冷凝器	0.00956	45	—

10.2.1　设备原理

物料经分配装置均匀地分配到各蒸发管内，物料在自身的重力及二次蒸汽流的作用下成膜状自上向下流动，同时与管外加热介质进行热和质的交换。其工艺流程见图10-12，安装调试人员必须掌握设备的原理。

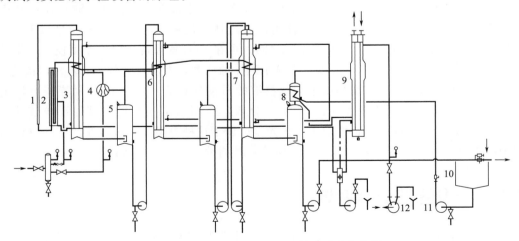

图 10-12　RNJM03-2600型三效降膜式蒸发器

1—保持管；2—杀菌器；3——效蒸发器；4—热泵；5—分离器；6—二效蒸发器；
7—三效蒸发器；8—预热器；9—冷凝器；10—平衡缸；11—物料泵；12—真空泵

10.2.2 设备安装

由于料液是沿着降膜管壁以膜的状态向下均匀流动，边流动边蒸发，因此在安装降膜式蒸发器时就必须保证降膜管与水平面垂直，应严格按 QB/T 1163—2000《降膜式蒸发器》制造标准中有关规定进行，否则就会引起布料不均，即降膜管周边不能完全有料液向下流动，使料液发生偏流，从而引起结垢或结焦的迅速产生，甚至造成降膜管局部断料引起干壁现象。总装后蒸发器上管板水平极限偏差不大于 0.2%；蒸发管的轴线直线度偏差不大于 0.2%。

10.2.3 设备调试

降膜式蒸发器是在负压状态下工作的，在试车前必须进行设备的气密性试验。气密性试验范围包括各效体、分离器、冷凝器、物料管线、蒸汽管线及物料泵等的试验。要关闭放空阀，关闭出料阀，使整个设备系统处于封闭状态，用压缩空气使设备内压力升至 0.15~0.2MPa，然后在所有的连接处及焊缝处涂抹肥皂水进行检漏，检漏完毕系统充气至 0.15~0.2MPa 进行气密性保压试验，平均每小时系统真空度衰减不大于 5%。近年来也有采用蒸汽进行检漏，这种方法只需要打开热泵进气阀使蒸汽压力缓慢升至 0.1~0.15MPa 之间，然后在所有连接处及焊缝处涂抹肥皂水进行检漏，方法简便快捷。

(1) 试车

全面系统地认真检查设备安装的正确性、安全性和精密度，重点是三个效体的垂直度。组织试车人员进行一次设备的学习，熟悉设备的流程、结构、性能、操作规程和操作注意事项，参加人员还要进行明确的分工。

准备好试车用的器具和试车记录本，并明确记录内容和要求；设备内进行彻底清洗。配置酸、碱洗涤液（2%NaOH 和 2%HNO₃ 水溶液）。

(2) 试车注意事项及要求

设备投料运转过程中，绝对不允许断料，以牛奶作为物料时投料前要检查其酸度，高于行业标准规定的酸度值不能用于试车。严格执行操作规程，认真做好记录。投料前用酸、碱洗涤液清洗一次，认为正常的水试必须重复两次以上方可投料试车。水试完毕应接近或达到表 10-4 的要求。

表 10-4 试车工艺参数

项目	名称	工艺参数	备注
压力/MPa	热泵工作蒸汽	0.45	
真空度/MPa	一效壳程	0.03	冷却水进水温度 20~25℃
	二效壳程	0.045	
	三效壳程	0.06	
	一效分离器	0.05	
	二效分离器	0.065	
	三效分离器	0.08~0.085	
	冷凝器	0.089	
温度/℃	一效蒸发	69~72	
	二效蒸发	57~65	
	三效蒸发	45~50	

投料前设备要按操作规程配好酸、碱洗涤液清洗，并停车检查效果，如仍有水垢等污物应重新清洗；投料前原料乳的酸度值重新检查，超标准的乳液严禁使用；第一次开始投料量应比要求投料量大 10% 以上，然后根据出料浓度逐渐调整；在物料试车过程中，应根据表 7-2 中的要求进一步调整设备的节流垫圈。

（3）设备操作

① 开车前的准备　打开分汽缸总供汽阀，检查各路的供汽压力是否达到要求压力；打开分汽缸冷凝水排除阀，把冷凝水排尽，检查酸、碱液的浓度是否符合要求（2%），超过或低于要求均应调整；检查所有螺母、活接头是否拧紧；各个阀的开关是否正确；打开平衡槽或平衡罐进水阀把水放满。

② 开车　启动进水泵，打开照明灯，末效分离器内进水；打开出料泵，打开冷凝器给水泵，检测进水温度；启动真空泵抽真空，当抽真空时间至约 5min，末效分离器真空度接近 0.07MPa 时，缓慢打开热压泵给汽阀，注意压力表指针的位置，当指针至 0.45～0.5MPa，停止给汽；以水代料进行大循环至各效参数接近表 10-4 的值，杀菌温度至 86℃，关闭平衡槽进水阀门，将平衡槽内水放尽，开始进料；当大回流浓度接近要求浓度时，打开出料阀，关闭大回流阀门，同时调节进料量和杀菌温度等各有关参数。

③ 清洗与停车　当一个班次结束或一批料处理完毕需要停车时必须进行一次清洗。清洗顺序与时间为：水洗 10～15min→2% NaOH 水溶液洗 40～45min→水洗 10min→2% HNO_3 洗 40min→水洗 10min。清洗时与投料的操作基本相同，不同点是碱洗时应把各效蒸发温度提高 10℃，酸洗时应把各效蒸发温度降低 10～20℃，清洗时进料应比正常进料大 50% 左右。需要说明的是酸洗也可采用正压稍加热的清洗方法，因硝酸易挥发，被真空泵抽出会挥发至室内。停机顺序：关闭进料阀→关闭真空泵→关闭冷凝器给水泵→破坏各效真空→关闭进料泵（末效分离器温度接近 30℃ 左右）→关闭冷凝水泵→关闭各效出料泵。

（4）常见故障及产生原因

① 系统真空度低、蒸发温度高的原因是冷却水给水量小，进水温度高；蒸发系统有泄漏处；真空泵吸气量不足或真空泵给水量小，进水温度高，热泵工作压力高。

② 出料困难是因为进料量过大，有泄漏处；出料泵小或出料泵密封泄漏。冷凝水排出困难。冷凝水排出困难的主要原因是冷凝水管道口径过小、有漏点，冷凝水泵克服不了真空度的约束。

10.2.4　蒸发器真空度保持不住的原因

蒸发器在长期使用过程中，会出现真空度降低。真空度降低的主要原因有系统泄漏，真空泵受腐蚀严重，冷凝器严重结垢及水温升高或冷却水量减少。其中系统泄漏是最为常见的故障，排除漏点费时。仅以 RNJM03-6300 型三效降膜式蒸发器在乳品工业中生产奶粉为例，阐述蒸发器真空度降低的原因及改进方法。

（1）系统真空度降低

蒸发系统泄漏是导致真空度降低、蒸发温度升高、蒸发量减少的最为普遍的原因，蒸发系统泄漏的位置较多，其中最常见的有各连接处胶垫老化、胶垫压不实、螺栓松动。过去分离器到效体的二次蒸汽管道两端连接均为活套法兰式连接，长期使用胶垫逐渐老化，需要定期进行更换，一般泄漏也难以查到，更换胶垫较费时，分离器至蒸发器这一段流过的是二次蒸汽，设备安装后，不需要拆卸，因此这两处的连接应改为焊接式结构，实际应用效果良好，蒸发系统真空度稳定，现在大部分的蒸发器已经开始采用焊接式的结构。多效蒸发器壳程冷凝水一般是由一效顺次至末效（除特殊需要外），然后再进入冷凝器壳程中由泵排出。各效冷凝水管的连接以往也是采用法兰式连接或活接式连接，长期使用仍存在上述泄漏问题。一旦泄漏，除了系统真空度降低，还会导致壳程积水，影响正常生产，因此有必要将此处也采用焊接式的结构。如果是一台三效蒸发器，就可以将原来的 13 个活连接点变为一体式的焊接结构，这样蒸发器真空度一般情况下不会衰减，使用表明这种焊接式的结构已经被用户接受，因此在不影响设备使用、维护的情况下，尽量减少不必要的活连接结构。此外，蒸发器属于Ⅰ类压力容器，在制造过程中应严格按照 GB/T 150—2011《压力容器》及 GB/T 151—2014《热交换器》中有关规定进行制造检查并验收，否则由于焊接出现质量问题，长期使用也会出现泄漏。

（2）真空泵受腐蚀

真空泵抽取的是不凝性气体及少量的二次蒸汽，不凝性气体来自二次蒸汽，有些二次蒸汽还夹带着微量腐蚀性物质，长期使用会对真空泵过流件产生腐蚀，久而久之使真空泵叶轮端面产生点蚀，使间隙逐渐加大，单位时间内抽取不凝性气体量减少，导致系统真空度衰减。因此，应根据被处理物料的性质即 pH 值强弱选择真空泵，确定过流件是否采用耐腐蚀的材料。用于玉米浸泡液、谷氨酸等的蒸发设备，其真空泵的过流件大部分采用316L 不锈钢制造，近年来，由于真空泵材质问题影响蒸发器生产能力的例子也比较多见，因此对蒸发器过流件选取应给予重视。乳品工业中用户也曾提出真空泵受腐蚀的问题，过流件采用不锈钢的真空泵比采用球墨铸铁的真空泵耐用。

（3）其他因素的影响

除了上述原因影响蒸发系统真空度外，冷凝器的结垢、冷却水量减少或水温升高也会导致蒸发系统真空度降低，大多数使用厂家所使用的冷却水为循环水，都不是净化水，水质较差，冷凝器的结垢（间壁式冷凝器）速度比较快，结垢影响传热，导致蒸发器真空度降低。另外，随着使用，冷却水温逐渐升高，需要在冷却水池中定期补充冷却水，以保持进水温度的恒定，其次，蒸发器壳程结垢也同样会导致蒸发系统真空度降低，因此应进行定期检查和清洗。

10.2.5 蒸发器清洗间隔时间缩短的原因

（1）各效蒸发面积分配不正确

近年来，多效降膜式蒸发器，尤其是三效降膜式蒸发器在奶粉生产中应用越来越多，在生产结束或生产过程中都要对设备进行清洗，而频繁的清洗说明奶液在蒸发器中结焦严重，影响产品质量，生产效率降低，是不正常的。正常的三效降膜式蒸发器（手动操作）在奶粉生产过程中清洗间隔时间对于配方奶粉为 5h 左右，对全脂淡奶粉为 5～7h，最长可达到 8h。造成清洗间隔时间短、生产效率低的主要原因大致有以下几个方面：一是各效蒸发面积分配不正确；二是预热面积不足；三是杀菌器结构设计不合理；四是操作控制因素的影响以及物料特殊。

现以 RNJM03-5000 型三效降膜式蒸发器在奶粉生产中的应用为例进行阐述。

物料衡算、热量衡算及最终各效蒸发面积的分配是否正确是决定一台蒸发器使用效果好坏的关键。有些蒸发器之所以清洗间隔时间短，其中主要的原因之一是由各效蒸发面积分配不正确所致，最终导致各效结焦严重，蒸发温度升高，处理量减少，被迫频繁停车清洗。

RNJM03-5000 型三效降膜式蒸发器各效蒸发所需要的热量及蒸发面积分配如下。

用于一效蒸发热量及蒸发面积：5621652.991kJ/h，98.5m²。用于二效蒸发热量及蒸发面积：2639067.871kJ/h，55m²。用于三效蒸发热量及蒸发面积：2567404.363kJ/h，69.79m²。对牛奶而言，单位时间内（1h）每蒸发 1000kg 水分需要蒸发面积为 45m² 左右，一般不超过 48m²。如果进料量一定，蒸发面积过大，会引起降膜管周边润湿量不足，造成结焦，因此各效蒸发面积的确定是关键。

（2）预热及杀菌器结构设计不合理

① 预热级设计注意事项　牛奶大多数是在 5℃ 左右进入蒸发器，低于沸点温度进料需要进行预热，在蒸发器中根据物料的温度，一般设有几个预热级才能达到所需的沸点（或沸点以上）温度。预热分为两种：一种为体内预热，即在蒸发器壳程中完成，蒸发量小的多采用此方法；另一种为体外预热，即在蒸发器外部完成，蒸发量大的多采用此种方法。预热的末级就是杀菌段，如果预热面积不足，实际各级物料温升达不到所要求的温度值，到了杀菌段加热温差必然过大，杀菌器热负荷加大，其后果则会导致杀菌器在短时间内结焦，杀菌温度难以保持，只能被迫停车清洗。因此，每一级物料温升不宜设计过大，多在 12℃ 左右，最高不宜超过 15℃，否则极易达不到预热效果，其后果则是清洗间隔时间缩短，从而降低生产效率。

② 杀菌器的结构设计　用于奶粉生产的降膜式蒸发器都带有杀菌器，也是末级的预热段，杀菌温度多控制在 86～94℃ 之间。杀菌器分为间接式杀菌和直接式杀菌两种。直接式杀菌大多是在物料中直接喷入蒸汽进行加热，不易产生结垢或结焦，但会使物料增湿，对蒸汽质量要求较高，杀菌温度稳定，保持时间较长，国外应用较多。间接式杀菌由于采用间壁式蒸汽加热杀菌，物料不受蒸汽及蒸汽质量的影响，应用比较广泛，但如果杀菌器设计不合理，就容易产生结焦，杀菌温度保持时间短。以 RNJM03-5000 型三效降膜式蒸发器在奶粉生产中应用为例阐述间壁式杀菌器的设计过程。杀菌器主要技术参数：物料介质为牛奶，生产能力为 5000kg/h，杀菌温度为 86～94℃，杀菌器加热温度为 105℃。本例用于杀菌器加热的热量为 391616.68kJ/h，进入杀菌器的物料量为 6716.4kg/h，进入杀菌器的物料温度为 80℃。由于物料在杀菌器中是变温传热，因此计算杀菌器换热面积时，应用对数温差计算传热温差。杀菌器传热面积按下式计算：

$$F=Q/(k \cdot \Delta t)$$

式中，F 为传热面积，m²；Q 为传热量，这里 $Q=391616.68$kJ/h；k 为传热系数，这里 $k=4187$kJ/(m²·h·℃)；Δt 为传热温差，℃。

按并流的形式计算传热温差：105→105℃，80℃↗94℃，$\Delta t_1=105-80=25$（℃），$\Delta t_2=105-94=11$（℃）。则

$$\Delta t=(\Delta t_1-\Delta t_2)/\ln(\Delta t_1/\Delta t_2)=(25-11)/\ln(25/11)=17.05（℃）$$

则杀菌器传热面积为

$$F=391616.68/(4187×17.05)=5.49（m²）$$

杀菌器传热面积计算出后，杀菌器列管管径的选择最为关键，大蒸发量的蒸发器杀菌器管径应根据物料通流管径净截面积换算成小管径的净截面积。来确定小管径的管子根数。

这样设计的目的是要在短时间内扩大物料与管壁的接触面积，加大传热效果，防止大管径内的物料由于受热温差过大而引起结焦。即受热时间不宜过长，否则结焦速度加快，比较适宜的管径为19~25mm，甚至更小，这也是一些蒸发器杀菌温度保持不住，在生产过程中清洗间隔时间短的主要原因之一。本例杀菌器列管采用的是 $\phi 25mm \times 2mm \times 4000mm$ 规格的管子，数量为：

$$n = 5.49 \div (0.023 \times \pi \times 4) = 18.6 （根） \qquad （取 19 根）$$

进入杀菌器物料量为6716.4kg/h，物料流速按1.2m/s计算，则杀菌器分程计算为：

$$6716.4 \div 1030 \div 3600 = N \times (0.023^2 \div 4) \times \pi \times 1.2$$

$$N = 3.63 \quad （取4）$$

保持管选择 $\phi 133mm \times 3mm \times 4000mm$ （外径×壁厚×长度）不锈钢管，杀菌保持时间：

$$(0.127^2 / 4) \times \pi \times v = 1.866 \times 10^{-0.3}$$

$$v = 147.4mm/s$$

$$t = 4000/147.4 = 27.14 （s） \qquad （取 27s）$$

（3）操作控制因素的影响

蒸发器在生产过程中分为人工控制与自动控制两种，国内生产的蒸发器大多数仍为人工控制。人工控制参数主要有两个，一个是进料量，另一个是使用蒸汽压力。一台蒸发器只要进入稳定的工作状态，上述两个参数要求必须稳定，不得随便进行调整，一经调整，系统整个参数如加热温度、蒸发温度、出料浓度等都会随之发生明显的变化。尤其是杀菌器进汽压力，只要满足杀菌温度的要求，其压力应保持最低值，不得轻易提高工作压力，否则瞬间就可能造成结焦，为防止人为随意调整进汽压力，在进汽管道上必须加装减压阀，控制进汽压力，防止波动。另外，每次清洗必须彻底，必须进行检查。由于受设备价格、用户观念以及生产厂家规模等诸多因素的影响，国内蒸发器采用自动控制的目前还不多，只有几家大集团公司引进的设备是自动控制，由于自动控制不能在蒸发器中广泛应用，也就阻碍了这方面技术的发展。蒸发器自动控制的主要参数为进料量、蒸汽压力、出料浓度及系统的真空度。采用自动控制可使蒸发器在生产过程中运行更稳定更精准，操作更快捷，设备清洗间隔时间相对较长。

（4）物料因素的影响

进入蒸发器的物料适宜的酸度值为14~16°T（°T为吉尔涅尔度），一般不超过18°T。酸度值偏高表明奶中蛋白变质，进入蒸发器最易结焦。另外，在生产配方奶粉的物料中添加糊精等过量也会引起蒸发器短时间内结焦，导致清洗次数增多。

除了上述各因素的影响外，降膜式蒸发器料液分布器的设计是否合理，降膜管内表面的粗糙度，系统是否泄漏等都会不同程度地影响清洗间隔时间的长短。总之，清洗间隔时间长短主要取决于蒸发器的性能，清洗间隔时间短其实质是物料在蒸发器中产生结垢或结焦速度快，其危害是影响产品质量。因此，设计制造单位应对每台蒸发器进行跟踪，然后进行不断地总结，对产品进行改进，这样才会使产品质量得到提高，在实际生产过程中，才能获得较长的清洗间隔时间。

10.2.6　蒸发器蒸发温度高对奶粉质量的影响

近年来，多效降膜式蒸发器尤其是三效降膜式蒸发器在奶粉生产中应用越来越多。20

世纪七八十年代用于奶粉生产的浓缩设备多以单效及双效降膜式蒸发器为主，多效降膜式蒸发器基本上没有应用。到了20世纪90年代，三效降膜式蒸发器在奶粉生产上才开始应用。三效降膜式蒸发器节能，蒸发浓度容易达到，在三效降膜式蒸发器中二效二次蒸汽得到充分利用，双效经济指标（均含热压缩技术、含杀菌）为0.46，三效经济指标为0.28～0.31，三效一次性投资较大。随着奶粉生产规模的不断扩大，对大生产量的采用多效降膜式蒸发器，其节能效果尤其明显，牛奶在多效蒸发器中如三效降膜式蒸发器中运行时间较长，对于一台蒸发量5000kg/h的三效降膜式蒸发器，料液在设备中运行时间约为5～6min（含预热），而过去使用的生产能力1.2～2.4t/h的双效降膜式蒸发器料液在设备中运行的时间仅为2.5～3min。近年来有人提出牛奶在多效蒸发器中会产生热变性，导致终端产品冲调不好，现仅以应用过的多效降膜式蒸发器为例阐述是否会产生热变性，是否影响奶粉的冲调。

牛奶在蒸发器中加热温度最高，一效一般控制温度为85～87℃，杀菌温度控制在86～94℃，杀菌时间较短，通常为几十秒，如RNJM02-2400型、RNJM03-5000型、RNJM03-6300型蒸发器，杀菌时间分别为24s、32s、36s。用于蒸发的加热温度不宜过高，通常不超过90℃。实际应用中如果一效加热温度超过90℃，牛奶在蒸发器中温差过大、结垢结焦速度加快、清洗间隔时间缩短（产生结焦的主要部位为降膜管、杀菌管），已经发生蛋白变性的奶垢如果进入喷雾干燥塔内进行喷雾干燥，则奶粉冲调差，进行冲调复原试验时奶中会出现大量的白点上浮，其产品检验结果如表10-5所示。

表10-5 检验结果

感观鉴定	密度:0.38g/cm³
	色泽:淡黄
	滋味:浓郁奶香
	组织状态:干燥均匀粉末
	冲调性:无团块大量上浮,少量下降,大量白点
理化指标	水分:3.7%
	复原乳酸度:14°T
	蛋白质:35%
	脂肪:27.9%
	不溶度指数:0.1mL
	杂质度:6μg/mL
生物指标	细菌总数:4000个/g
	大肠菌群总数:30个/100g

注:检验项目执行GB/T 5410—2008。

只要蒸发与喷雾干燥匹配，连续进料、连续出料，中间无奶液在蒸发器中回流、循环，浓奶缸中无大量长时间未处理加工的料液，奶液是不会发生蛋白变性的。牛奶加工成奶粉的过程是热加工处理过程，绝对的热不变性也是不存在的。

10.2.7 导致蒸发器生产能力降低的因素

在实际应用过程中蒸发器出现了生产能力降低的问题。导致降膜式蒸发器生产能力降低的主要因素是：蒸发器泄漏严重，壳程存水，液体分布器发生错位或变形，蒸发器壳程结垢严重，冷凝器进水温度升高。仅以 RNJM03-10000 型三效降膜式蒸发器在维生素 C 药液生产中的应用为例进行阐述。

（1）蒸发器泄漏严重、壳程存水

物料介质：维 C 药液　　　　出料质量分数：30％～40％
生产能力：10000kg/h　　　　进料温度：40℃
进料质量分数：12％～15％　　pH 值：1.4～1.7

结构特点：采用并流加料法，末效出料；采用热压缩技术即热泵抽吸一效二次蒸汽，提高其温压作为一效一部分加热热源；采用间壁列管式冷凝器冷凝末效二次蒸汽，采用水环真空泵抽真空保持蒸发系统的真空度。凡与物料接触部位采用 Ti、TiAl 或 316L 制造。效体、预热器、分离器等全部进行保温绝热处理。

蒸发器在生产过程中生产能力降低、系统真空度衰减、蒸发温度升高的原因之一就是系统出现泄漏，壳程中出现存水。出现泄漏的主要部位是：分离器方接口与下器体的连接处；二次蒸汽管道两端与分离器、效体的连接处，或与预热器、冷凝器的连接处；各效体与下器体的连接处等。过去均采用法兰连接，长时间使用由于胶垫老化，各处泄漏现象比较严重。蒸发器一经出现泄漏，系统真空度就会降低，蒸发器壳程存水，分离器料位上涨，蒸发温度升高，蒸发量随之会降低。效体与下器体连接处如果出现泄漏，料液向下流动就会受阻，导致降膜管下端或管板上结垢或结焦严重。蒸发器壳程存水，除了管道口径小外就是壳程或管道连接处泄漏引起的。将上述法兰连接改为焊接结构，有利于蒸发系统真空度的稳定和蒸发量的稳定。尽量减少不必要的法兰连接，这是目前蒸发器发展的方向。

（2）液体分布器发生错位

液体分布器是降膜式蒸发器的关键部件，目前广泛采用的是盘式分布器，这种分布器结构简单，布料均匀，效果良好。分布器的主要作用：分布器上的分布孔将料液均匀地分配给每根降膜管，并保证每根降膜管周边都有料液均匀润湿。料液在自身的重力及二次蒸汽流的作用下沿着管壁以液膜状均匀地向下流动，并与管外加热蒸汽进行热和质的交换。正常工作时，下分布器上的每个小孔正对着蒸发器上管板管间，如果在工作过程中分布器上小孔发生错位或偏离，料液在降膜管中就会产生偏流，甚至管壁无料，而是沿着管壁向下形成线流状或从管中心向下流动。由于料液不能形成膜，不能润湿或完全润湿管壁，所以就造成结垢结焦，蒸发量也大大降低，蒸发温度随之升高。分布器变形严重或分布孔出现堵塞，也会导致生产能力降低。液体分布器出厂前要进行预装，要经过质检；预装无问题拆分包装运输，现场安装后还要检查上、下分布器小孔是否错位；生产过程中如果需要拆卸，要按原位放回，不得放错。

（3）蒸发器壳程结垢

蒸发器在长期使用过程中，尤其是设备间断工作使用时，降膜管外壁、冷凝器（列管或盘管式，管内走水）会产生垢层而影响传热，也会不同程度地影响蒸发器的生产能力。国内大部分蒸发器壳程都没有设置清洗接口，壳程清洗比较困难。正确的清洗方法是：在壳程中通入热的 3％氢氧化钠或草酸进行浸泡，浸泡时间不低于 6h。

（4）冷凝器的影响

冷凝器的冷却水量及水温是设计蒸发器的重要参数，冷却水量不足或冷却水温升高都会直接导致蒸发器蒸发温度升高，蒸发量降低。设计时用户必须提供当地比较准确的冷却水参数。我国南、北方冷却水温度差别较大，且都是循环水，即使是同一蒸发器蒸发同一种物料，在南、北方其蒸发参数也会有变化。蒸发器的冷却水给水量是一定的，为保持系统真空度的稳定，其冷却水温不能有较大的波动，冷却水温稳定，蒸发参数才会稳定，因此必须定期向循环水池中补充冷水以保持冷却水温的基本稳定。降膜式蒸发器与冷凝器的安装高度都较高，冷凝器的进水量是一定的，也要求定量供水。需要特别说明的是，如果生产车间是管网供水，必须考虑蒸发器的冷却水量是否足够，如果不能满足就应考虑单独供水。由于管网供水冷却水从低水位流走而导致蒸发器冷却水量不足，冷凝二次蒸发量降低、蒸发温度升高、蒸发量急剧下降的情况是出现过的。冷凝器结垢的情况最为普遍，管壁水垢使传热效果降低，也会降低蒸发量。因此，要对冷凝器进行不定期的检查，不定期地进行酸洗或碱洗。

除了上述几种影响因素外，热泵喷嘴磨损严重，导致蒸发系统热量失衡；真空泵腐蚀严重、端面间隙过大，导致吸气量不足、真空度衰减，也会引起蒸发温度升高，蒸发量降低。此外，不按照蒸发器操作规程进行生产，如清洗间隔时间过长或清洗不彻底等，也都会不同程度地影响蒸发器的蒸发量。总之，要保持蒸发器的正常工作，操作人员必须详细了解并掌握设备的结构、原理、操作规程及注意事项。只有这样，蒸发器一旦出现故障，才能及时得到排除。

10.2.8 多效降膜式蒸发器蒸发温度升高的原因

多效降膜式蒸发器应用广泛，尤其在乳品工业中应用更为普遍。牛乳是热敏性物料，蒸发器蒸发温度高会对其中的有益元素产生破坏，尤其是多效降膜式蒸发器，物料在设备中停留时间相对较长，各效蒸发温度就更不宜过高。蒸发器温度高的原因：物料与热量计算不守恒；设备泄漏严重；冷凝器物料与热量计算不守恒，换热面积小或冷却水量不足，冷却水温过高；冷凝器结垢严重；真空泵吸气量不足。仅以 RNJM03-5000 型三效降膜式蒸发器在奶粉生产中的应用为例加以阐述。

（1）物料与热量计算不守恒

物料与热量计算不守恒会导致各效蒸发面积计算不正确，如直接采用一次蒸汽加热的一效换热面积过大，二效、三效换热面积过小，尤其是二效换热面积过小就会导致各效蒸发温度过高。RNJM03-5000 型三效降膜式蒸发器各效蒸发面积分别是 $125m^2$、$63m^2$、$62m^2$，正常的蒸发温度分别是 70～72℃、57～65℃、45～55℃，非正常的蒸发温度分别是 78～82℃、70～75℃、55～60℃。蒸发温度高说明热量过剩，热量计算不守恒，其后果是导致各效结垢、结焦严重，结焦时大多数蛋白质已经变性。因此，一经进入喷雾干燥段，生产出的产品进行冲调复原试验时就会有大量白点上浮，有黑点沉积。用于奶粉生产的多效降膜式蒸发器大多采用的是三效降膜式蒸发器，且带有热压缩技术，热量衡算的结果表明，各效的换热面积不等，一效最大。即使没有热压缩技术，也不能按等面积原则计算各效的换热面积。按等面积原则设计的蒸发器结垢结焦严重，效果不佳，甚至无法正常生产。

用于奶粉生产的双效、三效降膜式蒸发器各项参数如表 10-6 所示。

表 10-6　用于奶粉生产的双效、三效降膜式蒸发器各项参数　　　　℃

参数　蒸发器类型 项目	RNJM02-1200 型双效	RNJM02-2400 型双效	RNJM03-3600 型三效	RNJM03-5000 型三效
一效加热	85～87	85～87	85～87	85～87
一效蒸发	70～72	70～72	70～72	70～72
二效加热	70～72	70～72	70～72	70～72
二效蒸发	45～51	45～51	57～65	57～65
三效蒸发	—	—	45～51	45～51
杀菌	86～96	86～96	86～96	86～96

实际应用表明最高蒸发温度不超过 78℃对奶粉的冲调没有影响。

蒸发过程是否连续与稳定，是否回流，是决定料液在蒸发器中停留时间长短的关键。牛奶在蒸发器中出现蛋白变性的根本原因是产生结焦。产生结焦的主要原因有两个，一个是设备本身产生结焦，另外一个是设备不匹配。设备本身产生结焦的因素较多：蒸发面积过大，即各效蒸发面积分配不合理；料液分布器设计不合理，即分布器分布孔径计算不正确，孔的分布不正确；降膜管弯曲严重，即降膜管直线度偏离了降膜式蒸发器制造标准中的有关规定；安装蒸发器上管板及分布器水平度误差、平面度误差过大等。设备不匹配主要指蒸发器与喷雾干燥塔不配套，主要表现为蒸发器的生产能力大于喷雾干燥塔的生产能力。当蒸发器的生产能力大于喷雾干燥塔的生产能力时，浓奶缸压料，蒸发器打回流或蒸发器不能满负荷工作。当蒸发器面积一定、进料量过少时，短时间内会造成结焦。不按操作规程使用设备也会使设备不匹配。

（2）设备泄漏严重

为了降低料液的沸点温度，提高蒸发速率，多效降膜式蒸发器都是在真空减压状态下工作的。蒸发温度高的另一个原因是设备泄漏严重。过去二次蒸汽管道两端与效体、分离器的连接，下器体与效体的连接，分离器方接口与下器体方接口的连接均采用法兰式可拆卸连接。设备在实际应用中胶垫极易老化，泄漏严重，真空度难以保持，因此各效蒸发温度都比较高，且降膜管底端（下管板处）结垢严重。近几年大多数蒸发器上述几处已由原来的可拆卸连接改为焊接式结构，在使用过程中真空度高、稳定。末效分离器真空度多在0.085～0.087MPa 之间。因此，其蒸发温度较低，结垢结焦现象大大减小。尽量减少不必要的可拆卸式连接就会减少泄漏的可能。

（3）冷凝器换热面积、冷却水的影响

蒸发温度高大多由于冷凝器冷凝面积不足、冷却水量不足或冷却水温度过高。冷凝器的结构形式有直接式与间接式两种。直接式冷凝器多以喷淋式为主，冷却效果较好，二次蒸汽与冷却水直接接触混合，缺点是污染冷却水也易污染产品。间接式冷凝器有列管式、盘管式、板式及螺旋板式冷凝器。间接式冷凝器二次蒸汽与冷却水不直接接触，不污染冷却水也不污染产品。由于二次蒸汽与冷却水是间接进行换热，所以效果不如直接式冷凝器。冷凝器换热面积不足，会导致单位时间内冷凝的二次蒸汽量降低，如果进料量不变，则蒸发温度会持续升高，真空度急剧衰减，冷凝器表面温度持续升高，真空泵出口会有大量未冷凝掉的二次蒸汽排出。间接式冷凝器实际换热面积按理论计算值的 1.25 倍选取更安全。

冷凝器换热面积是一定的，冷却水量及水温是影响冷凝器使用效果的关键。我国南、北方冷却水温度差别较大，且多采用循环水，南方冷却水进水温度平均为 28～30℃，北方相对较低，在 20～25℃之间。冷却水的进水温度是设计冷凝器的重要参数，设计之前用户必须提供准确的冷却水进水温度，以便设计冷凝器时综合考虑其换热面积。进水量不足会导致换热量减少、蒸发温度升高。进水温度高则需要的进水量大。每一台蒸发器的进水量都是一定的，供给冷凝器的实际水量应按理论计算值的 1.2 倍左右选取，只有这样才能保证蒸发器在冷却水进水温度较高的情况下正常工作。需要特别说明的是，采用晾晒塔的储水池也必须及时、定时补充冷却水，以保持进水温度的恒定。降膜式蒸发器安装后高度较高，冷凝器安装高度也较高，一般情况下要求定量供水以保证其足够的水量。如果是管网对车间内各设备供水，就要特别注意供给蒸发器的水量是否足够，防止冷却水从低水位流走，如果不能保证供水量就应考虑单独定量供水。另外，间接式冷凝器结垢后垢阻增大，传热系数减小，传热效果下降，因此使用列管式冷凝器应对其不定期进行检查并进行酸洗、碱洗，以清除垢层，增大传热系数。

（4）真空泵吸气量不足

真空度大则蒸发温度低，反之蒸发温度高。真空泵吸气量不足，真空度降低，导致蒸发温度升高。真空泵吸气量不足有两方面原因：一是计算选取的真空泵吸气量不足。理论计算真空泵吸气量是根据参数，如进入冷凝器的二次蒸汽量、温度、真空系统的有效容积及未冷凝掉的蒸汽量等通过曲线计算确定的，实际真空泵吸气量应按计算值的 1.25 倍左右选取。二是真空泵过流件被腐蚀，真空度逐渐衰减。有些二次蒸汽中夹带具有腐蚀性酸性物质，未完全冷凝就被抽入真空泵中，对泵的端面产生腐蚀，导致泵的端面间隙加大，抽吸速率降低。应根据物料 pH 值情况确定泵的材质，对含有腐蚀性较强的二次蒸汽，真空泵过流件应采用 304 或 316L 不锈钢制造。

附　录

附表 1　管壳式冷却器总传热系数

高温流体	低温流体	总传热系数 /[kcal/(m² · h · ℃)]	备　注
水	水	1200～2440	污垢系数 0.0006m² · h · ℃/kcal
甲醇、氨	水	1200～2400	
有机物黏度 0.5cP 以下[①]	水	370～730	
有机物黏度 0.5cP 以下[①]	冷冻盐水	190～490	
有机物黏度 0.5～1.0cP[②]	水	240～610	
有机物黏度 1.0cP 以上[③]	水	24～370	
气体	水	10～240	
水	冷冻盐水	490～1000	
水	冷冻盐水	200～500	传热面为塑料衬里
硫酸	水	750	传热面为不透性石墨，两侧传热系数均为 2100kcal/(m · h · ℃)
四氯化碳	氯化钙溶液	65.5	管内流速 0.0052～0.011m/s
氯化氢气（冷却除水）	盐水	30～150	传热面为不透性石墨
氯气（冷却除水）	水	30～150	传热面为不透性石墨
焙烧 SO₂ 气体	水	200～400	传热面为不透性石墨
氮	水	57	计算值
水	水	350～1000	传热面为塑料衬里
20%～40%硫酸	水（$t = 30～60℃$）	400～900	冷却，洗涤用硫酸
20%盐酸	水（$t = 25～110℃$）	500～1000	
有机溶剂	盐水	150～440	

① 为苯、甲苯、丙酮、乙醇、丁酮、汽油、轻煤油、石脑油等有机物。

② 为煤油、热柴油、热吸收油、原油馏分等有机物。

③ 为冷柴油、燃料油、原油、焦油、沥青等有机物。

附表 2 管壳式换热器总传热系数

高温流体	低温流体	总传热系数 /[kcal/(m² • h • ℃)]	备 注
水	水	1200~2440	污垢系数 0.0006m² • h • ℃/kcal
水溶液	水溶液	1200~2440	
有机物黏度 0.5cP 以下[1]	有机物黏度 0.5cP 以下[1]	190~370	
有机物黏度 0.5~1.0cP[2]	有机物黏度 0.5~1.0cP 以下[1]	100~290	
有机物黏度 1.0cP 以上[2]	有机物黏度 1.0cP 以上[2]	50~190	
有机物黏度 1.0cP 以下[3]	有机物黏度 0.5cP 以下[1]	150~290	
有机物黏度 0.5cP 以下[1]	有机物黏度 1.0cP 以上[2]	50~190	
20%盐酸	35%盐酸	500~800	传热面为不透性石墨，35%盐酸，入口温度 20℃，出口温度 60℃
有机溶剂	有机溶剂	100~300	
有机溶剂	轻油	100~340	
原油	瓦斯油	390~439	管内流速 3.05m/s，管外瓦斯油流速 1.83m/s
重油	重油	40~240	
SO₃ 气体	SO₂ 气体	5~7	

① 为苯、甲苯、丙酮、乙醇、丁酮、汽油、轻煤油、石脑油等有机物。
② 为煤油、热柴油、热吸收油、原油馏分等有机物。
③ 为冷柴油、燃料油、原油、焦油、沥青等有机物。

附表 3 管壳式加热器总传热系数

高温流体	低温流体	总传热系数 /[kcal/(m² • h • ℃)]	备 注
水蒸气	水	1000~3400	污垢系数 0.0002m² • h • ℃/kcal
水蒸气	甲醇、氨	1000~3400	污垢系数 0.0002m² • h • ℃/kcal
水蒸气	水溶液黏度在 2cP 以下	1000~3400	
水蒸气	水溶液黏度在 2cP 以上	490~2400	污垢系数 0.0002m² • h • ℃/kcal
水蒸气	有机物黏度在 0.5cP 以下[1]	490~1000	
水蒸气	有机物黏度在 0.5~1.0cP[2]	240~490	
水蒸气	有机物黏度在 1cP 以上[3]	29~290	
水蒸气	气体	24~240	
水蒸气	水	1950~3900	水流速 1.2~1.5m/s
水蒸气	盐酸或硫酸	300~500	传热面为塑料衬里
水蒸气	饱和盐水	600~1300	传热面为不透性石墨
水蒸气	硫酸铜溶液	800~1300	传热面为不透性石墨

续表

高温流体	低温流体	总传热系数 /[kcal/(m²·h·℃)]	备 注
水蒸气	空气	44	空气流速 3m/s
水蒸气(或热水)	不凝性气体	20～25	传热面为不透性石墨,不凝性气体流速 4.5～7.5m/s
水蒸气	不凝性气体	30～40	传热面为不透性石墨,不凝性气体流速 9.0～12.0m/s
水	水	350～1000	管外为水
热水	碳氢化合物	200～430	传热面材料为石墨
温水	稀硫酸溶液	500～1000	
熔融盐	油	250～390	
导热油蒸气	重油	40～300	
导热油蒸气	气体	20～200	

① 为苯、甲苯、丙酮、乙醇、丁酮、汽油、轻煤油、石脑油等有机物。

② 为煤油、热柴油、热吸收油、原油馏分等有机物。

③ 为冷柴油、燃料油、原油、焦油、沥青等有机物。

附表4 管壳式冷凝器总传热系数

管内流体	管外流体	总传热系数 /[kcal/(m²·h·℃)]	备 注
有机质蒸气	水	200～800	传热面为塑料衬里
有机质蒸气	水	250～1000	传热面为不透性石墨
饱和有机质蒸气(大气压下)	盐水	490～980	
饱和有机质蒸气(减压下,且含少量不凝性气体)	盐水	240～490	
低沸点碳氢化合物(大气压下)	水	390～980	
高沸点碳氢化合物(减压下)	水	50～150	
21%的盐酸蒸气	水	100～1500	传热面为不透性石墨
氨蒸气	水	750～2000	水流速 1～1.5m/s
有机溶剂蒸气和水蒸气混合物	水	300～1000	传热面为塑料衬里
有机质蒸气(减压下,且含有大量不凝性气体)	水	50～240	
有机质蒸气(大气压下,且含有大量不凝性气体)	盐水	100～390	
氟利昂液蒸气	水	750～850	水流速 1.2m/s
汽油蒸气	水	450	水流速 1.5m/s
汽油蒸气	原油	100～150	原油流速 0.6m/s
煤油蒸气	水	250	水流速 1m/s

管内流体	管外流体	总传热系数 /[kcal/(m²·h·℃)]	备　注
水蒸气（加压下）	水	1710~3660	
水蒸气（减压下）	水	1460~2930	
氯乙醛（管外）	水	142	直立,传热面为搪玻璃
甲醇（管内）	水	550	直立式
四氯化碳（管内）	水	312	直立式
缩醛（管内）	水	397	直立式
糖醛（管内有不凝性气体）	水	190	直立式
糖醛（管内有不凝性气体）	水	164	直立式
糖醛（管内有不凝性气体）	水	107	直立式
水蒸气（管外）	水	525	卧式

附表5　蛇管式冷却器总传热系数

高温流体	低温流体	总传热系数 /[kcal/(m²·h·℃)]	备　注
水（管材:合金钢）	水状液体	320~460	自然对流
水（管材:合金钢）	水状液体	510~760	强制对流
水（管材:合金钢）	淬火用的机油	34~49	自然对流
水（管材:合金钢）	淬火用的机油	73~120	强制对流
水（管材:合金钢）	润滑油	24~39	自然对流
水（管材:合金钢）	润滑油	49~98	强制对流
水（管材:合金钢）	蜜糖	20~34	自然对流
水（管材:合金钢）	蜜糖	40~73	强制对流
水（管材:合金钢）	空气或煤气	5~15	自然对流
水（管材:合金钢）	空气或煤气	20~40	强制对流
氟利昂或氨（管材:合金钢）	水状溶液	97~170	自然对流
氟利昂或氨（管材:合金钢）	水状溶液	190~290	强制对流
冷冻盐水（管材:合金钢）	水状溶液	240~370	自然对流
冷冻盐水（管材:合金钢）	水状溶液	390~610	强制对流
水（管材:铅）	稀薄有机染料中间体	1460	涡轮式搅拌器95r/min
水（管材:低碳钢）	温水	730~1460	空气搅拌
水（管材:铅）	热溶液	440~1750	桨式搅拌器0.4r/min
冷冻盐水	氨基酸	490	搅拌器30r/min
水（管材:低碳钢）	25%发烟硫酸(60℃)	100	有搅拌
水（管材:塑料衬里）	水	300~800	
水（管材:铅）	液体	1100~1800	旋桨式搅拌500r/min
油	油	5~15	自然对流

高温流体	低温流体	总传热系数 /[kcal/(m²·h·℃)]	备 注
油	油	10～50	强制对流
水(管材:钢)	植物油	140～350	搅拌器转速可变
石脑油	水	39～110	
煤油	水	58～140	
汽油	水	58～140	
润滑油	水	29～83	
燃料油	水	29～73	
石脑油与水	水	50～150	
苯(管材:钢)	水	84	
甲醇(管材:钢)	水	200	
二乙胺(管材:钢)	水	176	水流速0.2m/s
CO_2(管材:钢)	水	41	

附表6 蛇管式蒸发器总传热系数

管内流体	管外流体	总传热系数 /[kcal/(m²·h·℃)]	备 注
水蒸气	乙醇	2000	
水蒸气	水	1500～4000	水为自然对流
水蒸气		2900	
水蒸气(管材:铜)		1500～3000	长蛇形管
水蒸气(管材:铜)		3000～6000	短蛇形管

附表7 蛇管式加热器总传热系数

管内流体	管外流体	总传热系数 /[kcal/(m²·h·℃)]	备 注
水蒸气(管材:合金钢)	水状液体	490～980	自然对流
水蒸气(管材:合金钢)	水状液体	730～1340	强制对流
水蒸气(管材:合金钢)	轻油	190～220	自然对流
水蒸气(管材:合金钢)	轻油	290～540	强制对流
水蒸气(管材:合金钢)	润滑油	170～200	自然对流
水蒸气(管材:合金钢)	润滑油	240～490	强制对流
水蒸气(管材:合金钢)	重油或燃料油	73～150	自然对流
水蒸气(管材:合金钢)	重油或燃料油	290～390	强制对流
水蒸气(管材:合金钢)	焦油或沥青	73～120	自然对流
水蒸气(管材:合金钢)	焦油或沥青	190～290	强制对流
水蒸气(管材:合金钢)	熔融硫黄	98～170	自然对流

续表

管内流体	管外流体	总传热系数 /[kcal/(m² · h · ℃)]	备 注
水蒸气(管材:合金钢)	熔融硫黄	170~220	强制对流
水蒸气(管材:合金钢)	熔融石蜡	120~170	自然对流
水蒸气(管材:合金钢)	熔融石蜡	190~240	强制对流
水蒸气(管材:合金钢)	空气或煤气	5~15	自然对流
水蒸气(管材:合金钢)	空气或煤气	20~40	强制对流
水蒸气(管材:合金钢)	蜜糖	73~150	自然对流
水蒸气(管材:合金钢)	蜜糖	290~390	强制对流
热水(管材:合金钢)	水状液体	340~490	自然对流
热水(管材:合金钢)	水状液体	530~780	强制对流
热油(管材:合金钢)	焦油或沥青	49~98	自然对流
热油(管材:合金钢)	焦油或沥青	150~240	强制对流
有机载热体(管材:合金钢)	焦油或沥青	58~98	自然对流
有机载热体(管材:合金钢)	焦油或沥青	150~240	强制对流
水蒸气(管材:铅)	水	340	有搅拌
水蒸气(管材:铜)	蔗糖或蜜糖溶液	240~1170	无搅拌
水蒸气(管材:铜)	加热至沸腾的水溶液	2930	
水蒸气(管材:钢)	脂肪酸	470~490	无搅拌
水蒸气(管材:钢)	植物油	110~140	无搅拌
水蒸气(管材:钢)	植物油	190~350	搅拌器转速可变
热水(管材:铅)	水	400~1300	桨式搅拌器
水蒸气	石油	70~100	盘管油罐石油黏度 10°E 以下
水蒸气	石油	50~80	盘管油罐石油黏度 10°E 以下
稀甲醇(管材:钢)	水蒸气	1500	
水蒸气(管材:钢)	重油液体燃料	52	自然对流
过热蒸汽(管材:铜)	苯二甲酸酐	218	

附表8　蛇管式冷凝器总传热系数

管内流体	管外流体	总传热系数 /[kcal/(m² · h · ℃)]	备 注
瓦斯油蒸气	水	40~100	无搅拌
煤油蒸气	水	50~130	无搅拌
石脑油与水蒸气	水	83~170	
石脑油	水	68~120	
汽油	水	50~78	

附表 9 夹套式蒸发器总传热系数

夹套内流体	罐(釜)中流体	管壁材料	总传热系数 /[kcal/(m²·h·℃)]	备注
水蒸气	液体		250～1500	罐中有搅拌或无搅拌
水蒸气	40%结晶性水溶液		490～980	刮刀式搅拌器 13.5r/min 液体温度 105～120℃
水蒸气	水	钢	910～1200	无搅拌
水蒸气	二氧化硫	钢	290	无搅拌
水蒸气	牛乳	铸铁搪瓷	2400	无搅拌
水蒸气	苯	钢	600	无搅拌
水蒸气	二乙胺	钢	421	无搅拌
水蒸气	氯乙酰	搪玻璃	320	无搅拌

附表 10 螺旋板式换热器总传热系数

进行热交换的流体	进行热交换的流体	材料	流动方式	总传热系数 /[kcal/(m²·h·℃)]
清水	清水		逆流	1500～1900
水蒸气	清水		错流	1300～1500
废液	清水		逆流	1400～1800
有机物蒸气	清水		错流	800～1000
苯蒸气	水蒸气混合物和清水		错流	800～1000
有机物	有机物		逆流	300～500
粗轻油	水蒸气混合物和焦油中油		错流	300～500
焦油中油	焦油中油		逆流	140～170
焦油中油	清水		逆流	230～270
高黏度油	清水		逆流	200～300
油	油		逆流	80～120
气	气		逆流	25～40
液体	盐水			800～1600
废水(流速0.925m/s)	清水(流速0.925m/s)			1450
液体	水蒸气			1300～2600
水	水	钢		1200～1800

附表 11 其他换热器总传热系数

类型	热交换流体		传热面材料	总传热系数 /[kcal/(m²·h·℃)]	备注
板式换热器	液体	液体		1300～3500	
板式换热器	水	水	钢	1300～1900	EX-2型

类型	热交换流体		传热面材料	总传热系数 /[kcal/(m²·h·℃)]	备　注
板式换热器	水	水	钢	2000~2400	EX-3 型
刮面式加热器	汁液	水蒸气		1500~2000	密闭刮面式:液体温度 20~110℃,蒸汽温度 140℃
刮面式加热器	牛乳	水蒸气		1800~2500	密闭刮面式:牛乳温度 10~130℃,蒸汽温度 160℃
刮面式加热器	18%的淀粉糊	水蒸气		1200~1500	密闭刮面式:淀粉糊温度 10~110℃,蒸汽温度 130℃
刮面式冷却器	润滑油	水		500~800	密闭刮面式:润滑油温度 150~140℃,水温度 15℃
刮面式冷却器	18%的淀粉糊	水、盐水		1000~1300	密闭刮面式:淀粉糊温度 110～15℃,水、盐水温度 10~15℃
刮面式冷却器	黏胶	水		300~600	密闭刮面式:黏胶温度 90~30℃,水温度 15℃
立方体列管式冷凝器	醋酸(进口温度 118℃)	水	不透性石墨	700	不透性石墨块状热交换器
立方体列管式冷凝器	甲醇蒸气	水	不透性石墨	600~1000	不透性石墨块状热交换器
立方体列管式冷凝器	丙酮蒸气(进口温度 70℃)	水	不透性石墨	200	不透性石墨块状热交换器
立方体列管式冷凝器	盐酸酸性蒸气(进口温度 120℃)	水	不透性石墨	700	不透性石墨块状热交换器

附表 12　饱和水蒸气及饱和水性质（依温度排列）

温度/℃	温度/K	压力/(kgf /cm²)	饱和水的比体积 /(m³/kg)	干饱和水蒸气的比体积 /(m³/kg)	干饱和水蒸气的密度 /(kg/m³)	饱和水的焓/(kcal/ kg)	干饱和水蒸气的焓 /(kcal/kg)	汽化热 /(kcal/kg)	饱和水的熵/[kcal/ (kg·℃)]	干饱和水蒸气的熵 /[kcal/ (kg·℃)]
0	273.16	0.006228	0.0010002	206.3	0.004847	0	597.3	597.3	0	2.1865
1	274.16	0.006695	0.0010001	192.6	0.005192	1.01	597.7	596.7	0.0037	2.1802
2	275.16	0.007193	0.0010001	172.9	0.005559	2.01	598.2	596.2	0.0073	2.1939
3	276.16	0.007724	0.0010001	168.2	0.005945	3.02	598.6	595.6	0.0109	2.1677
4	277.16	0.008289	0.0010001	157.3	0.006357	4.02	599.1	595.1	0.0146	2.1615
5	278.16	0.008891	0.0010001	147.2	0.006793	5.03	599.5	594.5	0.0182	2.1554
6	279.16	0.009532	0.0010001	137.8	0.007257	6.03	599.9	593.9	0.0218	2.1493
7	280.16	0.010210	0.0010001	129.1	0.007746	7.03	600.4	593.4	0.0254	2.1433
8	281.16	0.010932	0.0010002	121.0	0.008264	8.04	600.8	592.8	0.0290	2.1373
9	282.16	0.011699	0.0010003	113.4	0.008818	9.04	601.3	592.3	0.0326	2.1314
10	283.16	0.012513	0.0010004	106.42	0.009398	10.04	601.7	591.7	0.0361	2.1256
11	284.16	0.013376	0.0010005	99.91	0.01001	11.04	602.2	591.2	0.0396	2.1198
12	285.16	0.014292	0.0010006	93.84	0.01066	12.04	602.6	590.6	0.0431	2.1141

温度/℃	温度/K	压力/(kgf/cm²)	饱和水的比体积/(m³/kg)	干饱和水蒸气的比体积/(m³/kg)	干饱和水蒸气的密度/(kg/m³)	饱和水的焓/(kcal/kg)	干饱和水蒸气的焓/(kcal/kg)	汽化热/(kcal/kg)	饱和水的熵/[kcal/(kg·℃)]	干饱和水蒸气的熵/[kcal/(kg·℃)]
13	286.16	0.015262	0.0010007	88.18	0.01134	13.04	603.1	590.1	0.0466	2.1084
14	287.16	0.016289	0.0010008	82.90	0.01206	14.04	603.5	589.5	0.0501	2.1028
15	288.16	0.017377	0.0010010	77.97	0.01282	15.04	603.9	588.9	0.0536	2.0972
16	289.16	0.018528	0.0010011	73.39	0.01363	16.04	604.3	588.3	0.0571	2.0916
17	290.16	0.019746	0.0010013	69.10	0.01447	17.04	604.7	587.7	0.0605	2.0861
18	291.16	0.02103	0.0010015	65.09	0.01536	18.04	605.1	587.1	0.0640	2.0807
19	292.16	0.02239	0.0010016	61.34	0.01630	19.04	605.6	586.6	0.0674	2.0753
20	293.16	0.02383	0.0010018	57.84	0.01729	20.04	606.0	586.0	0.0708	2.0699
21	294.16	0.02535	0.0010021	54.56	0.01833	21.04	606.4	585.4	0.0742	2.0646
22	295.16	0.02695	0.0010023	51.50	0.01942	22.04	606.9	584.9	0.0776	2.0593
23	296.16	0.02863	0.0010025	48.62	0.02057	23.04	607.3	584.3	0.0810	2.0541
24	297.16	0.03204	0.0010028	45.93	0.02177	24.03	607.8	583.8	0.0843	2.0489
25	298.16	0.03229	0.0010030	43.40	0.02304	25.03	608.2	583.2	0.0877	2.0438
26	299.16	0.03426	0.0010033	41.04	0.02437	26.03	608.6	582.6	0.0911	2.0387
27	300.16	0.03634	0.0010036	38.82	0.02576	27.03	609.1	582.1	0.0944	2.0337
28	301.16	0.03853	0.0010038	36.73	0.02723	28.03	609.5	581.5	0.0977	2.0287
29	302.16	0.04083	0.0010041	34.77	0.02876	29.02	610.0	581.0	0.1010	2.0237
30	303.16	0.04325	0.0010044	32.93	0.03037	30.02	610.4	580.4	0.1043	2.0188
31	304.16	0.04580	0.0010047	31.20	0.03205	31.02	610.9	579.9	0.1076	2.0139
32	305.16	0.04847	0.0010051	29.57	0.03382	32.02	611.3	579.3	0.1108	2.0091
33	306.16	0.05128	0.0010054	28.04	0.03566	33.02	611.7	578.7	0.1141	2.0043
34	307.16	0.05423	0.0010057	26.60	0.03759	34.02	612.2	578.2	0.1173	1.9995
35	308.16	0.05733	0.0010061	25.24	0.03962	35.01	612.6	577.6	0.1206	1.9948
36	309.16	0.06057	0.0010064	23.97	0.04172	36.01	613.0	577.0	0.1239	1.9901
37	310.16	0.06398	0.0010068	22.77	0.04392	37.01	613.5	576.5	0.1271	1.9855
38	311.16	0.06755	0.0010071	21.63	0.04623	38.01	613.9	575.9	0.1303	1.9809
39	312.16	0.07129	0.0010075	20.56	0.04864	39.01	614.3	575.3	0.1335	1.9764
40	313.16	0.07520	0.0010079	19.55	0.05115	40.01	614.7	574.7	0.1367	1.9719
41	314.16	0.07931	0.0010083	18.59	0.05379	41.00	615.1	574.1	0.1399	1.9674
42	315.16	0.08360	0.0010087	17.69	0.05653	42.00	615.5	573.5	0.1430	1.9630
43	316.16	0.08809	0.0010091	16.84	0.05938	43.00	615.9	572.9	0.1462	1.9586
44	317.16	0.09279	0.0010095	16.04	0.06234	44.00	616.4	572.4	0.1493	1.9542
45	318.16	0.09771	0.0010099	15.28	0.06544	45.00	616.8	571.8	0.1525	1.9499
46	319.16	0.10284	0.0010103	14.56	0.06868	46.00	617.3	571.3	0.1556	1.9456
47	320.16	0.10821	0.0010108	13.88	0.07205	47.00	617.7	570.7	0.1588	1.9413

温度/℃	温度/K	压力/(kgf /cm²)	饱和水的 比体积 /(m³/kg)	干饱和水 蒸气的比 体积 /(m³/kg)	干饱和水 蒸气的密度 /(kg/m³)	饱和水的 焓/(kcal/ kg)	干饱和水 蒸气的焓 /(kcal/kg)	汽化热 /(kcal/kg)	饱和水的 熵/[kcal/ (kg·℃)]	干饱和水 蒸气的熵 /[kcal/ (kg·℃)]
48	321.16	0.11382	0.0010112	13.23	0.07559	47.99	618.1	570.1	0.1619	1.9391
49	322.16	0.11967	0.0010116	12.62	0.07924	48.99	618.6	569.6	0.1650	1.9329
50	323.16	0.12578	0.0010121	12.04	0.08306	49.99	619.0	569.0	0.1681	1.9287
51	324.16	0.13216	0.0010126	11.50	0.08696	50.99	619.4	568.4	0.1712	1.9246
52	325.16	0.13880	0.0010130	10.98	0.09107	51.99	619.8	567.8	0.1742	1.9205
53	326.16	0.14574	0.0010135	10.49	0.09533	52.99	620.3	567.3	0.1773	1.9164
54	327.16	0.15297	0.0010140	10.02	0.09980	53.98	620.7	566.7	0.1804	1.9124
55	328.16	0.16050	0.0010145	9.578	0.1044	54.98	621.1	566.1	0.1834	1.9084
56	329.16	0.16835	0.0010150	9.158	0.1092	55.98	621.5	565.5	0.1864	1.9045
57	330.16	0.17653	0.0010155	8.757	0.1142	56.98	622.0	565.0	0.1895	1.9005
58	331.16	0.18504	0.0010160	8.380	0.1193	57.98	622.4	564.4	0.1925	1.8966
59	332.16	0.19390	0.0010166	8.020	0.1247	58.98	622.8	563.8	0.1955	1.8928
60	333.16	0.2031	0.0010171	7.678	0.1302	59.98	623.2	563.2	0.1985	1.8889
61	334.16	0.2127	0.0010177	7.353	0.1360	60.98	623.6	562.6	0.2015	1.8851
62	335.16	0.2227	0.0010182	7.043	0.1420	61.98	624.0	562.0	0.2045	1.8813
63	336.16	0.2330	0.0010188	6.749	0.1482	62.98	624.4	561.4	0.2075	1.8775
64	337.16	0.2438	0.0010193	6.468	0.1546	63.98	624.8	560.8	0.2104	1.8738
65	338.16	0.2550	0.0010199	6.201	0.1613	64.98	625.2	560.2	0.2134	1.8701
66	339.16	0.2666	0.0010205	5.947	0.1681	65.98	625.6	559.6	0.2163	1.8665
67	340.16	0.2787	0.0010210	5.705	0.1753	66.98	626.1	559.1	0.2193	1.8628
68	341.16	0.2912	0.0010216	5.475	0.1826	67.98	626.5	558.5	0.2222	1.8592
69	342.16	0.3043	0.0010222	5.255	0.1903	68.98	626.9	557.9	0.2252	1.8557
70	343.16	0.3178	0.0010228	5.045	0.1982	69.98	627.3	557.3	0.2281	1.8521
71	344.16	0.3318	0.0010234	4.846	0.2064	70.98	627.7	556.7	0.2310	1.8485
72	345.16	0.3463	0.0010240	4.655	0.2148	71.99	628.1	556.1	0.2340	1.8450
73	346.16	0.3613	0.0010246	4.493	0.2236	72.99	628.5	555.5	0.2369	1.8416
74	347.16	0.3769	0.0010252	4.299	0.2326	73.99	628.9	554.9	0.2407	1.8381
75	348.16	0.3913	0.0010258	4.133	0.2420	74.99	629.3	554.3	0.2426	1.8347
76	349.16	0.4098	0.0010264	3.975	0.2516	75.99	629.7	553.7	0.2454	1.8313
77	350.16	0.4272	0.0010270	3.824	0.2615	76.99	630.0	553.0	0.2483	1.8280
78	351.16	0.4451	0.0010277	3.679	0.2718	78.00	630.5	552.5	0.2512	1.8246
79	352.16	0.4637	0.0010283	3.540	0.2825	79.00	630.9	551.9	0.2540	1.8213
80	353.16	0.4829	0.0010290	3.408	0.2934	80.00	631.3	551.3	0.2563	1.8180
81	354.16	0.5028	0.0010297	3.282	0.3047	81.00	631.7	550.7	0.2597	1.8147
82	355.16	0.5234	0.0010304	3.161	0.3164	82.01	632.1	550.1	0.2625	1.8115

温度/℃	温度/K	压力/(kgf /cm²)	饱和水的 比体积 /(m³/kg)	干饱和水 蒸气的比 体积 /(m³/kg)	干饱和水 蒸气的密度 /(kg/m³)	饱和水的 焓/(kcal/ kg)	干饱和水 蒸气的焓 /(kcal/kg)	汽化热 /(kcal/kg)	饱和水的 熵/[kcal/ (kg·℃)]	干饱和水 蒸气的熵 /[kcal/ (kg·℃)]
83	356.16	0.5447	0.0010310	3.045	0.3284	83.01	632.5	540.5	0.2653	1.8082
84	357.16	0.5867	0.0010317	2.934	0.3408	84.01	632.9	548.9	0.2681	1.8050
85	358.16	0.5894	0.0010324	2.828	0.3536	85.02	633.3	548.3	0.2709	1.8018
86	359.16	0.6129	0.0010331	2.727	0.3667	86.02	633.7	547.7	0.2737	1.7986
87	360.16	0.6372	0.0010338	2.629	0.3804	87.03	634.1	547.1	0.2765	1.7955
88	361.16	0.6623	0.0010345	2.536	0.3943	88.03	634.4	546.4	0.2792	1.7923
89	362.16	0.6882	0.0010352	2.447	0.4087	89.03	634.8	545.8	0.2820	1.7893
90	363.16	0.7149	0.0010359	2.361	0.4235	90.04	635.2	545.2	0.2848	1.7862
91	364.16	0.7424	0.0010369	2.279	0.4288	91.04	635.6	544.6	0.2876	1.7832
92	365.16	0.7710	0.0010373	2.200	0.4545	92.05	635.9	543.9	0.2903	1.7802
93	366.16	0.8004	0.0010381	2.124	0.4708	93.05	636.3	543.3	0.2931	1.7772
94	367.16	0.8307	0.0010388	2.052	0.4873	94.06	636.8	542.7	0.2959	1.7742
95	368.16	0.8619	0.0010396	1.982	0.5045	95.07	637.2	542.1	0.2986	1.7712
96	369.16	0.8949	0.0010404	1.915	0.5222	96.07	637.6	541.5	0.3013	1.7682
97	370.16	0.9274	0.0010412	1.851	0.5402	97.08	638.0	540.9	0.3041	1.7652
98	371.16	0.9616	0.0010420	1.789	0.5590	98.09	638.4	540.3	0.3067	1.7623
99	372.16	0.9972	0.0010427	1.730	0.5780	99.10	638.7	539.6	0.3095	1.7595
100	373.16	1.0332	0.0010435	1.673	0.5977	100.10	639.1	539.0	0.3122	1.7566
101	374.16	1.0707	0.0010443	1.618	0.6181	101.11	639.5	538.4	0.3149	1.7538
102	375.16	1.1092	0.0010450	1.566	0.6386	102.11	639.8	537.7	0.3176	1.7510
103	376.16	1.1489	0.0010458	1.515	0.6601	103.12	640.2	537.1	0.3203	1.7482
104	377.16	1.1896	0.0010466	1.466	0.6821	104.13	640.5	536.4	0.3229	1.7454
105	378.16	1.2318	0.0010474	1.419	0.7047	105.14	640.9	535.8	0.3256	1.7426
106	379.16	1.2751	0.0010482	1.374	0.7278	106.15	641.8	535.2	0.3283	1.7398
107	380.16	1.3196	0.0010490	1.331	0.7513	107.16	641.7	534.5	0.3309	1.7370
108	381.16	1.3654	0.0010498	1.289	0.7758	108.17	642.1	533.9	0.3335	1.7343
109	382.16	1.4125	0.0010507	1.249	0.8006	109.18	642.4	533.2	0.3362	1.7316
110	383.16	1.4609	0.0010515	1.210	0.8264	110.19	642.8	532.6	0.3388	1.7289
111	384.16	1.5106	0.0010523	1.173	0.8525	111.20	643.2	532.0	0.3414	1.7262
112	385.16	1.5618	0.0010532	1.137	0.8795	112.21	643.5	531.3	0.3440	1.7236
113	386.16	1.6144	0.0010540	1.102	0.9074	113.22	643.9	530.7	0.3467	1.7209
114	387.16	1.6684	0.0010549	1.069	0.9354	114.23	644.2	530.0	0.3493	1.7183
115	388.16	1.7239	0.0010558	1.036	0.9652	115.25	644.6	529.4	0.3519	1.7157
116	389.16	1.7809	0.0010567	1.005	0.9950	116.26	645.0	528.7	0.3545	1.7131
117	390.16	1.8394	0.0010570	0.9754	1.025	117.27	645.4	528.1	0.3571	1.7105

续表

温度/℃	温度/K	压力/(kgf/cm²)	饱和水的比体积/(m³/kg)	干饱和水蒸气的比体积/(m³/kg)	干饱和水蒸气的密度/(kg/m³)	饱和水的焓/(kcal/kg)	干饱和水蒸气的焓/(kcal/kg)	汽化热/(kcal/kg)	饱和水的熵/[kcal/(kg·℃)]	干饱和水蒸气的熵/[kcal/(kg·℃)]
118	391.16	1.8995	0.0010585	0.9465	1.056	118.29	645.7	527.4	0.3597	1.7080
119	392.16	1.9612	0.0010594	0.9186	1.089	119.30	646.0	526.7	0.3623	1.7054
120	393.16	2.0245	0.0010603	0.8917	1.121	120.3	646.4	526.1	0.3649	1.7029
121	394.16	2.0895	0.0010612	0.8657	1.155	121.3	646.7	525.4	0.3675	1.7065
122	395.16	2.1561	0.0010621	0.8407	1.189	122.3	647.0	524.7	0.3700	1.6981
123	396.16	2.2245	0.0010630	0.8164	1.225	123.4	647.5	524.1	0.3726	1.6954
124	397.16	2.2947	0.0010640	0.7930	1.261	124.4	647.8	523.4	0.3751	1.6930
125	398.16	2.3666	0.0010649	0.7704	1.298	125.4	648.1	522.7	0.3777	1.6905
126	399.16	2.4404	0.0010658	0.7486	1.336	126.4	648.4	522.0	0.3803	1.6880
127	400.16	2.5160	0.0010668	0.7276	1.374	127.4	648.8	521.4	0.3828	1.6856
128	401.16	2.5935	0.0010677	0.7074	1.414	128.4	649.1	520.7	0.3854	1.6832
129	402.16	2.6730	0.0010687	0.6880	1.453	129.5	649.5	520.0	0.3879	1.6803
130	403.16	2.7544	0.0010697	0.6683	1.496	130.5	649.8	519.3	0.3904	1.6784
131	404.16	2.8378	0.0010707	0.6499	1.539	131.5	650.1	518.6	0.3929	1.6760
132	405.16	2.9233	0.0010717	0.6321	1.582	132.5	650.4	517.9	0.3954	1.6737
133	406.16	3.011	0.0010727	0.6148	1.626	133.5	650.7	517.2	0.3979	1.6713
134	407.16	3.101	0.0010737	0.5981	1.672	134.6	651.1	516.5	0.4004	1.6690
135	408.16	3.192	0.0010747	0.5820	1.718	135.6	651.4	515.8	0.4029	1.6667
136	409.16	3.286	0.0010757	0.5664	1.765	136.6	651.7	515.1	0.4054	1.6644
137	410.16	3.382	0.0010767	0.5512	1.814	137.6	652.0	514.4	0.4079	1.6621
138	411.16	3.481	0.0010777	0.5366	1.864	138.7	652.4	513.7	0.4104	1.6598
139	412.16	3.582	0.0010788	0.5224	1.914	139.7	652.7	513.0	0.4129	1.6575
140	413.16	3.685	0.0010798	0.5037	1.966	140.7	653.0	512.3	0.4154	1.6553
141	414.16	3.790	0.0010808	0.4953	2.019	141.7	653.3	511.6	0.4179	1.6531
142	415.16	3.898	0.0010819	0.4824	2.073	142.8	653.7	510.9	0.4203	1.6508
143	416.16	4.009	0.0010829	0.4699	2.128	143.8	654.0	510.2	0.4228	1.6486
144	417.16	4.121	0.0010840	0.4579	2.184	144.8	654.2	509.4	0.4252	1.6464
145	418.16	4.237	0.0010851	0.4461	2.242	145.8	654.5	508.7	0.4277	1.6442
146	419.16	4.355	0.0010862	0.4347	2.300	146.9	654.8	507.9	0.4301	1.6420
147	420.16	4.476	0.0010873	0.4237	2.360	147.9	655.1	507.2	0.4326	1.6398
148	421.16	4.599	0.0010884	0.4130	2.421	148.9	655.4	506.5	0.4350	1.6376
149	422.16	4.725	0.0010895	0.4026	2.484	150.0	655.7	505.7	0.4375	1.6355
150	423.16	4.854	0.0010906	0.3926	2.547	151.0	656.0	505.0	0.4399	1.6333
151	424.16	4.985	0.0010917	0.3828	2.612	152.0	656.3	504.3	0.4423	1.6311
152	425.16	5.119	0.0010928	0.3733	2.679	153.1	656.7	503.6	0.4448	1.6290

续表

温度/℃	温度/K	压力/(kgf/cm²)	饱和水的比体积/(m³/kg)	干饱和水蒸气的比体积/(m³/kg)	干饱和水蒸气的密度/(kg/m³)	饱和水的焓/(kcal/kg)	干饱和水蒸气的焓/(kcal/kg)	汽化热/(kcal/kg)	饱和水的熵/[kcal/(kg·℃)]	干饱和水蒸气的熵/[kcal/(kg·℃)]
153	426.16	5.257	0.0010939	0.3641	2.746	154.1	657.0	502.9	0.4472	1.6269
154	427.16	5.397	0.0010950	0.3552	2.815	155.1	657.2	502.1	0.4496	1.6248
155	428.16	5.540	0.0010962	0.3466	2.885	156.2	657.5	501.3	0.4520	1.6227
156	429.16	5.636	0.0010974	0.3381	2.958	157.2	657.7	500.5	0.4544	1.6207
157	430.16	5.836	0.0010986	0.3299	3.030	158.2	657.9	499.7	0.4568	1.6186
158	431.16	5.988	0.0010998	0.3220	3.106	159.3	658.2	498.9	0.4592	1.6165
159	432.16	6.144	0.0011009	0.3143	3.182	160.3	658.4	498.1	0.4616	1.6145
160	433.16	6.302	0.0011021	0.3068	3.258	161.3	658.7	497.4	0.4640	1.6124
161	434.16	6.464	0.0011033	0.2996	3.338	162.4	659.0	496.6	0.4664	1.6103
162	435.16	6.630	0.0011044	0.2925	3.419	163.4	659.2	495.8	0.4688	1.6083
163	436.16	6.798	0.0011056	0.2856	3.500	164.5	659.5	495.0	0.4712	1.6062
164	437.16	6.970	0.0011069	0.2790	3.584	165.5	659.7	494.2	0.4735	1.6042
165	438.16	7.146	0.0011081	0.2725	3.670	166.5	660.0	493.5	0.4759	1.6022
166	439.16	7.325	0.0011094	0.2662	3.757	167.6	660.3	492.7	0.4783	1.6002
167	440.16	7.507	0.0011106	0.2600	3.846	168.6	660.5	491.9	0.4806	1.5983
168	441.16	7.693	0.0011119	0.2541	3.935	169.7	660.8	491.1	0.4830	1.5963
169	442.16	7.883	0.0011131	0.2483	4.027	170.7	661.0	490.3	0.4853	1.5943
170	443.16	8.076	0.0011144	0.2426	4.122	171.8	661.3	489.5	0.4877	1.5923
171	444.16	8.274	0.0011156	0.2371	4.218	172.8	661.5	488.7	0.4900	1.5903
172	445.16	8.475	0.0011169	0.2318	4.314	173.9	661.7	487.9	0.4924	1.5883
173	446.16	8.679	0.0011182	0.2266	4.413	174.9	662.0	487.1	0.4947	1.5864
174	447.16	8.888	0.0011195	0.2215	4.515	176.0	662.3	486.3	0.4971	1.5844
175	448.16	9.101	0.0011208	0.2166	4.617	177.0	662.4	485.4	0.4994	1.5825
176	449.16	9.317	0.0011221	0.2118	4.721	178.1	662.7	484.4	0.5017	1.5806
177	450.16	9.538	0.0011234	0.2071	4.829	179.1	662.9	483.8	0.5040	1.5787
178	451.16	9.763	0.0011248	0.2026	4.936	180.2	663.2	483.0	0.5064	1.5768
179	452.16	9.992	0.0011281	0.1982	5.045	181.2	663.4	482.2	0.5087	1.5749
180	453.16	10.225	0.0011275	0.1939	5.157	182.3	663.6	481.3	0.5110	1.5730
181	454.16	10.462	0.0011289	0.1897	5.271	183.3	663.7	480.4	0.5133	1.5711
182	455.16	10.703	0.0011303	0.1856	5.388	184.4	663.9	479.5	0.5156	1.5692
183	456.16	10.950	0.0011316	0.1816	5.507	185.4	664.0	478.6	0.5179	1.5674
184	457.16	11.201	0.0011330	0.1777	5.627	186.5	664.3	477.8	0.5202	1.5655
185	458.16	11.456	0.0011344	0.1739	5.750	187.6	664.6	447.0	0.5225	1.5636
186	459.16	11.715	0.0011358	0.1702	5.875	188.6	664.7	476.1	0.5248	1.5617
187	460.16	11.979	0.0011372	0.1666	6.002	189.7	664.9	475.2	0.5271	1.5598

续表

温度/℃	温度/K	压力/(kgf/cm²)	饱和水的比体积/(m³/kg)	干饱和水蒸气的比体积/(m³/kg)	干饱和水蒸气的密度/(kg/m³)	饱和水的焓/(kcal/kg)	干饱和水蒸气的焓/(kcal/kg)	汽化热/(kcal/kg)	饱和水的熵/[kcal/(kg·℃)]	干饱和水蒸气的熵/[kcal/(kg·℃)]
188	461.16	12.248	0.0011386	0.1631	6.131	190.7	665.0	474.3	0.5294	1.5580
189	462.16	12.522	0.0011401	0.1597	6.262	191.8	665.2	473.4	0.5317	1.5561
190	463.16	12.800	0.0011415	0.1564	6.394	192.9	665.5	472.6	0.534	1.5543
191	464.16	13.083	0.0011430	0.1531	6.532	193.9	665.6	471.7	0.5363	1.5525
192	465.16	13.371	0.0011430	0.1499	6.671	195.0	665.8	470.8	0.5386	1.5503
193	466.16	13.664	0.0011459	0.1468	6.812	196.1	666.0	469.9	0.5408	1.5488
194	467.16	13.962	0.0011474	0.1438	6.954	197.2	666.2	469.0	0.5431	1.5470
195	468.16	14.265	0.0011489	0.1409	7.097	198.2	666.3	468.1	0.5454	1.5452
196	469.16	14.573	0.0011504	0.1380	7.246	199.3	666.5	467.2	0.5477	1.5434
197	470.16	14.886	0.0011519	0.1352	7.396	200.4	666.7	466.3	0.5499	1.5416
198	471.16	15.204	0.0011534	0.1325	7.547	201.4	666.8	465.4	0.5522	1.5398
199	472.16	15.528	0.0011550	0.1298	7.704	202.5	667.0	464.5	0.5545	1.5380
200	473.16	15.857	0.0011565	0.1272	7.862	203.6	667.1	463.5	0.5567	1.5362
201	474.16	16.192	0.0011581	0.1246	8.026	204.7	667.2	462.5	0.5589	1.5344
202	475.16	16.532	0.0011596	0.1222	8.183	205.7	667.3	461.5	0.5612	1.5326
203	476.16	16.877	0.0011612	0.1197	8.354	206.8	667.4	460.6	0.5634	1.5309
204	477.16	17.228	0.0011628	0.1174	8.518	207.9	667.6	459.7	0.5657	1.5291
205	478.16	17.585	0.0011644	0.1151	8.688	209.0	667.7	458.7	0.5679	1.5273
206	479.16	17.948	0.0011660	0.1128	8.865	210.1	667.9	457.8	0.5701	1.5255
207	480.16	18.316	0.0011676	0.1106	9.042	211.2	668.0	456.8	0.5724	1.5238
208	481.16	18.690	0.0011693	0.1084	9.225	212.3	668.1	455.8	0.5746	1.5220
209	482.16	19.070	0.0011709	0.1063	9.407	213.3	668.2	454.8	0.5769	1.5202
210	483.16	19.456	0.0011726	0.1043	9.588	214.4	668.3	453.9	0.5791	1.5185
211	484.16	19.848	0.0011743	0.1023	9.775	215.5	668.4	452.9	0.5814	1.5168
212	485.16	20.243	0.0011760	0.1003	9.970	216.6	668.5	451.9	0.5836	1.5150
213	486.16	20.651	0.0011778	0.09836	10.170	217.7	668.6	450.9	0.5858	1.5133
214	487.16	21.061	0.0011795	0.09649	10.360	218.8	668.7	449.9	0.5881	1.5115
215	488.16	21.477	0.0011812	0.09465	10.560	219.9	668.8	448.9	0.5903	1.5098
216	489.16	21.901	0.0011829	0.09285	10.770	221.0	668.9	447.9	0.5925	1.5081
217	490.16	22.331	0.0011846	0.09110	10.980	222.1	669.0	446.9	0.5947	1.5063
218	491.16	22.767	0.0011864	0.08938	11.190	223.2	669.1	445.9	0.5970	1.5046
219	492.16	23.209	0.0011882	0.08770	11.400	224.3	669.1	444.8	0.5992	1.5028
220	493.16	23.659	0.0011900	0.08606	11.620	225.4	669.1	443.7	0.6014	1.5011
221	494.16	24.115	0.0011918	0.08446	11.840	226.5	669.2	442.7	0.6034	1.4994
222	495.16	24.577	0.0011937	0.08288	12.060	227.6	669.3	441.7	0.6058	1.4977

续表

温度/℃	温度/K	压力/(kgf/cm²)	饱和水的比体积/(m³/kg)	干饱和水蒸气的比体积/(m³/kg)	干饱和水蒸气的密度/(kg/m³)	饱和水的焓/(kcal/kg)	干饱和水蒸气的焓/(kcal/kg)	汽化热/(kcal/kg)	饱和水的熵/[kcal/(kg·℃)]	干饱和水蒸气的熵/[kcal/(kg·℃)]
223	496.16	25.047	0.0011955	0.08135	12.290	228.7	669.3	440.6	0.6080	1.4959
224	497.16	25.523	0.0011973	0.07984	12.520	229.8	669.3	439.5	0.6102	1.4942
225	498.16	26.007	0.0011992	0.07837	12.760	230.9	669.3	438.4	0.6124	1.4925

注：1kgf/cm² = 0.0980665MPa ≈ 0.1MPa，1kcal/kg = 4.187kJ/kg。

附表13　不同温度下无机水溶液的浓度（质量分数）

单位：%

温度/℃ 溶液	101	102	103	104	105	107	110	115	120	125	140	160
CaCl₂	5.66	10.31	14.16	17.36	20.00	24.24	29.33	35.68	40.83	45.80	57.89	68.94
KOH	4.49	8.51	11.96	14.82	17.01	20.88	25.65	31.97	36.51	40.23	48.05	54.89
KCl	8.42	14.31	18.96	23.02	26.57	32.62	（近于108.5℃）					
K₂CO₃	10.31	18.37	24.20	28.57	32.24	37.69	43.97	50.86	56.04	60.40	66.94	
KNO₃	13.19	23.66	32.23	39.20	45.10	54.65	65.34	79.53				
MgCl₂	4.67	8.42	11.66	14.31	16.59	20.23	24.41	29.48	33.07	36.02	38.61	
MgSO₄	14.31	22.78	28.31	32.23	35.32	42.86	（近于108℃）					
NaOH	4.12	7.40	10.15	12.51	14.53	18.32	23.08	26.21	33.77	37.58	48.32	60.13
NaCl	6.19	11.03	14.67	17.69	20.32	25.09	28.92					
NaNO₃	8.26	15.61	21.87	27.58	32.45	40.77	49.87	60.94	68.94			
Na₂SO₄	15.26	24.81	30.73	31.83	（近于103.2℃）							
Na₂CO₃	9.42	17.22	23.72	29.18	33.66							
CuSO₄	26.94	39.98	40.83	44.47	45.12	（近于104.2℃）						
ZnSO₄	20.00	31.22	37.89	42.92	46.15							
NH₄NO₃	9.09	16.66	23.08	29.08	34.21	42.52	51.92	63.24	71.26	77.11	87.09	93.20
NH₄Cl	6.10	11.35	15.96	19.80	22.89	28.37	35.98	46.94				
(NH₄)₂SO₄	13.31	23.41	30.65	36.71	41.79	49.73	49.77	53.55	（近于108.2℃）			

注：括号内的指饱和溶液。

附表14　未饱和水与过热蒸汽表

P	0.01bar（0.001MPa）			0.05bar（0.005MPa）		
饱和参数	$t_s = 6.982$			$t_s = 32.90$		
	$v' = 0.0010001$		$v'' = 129.208$	$v' = 0.0010052$		$v'' = 28.196$
	$h' = 29.33$		$h'' = 2513.8$	$h' = 137.77$		$h'' = 2561.2$
	$s' = 0.1060$		$s'' = 8.9756$	$s' = 0.4762$		$s'' = 8.3952$
t/℃	v/(m³/kg)	h/(kJ/kg)	s/[kJ/(kg·K)]	v/(m³/kg)	h/(kJ/kg)	s/[kJ/(kg·K)]
0	0.0010002	−0.0412	0.000154	0.0010002	0.0	−0.0001
10	130.60	2519.5	8.9956	0.0010002	42.0	0.1510

续表

$t/℃$	$v/(m^3/kg)$	$h/(kJ/kg)$	$s/[kJ/(kg \cdot K)]$	$v/(m^3/kg)$	$h/(kJ/kg)$	$s/[kJ/(kg \cdot K)]$
20	135.23	2538.1	9.0604	0.0010017	83.9	0.2963
30	139.85	2556.8	9.1230	0.0010043	125.7	0.4365
40	144.47	2575.5	9.1837	28.86	2574.6	8.4385
50	149.09	2594.2	9.2426	29.78	2593.4	8.4977
60	153.71	2613.0	9.2997	30.71	2612.3	8.5552
70	158.33	2631.8	9.3552	31.64	2631.1	8.6110
80	162.95	2650.6	9.4093	32.57	2650.0	8.6652
90	167.57	2669.4	9.4619	33.49	2668.9	8.7180
100	172.19	2688.3	9.5132	34.42	2687.9	8.7695
110	176.80	2707.3	9.5633	35.34	2706.8	8.8197
120	181.42	2726.2	9.6122	36.27	2725.9	8.8687
130	186.04	2745.2	9.6599	37.19	2744.9	8.9165
140	190.66	2764.3	9.7066	38.12	2764.0	8.9633
150	195.27	2783.4	9.7523	39.04	2783.1	9.0091
160	199.89	2802.6	9.7971	39.97	2802.3	9.0539
170	204.50	2821.8	9.8409	40.89	2821.6	9.0978
180	209.12	2841.0	9.8839	41.81	2840.8	9.1408
190	213.74	2860.4	9.9261	42.74	2860.2	9.1830
200	218.35	2879.6	9.9672	43.66	2879.5	9.2244
210	222.97	2899.1	10.0080	44.58	2899.0	9.2650
220	227.58	2918.6	10.0480	45.51	2918.5	9.3049
230	232.20	2938.2	10.0872	46.43	2938.0	9.3342
240	236.82	2957.7	10.1257	47.36	2957.6	9.3828
250	241.43	2977.4	10.1636	48.28	2977.3	9.4207
260	246.05	2997.1	10.2010	49.20	2997.0	9.4580
270	250.66	3016.9	10.2377	50.13	3016.8	9.4948
280	255.28	3036.7	10.2739	51.05	3036.6	9.5310
290	259.89	3056.6	10.3095	51.97	3056.5	9.5666
300	264.51	3076.5	10.3446	52.90	3076.4	9.6017
310	269.12	3096.6	10.3792	53.82	3096.4	9.6363
320	273.74	3116.6	10.4134	54.74	3116.5	9.6705
330	278.35	3137.0	10.4470	55.67	3136.7	9.7042
340	282.97	3157.0	10.4802	56.59	3156.9	9.7374
350	287.58	3177.2	10.5130	57.51	3177.1	9.7702
360	292.20	3197.5	10.5454	58.44	3197.5	9.8025

续表

$t/℃$	$v/(m^3/kg)$	$h/(kJ/kg)$	s /[kJ/(kg·K)]	$v/(m^3/kg)$	$h/(kJ/kg)$	s /[kJ/(kg·K)]
370	296.82	3217.9	10.5773	59.36	3217.9	9.8345
380	301.43	3238.4	10.6089	60.28	3238.3	9.8660
390	306.05	3258.9	10.6401	61.21	3258.8	9.8972
400	310.66	3279.5	10.6709	62.13	3279.4	9.9280
410	315.28	3300.1	10.701	63.05	3300.1	9.9585
420	319.89	3320.8	10.731	63.98	3320.8	9.9886
430	324.51	3341.6	10.761	64.90	3341.6	10.018
440	329.12	3362.5	10.790	65.82	3362.4	10.048
450	333.74	3383.4	10.819	66.74	3383.3	10.077
460	338.35	3404.3	10.848	67.67	3404.3	10.106
470	342.97	3425.4	10.877	68.59	3425.4	10.134
480	347.58	3446.5	10.905	69.51	3446.5	10.162
490	352.20	3467.7	10.933	70.44	3467.7	10.190
500	356.81	3489.0	10.960	71.36	3489.0	10.218
510	361.43	3510.3	10.988	72.28	3510.3	10.245
520	366.04	3531.7	11.015	73.21	3531.7	10.273
530	370.66	3553.1	11.042	74.13	3553.1	10.300
540	375.27	3574.6	11.069	75.05	3574.6	10.326
550	379.89	3596.2	11.095	75.98	3596.2	10.352
560	384.50	3618.0	11.121	76.90	3617.9	10.379
570	389.12	3639.7	11.147	77.82	3639.7	10.405
580	393.73	3661.5	11.173	78.74	3661.5	10.430
590	398.35	3683.4	11.199	79.67	3683.3	10.456
600	402.96	3705.3	11.224	80.59	3705.3	10.481
610	407.58	3727.3	11.249	81.51	3727.3	10.506
620	512.20	3749.4	11.274	82.44	3749.4	10.531
630	416.81	3771.5	11.298	83.36	3771.5	10.556
640	421.43	3793.8	11.323	84.28	3793.7	10.580
650	426.04	3816.1	11.347	85.21	3816.0	10.604
660	430.66	3838.4	11.371	86.13	3838.4	10.628
670	435.27	3860.9	11.395	87.05	3860.8	10.652
680	439.89	3883.4	11.419	87.98	3883.3	10.676
690	444.50	3905.9	11.443	88.90	3905.9	10.700
700	449.12	3928.6	11.466	89.82	3928.6	10.723

续表

P	0.10bar（0.01MPa）			0.20bar（0.02MPa）		
饱和参数	$t_s=45.83$			$t_s=60.09$		
	$v'=0.0010102$		$v''=14.676$	$v'=0.0010172$		$v''=7.6515$
	$h'=191.84$		$h''=2584.4$	$h'=251.46$		$h''=2609.6$
	$s'=0.6493$		$s''=8.1505$	$s'=0.8321$		$s''=7.9092$
$t/℃$	$v/(\mathrm{m^3/kg})$	$h/(\mathrm{kJ/kg})$	$s/[\mathrm{kJ/(kg \cdot K)}]$	$v/(\mathrm{m^3/kg})$	$h/(\mathrm{kJ/kg})$	$s/[\mathrm{kJ/(kg \cdot K)}]$
0	0.0010002	0.0	−0.0001	0.0010002	0.0	−0.0001
10	0.0010002	42.0	0.1510	0.0010002	42.0	0.1510
20	0.0010017	83.9	0.2963	0.0010017	83.9	0.2963
30	0.0010043	125.7	0.4365	0.0010043	125.7	0.4365
40	0.0010078	167.4	0.5721	0.0010078	167.5	0.5721
50	14.87	2592.3	8.1752	0.0010121	209.3	0.7035
60	15.34	2611.3	8.2331	0.0010171	251.1	0.8310
70	15.80	2630.3	8.2892	7.884	2628.7	7.9654
80	16.27	2649.3	8.3437	8.119	2647.8	8.0205
90	16.73	2668.3	8.3968	8.352	2667.0	8.0740
100	17.20	2687.2	8.4484	8.586	2686.1	8.1261
110	17.66	2706.3	8.4988	8.819	2705.3	8.1767
120	18.12	2725.4	8.5479	9.052	2724.4	8.2261
130	18.59	2744.5	8.5958	9.284	2743.6	8.2743
140	10.05	2763.6	8.6427	9.516	2762.8	8.3213
150	19.51	2782.8	8.6885	9.748	2782.1	8.3674
160	19.98	2802.2	8.7334	9.980	2801.3	8.4124
170	20.44	2821.3	8.7774	10.212	2820.6	8.4564
180	20.90	2840.6	8.8204	10.444	2840.0	8.4996
190	21.36	2859.9	8.8627	10.676	2859.4	8.5419
200	21.82	2879.3	8.9041	10.907	2878.9	8.5834
210	22.29	2898.8	8.9448	11.138	2898.3	8.6242
220	22.75	2918.3	8.9848	11.370	2917.8	8.6642
230	23.21	2937.8	9.0240	11.601	2937.4	8.7035
240	23.67	2957.4	9.0626	11.832	2957.0	8.7422
250	24.14	2977.1	9.1006	12.064	2976.7	8.7802
260	24.60	2996.8	9.1379	12.295	2996.5	8.8176
270	25.06	3016.6	9.1747	12.526	3016.3	8.8543
280	25.52	3036.5	9.2109	12.757	3036.1	8.8906
290	25.98	3056.4	9.2465	12.988	3056.1	8.9263
300	26.44	3076.3	9.2817	13.219	3076.0	8.9614
310	26.91	3096.3	9.3163	13.450	3096.1	8.9961
320	27.37	3116.4	9.3504	13.681	3116.2	9.0302

$t/℃$	$v/(m^3/kg)$	$h/(kJ/kg)$	s /[kJ/(kg·K)]	$v/(m^3/kg)$	$h/(kJ/kg)$	s /[kJ/(kg·K)]
330	27.83	3136.6	9.3841	13.912	3136.3	9.0639
340	28.29	3156.8	9.4174	14.143	3156.5	9.0972
350	28.75	3177.0	9.4502	14.374	3176.8	9.1300
360	29.22	3197.4	9.4825	14.605	3197.1	9.1624
370	29.68	3217.8	9.5145	14.836	3217.6	9.1943
380	30.14	3238.2	9.5461	15.067	3238.0	9.2259
390	30.60	3258.8	9.5772	15.298	3258.6	9.2571
400	31.06	3279.4	9.6081	15.529	3279.2	9.2880
410	31.52	3300.0	9.6385	15.760	3299.8	9.3184
420	31.99	3320.7	9.6686	15.991	3320.5	9.3485
430	32.45	3341.5	9.6984	16.222	3341.3	9.3783
440	32.91	3362.4	9.7279	16.45	3362.1	9.4078
450	33.37	3383.4	9.7570	16.68	3383.1	9.4369
460	33.83	3404.3	9.7858	16.91	3404.2	9.4657
470	34.29	3425.3	9.8143	17.14	3425.2	9.4943
480	34.76	3446.4	9.8426	17.38	3446.3	9.5225
490	35.22	3467.6	9.8705	17.61	3467.5	9.5505
500	35.68	3488.9	9.8982	17.84	3488.8	9.5781
510	36.14	3510.2	9.9256	18.07	3510.1	9.6055
520	36.60	3531.6	9.9527	18.30	3531.5	9.6327
530	37.06	3553.1	9.9796	18.53	3552.9	9.6596
540	37.52	3574.6	10.006	18.76	3574.5	9.6862
550	37.99	3596.2	10.033	18.99	3596.1	9.7126
560	38.45	3617.9	10.059	19.22	3617.8	9.7388
570	38.91	3639.6	10.085	19.45	3639.5	9.7648
580	39.37	3661.4	10.110	19.68	3661.3	9.7905
590	39.83	3683.3	10.136	19.92	3683.2	9.8160
600	40.29	3705.2	10.161	20.15	3705.1	9.8413
610	40.76	3727.2	10.186	20.38	3727.2	9.8663
620	41.22	3749.3	10.211	20.61	3749.3	9.8912
630	41.68	3771.5	10.236	20.84	3771.4	9.9159
640	42.14	3793.7	10.260	21.07	3793.6	9.9403
650	42.60	3816.1	10.285	21.30	3815.9	9.9646
660	43.06	3838.4	10.309	21.53	3838.3	9.9887
670	43.53	3860.8	10.333	21.76	3860.7	10.013
680	43.99	3883.3	10.356	21.99	3883.2	10.036
690	44.45	3905.9	10.380	22.22	3905.8	10.060
700	44.91	3928.5	10.404	22.45	3928.5	10.083

续表

P	0.40bar（0.04MPa）			0.60bar（0.06MPa）		
饱和参数	$t_s=75.89$			$t_s=85.95$		
	$v'=0.0010265$		$v''=3.9949$	$v'=0.0010333$		$v''=2.7329$
	$h'=317.65$		$h''=2636.8$	$h'=359.93$		$h''=2653.6$
	$s'=1.0261$		$s''=7.6711$	$s'=1.1454$		$s''=7.5332$
$t/℃$	$v/(m^3/kg)$	$h/(kJ/kg)$	$s/[kJ/(kg \cdot K)]$	$v/(m^3/kg)$	$h/(kJ/kg)$	$s/[kJ/(kg \cdot K)]$
0	0.0010002	0.0	−0.0001	0.0010002	0.0	−0.0001
10	0.0010002	42.0	0.1510	0.0010002	42.0	0.1510
20	0.0010017	83.9	0.2963	0.0010017	83.9	0.2963
30	0.0010043	125.7	0.4365	0.0010043	125.7	0.4365
40	0.0010078	167.5	0.5721	0.0010078	167.5	0.5721
50	0.0010121	209.3	0.7035	0.0010121	209.3	0.7035
60	0.0010171	251.1	0.8310	0.0010171	251.1	0.8310
70	0.0010228	293.0	0.9548	0.0010228	293.0	0.9548
80	4.044	2644.9	7.6940	0.0010292	334.9	1.0752
90	4.162	2664.4	7.7485	2.765	2661.7	7.5554
100	4.280	2683.8	7.8013	2.845	2681.4	7.6091
110	4.398	2703.2	7.8526	2.924	2701.1	7.6611
120	4.515	2722.6	7.9025	3.003	2720.7	7.7116
130	4.632	2742.0	7.9512	3.082	2740.3	7.7608
140	4.749	2761.3	7.9986	3.160	2759.8	7.8086
150	4.866	2780.7	8.0450	3.239	2779.3	7.8553
160	4.983	2800.1	8.0903	3.317	2798.8	7.9009
170	5.099	2819.5	8.1346	3.395	2818.4	7.9454
180	5.216	2838.9	8.1780	3.473	2837.9	7.9890
190	5.332	2858.4	8.2205	3.550	2857.4	8.0317
200	5.448	2877.9	8.2621	3.628	2877.0	8.0735
210	5.561	2897.4	8.3030	3.706	2896.6	8.1146
220	5.680	2917.1	8.3432	3.783	2916.3	8.1548
230	5.796	2936.7	8.3826	3.861	2936.0	8.1944
240	5.912	2956.4	8.4213	3.938	2955.7	8.2332
250	6.028	2976.1	8.4594	4.016	2975.5	8.2714
260	6.144	2995.9	8.4969	4.093	2995.3	8.3089
270	6.259	3015.8	8.5337	4.170	3015.2	8.3458
280	6.375	3035.6	8.5700	4.248	3035.1	8.3822
290	6.491	3055.6	8.6057	4.325	3055.1	8.4179
300	6.606	3075.6	8.6409	4.402	3075.1	8.4532
310	6.722	3095.6	8.6756	4.479	3095.2	8.4879
320	6.838	3115.8	8.7098	4.557	3115.3	8.5222

$t/℃$	$v/(m^3/kg)$	$h/(kJ/kg)$	s $/[kJ/(kg \cdot K)]$	$v/(m^3/kg)$	$h/(kJ/kg)$	s $/[kJ/(kg \cdot K)]$
330	6.953	3135.9	8.7436	4.634	3135.5	8.5559
340	7.069	3156.2	8.7768	4.711	3155.8	8.5892
350	7.185	3176.5	8.8097	4.788	3176.1	8.6221
360	7.300	3196.8	8.8421	4.865	3196.5	8.6545
370	7.416	3217.3	8.8741	4.942	3216.9	8.6866
380	7.531	3237.7	8.9057	5.020	3237.4	8.7182
390	7.647	3258.3	8.9369	5.097	3258.0	8.7194
400	7.763	3278.9	8.9678	5.174	3278.6	8.7803
410	7.878	3299.6	8.9983	5.251	3299.3	8.8108
420	7.994	3320.3	9.0284	5.328	3320.0	8.8410
430	8.109	3341.1	9.0582	5.405	3340.8	8.8708
440	8.225	3362.0	9.0877	5.482	3361.7	8.9003
450	8.340	3382.9	9.1168	5.559	3382.7	8.9294
460	8.456	3403.9	9.1457	5.636	3403.7	8.9583
470	8.571	3425.0	9.1742	5.713	3424.8	8.9868
480	8.687	3446.1	9.2024	5.790	3445.9	9.0151
490	8.802	3467.3	9.2304	5.867	3467.1	9.0431
500	8.918	3488.6	9.2581	5.944	3488.4	9.0708
510	9.033	3509.9	9.2855	6.021	3509.7	9.0982
520	9.149	3531.3	9.3127	6.098	3531.1	9.1254
530	9.264	3552.8	9.3396	6.175	3552.6	9.1523
540	9.380	3574.3	9.3662	6.252	3574.1	9.1789
550	9.495	3595.9	9.3926	6.329	3595.8	9.2053
560	9.610	3617.6	9.4188	6.406	3617.4	9.2315
570	9.726	3639.4	9.4447	6.483	3639.2	9.2575
580	9.841	3661.2	9.4704	6.560	3661.0	9.2832
590	9.957	3683.0	9.4959	6.637	3682.9	9.3087
600	10.07	3705.0	9.5212	6.714	3704.8	9.3340
610	10.19	3727.0	9.5463	6.791	3726.9	9.3590
620	10.30	3749.1	9.5712	6.868	3749.1	9.3839
630	10.42	3771.3	9.5958	6.945	3771.1	9.4086
640	10.53	3793.5	9.6203	7.022	3793.3	9.4331
650	10.65	3815.8	9.6446	7.099	3815.6	9.4574
660	10.76	3838.2	9.6687	7.176	3838.0	9.4815
670	10.88	3860.6	9.6926	7.253	3860.5	9.5054
680	11.00	3883.1	9.7164	7.330	3883.0	9.5291
690	11.11	3905.7	9.7399	7.407	3905.6	9.5527
700	11.23	3928.3	9.7633	7.484	3928.2	9.5761

P	0.80bar (0.08MPa)		1.0bar (0.1MPa)	
饱和参数	$t_s=93.51$		$t_s=99.63$	
	$v'=0.0010387$	$v''=2.0879$	$v'=0.0010434$	$v''=1.6946$
	$h'=391.72$	$h''=2666.0$	$h'=417.51$	$h''=2675.7$
	$s'=1.2330$	$s''=7.4360$	$s'=1.3027$	$s''=7.3608$
$t/℃$	$v/(m^3/kg)$	$h/(kJ/kg)$	$s/[kJ/(kg \cdot K)]$	
$t/℃$	$v/(m^3/kg)$	$h/(kJ/kg)$	$s/[kJ/(kg \cdot K)]$	$v/(m^3/kg)$	$h/(kJ/kg)$	$s/[kJ/(kg \cdot K)]$

$t/℃$	$v/(m^3/kg)$	$h/(kJ/kg)$	$s/[kJ/(kg \cdot K)]$	$v/(m^3/kg)$	$h/(kJ/kg)$	$s/[kJ/(kg \cdot K)]$
0	0.0010002	0.0	−0.0001	0.0010002	0.1	−0.0001
10	0.0010002	42.1	0.1501	0.0010002	42.1	0.1510
20	0.0010017	83.9	0.2963	0.0010017	84.0	0.2963
30	0.0010043	125.7	0.4365	0.0010043	125.8	0.4365
40	0.0010078	167.5	0.5721	0.0010078	167.5	0.5721
50	0.0010121	209.3	0.7035	0.0010121	209.3	0.7035
60	0.0010171	251.1	0.8310	0.0010171	251.2	0.8309
70	0.0010228	293.0	0.9548	0.0010228	293.0	0.9548
80	0.0010292	334.9	1.0752	0.0010292	335.0	1.0752
90	0.0010361	376.9	1.1925	0.0010361	377.0	1.1925
100	2.127	2679.0	7.4712	1.696	2676.5	7.3628
110	2.187	2698.9	7.5239	1.745	2696.7	7.4164
120	2.247	2718.8	7.5750	1.793	2716.8	7.4681
130	2.307	2733.5	7.6246	1.841	2736.8	7.5182
140	2.366	2758.2	7.6729	1.889	2756.6	7.5669
150	2.425	2777.9	7.7199	1.937	2776.4	7.6143
160	2.484	2797.5	7.7658	1.984	2796.2	7.6605
170	2.543	2817.2	7.8106	2.031	2816.0	7.7056
180	2.601	2836.8	7.8544	2.078	2835.7	7.7496
190	2.660	2856.4	7.8973	2.125	2855.4	7.7927
200	2.718	2876.1	7.9393	2.172	2875.2	7.8348
210	2.777	2895.8	7.9805	2.219	2894.9	7.8761
220	2.835	2915.5	8.0208	2.266	2914.7	7.9166
230	2.893	2935.2	8.0605	2.313	2934.5	7.9564
240	2.952	2955.0	8.0994	2.359	2954.3	7.9954
250	3.010	2974.8	8.1376	2.406	2974.2	8.0337
260	3.068	2994.7	8.1753	2.453	2994.1	8.0714
270	3.126	3014.6	8.2122	2.499	3014.0	8.1085
280	3.184	3034.6	8.2486	2.546	3034.0	8.1449
290	3.242	3054.6	8.2845	2.592	3054.0	8.1808
300	3.300	3074.6	8.3198	2.639	3074.1	8.2612
310	3.358	3094.7	8.3546	2.685	3094.3	8.2510
320	3.416	3114.9	8.3888	2.732	3114.4	8.2853

$t/℃$	$v/(\mathrm{m^3/kg})$	$h/(\mathrm{kJ/kg})$	$s/[\mathrm{kJ/(kg \cdot K)}]$	$v/(\mathrm{m^3/kg})$	$h/(\mathrm{kJ/kg})$	$s/[\mathrm{kJ/(kg \cdot K)}]$
330	3.474	3135.1	8.4226	2.778	3134.7	8.3192
340	3.532	3155.4	8.4560	2.824	3155.1	8.3525
350	3.590	3175.7	8.4889	2.871	3175.3	8.3854
360	3.648	3196.1	8.5213	2.917	3195.7	8.4179
370	3.706	3216.6	8.5533	2.964	3216.2	8.4500
380	3.764	3237.1	8.5851	3.010	3236.7	8.4817
390	3.821	3257.7	8.6163	3.056	3257.3	8.5130
400	3.879	3278.3	8.6472	3.103	3278.0	8.5439
410	3.937	3299.0	8.6777	3.149	3298.7	8.5744
420	3.995	3319.8	8.7079	3.195	3319.5	8.6046
430	4.053	3340.6	8.7377	3.242	3340.3	8.6345
440	4.111	3361.5	8.7672	3.288	3361.2	8.6440
450	4.168	3382.4	8.7964	3.334	3382.2	8.6932
460	4.226	3403.4	8.8253	3.380	3403.2	8.7220
470	4.284	3424.5	8.8538	3.427	3424.3	8.7506
480	4.342	3445.7	8.8821	3.473	3445.4	8.7789
490	4.400	3466.9	8.9101	3.519	3466.6	8.8069
500	4.457	3488.2	8.9378	3.565	3487.9	8.8346
510	4.515	3509.5	8.9652	3.612	3509.3	8.8620
520	4.573	3530.6	8.9924	3.658	3530.7	8.8892
530	4.631	3552.4	9.0193	3.704	3552.2	8.9162
540	4.689	3574.0	9.0460	3.750	3573.8	8.9428
550	4.746	3595.6	9.0724	3.797	3595.4	8.9692
560	4.804	3617.3	9.0986	3.843	3617.1	8.9954
570	4.862	3639.0	9.1245	3.889	3638.8	9.0214
580	4.920	3660.8	9.1503	3.935	3660.7	9.0471
590	4.977	3682.7	9.1758	3.982	3682.6	9.0726
600	5.035	3704.7	9.2011	4.028	3704.5	9.0979
610	5.093	3726.7	9.2261	4.074	3726.6	9.1230
620	5.151	3748.8	9.2510	4.120	3748.7	9.1479
630	5.208	3771.0	9.2757	4.166	3770.8	9.1726
640	5.266	3793.2	9.3002	4.213	3793.1	9.1971
650	5.324	3815.5	9.3245	4.259	3815.4	9.2214
660	5.382	3837.0	9.3486	4.305	3837.8	9.2455
670	5.439	3860.3	9.3725	4.351	3860.2	9.2694
680	5.497	3882.8	9.3963	4.397	3882.7	9.2932
690	5.555	3905.4	9.4198	4.444	3905.3	9.3168
700	5.613	3928.1	9.4432	4.490	3928.0	9.3402

续表

P	5bar（0.5MPa）			10bar（1MPa）		
饱和参数	t_s＝151.85			t_s＝179.88		
	v'＝0.0010928		v''＝0.37481	v'＝0.0011274		v''＝0.19430
	h'＝640.1		h''＝2748.5	h'＝762.6		h''＝2777.0
	s'＝1.8604		s''＝6.8215	s'＝2.1382		s''＝6.5847
$t/℃$	$v/(m^3/kg)$	$h/(kJ/kg)$	$s/[kJ/(kg \cdot K)]$	$v/(m^3/kg)$	$h/(kJ/kg)$	$s/[kJ/(kg \cdot K)]$
0	0.0010000	0.5	−0.0001	0.0009997	1.0	−0.0001
10	0.0010000	42.5	0.1509	0.0009998	43.0	0.1509
20	0.0010015	84.3	0.2962	0.0010013	84.8	0.2961
30	0.0010041	126.1	0.4364	0.0010039	126.6	0.4362
40	0.0010076	167.9	0.5719	0.0010074	168.3	0.5717
50	0.0010119	209.7	0.7033	0.0010117	210.1	0.7030
60	0.0010169	251.5	0.8307	0.0010167	251.9	0.8305
70	0.0010226	293.4	0.9545	0.0010224	293.8	0.9452
80	0.0010290	335.3	1.0750	0.0010287	335.7	1.0746
90	0.0010359	377.3	1.1922	0.0010357	377.7	1.1918
100	0.0010435	419.4	1.3066	0.0010432	419.7	1.3062
110	0.0010517	461.6	1.4182	0.0010514	461.9	1.4178
120	0.0010605	503.9	1.5273	0.0010602	504.3	1.5269
130	0.0010699	546.5	1.6341	0.0010696	546.8	1.6336
140	0.0010800	589.2	1.7388	0.0010796	589.5	1.7383
150	0.0010908	632.2	1.8416	0.0010904	632.5	1.8410
160	0.3836	2767.4	6.8653	0.0011019	675.7	1.9420
170	0.3942	2789.9	6.9169	0.0011143	719.2	2.0414
180	0.4046	2812.1	6.9664	0.1944	2777.3	6.5854
190	0.4148	2833.9	7.0141	0.2002	2802.9	6.6413
200	0.4249	2855.4	7.0603	0.2059	2827.5	6.6940
210	0.4349	2876.8	7.1047	0.2115	2851.5	6.7442
220	0.4449	2897.9	7.1481	0.2169	2874.9	6.7921
230	0.4548	2918.9	7.1903	0.2223	2897.9	6.8382
240	0.4646	2939.9	7.2314	0.2275	2920.5	6.8826
250	0.4744	2960.7	7.2716	0.2327	2942.8	6.9256
260	0.4841	2981.4	7.3109	0.2378	2964.8	6.9674
270	0.4938	3002.1	7.3494	0.2429	2986.7	7.0080
280	0.5034	3022.8	7.3871	0.2480	3008.3	7.0475
290	0.5130	3043.5	7.4242	0.2530	3029.9	7.0862
300	0.5226	3064.2	7.4605	0.2580	3051.3	7.1239
310	0.5321	3084.8	7.4962	0.2629	3072.7	7.1609
320	0.5416	3105.5	7.5314	0.2678	3094.0	7.1971

$t/℃$	$v/(m^3/kg)$	$h/(kJ/kg)$	s $/[kJ/(kg \cdot K)]$	$v/(m^3/kg)$	$h/(kJ/kg)$	s $/[kJ/(kg \cdot K)]$
330	0.5511	3126.1	7.5659	0.2727	3115.3	7.2326
340	0.5606	3146.8	7.5999	0.2776	3136.5	7.2675
350	0.5701	3167.5	7.6334	0.2825	3157.7	7.3018
360	0.5796	3188.3	7.6664	0.2873	3178.9	7.3356
370	0.5890	3209.1	7.6991	0.2921	3200.2	7.3690
380	0.5984	3230.0	7.7313	0.2970	3221.5	7.4019
390	0.6078	3250.9	7.7631	0.3018	3242.8	7.4342
400	0.6172	3271.8	7.7944	0.3066	3264.0	7.4606
410	0.6266	3292.7	7.8253	0.3113	3285.3	7.4974
420	0.6360	3313.7	7.8558	0.3161	3306.6	7.5283
430	0.6454	3334.8	7.8859	0.3209	3327.9	7.5588
440	0.6548	3355.9	7.9157	0.3256	3349.3	7.5890
450	0.6641	3377.0	7.9452	0.3304	3370.7	7.6188
460	0.6735	3398.2	7.9743	0.3351	3392.1	7.6482
470	0.6828	3419.5	8.0031	0.3399	3413.6	7.6773
480	0.6922	3440.8	8.0316	0.3446	3435.1	7.7061
490	0.7015	3462.2	8.0598	0.3493	3456.7	7.7345
500	0.7109	3483.6	8.0877	0.3540	3478.3	7.7627
510	0.7202	3505.1	8.1153	0.3588	3500.0	7.7905
520	0.7295	3526.7	8.1472	0.3635	3521.7	7.8181
530	0.7388	3548.3	8.1698	0.3682	3543.5	7.8454
540	0.7482	3570.0	8.1966	0.3729	3565.3	7.8724
550	0.7575	3591.7	8.2231	0.3776	3587.2	7.8991
560	0.7668	3613.5	8.2495	0.3823	3609.1	7.9256
570	0.7761	3635.4	8.2756	0.3870	3631.1	7.9519
580	0.7854	3657.3	8.3014	0.3916	3653.2	7.9779
590	0.7947	3679.3	8.3271	0.3963	3675.3	8.0036
600	0.8040	3701.4	8.3525	0.4010	3697.4	8.0292
610	0.8133	3723.5	8.3776	0.4057	3719.6	8.0545
620	0.8226	3745.7	8.4026	0.4104	3741.9	8.0795
630	0.8319	3767.9	8.4274	0.4151	3764.2	8.1044
640	0.8412	3790.2	8.4520	0.4197	3786.6	8.1291
650	0.8505	3812.6	8.4768	0.4244	3809.1	8.1535
660	0.8597	3835.0	8.5005	0.4291	3831.6	8.1778
670	0.8690	3857.6	8.5245	0.4338	3854.2	8.2019
680	0.8783	3880.1	8.5483	0.4384	3876.9	8.2258
690	0.8876	3902.8	8.572	0.4431	3899.6	8.2495
700	0.8969	3925.5	8.5954	0.4478	3922.4	8.2731

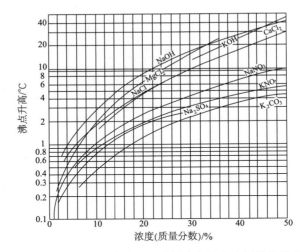

附图 1　101.33kPa 下溶液的温差损失与浓度之间的关系曲线

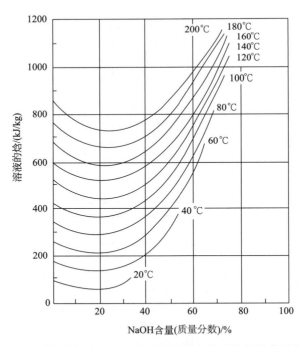

附图 2　不同温度下 NaOH 水溶液的焓与浓度之间的关系曲线

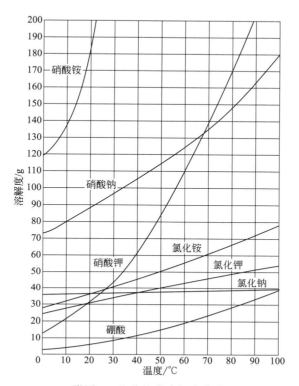

附图 3　几种盐类溶解度曲线

参考文献

[1] 基础化学工程编写组.基础化学工程 [M].上海：上海科学技术出版社，1984.

[2] 中国石化集团上海工程有限公司.化工工艺设计手册（上）[M].北京：化学工业出版社，2008.

[3] 夏青，陈常贵.化工原理（上）[M].天津：天津科学技术出版社，2005.

[4] 无锡轻工业学院，天津轻工业学院编.食品工厂机械与设备 [M].北京：轻工业出版社，1981.

[5] 马晓迅，夏素兰，曾庆荣主编.化工原理 [M].北京：化学工业出版社，2010.

[6] 化工机械编辑委员会.化工机械手册 [M].天津：天津大学出版社，1992.

[7] 杜朋编译.果蔬汁饮料工艺学 [M].北京：农业出版社，1992.

[8] 乳品工业手册编写组编.乳品工业手册 [M].北京：轻工业出版社，1987.

[9] 袁一主编.化学工程师手册 [M].北京：机械工业出版社，1987.

[10] 姚玉瑛，陈常贵，柴诚敬编.化工原理 [M].天津：天津大学出版社，1996.

[11] 电机工程手册编辑委员会编.机械工程手册 [M].北京：机械工业出版社，1982.

[12] 赵锦全编.化工过程及设备 [M].北京：化学工业出版社，1985.

[13] 无锡轻工业学院，天津轻工业学院合编.食品工程原理（下）[M].北京：轻工业出版社，1987.

[14] ［日］林弘通著.乳粉制造工程学 [M].陶云章译.北京：轻工业出版社.1987.

[15] 刘振义，陆跃武，徐饶润.布膜装置的研究 [J].中国乳品工业，1992，20（1）：16-17.

[16] 刘殿宇.板式降膜蒸发器在胶原蛋白生产中的设计研究 [J].医药工程设计，2012，33（1）：62-64.

[17] 刘殿宇.影响蒸发器使用的几个因素 [J].发酵科技通讯，2008，37（4）：46-47.

[18] 刘殿宇.利用末效二次蒸汽进行预热的节能效果及意义 [J].中国奶牛，2012，（7）：40-41.

[19] 刘殿宇.三效蒸发器在谷氨酸二次母液上的应用 [J].发酵科技通讯，2006，35（2）：45-46.

[20] 刘殿宇.热泵在蒸发器中的应用效果及注意事项 [J].化工设备与管道，2011，48（2）：2-3.

[21] 刘殿宇.单效降膜式蒸发器在液态奶生产中的设计研究 [J].乳业科学与技术，2010，（7）：167.

[22] 刘殿宇.降膜蒸发设备中热泵的设计 [J].化工设备与管道，2001，38（1）：43-46.

[23] 刘殿宇.防止热敏性物料在降膜式蒸发器中产生结焦的方法 [J].中国乳品工业，2004，32（7）：44-46.

[24] 刘殿宇.蒸发器杀菌温度的控制研究 [J].中国乳品工业，2005，33（3）：45-50.

[25] 刘殿宇.用于奶粉生产的多效降膜式蒸发器清洗间隔时间短的原因分析 [J].医药工程设计，2007，28（6）：25-27.

[26] 刘殿宇.多效降膜蒸发器中各效蒸发面积的调整 [J].医药工程设计，2008，29（3）：5-6.

[27] 刘殿宇.大型降膜蒸发设备的物料预热及应用 [J].化工装备技术，2003，24（4）：17-19.

[28] 刘殿宇.多效降膜式蒸发器不同加料及出料方法的比较 [J].安徽化工，2014，（1）：58-62.

[29] 刘殿宇.液体分布器的改进及应用 [J].现代化工，2002，22（2）：42-45.

[30] 刘殿宇.降膜式蒸发器真空系统的改进 [J].食品与机械，2001，（5）：21-22.

[31] 刘殿宇.降膜式蒸发器试车的过程及注意事项 [J].中国乳品工业，2001，29（1）：47-48.

[32] 刘殿宇.用于乙酸乙酯蒸发的单效降膜式蒸发器的设计及应用 [J].中国茶叶，2009，（12）：21-23.

[33] 刘殿宇.多效降膜蒸发器不同加料方法及出料方法的比较及其意义 [J].化工与医药工程，2014，35（2）：50-54.

[34] 刘殿宇.升膜式蒸发器与降膜式蒸发器的比较 [J].发酵科技通讯，2014，43（2）：53-55.

[35] 刘殿宇.多效降膜式蒸发器换热面积分配原则 [J].饮料工业，2014，17（11）：48-52.

[36] QB/T 1163—2000《降膜式蒸发器》.

[37] GB/T 151—2014《热交换器》.

[38] GB/T 150—2011《压力容器》.

[39] 丁绪淮，谈遒编著.工业结晶 [M].北京：化学工业出版社，1985，10.

[40] 天津市化工研究院等编.无机盐工业手册（上）[M].北京：化学工业出版社，1979，10.

[41] 叶铁林主编.化工结晶过程原理及应用 [M].北京：北京工业大学出版社，2006，4.

[42] 刘殿宇著.降膜式蒸发器设计及应用 [M].北京：化学工业出版社，2016，1.

[43] 刘殿宇.MVR单效强制循环蒸发器的设计及注意事项 [J].化工与医药工程，2019，40（6）：39.

[44] 刘殿宇.喷射式蒸发器与降膜式蒸发器效果比较 [J].饮料工业，2019，22（4）：74.

[45] 庞麓鸣，陈军健.水和蒸汽热力性质图和简表 [M].北京：高等教育出版社，1983，4.